心理类型

（上册）

[瑞士] 荣格 著

徐志晶 译

PSYCHOLOGICAL

TYPES

中国水利水电出版社
www.waterpub.com.cn

·北京·

内 容 提 要

　　《心理类型》不仅是荣格的成名之作，而且是人格分析心理学的核心理论。在本书中荣格认为人的性格不受遗传的影响，不受性别的限制，也不是生活环境所养成的，而是取决于个人的心理倾向。通过阅读本书可以让读者更好地看清自己、了解他人。

图书在版编目（CIP）数据

心理类型：上下册／（瑞士）荣格
(Carl Gustav Jung) 著；徐志晶译 . —— 北京：中国水
利水电出版社，2020.1
　　ISBN 978-7-5170-8345-0

　　Ⅰ.①心… Ⅱ.①荣…②徐… Ⅲ.①心理学－研究
Ⅳ.① B84

中国版本图书馆 CIP 数据核字 (2019) 第 287892 号

书　　　名	**心理类型（上册）** XINLI LEIXING（SHANG CE）
作　　　者	［瑞士］荣格　著　徐志晶　译
出 版 发 行	中国水利水电出版社 （北京市海淀区玉渊潭南路1号D座　100038） 网址：www.waterpub.com.cn E-mail：sales@waterpub.com.cn 电话：（010）68367658（营销中心）
经　　　售	北京科水图书销售中心（零售） 电话：（010）88383994、63202643、68545874 全国各地新华书店和相关出版物销售网点
排　　　版	北京水利万物传媒有限公司
印　　　刷	天津旭非印刷有限公司
规　　　格	146mm×210mm　32开本　16.5印张（总）450千字（总）
版　　　次	2020年1月第1版　2020年1月第1次印刷
总 定 价	88.00元（全两册）

作者序

    本书是我在实用心理学领域工作了近二十年的心血结晶，逐渐成型于我的思考中，其内容均来自我在治疗精神疾病过程中的观察及积累的经验，来自我与社会上各色人群的沟通和接触，来自我与朋友及学术对手的交流。同时，也来自我对自己心理特质的批判。

    我希望可以将自己从实践工作中获得的经验，在历史学与术语学的层面上，是与既有的知识相结合，而非将所有个案均一一呈现于读者面前，从而增加其阅读负担。我之所以这样做，是想让一个医学专家的经验突破其狭窄的专业领域，进入一种普遍联系之中，从而令那些受过教育的外行人均可以看懂并从中获益，而并非为自己的论证寻找历史依据。我坚信，本书所呈现的心理学观点具有非常广泛的意义和适用性，因此，相比于让其继续处于专业化科学假设的形式之中，让其处于一般的关系中可以令其获得更好的阐明，否则我是不会甘冒或许被误解为是在对其他领域进行侵犯的危险进行这种延展的。

    为达到这一目的，我将只检视此领域内少数几位著作家的思想，而非将与此有关的所有讨论都放进我的内容中。因为即便只是编列相关材料和观点的目录，我也是力不从心，更别说是对其长篇大论地展开阐述了，何况这样做并不会对问题的探讨和进展有任何实质性的作用。因此，我毫不犹豫地舍弃了我在多年的研究过程中搜集到的大量材料，只为更专注地对本质性问题进行讨论。我曾同我的一位住在巴塞尔的朋友斯米德博士通过信件就心理类型问题进行过探讨。这些信件是我们观念的交流与碰撞的见证，极具价值，可以帮助我理清思想。我将它们中的大部分做了改动后写进了本书，其他的只能忍痛割爱。这些信件内容尚属本书的准备阶段，如果原封不动地将其收入本书，恐怕会令书中的内容显得格外混乱，而非更加清晰。但无论如何，正是由于有了朋友的辛苦付出我才得以写成此书，因此，在此我要向他表示衷心的感谢！

"柏拉图和亚里士多德这两个名字代表着两种思想体系，而且还包括两种截然不同的性格类型，古往今来，这两种思想和性格体系经历了各种包装，然而仍无法掩饰其一直以来或多或少的对立性，这种冲突在中世纪表现得尤为激烈，使得那一时期的思想界四分五裂，其影响直到今天依然存在，且成为基督教会史上最重要的内容。尽管称呼各异，但实质上我们所谈论的却始终都是柏拉图和亚里士多德，包括他们的思想。灵觉的、神秘的柏拉图式性格，和基督徒灵魂深处坚定的信仰观念与信仰生活相对应。而实用的、有序的亚里士多德式性格，则把这种信仰观念与生活固化为一个体系、一套教义、一种崇拜仪式。最终，基督教会兼容了这两种性格，前一种体现在神职人员身上，后一种则隐居于修道院，但两者之间时常发生冲突。"（海涅《论德国》第一章）

荣格

目　录

第一章

古代和中世纪心理类型

第一节　古代心理学

从古到今，心理学伴随着人类历史发生和发展。不过，直到近代，客观心理学才获得发展。可以说，客观心理学在早期科学的发展中，因主观因素的影响而无法获得发展的土壤。所以，尽管古人的著作里有很多有关心理学方面的叙述，不过却无法将之称为客观心理学。这在极大程度上是由于受到了古代和中世纪特殊的时代背景的限制。可以说，那时候的人们往往喜欢从生物学的角度对其同类进行观察和评价，这种情形在古代立法和生活习惯中比比皆是。不过，倘若可以找到其价值判断的表现形式，古代人就可以对同类从形而上学的角度进行评价；此种评价源于人类灵魂所具有的永恒价值的观念。尽管此种形而上学的评价可以被看作是有关古代心理学的有益补充，不过也无法消除其和那种生物学角度的观点一样有害的事实；另外，这一评价方法所包含的对人的评价，是唯一可以看作客观心理学基础的一点。

有很大一部分人认为，心理学能够被提升到权威的高度，然而，客观心理学必须以观察和经验为基础，这是今天的我们都知道的。这一基础或许是非常理想的，但事实上，科学的理想和目的在于建立法则，并非尽可能地对事物进行最精确的描述；说到精确地描述事物，最好的选择恐怕是照相机或是留声机式记录仪，科学建立的法则只不过是用简单的方式来表现多样且相互关联的过程罢了。这一目的以概念作为形式，所以超越了纯粹的经验性范畴。然而，虽然概念具有普遍性和有效性，但终究还是考察者的各种主观心理产物。从某种程度上说，在建立科学理论和概念的过程中，必然要涉及众多个人的和偶然的因素，还有一个问题也较为常见，那就是个人误差之类的问题，这是心理学方面的问题，和生理没有丝毫关系。我们看得见色彩却看不见波长，此类现象在心理学中相当常见。个人误差早在我们进行观察时就已经开始发挥作用了。我们只看得见自己最易见到的东西，因而我们首先会做的就是"责己薄而责人厚"。毫无疑问，没有人是十全十美的，所以我们自己身上也必然存在着很大的缺陷，且这种缺陷极有可能妨碍我们的观察。因此，我对所谓客观心理学中的"纯粹观察"原则是心存怀疑的，除非我们把自己完全局限于测时器、测力器，及诸如此类的"心理"器械。同时，人类可以借此手段抗衡实验心理学的巨大成果。

然而，个人误差会对自己的观察和交流产生非常大的影响，更不用说其对经验材料的阐释和抽象所产生的影响了！一个观察者必须和其客体相呼应，也就是说他不仅要能主观地看，也要能客观地看，这对心理学来说意义重大。让一个人只是客观地看问题几乎是不可能的，只要他不过于主观，就已经非常了不起了。只有当客观事实被认为不是普遍有效的，而仅在所讨论的客体领域中是有效的，且能确保主观观察解释与其相符，它才可以作为解释的真理性证据。一个人自身存在的"大缺陷"能使他看到别人身上的"小缺点"。但正如前文提到过的那样，在此种情况下，即便一个人身上存在"大缺陷"，也不能因此而证明他人身上没有"小缺点"。然而，假使视力受损，就会普遍产生一种理论，认为所有的"小缺点"都是"大缺陷"。

只有认真考虑和重新认识一般知识的主观局限，尤其是心理知识的主观局限，才有可能在评价一个与观察主体的心理状态不同的心理时做到科学且公正。而观察者是否能完全了解他自己人格的界限和性质，则是验证是否具备这一条件的标准。至于怎样才算是完全了解自己，则要看他何时能最大限度地摆脱集体观念和集体情感的强制性束缚，获得对自己个性的清晰概念。

我们越是进一步研究历史，就越能清楚地看到个性泯灭在集体主义的外衣之下。而且，追溯早期人类的心理，我们更会发现根本找不到丝毫个体观念的表现。我们找到的只有集体的关系，或"神秘参与"（列维·布留尔），却没有个性。集体的态度会阻止我们对那些与主体心理不同的心理进行了解和评价，因为具有集体取向的心灵进行思考和感觉时只能借助投射的方式。我们所了解的"个体"心理出现在人类心灵和文化历史中是最近的事。因此，在人类历史的初期，对个体差异的客观心理评价，以及对个体心理过程进行科学的客观化思考，几乎都被居于统治地位的集体态度完全阻止了。因为这种心理思维的缺乏，知识被"心理化"，亦即充斥着投射的心理。这样的例子在最初人类企图运用哲学的观点对宇宙进行的解释中很容易找到。个性的发展以及由此导致的人类心理的分化同客观科学的非心理化历程始终相伴同行。

综合以上思考，我们就能明白客观心理学资料的来源为何这样少，以至于我们所拿到的从古代流传至今的资料寥寥无几。古代的四体质很难说是一种心理类型说，因为这些体质仍处于心理—生理的外观范围。但是，缺乏材料并不意味着我们不能到描述心理二元对立的古代文献中寻找线索。

诺斯替教哲学建立了圣灵、心灵、物质三种类型。它们与思维、情感、感觉这三种基本的心理功能相对应，即圣灵和思维相对应，心灵和情感相对应，物质和感觉相对应。诺斯替教坚信知识的价值，这种精神同基督教教义截然相反，却与对心灵的低级评价相吻合。基督教更注重爱与信仰，而这种原则排斥知识。圣灵主义者只强调灵知，因此他们在基督教信仰领域的影响力很小。

教会从很早以前就开始了对诺斯替教激烈而又恶毒的批判，只要想到这一点，你就能知道类型中存在的差异。早期占据统治地位的是基督教，其信仰无疑更具实用性。所以，当一个原本理智的人因出于本能进行反击而卷入雄辩的论战中时，他就很难继续保持自己的本色。教会的统治极为严厉，信仰的原则也非常苛刻，任何独立的活动都不允许存在。

而且，因为超越了人类现有的理智，教会的信仰显得缺少说服力，其个别高尚的、很有实用价值的观念对理性思想的发展造成了阻碍。理智的人比情感型的人更易受到"为理智献身"的思想的影响。所以，假如从当前我们心智发展的情况来看，就不难理解，为何诺斯替教派的灵知在心智内容方面巨大的优越性不但没有丧失，其价值反而越来越大，而由此我们也可以想到，它对当时教会中的理智者产生的吸引力是多么大。对理智者来说，这实际上便是尘世间的全部诱惑。尤其是幻影说，该种说法认为，基督的肉体形同虚设，他降世人间和受难都仅仅是一种象征，这种观点饱受教会的非议。争辩中，纯粹的理智成分最终占据了支配地位，然而却是以白白牺牲人类的情感为代价的。

有两个非常有影响的人物在这场针对诺斯替教的争辩中脱颖而出，他们是德尔图良和奥利金。他们大约生活在公元2世纪末期，都具有双重人格形象——教会领袖和普通人。舒尔茨在谈到他们时这样说：

奥利金就像一个有机体，竭尽所能地吸收着所有营养，并将这些营养和自己的本性相融；而德尔图良却截然不同，他很固执地拒绝这些营养，对任何一种外部表现都绝对地回绝。因此他们在本质上是对立的。他们对诺斯替教的反应不仅带有他们的人格和生命哲学的特征，而且对当时的宗教倾向与精神生活说具有诺斯替教观念的实质性意义。

　　德尔图良于公元160年出生于迦太基。早年间，他是一个异教徒，且一度沉湎于都市的放浪形骸的生活，在35岁时才结束这种生活，成了一名基督徒。他勤于著书立说，硕果颇丰。他那种无与伦比的热忱，昂扬的气质以及他对宗教清晰和非凡的领悟力，都可以通过他的著作一窥端倪。为了一种可接受的真理，他常常陷入狂热中，且能非常灵活地抱守单一的观点；他性格暴躁，是个百战百胜的战斗精灵。对于自己的对手，他毫无怜悯之心，直到确认已经彻底将其打败了才会庆贺胜利；他的言语就像一柄寒光四射的利剑，蕴藏着人类所不具有的威力；他是罗马天主教会的创始人，该教会已经延续了一千多年，他还发明了早期基督教的概念。如果他固守一种观点，他就会对这种观点的各种结论追本溯源，就像身后有数百万来自地狱的大军在追击自己一样，即便早已丧失了理智，即便所有的合理秩序都已被破坏殆尽，七零八落地呈现在他面前，他仍会一往无前。他的思维不可改变且富有激情，这使得他一次次地摈弃自己曾经为之付出过巨大心血的东西。因此，他的道德法则永远是那么的严苛。他竭力追寻苦难的殉道，不允许有再婚再嫁的行为，绝对禁止女性摘下面纱。实际上，从思想和认识上来说，诺斯替教是满怀激情的，但德尔图良毫不留情地猛烈攻击了它的思想及与它有密切关系的哲学和科学。

　　下面这句话被人们认为是他的至理名言和崇高告白——"正是因为它的不合理性我才相信它。"但这与史实并不完全相符。他只是说："因为上帝的儿子死了这件事是荒唐的，所以它可信；因为他从坟墓中复活了是不可能的，所以这也很合理。"

　　德尔图良思维敏锐，他看穿了哲学和诺斯替教知识的贫瘠，所以对其不屑一顾。他用自己的内心世界和内在现实为论据来反驳哲学和诺斯替教的知识，在他看来，只有内心的东西才值得依赖。他在这些内在现实的形成和发展过程中创造出的抽象概念直至现在仍然包含在天主教体系中。在他看来，非理性的内在现实从本质上来说是一种动力，是他的原则，是他应对这个世界，应对集体效应和理性时所使用的科学和哲学依据。下面是我对他的原话的翻译：

> 我要寻找一个新的证据；这个证据比任何公告都流传得更广，比任何古老的碑文都更为人所知，比任何生命体系更值得讨论，比全人类还要伟大，它是全人类的。让我们尽力向这一证据靠近吧！我的灵魂啊！如果你真的是神圣而永恒的，就像许多哲学家所相信的那样，那恐怕你最终也会消亡，因为没有你的立足之地，因此你也就不可能是绝对神圣的；假如你确如伊壁鸠鲁所竭力争辩的那样，那么你更难生存——无论你是来自天国还是出自尘世，无论是由数字组成的还是由原子组成的，无论你是自古以来就附着于肉体上还是后来才被灌进去的；你究竟是从什么演变而来的，你是用什么方法让人变为现在这个样子的，也就是说如何让他们成为善于感觉和认识的合乎理性的存在的。但是，哦，灵魂，虽然你曾在学校里受过教育，对图书馆中的一切都非常熟悉，且在阿提卡的高等学府和圆柱大厅里聆听过圣人们的高贵教诲，接受他们的熏染，但我不会因此就对你赞誉有加。哦，不，灵魂！我只想说，你是如此无知、笨拙、幼稚，且未受过教育，和那些只拥有你，其他什么也没有的人一样，甚至同那些市井巷陌、工棚作坊里的下等人也毫无区别。不过，你的无知恰恰是我所需要的。

在牺牲理智的过程中对自身造成的自我伤害，使得德尔图良果断地认可了非理性的内在现实，这就是他信仰的真正基石。他由衷地感受到了宗教过程的必要，并从"天生的基督徒之灵魂"这样完美的概念中抓住了这种纯粹感觉。由于怀有牺牲理智的理想，哲学、科学以及诺斯替教对德尔图良来说就都没有什么深刻的意义了。在他生命的后期，这些性格特质越发明显地表现出来。当教会被迫向群众做出越来越多的妥协时，他奋起反抗，之后就成了弗里吉亚的先知蒙塔尼斯的追随者。这位先知非常疯狂，他全盘否定这个世界，并将其彻底精神化。在这样的影响下，德尔图良写了许多文字来抨击教皇加里斯多一世的政策，言辞激烈，再加上他坚持蒙塔尼斯主义，从某种程度上来说他是游离于教会之外的。根据圣·奥古斯丁的记载，德尔图良后来又摒弃了蒙塔尼斯主义，自己建立了新的教派。

德尔图良是古代内倾型人物的代表。他经过不断思考敏锐地发展起来的理性，受到了来自感性的强烈威胁。为了这种基督徒式的心理发展过程，他付出的代价是巨大的，甚至失去了最有价值的功能——蕴含在上帝之子伟大而又堪称典范的牺牲这一象征中的神话观念。在他的器官中，最有价值的是理智，以及由此产生的清晰的洞察力。纯理智的发展道路已然成了一条死路，因为理智已经成了牺牲品，这就迫使他将灵魂中的非理性原动力当成自己存在的根据。作为灵魂动力现象所赋予的特有的理性标志，还有诺斯替教的理智，在他看来都是让人厌恶的东西，因为这二者正是他为了情感而被迫放弃的东西。

奥利金在很多方面都与德尔图良截然不同，他大约于公元185年出生于亚历山大港，他的父亲是一个基督教殉道者。他在一种独特的精神氛围中长大，当时的亚历山大港群英荟萃，人才云集，是一个汇聚东西方文化的熔炉。这为奥利金学习新知识提供了良好的契机。带着强烈的求知欲，他如饥似渴地汲取着对他来说有价值的知识，无论是基督徒的、犹太人的、希腊人的，还是埃及人的观点，他都一一接受。他在一家宗教传道士开办的学校里执教期间逐渐崭露头角。异教哲学家波菲利是普罗提诺的学生，他在谈到奥利金时说："从他的外在生活来看，他就像是一个基督徒，与法律水火不容；但他对物质和神明的看法却是希腊式的，并用它们代替外来的神话。"

早在公元211年，奥利金就阉割了自己。我们虽能猜想到他这样做的动机，但假使从历史角度看，我们会发现自己的猜测或许并不切合实际。奥利金的影响很大，他的语言很有感染力，所以总有许多学生围在他身边。学生们将他的话语认真地记录了下来，从中我们可以找出很多精彩的句子。他不仅是一位教师，一位多产的作家，还拥有其他身份，在安提俄克，他给皇帝的母亲玛玛耶举办过神学讲座，在凯撒利亚，他还是一个流派的领袖。他讲的课因为他云游四方而总是时断时续的。他知识渊博，且具有洞察蕴含在一般事物中的深奥含义的能力。他搜集到了古老的《圣经》手稿，这使他在《圣经》文本的评论上占据着特殊地位。哈纳克这样评价他："一个伟大的学者，古代教会中唯一真正的学者。"奥利金与德尔图良不同，他不但不排斥诺斯替教的思想，甚至还把诺斯替教中一些激进的东西进行弱化处理后运用到自己的教会中。如果对他的思想和观点进行仔细研究，那么几乎可以将其说成是一个基督教的诺斯替教徒。而如果说到他在信仰和知识上的立场，我们就必须提到一段颇具心理学意义的话，这是哈纳克说的：

《圣经》对于信仰、知识是必不可少的。通过《圣经》，信徒们获得了他们需要的事实和训诫，通过研究和阐释《圣经》中的思想，学者找到了热爱上帝的力量——由此，似乎所有物质的东西都通过精神的阐释被融汇到观念的宇宙中去了，最后，所有的一切都在这种"提升"中被看成永远晋升的阶石而被超越，只有上帝与其所创造的一切受造之物的灵魂之间的那种幸福和永恒的关系（爱和神灵显圣）被保留了下来。

在神学上，奥利金与德尔图良有着本质的区别，这种区别是哲学性的。奥利金的神学无法摆脱新柏拉图派哲学的框架。在奥利金的身上，希腊哲学和诺斯替教的观念世界同基督教世界的观念世界竟然完美地融合在了一起。然而他这种看似宽广的胸怀非但没有博得教会的欢迎，反而受到了质疑。当然，对他的谴责发生在他死后，不过在此之前，在他已经满头白发时，他就受到了德西乌斯长期的迫害，在痛苦的折磨下，很快就与世长辞了。公元399年，教皇阿纳斯塔修斯一世正式宣布谴责奥利金；公元543年，查士丁尼召开宗教会议审判奥利金的观点学说，并通过后来的多次会议对这一审判结果进行了确认。

奥利金是古代外倾型人物的典型代表。他的基本取向是朝向客体的，这在他对客观事实的慎思明辨上清楚地表现出来；而且他那至高无上的原则——"爱和神灵显圣"也显示了这一点。基督教的发展历程在奥利金身上展现了一个以客体间关系为出发点的类型，并且这种关系往往通过人的性欲象征性地表达出来。通过这一点，我们就能知道为何如今一些心理学理论总是将某些心理的基本功能都归于性欲。因此，阉割是唯一能充分体现出对最有价值的功能所做的牺牲。从这方面来说，德尔图良与奥利金都是非常典型的例子，但德尔图良表现出来的是理智的牺牲，而奥利金却是阳物的牺牲，因为基督教的发展过程要求人们将与客体的感官联系完全切断，也就是说牺牲掉在人看来最有价值的东西、最宝贵的财富、最基本的本能。此类牺牲从生物学角度来说服务于驯化的目的，但从心理学上来说，它却将旧的束缚打破，从而打开了新的可能性发展的大门。

德尔图良为何要牺牲理智？因为理智会用世俗的一切紧紧束缚住他。他又为何会攻击诺斯替教？因为诺斯替教在他眼里正走向理智的歧途，而且还包含着肉欲。与此相应，我们在现实中也确实发现诺斯替教分成了两个派别：其中一派追求超越所有限制的精神性，而另一派则迷失在伦理的无政府主义旋涡中，放浪形骸，且不知收敛。我们必须明确地区分这两派——禁欲派和反秩序法律派。反秩序法律派有时会故意触犯法律，尽情放纵自己，为的就是服从某些教义、遵循某些所谓的信条。这一派的典型和代表包括尼哥拉党人、古雅典执政官等，他们被形象地称为野蛮人。雅典执政官的例子表明了两种对立的事物是如何紧密地联系在一起不可分割的，因为同一个宗派被分成两个派系——禁欲派与反秩序法律派，而两派又都能符合逻辑且一贯地追求其共同的目标。只需研究一下诺斯替教的道德史，你就会知道，将唯理智论发展到极致，并将其伦理在大范围内施行会产生怎样的后果。你会彻底理解理智牺牲是怎样的。这些诺斯替教教徒的观念与实践是如此一致，以至于他们在生活中也尽情地实践着这些疯狂的观念，甚至达到荒唐的程度。

因为自我阉割，奥利金牺牲了尘世感官的快乐。理智在他眼中是一种特殊的危险，更是一种使他迷恋客体的情感和感觉。肉欲将他同诺斯替教联系在了一起，而他通过阉割将其摆脱了；此后，他便可以无所畏惧地沉浸于诺斯替教的思想之中。而德尔图良恰恰与奥利金截然相反，他牺牲了理智，这就同诺斯替教分道扬镳了，但他也因此获得了一种奥利金身上所欠缺的深度的宗教情感。舒尔茨在谈到德尔图良时说："在某一方面他比奥利金要高明，因为在灵魂的最深处，他总是以生命践行着自己所说的每一句话；假如说是理性使奥利金深受感动，那么，使德尔图良深受感动的便是心灵。而从另一方面来说，他又远远落后于奥利金，因为他虽然是一个富有激情的思想家，却断然拒绝接受任何知识，他攻击诺斯替教的言论可以说是对全人类的思想的否定。"

通过观察基督教的发展历程，我们会发现，最初的类型在现实中都恰恰相反：奥利金是一个充满理性的学者，但他原本应是一个感性的人；而德尔图良是一个情感丰富的人，他本该是一个有深度的思想家。当然，如从逻辑上来看，将上述情况反过来说就非常容易了，比如奥利金一直充满理性，而德尔图良原本就是一个感情丰富的人。可就算是这样，类型的差异仍然存在，并未消失；此外，这也无法解释为什么奥利金看到了性欲是他最危险的方面，而德尔图良看到理智则是他最危险的方面。这究竟是怎么一回事呢？我们说，通过讨论我们能够确定，他们用自己最终的命运告诉我们：他们全都被骗了。如果确实如此，那么我们就会理所当然地推断得出这样的结论，他们所牺牲的东西根本无关紧要，他们与命运进行了不公正的交易。从原则上来讲，对这种观点的有效性我们予以认可。这样的例子在原始社会中也存在，那些狡猾的家伙手拎一只黑母鸡，来到要祭拜的偶像面前，"看，这就是我要孝敬您的，一头漂亮的黑猪。"虽然很多人能通过贬低在人们看来非常崇高的偶像获得快感，然而在我看来，这种贬斥性的解释方法虽然看似同"生物学"的观点非常相符，但这并不代表它无论何时都是正确的。在精神领域中，单单看我们目前所知的这两位伟人的经历，我们就完全可以说他们整体的性格都极为真诚，因此他们皈依基督教的行为绝非欺诈，也并非虚伪，都是真实且具体的。

　　假如我们能借此契机来尝试掌握这种天性的本能过程的分裂——基督徒做出牺牲的过程的显现——的心理学含义，那我们就能避免再次误入歧途。综合上面所说我们可以知道，皈依即代表着过渡到另一种态度。同时也使我们明白，什么才是他们皈依基督教的强烈动机，从哪种程度上来说德尔图良所说的灵魂"天性上就是基督徒"是正确的。本能的自然过程同天性中的其他任何一种东西一样，也遵循着最小阻抗的原则。一些人在这方面天赋异禀，而另一些人在其他方面有突出的表现；在对童年早期的环境的适应上，一些人相对来说对抑制和内省有更多的要求，而另一些人则相对地对同情和参与有更多的要求，这或许是因为父母情况和环境的特征的不同而产生的差异。因此就自动形成了具有某种偏向的态度，而不同的类型也就此产生了。

　　每个人都是一个相对稳定的存在，具有所有基本的心理功能。如果他想充分地适应环境，就必须在运用这些功能时一视同仁。至于为何会有很多不同的心理适应方式，有一种解释显得非常顺理成章：显然，仅仅从一个方面来解释这种现象是行不通的，举例来说，当客体纯粹被思考或被感觉时，我们好像只能部分地理解它。单一的（类型化的）态度会导致心理适应的缺陷，如果对这种缺陷在生命的历程中的不断累积放任不管，那么，导致的结果终将是适应的紊乱，且使主体被迫趋向于补偿作用。但是，如果想获得补偿，那就必须将到现在为止所有的片面态度都消除（牺牲）。而这样做就使得能量先是聚积，然后就会流向虽然早就无意识地存在，但过去从未被有意识地使用的一些渠道中去。于是，适应的缺陷便能有效地解释皈依过程，而模糊的不满足感则是主体对此的感觉。这种情形在我们这个时代的转折中更为常见，以至于全人类都希望能得到救赎，而且，古罗马所有狂热崇拜，无论是可能的还是不可能的，都因救赎需求而变得前所未有的清晰。另外，那些有着充分理论依据的"生命的完满存在"的代表们，虽然对生物学一无所知，却也能在为自己辩护时使用一些有着科学依据的论据。我们无法从他们身上推断出为何人类会如此贫乏，和我们当今的科学相比，只有那时的因果论才较少地受到限制；他们所谓的"寻觅过去"指的是追溯宇宙发生论的根源，而不是回忆儿时情景，他们设计了众多体系来暗示古老蛮荒时代的种种事件，在他们看来，这些事件正是人类遭受巨大不幸的根源。

　　德尔图良和奥利金所处的时代的精神完全是具体化的，因此他们所施行的牺牲与那个时代的精神是极为相符的，但对我们来说，却委实太过偏激了。正因如此，诺斯替教信徒才认为他们的心灵是绝对真实的，而且与现实直接相关。对德尔图良来说，他情感的现实性是客观且有效的。诺斯替教认为主观态度转变为内在知觉的过程类似于一种宇宙发生系统的形式，并对其心理形象的真实性深信不疑。

　　我在我的著作《无意识心理学》中，将所有问题都归结为欲力在基督教信徒心理过程中的流转问题，我认为，欲力可以划分成两部分，且这两部分彼此冲突。此观点的形成立足于心理态度的单一性，而这种单一性过于极端，往往使得无意识的补偿作用变得特别迫切。无意识的补偿作用在基督教早期的诺斯替教运动中，表现得尤为明显。基督教本身就意味着古代知识文化及价值的牺牲和毁灭，也就是说古典态度的灭亡。至于目前的问题，无论我们谈论的是两千年前的时代还是如今的这个时代，区别都不是很大。

第二节　古代教会中的争论

　　在早期基督教会的争论中、在那些宗派和异端邪说的历史上，也曾出现过类型上的差异。那些与伊便尼派类似的原初基督徒或犹太基督徒，坚称耶稣只拥有人性，而且只是木匠约瑟与玛利亚之子。在他们看来，耶稣只是后来通过圣灵才获得了圣职仪式。从这一点上来说，伊便尼派的观点与幻影说学派的观点截然相反，它们也因这种对立而陷入了长期的论争。大约在公元320年，一位名叫阿里乌的异端人士出现了，在他那里，冲突又演化出了新的形式。尽管此时教义方面的冲突已经淡化，但事实上对教会政治产生的影响仍是巨大的。阿里乌对正统教会提出的（基督）与圣父同体这一信条丝毫不认同。如果能进一步研究圣体同一说与圣体类似说之间——也就是耶稣与上帝是完全相同还是实体相似这两者之间的对立——阿里乌式的巨大争辩的历史，我们就会明白，圣体类似说教义更为看重人的感官和可知觉的方面，这是非常明显的，这与圣体同一说教义纯粹概念的和抽象的观点大相径庭。同样，我们也会清楚地知道，一性论者（他们坚持基督的本质是绝对单一的）反对迦克墩会议提出的双重性论信条（他们认为基督具有神圣不可侵害的二重性，即他的人性和神性结合起来了，无法分割）的做法又一次说明，非抽象的和想象的观点与双重性论者感性的和自然的观点是对立的。

这样一来，下列事实就变得极为清晰明了：与在一性论者中出现的争论完全一样，尽管在阿里乌运动中，最初的构想者的主要论点是教义应当微言大义，但实际上，广大的群众并未参与讨论。在那个年代，无论这类问题多么深奥，都无法唤起群众的兴趣，能够驱使他们行动的只有政治权力，而这显然与神学观点毫无关系。类型的差异在这里不存在什么具体的意义，如果一定要说有的话，那也只不过是通过一些标语口号在为粗野的群众脸上贴金罢了。但不管怎样做都掩盖不了这样的事实，对于那些有分歧和论争的人来说，有关圣体同一说与圣体类似说的论争是非常严肃的，因为无论是从历史还是心理学的角度出发，都会认为这里体现的其实是伊便尼派和幻影说教义的纷争：前者主张基督纯粹是人性的，而其神性只是相对的（外显的）；而后者则恰恰相反，他们认为基督完全是神性的，而其肉身性是外显的。在这种论争中还隐含有巨大的心理分歧，主要表现为两种立场：一种立场认为绝对的价值存在于感官知觉中，在那里，人类和个人也许并不常常以主体的形式出现，但无论如何，这都是一种投射出来的人类感觉；而另一种立场却认为具有主要价值的是抽象的和超越人类之外的东西，主体即是功能——换句话说，主要价值在自然的客观过程中的运作是由超出人类感觉之外的客观规律决定的，而这种价值同时还构成了人类感觉的事实基础。如果以此来看待人的话，那么，我们说，前一种观点更偏重于功能的情结，而忽视了功能；而后一种观点则更偏重于功能而忽视了人这个不可或缺的主体。显然，两种观点相互否定对方的主要价值。而双方的代表人物越是坚持自己的观点，就越是猛烈地抨击对方，或许他们都有一个共同的愿望，那就是迫使他人接受自己的观点，直至最后将对方的主要价值彻底摧毁。

类型对立的另一方面在5世纪初的伯拉纠论争中显现了出来。一个人即便受过基督教洗礼也免不了犯罪，这是德尔图良的深切感受，在与他有众多相似之处的圣·奥古斯丁那里，他的这一体验变成了充满悲观主义色彩的原罪观念，而原罪的本质是色欲，是人类从始祖亚当处遗传来的。圣·奥古斯丁认为，尽管人类天生就是有罪的，但是上帝赐予了赎罪的恩典，而且这一恩赐可以由教会来代行，这是同原罪相对立的。在其观点中，人是受造之物而非造物主，所以并没有什么价值，只会被遗弃给撒旦，除非通过相信上帝这唯一的途径，通过教会的介入，通过赦罪拯救才能得到上帝的恩赐。这样一来，人的价值、道德自由和自我决断就消失殆尽；而教会的价值和重要性作为一种观念，则被极大地提高了。这与奥古斯丁在自己的著作《上帝之城》中所阐明的纲领极为相符。

尽管原罪观念不断变换花样，但它始终让人觉得压抑，人们从情感上是不愿意长期受到压抑的，所以，即使这种压抑有着非常严密的逻辑，检查也做得非常周密，但还是出现了要求得到人的自由及道德价值的呼声。这种有关人的价值情感的正当要求为英国僧侣伯拉纠及其学生色勒斯丢大力提倡。他们认为人的道德自由是一个既定的事实，并在此基础上建立了自己的教义。让人意想不到的是，伯拉纠的观点和双重性论观点之间竟然有着某种心理上的血缘关系，原因是，君士坦丁堡的大主教聂斯托利为遭受迫害的伯拉纠派信徒提供了避难所。聂斯托利认为基督的神性和人性是完全分离的，这与西里尔派强调的基督作为神—人所具有的肉身单一性截然不同。聂斯托利认为人们不应该将玛利亚理解为"上帝之母"，而应该是"基督之母",他甚至还理直气壮地说,把玛利亚看成"上帝之母"这种想法简直就是异端邪说。聂斯托利派的争辩能够形成,正是得益于他坚持这些论点。后来,随着聂斯托利教会的衰亡,这些争辩便彻底消失了。

第三节 化质说

在经历了声势浩大的政治动乱、罗马帝国的灭亡,以及古代文明的衰落之后,各教派之间的争论渐渐从历史舞台上消失了。但过了若干年,社会局势再度稳定后,类型差异就又一次出现了,开始时,它们的出现是短暂的,但随着文明的不断发展,它们也变得越来越让人无法忽视。虽然那些此前曾在古代教会中引起激烈争论的问题早就已经消失得无影无踪,也已经出现了新的争论形式,但无论形式怎样变换,无法改变的一个事实是,在这些形式下掩盖的心理问题是相同的。

大约在9世纪中叶,科维修道院院长帕斯卡西乌斯·拉得伯土发布了一篇有关圣餐礼的文章,在文中,他提出了化质说,此说将圣餐礼中的酒和神圣的薄脆饼看成是基督的血和肉。后来,这一观点逐渐发展成一条我们都熟悉的教规,据此教规,基督在"真理、现实、实体"上完成了化质的过程;圣餐礼上的酒和薄饼是作为"偶然物"存在的,虽然它们的外观没有发生丝毫改变,但实际上,它们在信徒们的眼中早已成了基督的圣血和圣体。与拉得伯土同在一个修道院的僧侣拉特兰努反对这种化质说,他大胆地提出了一种相反的意见。然而,拉特兰努还不是拉得伯土最难对付的对手,最让他感到头疼的是埃里金纳（中世纪早期伟大的哲学家和思想家）。正如赫斯在其著作《基督教教会史》一书中所指出的：埃里金纳在他那个时代是那么的出类拔萃、高不可攀，以致过了数个世纪，教会内部才有勇气对他进行批判和谴责。大约在公元889年，埃里金纳在任马尔姆斯伯雷修道院院长时，被本院僧侣杀害。在埃里金纳看来，真正的哲学就是真正的宗教，在那个绝大多数人对权威都盲目追随和服从的时代，他却可以进行独立的思考。在他心里，相比权威，理性要更加重要，或许这与那个时代有点格格不入，但正是因为这样，经过数个世纪人们依然能够正确地看待他。埃里金纳认为，就连那些在人们眼中完美无缺的教会神父，假如其著作中无法挖掘出人类理性的宝藏，那也是不能被称为权威人士的。所以，他坚信，圣餐礼只不过是纪念耶稣与他的信徒们所举行的"最后的晚餐"的一种仪式，准确地说，无论是在哪个时代，他的这种观点都能为具有理性的人所接受。尽管埃里金纳的思想中没有丝毫想要诋毁神圣典礼含义和价值的意思，既明晰又简单易懂，但在他身上，却没有任何与他所处时代的精神相似的地方，他同周围世界的各种愿望也往往无法相融；他最后被自己的修道院同僚出卖并杀害这件事就是对这一点最好的证明。他身处四面楚歌的境地，难以获得成功，是因为这位院长根本不会思考，却可以把实在的物体象征为"圣体"，让人能从感官上得到好处，幸运的是这迎合了那个时代的精神，因为当时那个时代的潮流正是刻意追求宗教体验具体化。

　　通过这场关于圣餐礼的辩论，我们极易看到我们在之前讨论中所提到的一些基本因素，即拒绝同具体事物接触的抽象观点以及朝向客体的具体观点。

　　我们用理性是无法否定拉得伯土和他的成就，认为它在历史上没有丝毫价值的，即便在现代人看来他的教条显得有些荒谬。的确，拉得伯土的教条简直可以说是人类能够犯下的最大的谬误，但我们仍不能一开始就给出它一文不值这样的论断。我们要想考察它，就应将它放在过去几百年的宗教生活中，看它到底起了怎样的作用，然后再回到现代来看看它还对这个世界的哪些地方有间接的影响，这才是正确的做法。对此我们的确不能忽视，例如，在基督化质这种可以说是奇迹的现实中，作为一种信仰，它确实要求从纯粹的感官中释放心理过程，而这种释放一定会对心理过程本身产生影响。如果感性占据了太高的域限值，那它是无法对思维进行定向的。因为如果感性的阈限值过高，它就必然会侵入人的心理，并破坏其中的定向于思维的功能，这种功能的基础正是排除不相容的心理因素。如果能立足于这一点进行思考，那么，不仅是那些被教义的信仰所控制的个体所产生的直接而特有的宗教印象，就连那些完全是投机取巧，或是从生物学的观点来证明其自身价值的宗教仪式和宗教教条也能显现出实际重要性。我们越是看重埃里金纳，也就越无法对拉得伯土的成就视而不见。不过，通过上述事例，我们能够明了一件事，那就是，无法将内倾型思维与外倾型思维放在一起进行比较，因为就决定因素而言，它们拥有不同的实质——内倾型思维是理性的，而外倾型思维却是程序式的。

　　以上论述并不代表我对这两位神学家的个体心理做出了决定性判断，这是我要特别强调的。因为我们无法对埃里金纳有更多的了解，所以对他的类型就不能做出明确判断。以我们所掌握的仅有的一些材料来看，或许将他归为内倾型更为合适。而对于拉得伯土，我们几乎一无所知。我们只知道他有着和常人极为不同的思维，但是他却用情感的逻辑准确地预言了他的时代将接受什么、什么才是符合这个时代潮流的。假如从这一点上来看，我们倒是不难将他归为外倾型。我们暂时还不能对这两位神学家的人格做出准确的判断，因为我们对他们的了解不够多，尤其是对拉得伯土来说，情况或许和我们想象的完全不同。比如拉得伯土极有可能是内倾型的，只是因为其智力水平有限而不能超越他那个时代的一般水平，加上他的逻辑又缺少创造性，所以，他能够做的，只是从现有的教会神父文章的主旨中推导出浅显的结论。同样，埃里金纳也可能是外倾型的，只要他生活的环境是以常识为特色且只有符合常识才被认为正确而加以接受。不过，这种情况还无法被证实是确实的。另外，那个时代热切期望每个宗教奇迹都是切实存在的，这是我们都知道的，正是在这种时代特征的映衬下，拉得伯土能将每个人所期盼的东西具体化，因此会使人感到振奋，而相比之下，埃里金纳就显得过于冷酷和僵化。

第四节　唯名论和唯实论

　　事实上，这场发生于9世纪的与圣餐礼有关的争论只是一个更大的冲突的开端；在此后的数个世纪里，这个冲突将人们的思维进行了划分，由此产生的后果是巨大的。这便是唯名论与唯实论之间的冲突。在人们的认识里，唯名论一般是一个主张共相——美、善、动物、人等一般的或普遍的概念——的流派，在这里，它们并非实在而具体的东西，而只是一些名称和词语。或者开句玩笑，它们仅是一种声息。法朗士曾说过："思维是什么东西？人是怎么思考的？我们用词来思考；感性的词可能把我们带回到自然。这就是思维！一个形而上学者用来构建他自己的世界体系的，也不过就是一些经过修饰的狗和猴子的叫声罢了。"这实际上是一种极端的唯名论；尼采将理性理解为"言词的形而上学"时也是如此。

　　相反，唯实论却认为共相是一种先于事物的客观存在，而柏拉图所说的观念才是普遍性概念的存在方式。无论其与教会有着怎样的联系，都无法否认一个事实，即唯名论是一种怀疑论思潮，它对于具有抽象特征的独立的存在形式是持否定态度的。它是一种科学怀疑论，刻板的教条主义即是其栖身之地。它的现实概念必然与事物的感觉现实相符；事物的个别性体现了与抽象观念相对应的现实性。相反，严格的唯实论却认为抽象物才是现实的中心，认为观念和共相在事物之前存在。

一、古代的共相问题

正如我们在谈到柏拉图的理念时所表明的那样，现在我们讨论的是一个非常古老的，而并非新出现的冲突。犬儒学派和麦加拉学派这些哲学流派中的代表被柏拉图暗讽为"年老体衰、迂腐不堪的学者""精神贫瘠的人"，他们的主张同柏拉图所提倡的精神相抵触。安提西尼是犬儒学派的代表人物，虽然他和苏格拉底学派的精神氛围非常接近，还同色诺芬是朋友，但他仍然公开地反对柏拉图美妙的理念世界。他甚至在一本针对柏拉图的小册子中，用 $\Sigma\acute{\alpha}\theta\omega\upsilon$ 来称呼柏拉图，这个单词的含义是男性，但因其源于希腊文 $\sigma\acute{\alpha}\theta\omega\upsilon$，即阴茎，所以特指男性的生殖器——这样做完全就是在进行人格侮辱；这样看来，安提西尼用这种一贯的投射方式，微妙地向我们暗示了他痛恨柏拉图的缘由。也正如我们所看到的那样，对于基督徒奥利金，这也正是他要用自我阉割的方法来竭力控制的妖魔，因为如果不这样，他就无法顺利地走进那经过盛大装饰的观念世界中去。但安提西尼是一个早期基督教的异教徒，男性生殖器从很早开始就被公认为是感官愉悦的象征，这也是他非常感兴趣的；并且，对此感兴趣的绝非他一个人，正如我们所看到的，整个犬儒学派都是如此，要知道，这一学派反复强调的主旨便是"回归天性"。使安提西尼将具体情感和具体感觉看得很重的原因是多方面的，而其中一个最主要的因素，便是他是一个无产者，这就使得他生性好妒。作为一个希腊人，他的血统并不纯正；他居住在希腊外围，进行教学活动的地点在雅典城门外，他在此对无产者的行为进行研究，耗尽了毕生心血；这些无产者是犬儒派哲学的典范。确切地说，构成整个犬儒学派的正是无产者或是一些边缘人，而这些人的存在本身便是对传统价值的一种破坏性批判。

第欧根尼是继安提西尼之后，这一学派出现的另一个杰出代表，他给自己确定的称号是"犬"，他的坟墓还用产自帕罗斯岛的白色大理石雕刻成犬做装饰。虽然他的整个天性中散发着人类理解力的光辉，虽然他也满含温情地爱着整个人类，但这些都无法阻挡他嘲讽同时代人发自内心敬奉的那些东西。他嘲笑这样的观众：看到舞台上的提厄斯忒斯准备吃人肉点心，或是看到俄狄浦斯发生乱伦悲剧时会心生恐惧。在他看来，吃人肉并不可怕，因为人肉和别的肉没什么不同，乱伦也并不意味着罪孽，家禽牲畜就经常这么做，大家不是都看到过吗？总而言之，从各个方面来看，麦加拉学派与犬儒学派都有着非常密切的关系。麦加拉在雅典人眼中是一个失败的对手。该学派在创立之初可以说是一帆风顺、前途不可限量，该学派在西西里的拜占庭和希伯来的建立更是他们已发展至巅峰状态的标志，然而从那之后，一场争论就在该学派内部爆发了，这场争论几乎将麦加拉的精力耗尽了，以至于他从此一蹶不振，雅典人无论在哪个方面都领先于他。雅典人常用"麦加拉式戏谑"来形容那些粗俗的农夫们的机智，这反映了一种被打败的民族从母亲那里遗传来的嫉妒，麦加拉哲学的许多特征都能通过这种情绪得到解释。同犬儒学派一样，这种哲学也是名副其实的唯名论，恰恰和柏拉图思想观念的唯实论相反。

斯提尔波是麦加拉学派的代表人物，我们有必要说说发生在他身上的一件很有特点的事：作为一名虔诚的麦加拉信徒，斯提尔波来到雅典，在护城上看到了菲狄亚斯雕塑的栩栩如生的智慧女神雅典娜时，他说，这不是宙斯的女儿，是菲狄亚斯的女儿。这句诙谐的话恰恰将麦加拉式思维的全部内涵都暴露了出来，因为斯提尔波所说的一般性概念既没有客观有效性也不具有真实性。由此来看，当我们用全称来谈论"人"时，其实并未涉及任何人，因为这里的"人"既不是指这个个人也不是指那个个人。普鲁塔克提到斯提尔波时曾说："一事物根本无法断言另一事物的性质。"这与安提西尼的教诲十分相似。生活在苏格拉底时代的拉姆尼斯的安蒂芬应该算是这种思维陈述类型最早的代表，他是一位雄辩术教师，他有一句名言一直流传至今："一个人可以知觉到某物体是修长的，然而对于其长度，他既无法用眼睛看到，也无法用心灵来辨认。"这一陈述否定了一般性概念的实体性。很明显，柏拉图理念的整个地位都被这种思维类型撼动了，因为在柏拉图看来，"现实的"和"多"都仅仅是瞬间观念的反映，唯有理念才是永远有效的。与此相反，犬儒——麦加拉派的批判则从现实出发，把个别事物作为重点，认为一般性概念只不过是纯粹的诡辩和描述性名称罢了，根本不是什么实体。

在龚帕兹看来，实际上这种明显且根本的对立说的就是属性和述词的问题。例如，当我们说"冷"和"热"时，事实上说的是"冷"和"热"的东西，而"冷"和"热"只是这些东西的属性、述词或判断。判断的对象就是那些冷的或热的物体，也就是那些被感觉到的和实际存在着的东西。通过这一系列的例子，我们就能抽象出"冷"和"热"的概念，而在思维的帮助下，我们就能将这些一般性概念同某些具体实物联系在一起，结果"热"和"冷"等一般性概念便被我们当成了实物般的东西，这是因为感官知觉在抽象过程中仍然有留存。任何一个抽象概念都与其所抽象的实物形影相随，所以想从抽象概念中除去"实物性"是极其困难的。从这个意义上说，述词天生就是有实物性的。假如我们现在以"温度"这一较为高级的一般概念为例，那它的实物性对我们来说就是我们立刻就能知觉的，尽管从感官上来看，它变得不是非常明确，但还是保有所有感官知觉所拥有的那种可表现性的特质。如果我们再以"能量"这一个更为高级的一般概念为例，那么从某种程度上说，无论是其实物性的特征，还是其可表现性的特质就完全消失了。于是，有关能量的"本质"问题的分歧就此出现了：能量究竟是某种现实存在的东西还是一个纯粹的抽象概念？我们能够肯定的是，"能量"在今天那些博学的唯名论者眼中就是一个名称，一个计量我们精神的"筹码"罢了，除此之外别无其他；即便如此，我们平时谈到"能量"时却依然将它当成某种实物般的东西；这样一来，从知识论的角度来看，最大困惑的种子就会不断地在人们的头脑中埋下。

纯粹概念的出现并非偶然，它那种实物般的性质在抽象过程中自然地渗透，使得述词或抽象观念具有"现实性"，这既非人为，也不是专断地将概念实体化的结果。因为在现实中，并非被人为专断地将抽象观念实体化之后，再移植到一个同样人为的超验世界中去的，而是恰恰相反。比如，原始人的映像，也就是感官色觉心理的反映是极为强烈且非常有感官色彩的，以至于当一种自发的记忆—意象再次出现时会带有幻觉性质。因此，对一个原始人来说，当他已去世的母亲的记忆—意象在他头脑里突然再次出现时，他会觉得自己似乎看到并听到了她的鬼魂。非常明显，那些对我们来说只能"想到"的已经去世的亲人却能被原始人知觉到，这正是因为其心理意象拥有不同寻常的感官性。这也就能解释为何原始人会如此信仰鬼魂；我们可以将鬼魂简单地理解成一种"思想"。实际上，原始人所说的正在"思想"仅仅是一种灵视，灵视的现实性是如此强大，使得他常常误将心理的当成了现实的。鲍威尔说过："主观的东西与客观的东西的混淆，乃是原始人思维中最原初也是最基本的混乱。"通过观察，斯宾塞和吉伦总结道："在一个野蛮人眼里，他在梦中所体验到的东西，跟他在醒着时所看见的东西没什么不同。"在研究过非洲黑人的心理后，我得到了与上述观点完全相同的结论。

事实上，原始人对精灵的信仰是根源于心理的唯实论以及意象相对于感官知觉所具有的自主性，而并非欧洲人所理解的产生于原始人对于解释的需要。原始人的思维具有灵视性和听觉性，因此它同样具有启示性。所以，作为灵视者，亦即原始部落中的思想家，巫师能使精灵和诸神显现出来。思维也正因此才会具有魔性作用，且因其有现实性而等同于行动。字词是思想的外覆物，也具有"现实的"效果，因为它同样唤起了"现实"的记忆—意象。我们完全没有心理意象的非感官性，所以才会对原始人的迷信感到惊讶；换句话说，我们已经学会了抽象地思考，当然，还总是带有上文所述的局限性。然而，所有从事分析心理学的人都清楚，即便他面对的病人是"有教养"的欧洲人，经常提醒他们，这只是思维而并非"行动"，也是非常有必要的。有些病人需要提醒，是因为他们觉得只进行思考就足够了；而另外一些病人需要提醒，则是因为他们认为自己假如不思考就得立刻付诸行动。

心理意象是如何通过正常个体的梦幻及伴随精神错乱产生的幻觉轻易地表现出来其原初现实性，我们能够在这里清楚地看到。神秘主义者甚至还会借助人为的内倾，努力对意象的原初现实性进行重建，以此来同外倾相抗衡。特威库尔·柏格是一名伊斯兰教神秘主义者，他曾描述过摩拉王为其主持的入教仪式，从中我们能找到说明上述问题的显著证据。特威库尔·柏格的描述是这样的：

说过这些话后，摩拉王让我坐到他的对面，我此时似乎什么感觉都没有了。他把我的眼睛蒙上，让我把灵魂的所有力量都汇聚于心，并在心中对他本人的形象进行描绘。我按照他所说的做了，在教主特别恩赐的救助之神的精神感召下，我的心门猛然间打开了。

在我的内心深处，我看到了一个酷似一只倒扣过来的碗的东西；这个碗一被摆正，无边的愉悦就瞬间充满我的整个身心。我对教主说："我内心中出现了一幅真实的图像，我好像看见另一个特威库尔·柏格正坐在另一个摩拉王面前，就在这间屋子里，就在您的面前。"

教主对特威库尔·柏格说，这仅仅是他入教仪式中的第一个意象，通向现实的原初意象的道路一旦毫无阻碍，其他的意象就会立刻接踵而至。

这种述词的现实性在人类精神中本就存在，所以被看成了一种天生的、既定的东西。只是在后来的批判中，抽象物才从现实的性质中剥离。这种对字词概念的具有魔力的现实性的信仰即使在柏拉图时代也依然有很大的威力，甚至大到哲学家们要费尽心思地想出一些圈套和悖论，以便能在绝对的字词含义的帮助下达到使被问者不得不做某种荒谬的回答的目的。举个简单的例子，麦加拉教徒欧布利德就曾设计了一个悖论——蒙面纱的人："你能认出你的父亲吗？能。你能认出这个蒙面纱的人吗？不能。你这是自相矛盾，你开始说你能认出自己的父亲，但后来又说你认不出他来，要知道，这个蒙面纱的人就是你父亲。"那个被询问的人天真地认为，不管处于何种情况，"认出"一词指的都是同一客观事实，然而在现实中，它的有效性只能被局限于某种特定情形下，这正是这一悖论成功的原因。这一原则在Keratines（带角的人）这个悖论中同样适用："一个东西你没有失去，就表明你还拥有它，是吗？回答是肯定的。那么你并没失去犄角，所有你就有（长了）犄角。"被询问者天真地认为，不管处于怎样的情况，没有失去就等于拥有都是正确的，这同样是这一悖论成功的原因。这些悖论有力地向我们证明了，那种绝对的字词含义事实上根本就是一种幻觉。所以，以柏拉图理念的形式出现、有形而上学的存在和独一无二的有效性的一般性概念，早已处于岌岌可危的境地。龚帕兹说：

　　人们仍然相信语言，它常常通过词语对具体事物非常不恰当的表达方式将我们唤醒，使我们对事物有所了解。相反，人们普遍天真地认为，某个词的运用范围同在总体上与之相对应的词义范畴必然在任何方面都是绝对吻合的。

　　这种绝对奇迹般的字词含义，不仅预设了字词，也隐含了事物的客观行为，从这一点来说，诡辩派的批评倒是极能直击要害。它对语言的无能进行了证实，并让人相信。假如观念只是一些名称——当然，这一假设还没能得到证实——那么对柏拉图的攻击就是成立的。然而假如一般性概念所指的是事物的相似性和一致性，那它们就不仅是一些单纯名称那么简单了。这时问题就变成了：这些一致性是否合乎客观现实。因为一致性确实存在着，所以一般性概念也对应着某种现实。它所包含的现实性和对实物的精确描述不相上下。一般概念和后者的区别只在于它对事物进行的描述和指称是保持一致的。这样一来，问题就不在一般性概念和柏拉图式理念上，而集中于其语词的表达上了；而表达无论在何种情况下都无法充分地描述事物和它的一致性，这是非常明显的。因此，从原则上来说，唯名论者攻击观念论的行为其实完全是毫无道理的一种僭越。因此，柏拉图愤怒地对此不屑一顾的行为在我们看来是正确的。
　　根据安提西尼的观点，内属性原则立足于这样一个事实：不是没有任何一种非同一物的主词，实际上，从来不存在这种述词。在安提西尼看来，只有那些与主词完全同一的述词才具有有效性。然而有些同一性陈述也并未说明什么问题，因此根本没有任何意义，例如，"甜的就是甜的"这句话就是如此。此外，内属性原则还有一个"同一性陈述同实物本身毫无关系"的弱点，比如，"草"这个词与实物的"草"根本没有丝毫联系。如此一来，内属性原则在相当大的程度上和古代语词崇拜内容相同，因为语词崇拜往往天真地将字词和实物等同起来。因此，假如唯名论者再这样攻击唯实论者："你以为自己正在和实物进行交流吗？你根本就是在做梦，你最多也只是在与语词这个怪物缠斗而已！"那么，这些话语也完全可以被唯实论者用来进行回击；因为唯名论者是在用语词取代实物，他们考虑的并非实物本身而是语词。虽然针对不同的实物他们会使用不同的语词，但无论如何，语词就是语词，永远也成不了实物本身。

说实在的，谁也无法否认"能量"这一概念巨大而显著的现实性，甚至就连电力公司都能靠它分派红利，尽管它被公认为是一个语词概念。我想，假如有人想要找到形而上学的证据来证明能量具有非现实性，那么电力公司董事会肯定是不会同意的。事实上，"能量"一词指出了力量现象的一致性，而这种一致性无时无刻不在以最生动形象的方式证实着自己的存在。字词就这样获得了现实意义：因为某个实物是切实存在的，而某个语词又被约定俗成地用来指称这个实物，这个语词便因此获得了"现实意义"；更确切地说，因为事物的一致性是真实存在的，所以指称事物一致性的一般性概念才具有了同样的现实意义，它和某个语词指称个别事物时具有的现实意义是完全等同的。造成价值重心转移的是个体态度和当时心理的问题。龚帕兹察觉到在安提西尼身上也存在着这种潜在的心理因素，他做了如下描述：

健全的常识、对幻想的排斥，可能还有个人情感的力量，所有这一切都在个体的人格还有整个性格上打上了现实的印记；换句话说，它们都受到现实力的影响。

据此，我们还能对那种男性的妒忌做出解释，对于一个没有公民权利的无产者、一个天生相貌丑陋的男人来说，只有通过诋毁别人的价值才能使自己爬上自己向往的高度。这种性格特征在犬儒主义者身上有充分的体现，他们对待别人总是吹毛求疵，对他们来说，一个东西只要是别人的，就没有什么神圣可言。如果得到可以攻击别人毫无可取之处的机会，那他们就会不惜一切代价去破坏别人家庭的安宁。

　　柏拉图的理念世界及其永恒的现实性恰恰同犬儒主义者对心灵批判的态度相悖。构成柏拉图观念世界的人的心理取向同上述吹毛求疵、破坏性的判断有着明显的不同。柏拉图的思维是一种从繁杂的事物中抽象和创造出来的综合性的、建构性的概念，它们指称和表现事物的普遍一致性，是真实存在的。它们无形且超人类的性质直接与属性原则的具体性相对立，而后者正在努力做着将思维的材料还原成独特的、个别的客观事物的尝试。和仅仅接受述词的原则一样，这种尝试也是不可能成功的，它是将众多孤立的事物中有联系的方面上升成永恒存在的、不朽的实体。这两种判断形式中的任何一种不管什么时候都是合理的，因为它们合理地表现在每个个体身上。我觉得下面的事实能极为清晰地将该情形表现出来：曾创立了麦加拉学派的欧几里得发明了一种"统一于一"原则，这个原则超乎个别和特殊个体之上。他将埃利亚学派的"存在"原则与"善"结合起来，在他看来，"存在"和"善"是完全一致的，与之相对立的唯有"非存在的恶"。当然，这种"统一于一"只是一种代表着最高秩序的一般性概念、一种乐观的想法。它简单地包括了存在，却又同时和所有的证据相抵触，相比于柏拉图的理念，它在这方面的表现有过之而无不及。欧几里得在这个概念的帮助下，将对建构性判断所做的否定性批判清除了，并提供了一种趋向纯粹语词的补偿。他的"统一于一"原则含混不清，甚至根本不能表现事物的一致性，因此它只是追求统一愿望的产物，而并非类型；这种愿望试图包含个别事物无序而繁杂的状态。在那些急于摆脱自己身上那些否定性批判的态度的忠实于极端唯名论的人身上，这种愿望显得特别迫切。因此，这类人会有一种绝对不可能而又武断的基本一致性之类的想法也就非常正常了。很显然，那种完全基于内在性原则的情形是不可能存在的。龚帕兹对此的评论显得非常中肯，他说：

> 这类企图不管在哪个时代都注定要失败。而在一个缺乏历史理解力的时代里，它就更没有成功的可能了。在这个时代，任何对心理的深入洞察都会被轻视。所以，那些明显而不太重要的价值就会将那些较为重要但却容易被忽视的价值挤到后面；这是迟早会发生的事情，而并非一种潜在的危险或威胁。当人们毫不可惜地将文明抛弃，却高举兽性和原始性的大旗时，从远古时代逐渐累积起来的人类进化的果实就已经离毁灭不远了。

建构的判断立足于事物的一致性，并与属性原则相对立，它创造了文明范围内的最高价值的普遍观念。即使这些观念只属于那些已经逝去的先人，但我们依然能够找到很多线索，从而将其与我们紧紧地联系在一起，正如龚帕兹所说的，它们已经变得所向无敌。他接着写道：

> 我们确实应该尊敬和赞誉那些失去生命的躯体，包括那些奉献和自我牺牲，就像我们对已逝的先人所做的那样；最好的证明便是那些雕像、坟墓和战士的徽章。假如我们只是努力拉断那些与我们相连的线索，让自己重归野蛮，而不去了解自己的本性，那就将使我们的灵魂遭受重创，甚至遗失那些被我们饰以绚丽外表的最坦白同时也是最基本的现实情感。生命的美丽与高雅、所有对动物本能的教化以及对艺术的欣赏与追求，都依赖于这种绚

丽的外表，依赖于那些世代相传的获得了高度赞誉的价值。然而在犬儒学派的手中，这一切都被毫不留情地彻底摧毁了。当然，在这个问题上极有可能会有人愿意对犬儒主义者和他们众多的现代追随者做出让步，只是，我们必须承认，这里确实还有一个界限，只要跨过它，我们就能在某种程度上摆脱联想原则的支配，也就不会因深受其支配而产生愚蠢和迷信，并因此感到自责了。

内属性和述词的问题在经院哲学的唯名论和唯实论之中一再出现，而且有关它们的争论不仅从没停止过，甚至还有一直持续下去的可能，因此我们对此问题进行了详尽的研究。在这里，抽象观点与个体思维和情感之间的类型对立仍是争论的焦点，它们的分歧主要在于：抽象观点将决定性价值系于精神过程本身，而个体思维和情感则有意无意地以客体的感觉为取向；在此种情形下，精神过程只是一种手段，而重心则被转移到了人格上。这一点也不奇怪，因为无产阶级哲学所采纳的正是内在性原则。无论在哪里，一旦有充足的理由将重心转移到个体情感上去，那么思维和情感就会因为缺乏肯定性的创造性能量——能量已转移到个体身上——而变成否定性的批判，变成一种纯粹的分析性器官，将一切都归为具体和特殊的。由此产生的无序的特殊物的堆积，则被归入朦胧的"统一于一"的感觉之列，此种感觉显然包含着愿望的成分。可是，一旦重心被放在精神的过程上，无序的杂多性便会受到理念的心灵活动的结果的管制。虽然理念已经被尽可能地非个人化了，但个体情感还是几乎全都进入了使其人格化的精神过程中。

在继续论述之前，或许我们应该进行一下考察，看一下，在柏拉图理念学说的心理学中，能否找到关于柏拉图本人很可能属于内倾型的假设的证据。通过犬儒学派和麦加拉学派的心理学，我们是否能证明安提西尼、第欧根尼以及斯提尔波这样一些人是外倾型的呢？不过，这些方法都不能解决问题。只有对柏拉图那些被当作人性纪录的真实著作进行仔细认真的研究，才能判断他到底属于哪一类型。而我并不想贸然给出任何结论，因为这样过于草率。不过，如果有人能拿出足够的证据说明柏拉图的确属于外倾型，那我也没有丝毫的惊讶。因为流传下来的材料非常凌乱稀缺，所以我认为，要对其他人做出明确的判断是有很大难度的。因为在现在所讨论的两种思维类型中起着决定作用的是价值重心的置换，所以对于内倾型来说，当个体情感被各种理由占据了重要地位，并开始支配思维时，他的思维就变成了否定性批判。

同样的道理，外倾型的价值的重心必定是放在与客体本身的关系上，而绝不可能放在他个人与客体的关系上。只要居于主要位置的是与客体的关系，就表示心理过程已经受到了制约；但如果心理过程只关注客体的性质，而将个体情感排除在外，那它就失去破坏性了。因此，我们只能将内属性原则与述词原则之间的特定冲突看成一种少见的情况，并在今后的研究过程中，对其进行更为彻底的考察。这一情况的独特性取决于个体情感扮演的角色是肯定的还是否定的。当这种类型（一般概念）将个别事物抑制到非常小的程度时，它就获得了集合性观念的真实性；当这种类型（一般概念）被个别事物的价值排除在外时，也就将面对自由放纵的分裂。虽然这两种情况既极端又很不平衡，但它们却形成了一幅对比鲜明的图画，这幅图画清晰，且如此夸张，以至于它的某些形式上比较温和也比较隐蔽的特征根本不用仔细辨认便能被清楚地看到，它们与内倾型和外倾型的本质紧密相连，甚至在处于个体情感并未占据显要位置的那种个性状况时也是如此。例如，心智功能到底占据主要位置还是次要位置，不同的答案将会带来巨大的差异。思维和情感居于主要位置还是次要位置，不同的情况带来的结果也全然不同，即便对普遍价值的深入最为有利的因素——个体的抽象力，也不能将个人因素排除在外。这种情况致使思维和情感中产生了破坏性倾向，这些倾向往往源自个人在面对严酷的社会状况时所做的自我维护。然而，假如我们只为维护个人的倾向就将传统的普遍价值降低为个人的潜在倾向，那就错得离谱了。因为即便这种心理学现在依然存在，但那只是一种伪心理学而并非真正的心理学。

二、经院哲学中的共相问题

因为缺少第三方的仲裁，两种判断形式的争论一直未得到解决。这一问题更是被波菲利带进了中世纪，他说："从一般性和普遍性概念的角度来说，问题的本质在于：它们到底是理智上的还是切实存在的，是物质的还是非物质的，是脱离可感觉事物而存在的还是以这些事物为依托的？"经院哲学就是用这种方式来看待这一问题的。他们从柏拉图的观点"共相先于事物存在"开始，将普遍性观念看成一种原型和范式，认为它们不仅能区分开所有个体事物，并且还高于它们，在"天堂一样的地方"孤傲地存在，具体情形和充满智慧的狄奥提玛在与苏格拉底谈论关于美的话题时所说的情形类似：

这种美和思想或科学中的美不同，它不会以漂亮的外貌、美妙的双手或是其他肉体的方式展现在人们的面前，这种美只在自身中存在，除此之外，无论是生命体、大地、天空，还是其他的任何东西都无法作为它的载体；他将这种美看成是绝对的，只属于自身的，是独一无二且永恒存在的；因为其他美的事物只能部分地分享，所以，别的美会经历由生到灭的过程，而这种美本身却并无增减，且不会发生任何变化。

就像我们所见到的，柏拉图的形式同那种只将一般性概念当成语词的批判性设定是相对立的。后者主张：在存在之前的是现实的东西，而在存在之后的是观念的东西。换句话说就是：共相在事物存在之后。而较为中庸地存在于前后者之间的，是亚里士多德的现实主义观点，它被称为形式和事物并存的"共相存于事物"。这是一种具体的、具有调解性质的努力，能充分表现亚里士多德的性格特点。在超验主义这一点上，亚里士多德和他的老师柏拉图截然不同——柏拉图派后来逐渐蜕变为毕达哥拉斯式的神秘主义，他更看重现实（有必要补充一点，这里所说的"现实"指的是古代的现实）；这种现实包含的东西大都是一些具体形式，随着时间的推移，这些具体形式才被人类心灵的宝库抽象并纳入其中。将古代的普遍认识具体化是亚里士多德解决方法的实质。

　　以上三种形式大致显示了中世纪关于共相问题的重大争论中的各种观点，它们是经院哲学辩论的中心。即使我拥有这种能力，我也只会满足于对各种取向做一番大致的描述，而绝不会过多地涉及这场巨大争论的细枝末节。11世纪末的洛色林发起了辩论。在他看来，共相只是实物名称的集合，或者保守地说，只是肠胃气体的声响，存在着的只是个体事物罢了。对此，泰勒曾恰当地评价他是"被个体的实在性牢牢地抓住了"。除此之外，洛色林还有一个观点很特别，即上帝也只不过是一个个体。正是以此观点为基础，他才会将三位一体分解成三个彼此独立的位格；事实上，洛色林奉行的就是三位异体说。很显然，当时流行的唯实论并不能接受这一观点，在1092年于苏瓦松举行的宗教会议上，洛色林的观点受到了严厉的批判。阿伯拉尔的老师冯·桑博是一个拥有亚里士多德般气质的极端唯实论者，他的观点与洛色林的观点针锋相对。他在上课时宣称：一个事物的存在既是整体性的，也是个体性的。个体事物之间并不存在什么本质的差异，只存在一些繁杂的"偶然物"。在这一观点中，事物的实际差异被当成一种偶然性的东西，其情形正像化质说所宣称的饼和酒都只是"偶然物"一样。

　　经院派哲学的创始人，来自坎特伯雷的圣·安塞尔姆是一个坚定的唯实论者。他坚定地信奉柏拉图主义，认为共相就存在于神圣的逻各斯中。站在这一立场上，圣·安塞尔姆所建立的在心理学上具有相当重要地位的上帝论证（或称为本体论论证）对于我们来说就很好理解了。这一论证的内容是：用上帝的观念对上帝的存在进行证明。费希特清楚地概述了此论证："只要我们的意识中有一个绝对之物的观念存在，就能证明这一绝对之物是实际存在的。"安塞尔姆说，只要一种至高的存在的概念出现在理性中，也就同时涉及了实存的性质。接着他说："确实有这样一种存在，我们能想到的最大的东西就是它；确实是这样，因为它的真实性，我们根本无法设想它是不存在的，这就是我们的上帝。"本体论论证存在非常明显的逻辑缺陷，所以需要用心理学的解释来说明像安塞尔姆这样的头脑是如何得出此论点的。我们能从唯实论者一般的心理意向中，亦即从这样的事实中找到直接原因：在当时时代的潮流下，以观念为价值重心的社会阶层绝非一个，这样的群体在当时有很多。在他们的认识中，观念不仅体现了生命的价值，还体现了高于个体事物真实的真实性。因此，对于那些最有价值和最有意义，但却不是真正存在的东西，他们是不可能承认的。事实就是这样，他们的生活、思维和情感都完全是从这种观点出发的，这便是他们最有力的证据。所以观念的不可见性在它的显著效用方面起不了丝毫作用，因为效用的实质是一种现实。他们所拥有的是一种理想而并非现实的感觉概念。

　　高尼罗是安塞尔姆的对手，他们处于同一时代，他认为，那种幸福岛观念的一再出现并不能证明它们是确实存在的。这种反驳确实是合乎情理的。在此后的几个世纪里，也出现过许多与此相类似的反对观点，可它们并不能阻碍本体论论证的存在，以至于本体论论证直到近代仍然保留着，没有消失，本体论在19世纪的代表人物有黑格尔、费希特和洛采等。很显然，这些思想家关于本体论的论述是自相矛盾的，但如果认为造成这种情况的是他们逻辑上的某些缺陷或是他们的愚昧，那就十分荒唐了。实际上，他们深层次的各种心理差异才是真正的罪魁祸首；我们必须清楚地认识并掌握这些差异。那种认为实际上只存在一种心理或只有一种基本心理原则的假设是武断的，的确很难让人们接受，这种假设往往都来自那些普通人伪科学的偏见，他们所说的常常是单数的人和单数人的心理，就好像这个世界上除了这种心理就没有其他心理似的。同样，他们所说的现实也往往是单数的现实，仿佛这个世界上只有这一种现实似的。现实，指的就是在某个人灵魂中运作着的东西，而并非某些人所想的在灵魂中起作用的东西，所以轻率地对其做出的概括并不公正。即便这种概括秉承的是科学精神，但我们也要知道，科学并非生命的结论，而只是一种心理态度、一种人类思维形式。

　　本体论既非论据也非论证，它只是一种心理证明；证明某种特定的观念对于某群人来说是有效的，是现实的，也就是一种与感知世界互争高下的现实性。观念论者坚持自己的真实确定性，而感官主义者则常常吹嘘自己的现实确定性。对于这两种（或更多）类型的存在，心理学必须要有清楚的认识，不管什么时候都不能将一种类型归入另一种类型中，似乎这种类型的一切都只是另一类型的一种功能，也不能将两者相混淆。当然，这并不意味着要取消那条值得信赖的科学公理——"只能在必需的程度解释原理"。不过，那种我们所需要的心理学解释原理的多样性依然存在。除了上述对这一假设有利的论点外，还有一个非常明显的事实需要我们特别注意：尽管康德竭尽所能地将本体论论证推翻了，但在此之后仍有很多康德主义哲学家又开始信奉本体论。中世纪的人们拥有的是同一种生命哲学，然而今天的人们可就不是这样了，因此不仅是观念主义与现实主义，唯心主义与唯物主义这些二元对立范畴，就连它们所引发的所有附属问题，我们理解起来都非常困难。

本体论论证本身同逻辑没有丝毫关系，这是我们可以确定的，所以，任何现代理性的逻辑论证，都不会给本体论论证提供支持；然而，在此后的历史中，安塞尔姆的本体论论证却逐渐演变成了一种被理智化或理性化的心理事实。诚然，如若没有以假定为论据的狡辩及其他各式各样的诡辩术，这是无法做到的。正是在这种情况下，本体论论证才显示出它无可置疑的效力，也就是说，它确实存在着，并且公众舆论也能作证。我们所要思考的并非它在论证中所使用的诡辩术，而是它普遍存在的事实。本体论论证的弱点在于：它运用逻辑来论证，然而事实上这绝非一种单纯的逻辑论证。本体论论证是一种心理事实，其存在和效力毫无疑问，因此根本无须用任何形式的论证对它进行证明。

通过这一陈述："因为人们想到了上帝，所以上帝是存在的。"我们可以清楚地看到公众舆论证实了安塞尔姆是正确的。这种真理是如此明显，但其本质也只不过是一种同一性陈述。对于它的"逻辑"论证是多余的，也是错误的，因为安塞尔姆希望将自己关于上帝的观念变成一种具体的现实。他说："毫无疑问，在理解力和现实中存在某种更伟大而令人无法思考的东西。"不过，在经院哲学中，现实概念与思维存在于同一层面上。神学家狄奥尼修斯的作品对中世纪早期哲学产生过巨大影响，他从相邻范畴中区分出了理智的、理性的、可知觉的与简单存在着的东西。而托马斯·阿奎纳则将那种同时在灵魂内外存在的东西当成现实。通过这一明显的等同，我们便能意识到那个时代人的思维是具有原初的"实物般"的特征的。从这一心理状态出发，就不难理解本体论论证的心理根源了。观念的实体化是次要的，它只是受了思维那种原初感官性（具体性）的影响，所以我们不要把关注的重点放在它上面。从心理学角度来看，高尼罗用来反对安塞尔姆的论点是不充分的，因为尽管公众舆论能够证明幸福岛的观念出现得非常频繁，但从有效性上来看，它确实无法和上帝观念相比，因此，上帝观念才拥有了更高的"现实价值"。

后来继承了安塞尔姆的本体论论证的那些作者在基本原则上重蹈了他的覆辙。其中，康德的理性是最后的例证。因此我们将对其进行简略的概括。康德说：

绝对必然的存在概念是一个纯粹理性的概念，也就是说，是一个纯然的观念，此观念的客观现实性很难用理性要求的事实来证明……然而判断的无条件的必然性并不等同于事物的绝对必然性。事实上，判断的绝对必然性仅仅是事物的一种有条件的必然性，或者说，仅仅是判断中的谓词的有条件的必然性。

在说上述话之前，康德曾举过这样一个有关必然判断的例子：一个三角形一定有三个角。他还说：

上面的论述并不就代表三角形有三个角是绝对必然的，但是，如果以有一个三角形（已经给定了）为前提，那么将必然发现在这个三角形中存有三个角。事实上，这一逻辑的必然性确实证明了一种如此之大的幻觉的力量，以至于用这一方式也可以对另外一个简单的设计提供证明，因为设计是由某物的先验概念形成的，就像实存之物已被包含在先验概念的意义一样。这样一来，我们就可以说我们已成功地证明了结论，因为在这里，概念已将实存之物的必然性收入（已处在该物确实存在且被我们所给定的条件下），因此依据同一律，我们就一定要对此概念的对象的存在加以设定，所以存在本身就是绝对必然的——我再重复一次，存在的实存正因如此才能在概念中得到思考；这个概念可能就处在我们设定了其对象的前提条件下，也可能是随意设定的。

　　康德在这里所说的幻觉的力量指的正是原始人的字词魔力，这一魔力也是寓于概念之中的。经过漫长的进化过程之后，人们在认识字词或辨别语声时，终于不用再借助指代现实或表征存在了。但是，虽然一些人已经意识到了这一点，但还不足以将那种根植于概念的迷信力量从每个人头脑中清除出去。很显然，在这种"本能的"迷信中确实存在着某些无法根除的东西，因为它具有某种存在的权利，关于这种权利是什么，一直以来我们都没有充分的认识。在对幻觉进行阐释时，谬论也被康德用同样的方式引进了本体论论证中。他从"绝对必然的主体"这一命题出发——该命题完全内在于实存的概念，想要将它驳倒同时又要避免自相矛盾，这显然是无法做到的。要知道，这是一个"最高的现实存在"的概念。

　　可以断定，这个概念是具有全部现实性的，因此我们有理由去设定，这种存在是可能的……于是，实存就包含于"全部现实性"中；所以我们能够说，可能的事物的概念包含了实存。这样一来，如果事物受到排斥，那么事物永恒的可能性也会受到排斥——可这是自相矛盾的……这时只有两种可能：要么在我们内心当中的思想就是事物本身，要么我们已在可能性范围内对实存进行了预设。因此，我们可以从其永恒的可能性来对其实存进行推断——这是同语反复，除此之外任何别的意思都未表达。

　　存在显然并不是一个现实的述词。换句话说，它只是对某物或某种决定性因素的设定，而并非某物的概念，能被增加到该事物的概念上去。用逻辑的语言来说，就是，它只是一个判断的系词。"上帝是无所不能的"这个命题含有两个概念，"上帝"与"无所不能"分别是这两个概念的对象，两个概念中的小词"是"只是在与主词的联系中起着设定述词的作用，并没有添加新的陈述。现在，倘若我们将主词与它所有的述词（"无所不能"即是其中一个）联系起来，说"上帝是"，或说"上帝存在"，那么，我们只是将主词本身设定在它所有的述词中，而并未在上帝的概念中添加新的陈述，或者更确切地说，是将它设定成一个同我的概念密切相关的对象性存在。在这种情形下，对象与概念这两者的含义必然是同一的；并未在概念上添加任何东西，它只是经由我对作为被绝对地给予的对象的思考——"它是"的表达——表达了某种可能性。也就是说，现实的并不比只是可能的包含更多的东西。比如，一百个现实的银元并不比一百个可能的银元多，然而，拥有一百个现实的银元与拥有一百个银元的概念（即它们的可能性）对我的经济状况而言，是绝不能相提并论的。

因此，如果我们想将实存归入对象，那么不管对象的概念有多么丰富的内涵，都必须突破其范畴。而且还要在感知对象的情形中，依据经验的法则，使我们对某物的感知进入同它的联系中。但是，一旦谈论到纯粹思维的对象，我们却没有丝毫办法得知对象的实存，因为只有在完全先验的形式中才能认识它。我们对实存的所有意识，不管是通过直接的感官感知得到的，还是经由间接地与对某物的感知相关联的推断得到的，都仅仅是一种经验；任何一个被指称的不在此领域范围内的实存，虽然并非我们所宣称的那种绝对不可能的存在，但其实质上也只是一些永远没有办法证实的假设。

从康德的论述中我们找到了理性存在与现实存在之间最明显的区别，所以在我看来，对康德的基本论述做出详细的提示是非常有必要的。黑格尔强烈地谴责了康德，他认为将上帝观念同想象中的一百个银币放在一起作比较是错误的。对此，康德给予了有力的反驳。在他看来，逻辑必须排除所有内容，在逻辑中只要有一种内容占据优势，那它就不再是逻辑。从逻辑的角度来说，逻辑关系是非此即彼的，在它们之间永远不可能插入第三者。然而，在现实和理性之间，却还存在着灵魂，这使得全部本体论论证变得毫无意义。康德在他的著作《实践理性批判》中，曾试着用哲学的语言来对灵魂的存在进行全面而深入的评价。他将上帝作为实践理性的假设，这种假设源自先验的认识："尊敬道德律一定会产生出最高的善，而对最高的善的客观现实性的设定自然也会随之而来。"

这样一来，灵魂的存在就成了一个心理事实，但必须确定的是，它只在人类心理中出现过一次，还是经常出现。"上帝"以及"最高的善"是人们所归结的两个词，它们本身所指示的正是最高的心理价值。换句话说，"上帝"一词在决定我们的思想和行为时，就被赋予了那种实际上最高的，当然也是最普遍的意义。

如果从分析心理学的角度来说，依据前面的定义，上帝的概念就是同那种汇集了大量欲力或心理能量，并推动特殊的观念得以形成的情结相对应的。因此，正如经验所证明的那样，在心理学意义上，不同的人拥有的具体的上帝的概念也是不同的。即便只是作为观念，上帝也不是单一的、永恒的，更不用说在现实中了。因为正如我们所知，灵魂中最高价值所在的位置和所指的内容是因人而异的。对有些人来说，"肚腹是他们的上帝"（《新约·腓立比书》第3章，第19节），而对另一些人来说，金钱、权力、科学、性等才是他们的上帝。个体的整个心理，至少其主要方面因最高的善所在位置的不同而有所不同。所以，一种完全以基本本能——就像权力或性欲之类——为基础而建立的心理学理论，当被运用到那些拥有不同取向的个体身上时，所能解释的就只是一些次要的特征。

三、阿伯拉尔为和解所做的贡献

研究经院哲学本身是如何努力解决关于共相的论争的，以及它们是怎样在缺乏第三方仲裁的情况下竭力平衡两种类型之间的对立的，是非常有意思的一项工作。阿伯拉尔发现了这种趣味，并为此努力地奋斗着。阿伯拉尔常常是郁郁寡欢的，他曾疯狂地爱上了埃洛伊丝，为了得到爱，他即使牺牲男子汉的气概也在所不惜。阿伯拉尔的灵魂是那么热烈地包容了那些分裂的对立，这是所有熟悉他的生平的人都知道的，这也就使得和解哲学上的对立对他来说成了一个非常重大的问题。德·雷米扎在他的著作《阿伯拉尔》中将阿伯拉尔描绘成一个抱持着不折不扣的折中主义的人，对于任何一种人们所接受的共相理论他都给以批判和拒绝，但又能自如地从中借鉴那些真实可靠的东西。阿伯拉尔的著作中涉及共相论争方面的论述往往晦涩难懂，因为他总是一再顾及争论的各个方面。尽管他认为人们所接受的观点没有一个是正确的，但他还是尽力去理解这些彼此相悖的观点，并将其调和，以至于就连他的学生也无法深入地理解他。在一部分学生眼中他是唯名论者，而在另外一部分学生眼中他又变成了唯实论者。这种误解非常典型：和将这两种类型放在一起来思考相比，将其中一种特定的类型作为思考依据要更为容易，因为在前一种情形下并不存在中间立场，而在后一种情形中一个人却能使逻辑保持一贯性。如果照此推论，那么不管是唯实论还是唯名论，就都能产生一致性。然而，若对相互对立的类型的做法进行估量和平衡，则只会导致混乱。就涉及的类型而言，是不可能产生让它们满意的结论的，因为无论是双方中的哪一方都无法认同调和的解决。德·雷米扎在阿伯拉尔的著作中找到了很多同我们的主题相关的矛盾的命题。他满怀疑问：“我们是否可以这样推断，在阿伯拉尔头脑中的教义是庞杂而又前后矛盾的？难道他的哲学就是一团混沌吗？”

通过唯名论，阿伯拉尔汲取了两个真理，一个是共相只是语词，在这个意义上，它们只是一种以语言为表达方式的既定的理性；另一个是，现实中的事物绝非共相而只是个别的事实。然而，通过唯实论，阿伯拉尔同时又接受了这样的真理：基于极大的相似性，个别的事实和事物结合成了属和种。

在阿伯拉尔看来，概念论就是调和的中间立场。它是这样一种功能，凭借它可以理解被知觉到的个别对象，依据其相似性可将这些对象划分成属和种，这样一来，它们绝对的杂多性就能被归结成一种相对的统一性。不管个别事物的杂多性与歧异性是怎样的毋庸置疑，但相似性却可以用一个统一的概念将事物的杂多性和歧异性联结在一起，这种相似性的存在同样无可置疑。因为无论是什么人，只要他的心理构成使他主要知觉到了事物的相似性，那么，综合的概念便确确实实地从一开始就给定了；也就是说，就是综合性概念借助确切的真实性的感官—知觉的帮助自发地涌现出来。但是，那些在心理构成的推动下主要知觉到的是事物的杂多性与歧异性的人就不会产生这种感觉，他看到的只是事物的差异，因为对他们来说，事物的相似性并非被理所当然地确定了，而且这些差异对他来说是非常真实的，正如前一种类型真实地看见事物的相似性一样。

这样看来，对客体的移情或许是一种逐渐看重客体的独特性的心理过程，而对客体的抽象则或许是一种只关注一般相似性而有意忽略个别事物的独特性的心理过程；一般相似性正是观念的真正根基。如果把移情与抽象结合起来，就会产生以概念论的概念为基础的功能。在这种唯一的心理功能的基础上，唯名论与唯实论找到了它们可以结合起来的中间道路。

尽管经院哲学家们知道在谈论灵魂时该如何运用夸张的语词，但他们对心理学却一无所知，因为心理学在所有科学中是最年轻的。如果心理学在那个时代就已经存在，那么，阿伯拉尔必然会将灵魂的存在当成自己的调解方式。德·雷米扎敏锐地察觉到了这一点，他说：

在纯粹的逻辑中，共相仅仅是一些既定的语言中的语词。阿伯拉尔认为，物理学是他的真正本体论的科学，不是经验的，而是超验的，属和种在这门科学中以产生和形构存在物的方式建立了起来。总而言之，在物理学与纯粹的逻辑之间，有一门起着调和中介作用的科学，我们可以称其为心理学。正是在这门科学中，阿伯拉尔用心思索我们的概念产生的过程，并由此探求存在物的整个理性的谱系，以及存在物的层次关系和它们现实存在的图像或象征。

不管在哪个时代，共相究竟是在事物之前还是在事物之后存在都是争论的焦点，即使争论已经以一种新的形式而不是穿着经院哲学的外衣出现也是如此。可以说，这是一个非常古老的问题，因为争论的结果一时偏向唯实论，一时又偏向唯名论。19世纪初的哲学对唯实论原本是持绝对肯定态度的，然而随着科学主义的兴起，问题又再次被推向了唯名论。只是这时的唯名论与唯实论已不像阿伯拉尔时代那样势不两立了。因为起调解作用的科学——心理学出现了，它已经足够强大，并把观念与事物结合起来，不会怠慢和伤害任何一边。虽然至今也没有人有勇气说心理学已经将这一使命完成了，但这也无法抹杀心理学本质上所具有的这种能力。我们必须要赞同德·雷米扎的结论：

无论如何，阿伯拉尔还是取得了胜利；因为，即便人们认为在唯名论和概念论中所发现的严重局限责任都在阿伯拉尔的身上，并因此对他进行了批判，但他的观点实质上依然是现代观点的最初形式。他不仅毫不动摇地坚持这种观点，同时也宣扬这一观点，预知这一观点。那一丝在黎明到来前冲破地平线的微光已经预示着，接下来出现的太阳将会给整个世界带来曙光。

如果我们有意忽视心理类型的存在，忽视对一种类型来说是真理而对另一种类型来说恰恰就是谬误这样的事实，那么阿伯拉尔所有的努力就都是徒劳的，比经院哲学更一无所得。但是假如我们认识到这两种心理类型的存在，那么阿伯拉尔的努力对我们来说就非常重要了。他去谓词中寻找和解的位置，与其说他把谓词理解成一种"论述"，倒不如更准确地说他将其理解为因联结某种特定含义而形成的陈述，也就是一种实际上需要用一些语词来说明其含义的定义。他所说的不能说是一种语言现象，因为从唯名论角度看这最多只能算是一种语词或声响。古代以及中世纪的唯名论确实使得语词与事物之间那种原初的、具有魔力的、神秘的同一性不复存在，从这一点上来说，这的确能称得上是一个巨大的心理学成就。可在那些其根本立足点在于从事物中抽象出来的观念而不在事物本身的人看来，这可算不得什么成就。阿伯拉尔的视野是如此广阔，因此他能看到唯名论的这种价值。他认为，字词的确是一种语词，但谓词包含了更广泛的内容；它带着固定的含义，描述了观念这一普遍的因素；而这里的观念指的其实就是对事物进行的思考以及敏锐的感知。共相存在于谓词中，并且只在这里存在，这样看来，将阿伯拉尔归于唯名论行列是较为合理的；然而他同时又认为共相比语词更具现实性，所以将其归于唯名论行列显然不完全正确。

阿伯拉尔的概念论必须建构在各种矛盾之中，所以他的概念论表达必然会遭遇极大的困难。对于这一点，我们通过一篇墓志铭就能对阿伯拉尔的教义的奇特有更为深入的了解：

他告诉我们，语词展示的是同事物的关系，
并且，通过意指来指示事物；
他纠正了属和种的错误，
并一再告诫，属和种只与语词有关，

他清楚地表示，属和种都是谓词。

并由此证明，"生物"与"非生物"各有所属，

而"人"与"非人"都可以种相称。

　　要想表达这种对立观点又避免奇特是非常困难的，然而阿伯拉尔还是努力地使其在理性的原则的立场之上建立起基础。我们必须牢记，唯名论与唯实论之间的根本差异并非只是逻辑的和理智的，还是心理上的，这种心理的差异常常最终被归结为对观念或对客体的心理态度的类型差异。如果某人是定向于观念的，那他在认识和反应时必定是站在观念的角度的；假如某人是定向于客体的，那他在认识和反应时一定就站在感觉的角度。抽象在后一种情况中是次要的，因为对事物的思考在他看来似乎无关紧要，而前者则正好相反。定向于客体的人天生就是唯名论者，除非他能学会对定向于客体的态度做出补偿，用歌德在《浮士德》中的话来形容就是："名称不过是声响和烟雾。"而如果补偿开始发挥作用，那他就能获得他想要得到的能力，然后他就会变成一个能对一切都洞若观火的逻辑学家，认真、刻板，少有人能与之相比。定向于观念的人天生就具有逻辑思维；这并非源自他对教科书上的逻辑的理解，也非源自他对教科书上的逻辑的赞赏，而是源自他的言行。德尔图良就是一个非常典型的例子，他所属的类型的补偿作用让他变成了一个感情丰富的人，即使他的情感仍离不开他观念的魔力范围。也正因此，那些由于补偿作用而成为逻辑学家的人们，也和自己的观念一道被限制在客体的魔力中。

　　我们所做的这些思考触及了阿伯拉尔思想的阴影面，以至于我们清楚地认识到他所想要达到的结论是片面的。如果唯名论和唯实论的对立仅仅是一个逻辑—理性论证的问题，那么为何最后除了奇特诡异之处没有找到任何其他的结论呢？只怕没有谁能给出答案。

因为既然它实质上只是一个心理对立的问题，那么片面的逻辑—理性的建构就必然会以奇特诡异收场："所以，人与非人都可以种相称。"即使以谓词的形式出现，逻辑—理性的表达也找不到任何调和方式来平等地对待两种对立的心理态度的实质，因为这两种对立的心理态度对具体现实没有丝毫认识，它们完全源自抽象。

不管逻辑—理性的建构有多么完善，都会剔除客观印象所具有的直接性和生动性。想要获得建构，它就必须这样做。然而这样做会使它丧失在外倾型看来最关键的东西，即与客体的关系。因此，不管哪种态度都绝对不可能找到令人满意的和解方式。但是人本身不可能一直保持这样的分裂状态——即使他的心灵是这样，因为这种分裂并非仅仅是哲学方面的问题，而是每天一再出现的、人与他自身以及世界的关系问题。这是一个亟待解决的基本问题，但唯名论与唯实论之间的争辩显然对此束手无策。要解决这个问题就需要处于调解立场的第三方介入。实物的存在缺失心灵，而理智的存在则缺少可感觉的现实性。然而，事物和观念都在人的心理中汇集，在那里，它们达到一种平衡。如果心理无法给出生命的价值，那观念会怎么样呢？如果心理失去了"感官—印象"的决定性力量，那客观事物的存在还有价值吗？如果灵魂的存在在我们身上并非现实，那真正的事实又是什么呢？灵魂的存在在生动的心理过程中，将事物具体的客观行为与唯一的程式化观念这两者结合起来才产生了生命的现实。只有通过心理所特有的生命活动，观念才获得了那种有效的力量，感官—知觉才获得那种强度，而这两者都是生命的现实不可或缺的组成部分。

心理的自主活动不能被解释为对感官刺激的反应行为和行使永恒观念的器官，它和所有的生命过程一样，是持续不断的创造性活动。心理活动每一天都在创造现实，而对于此活动，我只能用幻想来表达。幻想不仅是情感的，同时也是思维的；不仅是感觉的，同时也是直觉的。在幻想中，每种心理功能都紧密相关，有时以原初的形式表现出来，有时又表现为我们所有官能相结合的最终的也最具创造力的产物。所以我认为，幻想是对心理特有的活动的一种非常清晰的表达。它是一种创造性活动，能够产生出所有能够解答的问题的答案；它还是一切可能性的缔造者，一切内在和外在世界的心理对立都因生命的统一而联结在了一起。幻想是一座桥梁，沟通了主体与客体、内倾与外倾之间不可调和的要求，不管是过去还是现在，甚至直到以后，都是如此。只有幻想才能将这两种机制结合在一起。

假如阿伯拉尔对这两种观点之间的心理差异有足够深刻的认识，那他最好在逻辑上借助幻想来发展他的调解方式。在科学领域内，幻想就像情感一样也是一种禁忌。所以，既然我们对类型的对立——实际上是心理的对立——已经有所认识，那我们就更应该清楚，心理学不仅以情感为立足点，同时也一定以调解的幻想为立足点。然而，幻想很多时候是无意识的产物，因此这里又出现了极大的问题。幻想毫无疑问包含着意识的因素，但它也同样拥有一个奇异的特征：本质上不自主，并因此而与意识内容直接对立。梦和幻想一样，也具有这种特征，只是它具有更高程度的奇异性和非自主性。

一般情况下，个体与无意识的关系会限制他与幻想的关系，而这种情况又会受到时代精神的很大影响。根据理性主义所占的优势程度的不同，个体处置无意识及其产物的程度相应的有所不同。任何一个封闭的宗教系统都有压抑个体中的无意识的倾向，目的是阻止个体的幻想活动，而基督教就是这其中程度最深的。这样看来，宗教往往会用一些固定的象征概念来取代个体的无意识。每一个宗教的象征概念都在努力通过一种典型的、具有普遍约束力的形式对无意识过程进行改造。可以说，"终极之事"以及人类意识之外的世界的最终信息都被宗教教义呈现在了人们面前。无论我们在什么地方观察哪一种宗教的诞生，都会有这样的发现，其教义形象都是借助天启，或者说以其无意识幻想的具体化的形式灌输进创始者的头脑中的。这些从他的无意识中出现的形式具有普遍有效性，因此它们取代了他人的个体幻想。《新约圣经·马太福音》为我们展示了耶稣基督生活中的一个片段：在耶稣于旷野中接受考验、试探的故事中我们可以看到，王位的观念是怎样以魔鬼诱惑提问的形式从耶稣的无意识中浮现出来的，魔鬼给耶稣提供了统辖世间的最高权力；这自然是有条件的。如果耶稣将这种幻觉当成是真的并接受了它，那么世界上就又多了一个政治狂人。然而耶稣并没有这么做，他在进入这个世界时用的只是一个统领天国的君王的身份。因此，事实证明，耶稣绝不是一个妄想狂。有些人一再从精神病的角度出发，认为耶稣的心理是一种病态现象，这简直荒谬透顶，他们不能理解耶稣经历的这一过程在人类历史中所具有的含义。

如今，耶稣用来向世界表现他的无意识内容的形式已经被人们普遍接受，并被认为具有普遍约束力。此后，所有个体幻想就变得既没有意义也没有价值，有的甚至还被当成异端邪说而遭到打压，诺斯替运动的命运就是这样的一个例子，后来兴起的异端的命运也大都是这样。在《旧约圣经》中，先知耶利米也曾谈到过相似的内容，他告诫道：

16.万军之王耶和华这样说："你们不要听信这些先知对你们所说的预言，否则你们将变得一无是处。他们以虚空教训你们，他们所说的异象，是出于自己的心，不是耶和华说的。"

25.我已听见那些先知所说的，就是托我的名所说的预言，他们说："我梦到了，梦到了。"

26.那些说假预言的先知，就是预言本心诡诈的先知，他们这样存心要到几时呢？

27.他们将这些梦灌输给自己身边的人，使得我的百姓忘记了我的名字，就像他们的先祖一样。

28.得梦的先知，可以述说那梦；得我话的人，可以诚实地述说我的话。耶和华说："谷壳的价值怎么能和麦子比呢？"

同样地，我们也能看到，在早期基督教中，主教们热衷于彻底根除僧侣们的个体无意识活动。亚历山大城的亚他那修大主教所写的圣·安东尼的传记，为我们提供了深入地研究这种活动的特别有价值的资料。在书中，他描述了幽灵和幻觉，揭示了灵魂所面临的危险，提醒这些危险已经在那些于孤绝中守斋戒和坚持祷告的人身上降临。他警告这些人，魔鬼特别狡猾，它善于伪装自己，从而攻击圣洁的人，使他们滑向堕落的深渊。在这里，隐居者自己的无意识的声音被魔鬼利用，来反抗个体本性受到的强烈压抑。这本书的文字晦涩，我摘引了下面几个段落。通过这些内容，我们能清楚地看到，无意识经受了怎样系统的压抑和贬低：

有时我们并未看见任何人，但是却听见了魔鬼的声音，那感觉就仿佛是有人在放声歌唱；有时我们能听见不断反复地诵读《圣经》经文段落的声音，就像我们平时所听到的那样。有时还会发生这样的事情：在魔鬼的怂恿下，我们半夜起床祷告，笔直地站着，魔鬼让我们看见那些僧侣和隐居者模样的人；这些人十分疲倦，就好像刚刚走过一段漫长的旅途，他们紧紧地依靠着我们，然后开始自言自语，直到他们觉得自己灵魂深处得到了释放才肯停下来："我们这些喜爱孤单寂寞、特立独行的受造物，因着上帝的缘故，不能在我们自己的寓所藏身，不能按照自己的心意行使公正。"当他们借助这样的计谋无法实现他们的意志时，他们就转而对另一个人说："你怎么还能继续活下去呢？你想想，你在多少事情上犯下了不可饶恕的罪行，灵魂已经将你所做的一切都显示给我，要不然我如何能知道你具体犯了哪一条那一款。"所以，除非对信仰有深刻的认识，否则信徒在听了这些话之后就会觉得自己确实做了一些不该做的事情，但是因为从未受到追究和处罚，所以他的内心会变得忐忑不安，并进一步陷入痛苦和绝望之中，在和别人相处时小心翼翼。

哦，我亲爱的！我们害怕这些东西其实完全没有必要，只有当魔鬼放肆夸张那些所谓真实的东西时我们才有必要感到恐惧，然而我们必须严厉地谴责他们……因此，我们一定要保护好自己，即使魔鬼们说的话或许真的有道理，也不要在他们面前表露任何想听他们话的心思意念。如果让那些与上帝敌对的魔鬼成为我们的教师，那对我们来说将是耻辱。哦，弟兄们，让我们戴上赎罪的头盔，穿上正义的铠甲，让我们在这比赛的关键时刻从拉满弦的硬弓中射出我们虔诚的精神之箭吧，因为魔鬼并不算什么，就算他们算个什么，其力量同十字架的威力相比也不足为患！

圣·安东尼继续写道：

一次，一个相貌极其丑陋的魔鬼无比傲慢地站在我的面前，竟然胆大妄为地对我说："我，对，就是我，拥有上帝的权力！"他说话的嗓音堪比一大群人的嘈杂声。然后他又说："我，没错，就是我，是全世界的王。"他还说："说吧，你想从我这里得到什么？我会让你如愿以偿。"我不屑一顾地对着魔鬼吹了一口气，并用基督的圣名斥退了他……

还有一次，在我正禁食祷告时，那个异常狡猾的魔鬼又出现在我面前，他变成一个弟兄，双手端着饼，充满爱心地忠告我说："起来吧，这儿有饼和水可供你吃喝，你是如此辛劳，需要食物，也需要休息来支撑体力。因为你是一个人，不管你将来会成为一个怎样伟大的人，你终究还是拥有一副血肉之躯，有生有死，你应该觉得惧怕和痛苦。"听了他的话之后，我仍保持平静，并没有回答他。然后我躬下身体伏在地上，开始衷心地祷告："我的主啊！求你让他消失吧，就像平常你赶走他那样。"我的祷告刚一结束，这个魔鬼就化成一道尘埃，像一缕轻烟般夺路而逃。

一天晚上，魔鬼撒旦亲自来到我的房门前。他不断地敲我的房门，我走过去打开门看是谁，没想到一个非常高大且强壮的人形出现在我面前。我问道："你是谁？"他直截了当地回答："我是魔鬼撒旦。"我问他："你到我这儿来干什么？"他回答说："那些僧侣、隐士以及其他基督徒为何常常咒骂我，并且将那些恶毒的诅咒堆在我的头上？"他那种神经兮兮的愚蠢简直让我觉得莫名其妙，于是我问他："那你为什么要给他们添麻烦呢？"然而他的回答是："并非我要给他们添麻烦，而是他们自找麻烦。我在有些地方碰到的事情正是我曾经经历过的，假如不告诉他们我是魔鬼，那么他们的杀戮就不会停止。如此一来，就没有了我的容身之地，也不会再有刀光剑影，甚至都不再有真正臣服于我的人，就连那些为我服务的人都会用冷眼看我。所以我必须用锁链将他们捆住，否则他们会认为对我不忠是正确的，然后从我身边逃开。基督徒已经遍布这个世界，不信你看看，即便在沙漠中，基督徒的修道院和居所都那样不计其数。所以在他们污蔑我时，我也要严厉地警告他们。"

对于我主的仁慈，我感到非常惊讶，随后对魔鬼说：

"你在除此之外的其他场合都在说谎，这怎么解释呢？你现在说的是实话吗？你原本是要说谎的，现在却说了实话，这又是为什么呢？当耶稣基督降临这个世界，将你彻底地踩在脚底下的时候，也就将你的罪恶从这个世界上彻底清除了，这是事实。"一听到耶稣的名字，魔鬼的话就戛然而止，并随即消失了。

通过这些引文我们可以看出，个体的无意识在普遍的信仰当中将真理非常透彻地表达了出来，却仍无法避免被抛弃的命运。对这样的行为，人类心灵有着特殊的解释，但是在这里对它们进行讨论并不是我们的责任，我们只要知道无意识受到压抑这一事实即可。从心理学角度讲，压抑来源于欲力，也就是心理能量的撤回。由此获得的欲力会促进意识态度的成长和发展，从而逐渐将一种新的世界图像建立起来。而在此过程所获得的确定无疑的优势又自然而然地巩固了这一新态度。正因如此，我们才不会对我们时代的心理学为何会将一种注定会对无意识不利的态度作为自己的特征感到惊讶。

为何所有科学都将情感和幻想的观点拒之门外呢？这是可以理解的，因为这样做确实是非常必要的。科学正是因此才能成为科学。那么，如果换成心理学，结果又会怎样呢？假如心理学被看成一门科学，那么它也一定会这样做，这就是答案。但如果真的是这样的话，心理学能够对相关的材料进行公正的处理吗？每一门科学都竭力用抽象的形式来阐释其材料，因此心理学也能用抽象的理性形式来把握情感、感觉和幻想的过程，事实上它也确实正在这样做。用这种方法处理材料自然能树立抽象理性观点的权威，但同时也排除了其他更为恰当的心理学观点的权利。然而这种更为恰当的观点在心理学这门科学中却被弃置一旁，不能作为独立的心理原则出现。

科学在任何情况下都不能脱离理性范畴，其他心理功能都只能作为对象从属于它。理性就是科学王国中的君主。然而，只要科学进入实际运用的领域，那就是另外一回事了。理性这位高高在上的君主，立刻变成了一个臣子——确实，理性对科学来说是一种完善的工具，但也仅仅是一种工具而已；理性自身不再是目的而仅仅是一种前提。理性和科学，现在都要服务于创造性的力量和目的。虽然它已不再是科学，但仍然可以将其称为"心理学"；它是一门广义的心理学，是一种具有创造性的心理活动，其中的创造性幻想被认为是最重要的方面。如果我们不使用"创造性幻想"这个词，那我们仍然可以说，这门实用心理学中的主要角色被赋予了生命这种说法是正确的；因为一方面，生命无疑是一种幻想，它能繁殖和生产，并只把科学当成一种工具，而另一方面，它又代表了外在现实的多方面的要求，创造性幻想的活动又会因这些要求而被唤起。科学本身就是一种目的，也一定是一种崇高的理想，然而，这种理想的实现却会造成这样的结果：科学和艺术的种类与"自身即为目的"的数量是成正比的。这样一来，不仅会导致相关的特殊功能分化和专门化的程序越来越高，甚至还会离世界和生命越来越远，专门化的领域日益增多，彼此之间却不再有丝毫的联系。最后看到的只能是贫乏与枯瘠，这种现象不仅会在专业化领域发生，也会在每个人的心理方面发生，人离自己越来越远，也就是说，每个人都只有专门家的水平了。科学必须证明对生命来说她是有价值的；她既要做女主人，也要做女仆。她这么做并不会让她丢脸。

虽然在科学的引导下，我们已经认识了心理的失衡与扰乱状态，我也因此对她的内在理性禀赋产生了敬意，但是，如果就此将一个绝对的目的放置在她身上，从而使她不再仅仅是一种工具，那就错得离谱了。因为一旦我们从理性及科学的层面靠近实际的生命领域，困难就会接踵而至，将我们困住，甚至将我们同其他有着同样真实生命的领域隔离开。所以，我们只能将我们理想的普遍性看成一种局限，从而四处去寻找在精神上能够给我们提供帮助的牧师，他能从完整的生命要求出发，为我们展示理性本身所能达到的心理普遍性。当浮士德宣扬"情感就是一切"时，他所表达的命题也是和理性相悖的，所以也只是走向了另一个极端；他并没有获得自己心理的和生命的整体性，这个整体中的情感和思维交融汇成了更高的第三种原则。正如我已经分析过的那样，你可以将这个更高的第三种原则看成一种实际的目的，也可以将它当成为达到这一目的的创造性幻想。科学或情感都达不到这一整体性目的，因为前者的目的是自身，而后者没有思想的灵视能力。这两者必须互为辅助力量才能使自己更趋于完善，只不过它们是对立的，所以我们必须在它们之间架设一座桥梁。这座桥梁我们在创造性幻想中找到了。它并不是来自两方中的任何一方，而是它们的母亲，更确切地说，它正孕育着一个孩子，这个孩子就是能使对立的两方达成和解的最终目的。

如果我们只是将心理学看成一门科学，那么我们就没有深入到生命而只是在为科学的绝对目的服务。更准确地说，科学在为我们认识事情的客观状况提供帮助时，常常对它自己的目的进行维护而对任何其他的目的都予以抑制。除非理性承认其他目的也具有价值而从始至终都维护自身至高的权威，否则它就会永远封闭自己。它不肯迈出那能让它走出自身的第一步，这就证明了它不是普遍有效的，因为对于理性来说，任何其他的东西都仅仅是幻想。然而，那些最终真正成为现实存在的伟大事物所迈出的第一步常常就是幻想啊！理性一向依附于科学的绝对目的，既固执又呆板，因此它才会同生命的源泉隔绝开来。在它眼中，幻想就是一种愿望的梦，这说明了它对幻想的轻视，然而理性的这种态度正是科学急需并且愿意接纳的。只要科学的发展依然是争议的焦点，那就无法避免地要把科学看成一种绝对目的。但是争议一旦涉及了生命本身要求发展的问题，就立即成了犯罪。所以，压抑这些桀骜不驯的幻想活动就成了基督教文化过程中的必然；出于不同的理由，我们今天的自然科学同样也认为有必要压抑幻想。不过，我们一定要记得，如果创造性幻想未被限制在正当的范围，它就会泛滥成灾，堕落为最有害的东西。但是这些限制绝不是指那些由理智或理性情感所设置的人为的限制；创造性幻想原本就应该存在于必然性和无可争议的现实性的范围内。

时代不同，其使命也不同，而且我们往往只有对历史进行回顾的时候才能肯定地判断什么是正确的，什么是错误的。目前争论的焦点是"战争是万物之父"，然而只有历史拥有最终的裁判权。真理并不是永恒的，它只是一台还未演完的好戏。越是"永恒"的真理，就越没有生机，没有价值；因为它本身就已经向我们表明，它再没有什么东西可以告诉我们了。

只要心理学还仅仅作为一门科学，我们就能通过弗洛伊德和阿德勒那些著名的观点，知道它是如何对幻想进行评价的。弗洛伊德的观点是一种本能心理学，它将幻想还原为因果的、原初的和本能；而阿德勒的观点则是一种自我心理学，它将其还原为自我的基本的和终极的目的。本能不是个体的生物现象。建立在本能基础上的心理学是不可能重视自我的，因为自我的存在无法离开个性化原则，也就是说，无法离开个体的差异，个体因这种差异中独有的特征被从一般生物现象的种类中分化出来。虽然生物的本能过程也可以形成人格，但是从其个性本质角度来说，还是有别于集体本能的；确实，个性与集体本能最为直接地对立着，正如作为人格的个体常常和其集体性截然不同一样。它的本质恰恰在于这一区分。所以，我们说，每一种自我心理学所要排除和忽视的东西正是被本能心理学当作基质的集体因素，原因就在于，它描述了那种自我借此与集体本能相区分的关键过程。持有这两种观点的人物的代表互相敌视，因为他们各自所持的观点本就是相抵触的，而且贬低对方。只要本能心理学与自我心理学对它们的根本区别是什么还没有清楚的认识，它们就都理所应当地认为自己的理论才具有广泛的效力。当然，这并不意味着本能心理学设想不出自我—过程的理论。它完全做得到，只是它所使用的方法在自我心理学家看来是对他的理论的否定。所以我们意识到，原来在弗洛伊德身上"自我—本能"也曾偶然出现过，只是从整体上看，它还非常渺小。然而对阿德勒来说，性欲就像是一种极不重要的工具，它以某种方式为权力的基本目的服务。阿德勒的原则以超越集体本能为基础，准确地证明了个人权力；但弗洛伊德却认为，正是本能促使自我服务于它的目的，所以自我只是本能的一种功能。

将一切都归结为自己的原则，并以此为基础进行演绎，这就是弗洛伊德和阿德勒的科学的倾向。这样的操作如果有幻想的帮助更容易完成，因为它所表现的完全就是本能的和自我的倾向，它和意识的功能不同，不用适应现实并因此必须带有客观取向的特征。每个能够接受弗洛伊德本能观点的人，都能很容易地从中找到"愿望的达成""婴儿期的愿望"和"被压抑的性欲"。而对阿德勒的自我观点持肯定态度的人，也并不难从中发现那些与自我护卫和分化有关的基本目的，因为幻想原本就是自我与本能之间的中介。因此，这两者的基本要素在它身上都可以看到。任何一种单方面的解释都或多或少是牵强的、武断的，因为这样做必然使另一方受到压制。但总的说来，还是出现了一种能够证明的真理；只不过它只是部分有效而不是普遍的真理。这种真理只在自身原则的范围内有效，而在其他原则的领域内则没有丝毫作用。

弗洛伊德心理学中压抑不相容的愿望倾向这一核心的概念最为人们所熟知。人只不过是一种部分与客体相适应的愿望的集合。人对本能的自由表达会受到来自外部环境的影响、人们受到的教育还有一些客观条件的束缚，而正是这些造成了人的心理障碍。此外，还有一种影响来自父母，它造成了道德的冲突或是生命婴儿期的固恋作用。原初的本能构成的总量不会增加也不会减少，但会在客观影响的各种干扰下发生改变；所以，对恰当挑选的客体做出尽可能不受限制的本能表达显然是必要的治疗方法。阿德勒心理学的特征恰恰与此相反，它的特征是自我优势的核心概念。人主要表现为一种自我基点，无论处于哪种情况都不应该受到客体的限制。弗洛伊德认为，对客体的渴望、固恋以及某些欲望的不可能性所起的作用至关重要；而在阿德勒看来，所有的一切都在于主体的优势地位。弗洛伊德对客体的本能压抑在阿德勒那里则变成了主体的自我保护。在弗洛伊德看来，治疗在于将那种使客体变得无法接近的压抑消除；而阿德勒则认为，必须将使主体封闭起来的自我保护去除。

因此，在弗洛伊德的观点中，性欲是基本的程式，它表现了主体与客体之间非常密切的联系；而在阿德勒看来，主体的权力才是基本的程式，它既有效地抵御了客体，又为主体提供了一种能切断与外界一切联系的坚固的堡垒。弗洛伊德希望本能可以没有丝毫阻碍地流向它们的客体；但阿德勒却想将客体邪恶的魔力消除，以便使自我摆脱将人禁锢起来的防御性盔甲。因此我们得出的结论可以是这样的：弗洛伊德的理论从本质上来说是外倾的，而阿德勒的则是内倾的。当然，外倾的理论只对外倾型才有效力，而内倾的理论也同样只对内倾型才有效。因为纯粹的类型是因全然片面化发展的产物，所以它不可能保持平衡。过分地强调一种功能也就意味着在压抑另一种功能。

如果心理分析运用的是定向于患者所属类型的理论的方法，那么心理分析就无法消除压抑。因此，为了能与其理论保持统一，外倾型就将他无意识中浮现出来的幻想还原为本能的内容，而内倾型则会将这些幻想还原成他的权力目的。通过这种心理分析所获得的结果只会进一步扩大既有的不平衡。所以，这种分析只是强化了现存的类型化，而绝不会对类型之间的相互理解与调和有促进作用。不仅是这样，这种分析还将外在的和内在之间的鸿沟拓宽了。此时就出现了一种内在的分裂，因为其他的功能会断断续续地出现在无意识幻想、梦等形式中，但却一次次地被压抑。在这种情况下，如果某个批评家觉得弗洛伊德的理论是一种神经症理论，那么从某种程度上来说，他的观点是有一定道理的，即便这种观点中所带有的敌意攻击会让我们不愿再对出现在我们面前的问题进行负责任的思考。弗洛伊德和阿德勒的观点都是片面的，都具有某种类型特征。

以上两种理论都对想象的原则不屑一顾，它们都贬低幻想，将幻想当成一种纯粹符号的表达。可这绝不是事实，要知道幻想是具有相当广泛的含义的，除上述用法外，它们还表现了这样的机制：在外倾型中被压抑的内倾的机制以及在内倾型中被压抑的外倾的机制。不过，被压抑的功能却一直处于原始阶段，未得到充分的发展，因为它们还处于无意识状态。在这种情况下，被压抑的功能显然不能与较高水平的意识功能结合。幻想之所以很难被接受，原因就在于它派生于这种未获认可的、无意识功能的特殊性。正是因为上述原因，在那些以适应外部现实为主导原则的人眼中，想象成了毫无用处且应该被谴责的东西。但是我们无法否认，任何创造性工作和善的观念都是想象的结果，都源自我们所说的童真幻想。不只是艺术家，可以说一切富有创造性的人都是从幻想中获得了他生命中最伟大的东西。游戏能够激发幻想，这是儿童的特征，所以它显然与严肃工作的原则相抵触。然而，如果幻想不具有这种游戏的性质，也就不会产生具有创造性的工作。我们对想象的游戏有太多的亏欠。所以，如果仅仅因为幻想令人难以接受或有害性就认为它一无是处，那我们的目光也未免太短浅了。我们要牢记，一个人的最高价值或许就存在于他的想象之中。我用"或许"一词是经过再三考虑的，因为从另一方面来说，幻想也是毫无价值的，原因就在于，它们在还是原初材料时，本身并没有任何可实现的价值。要想使它们蕴含的巨大财富被发掘出来，就要让它们进一步发展。不过，这一目的仅仅依靠对幻想材料的简单分析是无法达到的，必须借助建构的方法来进行综合的处理。

用理性的方式能否完美地解决两种观点之间的冲突仍然是个谜。虽然从某种程度上来说，我们应该重视阿伯拉尔的努力，可事实上，在他的努力中我们找不到任何有价值的东西，原因就在于，他只是在重复那些片面而理性的古老的逻各斯概念，却未能突破概念论或"训诫论"所建立起来的调解的心理原则。逻各斯是以调解者的身份出现的，和说教相比，它显然更有优势。这个优势指的就是它在人的表达中对人的非理性的渴望也持肯定态度。

然而，我却始终有这样的一个印象：悲剧的命运使阿伯拉尔丧失了激情的推动力，若非如此，以他那充满感悟力的优秀头脑以及对生命伟大的肯定与否定，是不会只满足于建立起奇异的概念论而不肯再做进一步的创造性努力的。要想证明这一点，只要将概念论同中国伟大的哲学家老子、庄子或德国著名诗人席勒在同一问题上所采取的方式放在一起比较一下就清楚了。

第五节　圣餐礼的论战

后来又出现了一些搅乱人们思想的争论，我们首先应关注其中的新教和宗教改革运动。我们在对这一现象进行分析解释前有必要先将其分解为许多独立的心理过程，因为它极为复杂。但这已超出了我的能力范围。因此，我在这场巨大的争论中挑选了一个特定的例子来进行分析，即路德与茨温利之间关于圣餐礼的争论。在1215年的拉特兰会议上承认了化质说教义，此后这一教义成了基督教信仰的固定教义；路德从小到大都在这种传统的环境中生活。对于那种认为仪式和仪式的具体实施具有客观的拯救意义的观念，新教是无法容忍的，因为新教运动的目的就是要将天主教体制完全推翻，但路德在取用饼和酒时仍无法控制自己不陷入那种直接而有效的感官印象中去。在他看来，饼和酒并非纯粹的记号，对饼和酒的感官现实与直接体验是一种必须具备的宗教需要。所以他宣称我们在圣餐中所喝的酒、所吃的饼确实是基督的鲜血和身体。对他来说，直接的体验与感官现实都具有重大的宗教意义，因此他会觉得自己完全与耶稣的圣体同在。所以，他进行所有论述时都身处这种感觉经验下：虽然基督圣体的临在是"非空间性的"，但却是现实的。依据化质说教义，圣体实质上也是始终同圣餐礼中的饼和酒相伴存在的。此教义认为基督圣体无处不在，这使得人类的理性极度不安，所以后来人们用立意遍在的概念来替代它，此概念的意思是，上帝会在任何他想要出现的地方出现。但是这并未干扰到路德，他始终秉承感官印象的直接体验，而且想通过解释将人类理性所有的顾虑消除，但他的解释不是荒唐的，就是难以令人满意的。

我们很难相信，使路德紧紧依附于这一教义的仅仅是传统的力量，因为他已经证明，他有摒弃传统信仰形式的能力。如果我们就此认为，新教的原则对路德本人的情感价值远不及他在圣餐礼中与耶稣圣体的接触，那明显是错误的。因为这一原则主张，传达上帝恩典的唯一工具是圣言而非仪式。但路德却说，圣言具有拯救的力量，这的确是正确的，但分享圣餐也是一种传达上帝恩典的方式。我重申一下，这仅仅是路德表面上对天主教体制所做的让步；而实际上，它是建立在直接的感官印象基础上的情感事实的认识，这与路德的心理要求是相符的。

茨温利的观点与路德的相反，他赞同圣餐礼只具有纯粹的象征性的看法。他真正关心的是从"精神"上分享基督的身体和鲜血。这种观点既具有理性的特征也具有关于仪式的理想概念的特征，能避免任何与理性相悖的假设，优点是不违背新教原则。但是，在路德所希望表达的感官印象的现实性以及其特殊的情感价值这一问题上他的看法有失公正，这是必须要指出来的。虽然茨温利也参加了圣餐礼，也同路德一样分享了饼和酒，但是圣餐礼在他看来并不包含任何可以恰当地再现有关客体的独特的感觉和情感价值的程式。相反，路德提供了一个有悖于理性和新教原则的程式。从感觉和情感的角度来看，这无关紧要，而且也确实是正确的，因为这种观念，也就是"原则"，很少涉及对客体的感觉。总之，路德的观点与茨温利的观点是相互排斥的。

通过比较可以看出，路德的程式更为看重事物的外倾概念，而茨温利的程式则更倾向于观念化的立场。虽然茨温利的程式并未粗暴地对待情感和感觉，只是提供了一种理想的概念，但却也从未给客体的影响留有一点空间。这情形就和以路德为例的那种外倾型的观点类似：为客体所保留的空间并不能使他们感到满足，他们还进一步要求一种观念服从感性的程式，正如观念的程式要求情感和感觉的服从一样。

想到上文已经对问题进行了一般性论述，因此我想在此将关于古代和中世纪思想史中的心理类型问题这一章结束。我的能力并不足以透彻地处理如此困难而又意义深远的问题。如果我的文字中对类型观点的差异的论述已在读者心中留下某种印象，那么我就算是成功了。我深知这里所涉及的每种材料都无法做出令人信服的论述，但我也没有必要补充。我就把这个任务留给那些在此论题上有更渊博的知识的人吧。

第二章

席勒有关心理类型的论述

第一节　席勒的《美育书简》

一、优势功能与劣势功能

据我有限的知识所知，席勒似乎是第一个在很大程度上有意识地对类型态度进行区分并对它们的特征做出了详尽论述的人。1795年，他的《美育书简》首次出版，该书由他写给奥古斯丁贝格公爵的书信组成，通过这本《美育书简》，我们可以看到他在论及两大对立机制，发现两者和解的可能性方面所做的巨大努力。

席勒的《美育书简》具有深刻的思想，他对材料所做的心理分析非常透彻，并且用心理学的方法来解决冲突的宽广视野，这些都使我有兴趣对他的思想进行进一步的讨论和评价，因为还从未有人对他的这些思想进行过如此的处理，我是第一个。从心理学的角度来看，席勒的功绩可以说是至关重要的，对此我们在后面进一步的讨论中会有清晰的说明；因为他将一些经过精心构思得出的观点提供给我们，而我们这些现代的心理学家对这些观点的理解，还处在起步阶段。我的责任自然也很重大，因为我随时可能被指责，指责我给席勒的思想加进了一个与他的原文不相符的建构。虽然，我会尽可能地在所有基本观点上都引用他的原文，但不给他的思想加上某些解释或建构，是无法将其引入现在的论题中的。在此种情况下，我只能做到尽量让我的论述符合作者的原意。但另一方面，有一个事实我们必须清楚，席勒自己必定也属于某种特定的类型，因此他会不自觉将自己观点的某种片段展示出来。我们能找到的最明显的局限就是我们在心理描述这方面的观点和认识上的局限，因为我们现在只能对那些在人们心中已经留下了清晰轮廓的图像进行描述。

从种种特征来看，我将席勒归属于内倾型，而对于歌德，如果我们只考虑到他最重要的直觉的话，那么，我认为他更倾向于外倾型。我们可以轻而易举地在席勒关于理想类型的描述中找到他的自我形象。如果我们想要有更全面的理解，就必须看到这样的事实，因为这种认同作用，席勒的全部阐述都不可避免地带着一种局限性，这种局限性使得席勒对一种功能进行的陈述丰富详尽而对另一种功能的陈述则简单粗略，因为后一种功能在内倾型那里不可能得到完全的发展，而正是这种不完全的发展使得后一种功能不可避免地带有一些劣势特征。正因如此，席勒的描述才需要我们的批评和纠正。显然，席勒之所以使用一套缺乏普遍适用性的术语，正是因为受到了这种局限的影响。作为一个内倾型，席勒同观念的联系要比同实物世界的联系紧密得多。根据个体是属于情感型多一些还是思维型多一些，可以判断个体与观念的关系是感情性的还是反思性的。在此我要恳请各位读者将我在本书第十一章中所提供的定义牢记于心，也许你们在我先前著作的影响下，已将情感等同于外倾，将思维等同于内倾。根据内倾型与外倾型，我将人划分成两种普遍的类型，然后又进一步将它们细分为各种功能—类型，例如思维型、情感型、感觉型和直觉型。因此，一个属于内倾的人有可能是思维型，也有可能是情感型，因为它们可能受观念的统辖，正如思维与情感都可能受客体的支配一样。

所以，如果仅就席勒的本性，尤其是他相对于歌德的一些特性来说，我认为他是内倾型的。接下来面对的问题是，如果接着往下分，他将属于内倾型下的哪种类型。这个问题极难找到答案。直觉对他来说无疑非常重要；从这一角度出发，如果仅仅把他看成一个诗人，那么，他属于直觉型。然而，通过《美育书简》中透露出来的细节，我们可以发现席勒无疑是一位思想家。席勒身上的思辨因素是极为强大的，这一点我们从这本书上的内容，从他对自己的判断都可以知道。因此，为了能从关于内倾思维型的心理的角度对他进行研究，我们必须将他的直觉因素挪到思维的那一侧。我希望能够充分地证明这个假设是合乎事实的，至少席勒的书中的许多叙述都可以支持我的论证。因此，必须提醒读者注意，我刚才所提出的假设是我整个论述的基础。在我看来，这个提醒很有必要，因为席勒往往是从他自己内在经验的角度来把握问题的。基于这一事实，另一种心理，也就是另一类型在看待同一问题时采取的一定是不同的方式，那么席勒针对某个问题所进行的陈述尽管非常广泛，却也因此而有可能被认为是带有个人主观的偏见或欠妥的概括。但是，这种看法可能并不正确，因为确实还有许多人像席勒一样存在功能分立问题。因此，如果下面的讨论偶尔强调了席勒的片面性和主观性，那并不意味着我想要贬低席勒所提出问题的重要性和有效性，我只是想给其他的阐述提供一些空间。照此来看，我偶然提出这些批判，是为了将席勒的论述改写到另一种语言环境中去，使席勒的主观局限得以缓解。但是，我的论证与席勒的论点非常接近，因为它很少涉及我们曾在第一章中花费了整章的篇幅讨论的内倾与外倾的普遍性问题，而主要涉及内倾思维型的类型冲突问题。

　　席勒首先关心的是导致两种功能分立的原因和根源是什么这一问题。他用确切的本能将个体的分化这个基本主题总结出来。席勒说："正是文化本身造成了现代人性这一创伤。"这显示了他对问题的广泛理解。本能生命中各种心理力量和谐一致的分裂，是一种永远不能修复的创伤，一种名副其实的安福塔斯式创伤，因为众多功能中的某种功能的分化，将导致该功能的不断发育，其他功能的萎缩。席勒说：

我可以肯定，如果将统一体和理性作为尺度来衡量，那现代人显然比古代人更具优势，甚至能超越古代世界中最杰出的人物。但是，这场竞赛应该包括所有成员，并在整体的人之间来衡量。在现代人中有谁胆敢站出来一对一地与雅典人比试一下人性的价值呢？在这里，我们先不讨论类所获得的好处，而只考虑个体的这种不利条件是怎样产生的。

在席勒看来，文化，或者说功能的分化才是造成现代个人这种式微的罪魁祸首。他还认为，艺术与学术中的直觉距离思辨的思维越来越远，它们都将对方排挤出自己的领域。

人们一旦将自己的活动局限在某一个领域，就等于甘愿让支配者来控制自己，而这个支配者会压制人们其他方面的素质，这已成为习惯。这样的结果不是旺盛的想象力彻底破坏了知性好不容易得来的成果，就是抽象精神彻底扑灭了那种点燃过想象力并温暖过我们心灵的火焰。

他接着说：

如果社会用职务或功能作为衡量人的尺度，只重视公民中某一个人的记忆力，另一个人图解式的知性，第三个人机械的熟练技巧；假如在这里只追求知识却对性格没什么要求，在那里则刚好相反，只要求遵纪守法并将最大的无知视为优异；如果要求最大限度地发展各种个体的能力，甚至允许其达到主体不可能允许的程度，为了能争取到个别可以带来荣耀和利益的天赋，而抛弃心灵的其他能力，那这怎能不使我们感到惊讶？

席勒的这些思考非常有深度。与席勒同时代的人因为对古希腊世界缺乏充分的认识，所以在对希腊人进行评价时便只能借助那些流传下来的恢宏的长篇巨著，他们往往给了希腊人过高的评价，这很容易理解，因为实际上古希腊艺术的独特美感在相当大程度上要得益于与其赖以兴起的周遭环境的鲜明对比。希腊人相比于现代人有分化较少的优点，当然，这要以分化真的能被人们看成是长处为前提，因为在这种情形下，其短处也是一样明显的。人的功能的分化并非人类随心所欲的产物，它与自然中所有的现象一样无疑都是一种必然。如果一个对"希腊天堂"和阿卡迪亚乐土极为欣赏的现代人，以一个雅典奴隶的身份访问这里，那么他将带着另外一种心境再次眺望希腊这块美丽的土地。事实确实是这样，早在公元前5世纪，耶稣诞生前的原初环境就已经为个体提供了让他们能够全面地展现自己的本质与能力的较大可能，但要注意，必须以他无数的同胞都处在恶劣环境中，被压抑被伤害为代价，才能成就这种可能性。

在古代社会中，确实有一部分人的文化水平很高，但整个社会集体的文化水平却依然处于低级状态。而只有基督教才能将创造集体文化的伟绩完成。所以，如果从整体上说，现代人不仅能和希腊人不相上下，而且不管用哪种标准衡量，希腊人的文化水准都很难同现代人集体文化的水准相比。此外，我们说，席勒的观点——我们个体的发展并没能和集体文化的发展保持一致——是完全正确的，并且这种情况自席勒著作发表后的120年来不仅没有丝毫改善，甚至还愈演愈烈；如果我们没有深陷这种阻碍个体发展的集体氛围之中，那么，从施蒂纳或尼采的思想中所体现出的那些激烈的反应就大可不必了。因此直到今天，席勒的观点仍符合这个时代的特征且具有有效性。

就个体的发展而言，正如古时候的人为了迎合上层阶级的需要往往对绝大多数平民进行压抑一样，后来的基督教世界也经历过相同的过程而达到了我们所见到的集体文化的程度，它极尽所能地将这种过程转化到个体内在的心理领域中去，用我们的话说，就是把它提升到了主体的层面。但是，当个体的价值被基督教教义规定为一种不灭的灵魂时，这种为了少数上层人获得自由而压抑大多数下层人的情形就不再出现。对个体中更具价值的功能的选择终于超越了处于劣势的功能。重点被转移到了某一有价值的功能上，所有其他的功能都被抹杀了。从心理学角度来说，这意味着古代文明中那种社会的外在形式被转移到了主体之中，因而产生了一种内在于个体的状况，而这种状况在古代世界中原本是外在的；那就是，一种占支配地位的优势功能，以牺牲大多数劣势功能为代价得到了发展和分化。借助这种心理过程，逐渐产生了一种集体文化，"人权"也因此获得了一种远超古代的更加可靠的保证。不过，它仍然有不足，即它依赖于一种主体的奴隶文化，也就是说，依赖于一种将对古代大多数人的奴役转化为心理领域内的奴役状态，因此，可以说，当提高集体文化时，也就是在贬低个体文化。如果说对群众的奴役对古代世界的人来说是一道无法愈合的伤口，那么，对劣势功能的奴役对现代人的灵魂来说同样也是一道永远无法愈合的伤口。

席勒曾经说："片面地训练这些能力无法避免地会让个体陷入谬误，但却使人类得到了真理。"优势功能取代劣势功能对个体来说是有害的，但对社会来说却是有价值的。这种损害已经到了非常严重的程度，实际上，我们现代文化的巨型组织所追求的就是将个体全面扼杀，原因就在于，它们的存在是以对个体人所具有的优势功能进行机械的运用为根基的。这里起着关键作用的不是人，而是人的一种分化了的功能。所以，在我们的集体文化中，"人"不再以人的形式出现，而只是作为一种功能的代表，甚至还会被完全等同于这种功能，并将其他一切的劣势功能都排除在外。现代人被贬低为一种纯粹的功能毫不为过，因为纯粹的功能代表的是一种集体价值，以及唯一可能的生计的保障。但是，就像席勒清楚地看到的那样，功能的分化确实只能靠这一种方法才能发生：

要想发展人的多种能力，除了使它们相互对立，别无他法。各种能力的对立是文化的重要工具，但也仅仅是工具而已；只要有对立存在，人就只是正走在通向文化的路上。

如果依据上述观点，那我们说，我们当前这种各种能力相对立的状况就不是一种文化的状况，而仅仅是该状况中的一个阶段罢了。当然，对于这个问题不同的人会有不同的看法，因为文化在有的人眼中是集体文化的一种状况，而在另外一些人眼中则仅仅就是文明，这种对个体发展的严厉的要求应当被归入文化当中。然而，席勒却错误地将自己同第二种观点联系在了一起，并将我们的集体文化同个体的希腊人进行比较，很难说这种比较是恰当的，因为他忽视了时代文明的缺陷，而文化的绝对有效性正是因为这种缺陷才受到怀疑。因此，没有什么文化是真正绝对完美的，它总是有所偏颇的。当文化理想是外倾的时候，主要价值就于客体和人与客体的联系中存在；而当文化理想是内倾的时候，主要价值就于主体以及他与观念的关系中存在。在前一种情况中，文化表现出来的是集体的特征；而在后一种情况中，文化则表现出个体的特征。所以下述情形就变得不难理解：在基督教倡导的博爱（它的对应关联物或对应者、对个性的侵犯）原则的影响下，出现了一种集体的文化，在那里个体极有可能会被吞没，因为其价值在原则上被贬低。因此，古代世界的一切都令身处德国古典思想家时代的人艳羡不已，在他们眼中，古代世界即是个体文化的典型代表象征，因此，古代世界获得了最高程度上的赞誉，而且还往往会被全面理想化。有很多人甚至还会致力于模仿或恢复希腊精神，虽然这些尝试在今天看来很是有些愚蠢，但它们仍可被看成个体文化的先兆。

在席勒写作《美育书简》之后的120年中，个体文化的状况非但没有好转，甚至更坏了，因为如今很大一部分个人兴趣都已被集体兴趣占据，甚至几乎没有给个体文化留下任何的发展空间。所以，今天的我们拥有一种经过高度发展的集体文化，它具有空前绝后的高度组织性，而恰恰是这种高度的组织性使它变得对个体文化日益有害。在这里，一个人所呈现出来的东西与他的"应是"之间变得泾渭分明，也就是说，他作为集体的存在与作为个体的存在之间变得泾渭分明。他的功能的发展是以牺牲自己个体性为代价的。如果他有突出的表现，那只能说明他与集体功能是同一的；如果他碌碌无为，那么，即便他的某种功能得到了社会的高度赞誉，他的个性也依然没得到开发而处于劣势，因此，他依然是一个野蛮人，而如果是一个有突出能力的人，那他必然陶醉于将自己的野蛮性遮蔽起来。毫无疑问，这种片面性仍然给社会提供了许多难以估量却绝无仅有的优势条件。正如席勒所准确观察到的那样：

只有将我们精神的全部能量汇聚于一点，把我们一切的本质集中到一种单一的能力上，如同我们为这种单一的能力——个体的能力插上翅膀，在我们的努力下它将超越自然为它设置的界限。

然而，这种片面的发展不可避免地会催生出一种反动，因为想让被压抑的劣势功能完全不参与我们生命的发展过程是不可能的。当人的内在分裂被消除时，未发展的功能可能就会对生命发生作用了。

我已经说过，在文化的发展中，功能分化的过程最终一定会使心理的基本功能发生分裂，它早已远远超出了个体能力的分化范围，甚至还影响了普遍的心理态度，决定着怎样使用这些能力。而与此同时，文化中那种因为遗传而获得较好发展的功能也得到了分化。在某些人那里，这种功能是情感的能力，而在另一些人那里则是思维的能力，这些能力极易获得进一步的发展，在文化的要求的推动下，对于那些存在于天性中的得天独厚的能力的发展，个体会倾注更多的热情。然而，有一点必须注意，那就是这种能力的发展并不就意味着此功能天生就适合他；甚至能这样说，它只是对某种易变性、灵敏性和可塑性进行了预设，正因如此，最高的个体价值常常并不存在于这一功能中，因为这一功能是为了达到集体目的而发展起来的，所以我们看到的仅仅是最高的集体价值。正像我已经论述过的，实际情况很可能是，更高的个体价值隐藏在那些被忽视的功能中，虽然这些价值对集体生活来说可能一点儿也不重要，但对个体的生活来说却是有举足轻重的地位的。因为它们具有生命的价值，能赋予个体生命以强度和美感，但要想去集体功能中寻找这种强度和美感就只能无功而返。虽然已分化的功能能使一个人获得集体存在的可能，但却不能使他获得生命的满足和快乐，只有个体价值的发展才能给予他这一切。这些东西的缺少会让人们觉得似乎失去了什么，由此导致的分离正如一种内在的分裂，在席勒看来，可以将它比作痛苦的创伤。他继续写道：

所以，对于整个世界来说，无论我们通过人的能力的分化培育能获得多少好处，但不能忘记的是，在这种令人诅咒的普遍目的中个体必然要遭受的苦难。体育训练确实能让人的身体强壮，但只有通过四肢自由而协调的活动才能获得形体的美。同样的道理，个体精神能力的努力固然可以造就优秀的人才，但只有对这些才能施以均等的培养才能使人感到幸福、完满。如果说这种牺牲是人性培育过程中必须做出的，那么我们同过去和未来的时代的关系又会怎样呢？我们曾经是人性的仆人，我们被它奴役、为它劳动，时间长达几千年，它摧残了我们的本性，并在其上打下屈辱的被奴役的印记，但只要后世的人能获得幸福安乐，拥有良好的道德修养，并能获得人性自由的发展，这种牺牲又何足挂齿！但是，难道说人们无论为了达成什么目标都可以忽视自己吗？难道说自然会剥夺理性给我们规定的完整性而只为了达到它自己的目的吗？答案自然是否定的，因此，在培育个体的能力时以牺牲个体的整体性为代价，这种做法无疑是错误的；或是当自然规律想这样做时，我们绝不应该将那些被技艺破坏了的我们的自然本性的整体性彻底放弃，而应该通过一种更高的技艺（艺术）将其重建起来。

席勒显然是在私人生活中对这种冲突有了最深刻的感受，正是他本人身上的这种对抗，让他对一致性和协调性充满了渴望，从而解放了那些因奴役而萎缩的功能，使生命的和谐得以恢复。这也是瓦格纳在他的歌剧《帕西法尔》中所表达的主题，这部歌剧通过圣矛的失而复得同伤口的愈合做了一种象征性的表达。对瓦格纳以艺术的方式所要表达的东西，席勒在哲学的反思中使其进一步清晰了。对此，他虽从未做过直接的表述，但其中的含义我们却能清楚地看到，席勒注重的是怎样使古代世界观和古代生命方式得到恢复，这是他存在的问题；人们从中得出的结论是：他不是忽视了基督教的救赎教义，就是刻意对其熟视无睹。无论是哪种情况，他关注的重点都是古典美，而不是基督教的救赎教义。然而，基督教的救赎教义只有一个目标，这同席勒所追求的"从罪恶中获得拯救"一样。叛教者犹利安在同赫利奥斯国王谈话时曾说："在人的心灵里'充满了激烈的搏斗'。"这句话意味深长，因为它不仅对犹利安自身的特征有恰当的表现，同时还准确地揭示了那个时代所具有的特征——古代后期那种内在的撕裂，这种特征往往会表现为人类心灵与精神上前所未有的无序与混乱，而基督教教义宣扬的正是它能将人们从混乱的苦海中解救出来。当然，解决问题并非基督教的目的，事实上，它提供了一种破碎的自由，也就是让一种有价值的功能和一切其他的功能分离开，这种功能即便在那个时代也专横地要求掌握统治权。基督教将所有其他功能的发展都排除了，只提供出一种功能确定的发展方向。或许正是因为这样，席勒才忽略了基督教的救赎教义。异教徒对自然即天性的接近的行为似乎是在回应基督教所不能提供的那种可能性：

自然在它的天然造物中已经给我们指明了能让我们到达所要达到道德状态的道路。假如在较低组织中原始力量的竞争没有得到缓和，那自然是不会提高到自然人的高级形式的。同样地，只有当伦理的人身上的各种基质的冲突、盲目的本能的对抗平息下来，粗野的对立停止下来，人才能将全部精力都放到发展他的多样性上去。而换个角度说，如果不能保证人的性格的独立性，无法从屈服于他人的专制转变为庄严的自由，那么人是无法使他内在的多样性与理想统一起来的。

因此，我们说，能够让对立物在自然（天性）的道路上和解的，只有认识它、同它保持协调一致，而不是劣势功能的分离或救赎。然而，席勒觉得，对劣势功能的接纳或许会导致一种"出于本能的但是却非常盲目的对抗"，相反，理想的统一性则极有可能重新确立起优势功能压倒劣势功能的那种状况，并因此将那种原初的状况恢复。优势功能与劣势功能的相互对立，取决于它们暂时所取的形式，而并非取决于它们的本性。最开始时它们之所以被忽视并受到压抑，是因为它们对文明人达到他的目标造成了阻碍；然而，这些目标的内容只不过是一些片面的兴趣罢了，是无法与人的个性的完美相提并论的。假如将个性的完美定为目标的话，那些没有得到认可的功能就是必不可少的，其实它们从本性上来说同这种目标并不抵触。但是，只要文化的目标不与个性完美的理想保持一致，这些功能也就只好在某种程度上受到贬抑、压抑。有意识地接纳这些被压抑的功能相当于要掀起一场内战；或相当于解除掉之前对所有对立物的诸多禁锢，如此一来，"性格的独立"就立刻不存在了。要想取得这种独立，只有将冲突解决掉，但如果一个果决的仲裁者迟迟不能在各种冲突力量之间出现，这种冲突也是不能得到解决的。在这条道路上，自由是和解的产物，否则就无法完成合乎道德的自由人格的建构。但倘若过分强求自由，那人们又将再次被困在本能的冲突中：

一方面，在最初的试探中，人们总是将自由看成敌人，所以出于对自由的惧怕宁愿受奴役，从而获得安逸；另一方面，出于对迂腐的监护职责感到绝望，人们便逃回了不受束缚的原始野蛮状态之中。篡夺以人性的软弱为借口，而暴力则以人性的尊严为借口，直到最终出现了一个能掌管人世间所有事物的伟大力量，他能像一个普通的拳击裁判员那样用他的方式来裁决这些原则的表面冲突，这种情况才不再出现。

现代法国大革命给这一论述提供了一个生动的——也是血淋淋的——背景：

它高举着崇高的理想主义和哲学与理性的旗帜对外征战，在带着血水的混乱厮杀中结束，拿破仑这位独裁的天才就在此过程中脱颖而出。就连理性女神也无法制服强权这个挣脱枷锁的野兽。席勒也同样感觉了理性与真理的失败，因而这样预言：真理将变为权力。

如果真理到现在为止还无法证明自己能够取得胜利，那恐怕是因为心灵在面对理性时仍然大门紧闭，仍然没有产生为真理付出实际行动的冲动与激情，而不在于理性不知道怎样揭示真理。

当世界被从哲学和经验中发出的亮光照亮时，占据统治地位的还怎么可能是理性的蒙昧和偏见呢？时代得到启蒙，也就是说，知识被发现并被广泛地传播开来，这至少可以最低限度地对我们的实践原则进行更正。那些阻碍我们需求真理的虚妄概念，全都被自由探讨的精神丢弃了；那狂热和欺骗赖以生存的基座，也被自由探讨的精神彻底摧毁。理性将感官的迷误与欺诈的诡辩都消除了，曾经使我们背弃自然的哲学现在也急切呼唤我们重回自然的怀抱——但我们仍然是野蛮的人，这是为什么？

　　通过席勒的这段文字，我们可以切身感受到法国的启蒙运动和大革命中所包含的幻想的理性主义。"时代得到启蒙"，这个评价是如此之高！"那些虚妄概念全都被自由探讨的精神丢弃了"，这种理性主义是多么伟大！直至今日，人们依然无法忘记《浮士德》中 Proktophantasmist（即肛门幻视者）所说的话："扫除一切，我们已经启蒙了！"那个时代的人们太过狂热，以致他们过高地评价了理性的重要性与效力，然而他们却忘记了，假如理性确实具有这样的力量，那么她早就为自己找到将自己极为充分地显示出来的机会了，我们不应忽视这样一个事实，即在那个时代，并不是任何有影响力的心灵都抱持这种观点；所以，这种极具理性主义色彩、风靡一时的理智主义，很有可能就是席勒自身所拥有的同一种素质经由异常强烈的主观发展的产物。我们的考虑范围要将理性在他身上所占的优势囊括进去，这种优势牺牲的并非诗人的直觉，而是他的情感。在席勒看来，想象与抽象之间的冲突是永远不会消失的，这也就是直觉与思维的冲突。因此，他在 1794 年 8 月 31 日给歌德的信中这样说道：

　　这使我在沉思与诗的领域中都无法做到竭尽全力，尤其是早年间更是这样；通常，当我想进行哲学思考时，诗人气质却往往将我征服，而当我想成为一个诗人时，哲学家的精神又俘获了我。甚至于，抽象力常常会干扰我的想象力，而冷静的推理力又浇灭了我的诗情。

他由衷地钦佩歌德，这一点我们从他与歌德的通信中流露出来的对歌德的直觉力近乎女性的赞美就能看出来，这一切都源自对上述冲突的深切感受，这自然就加深了他与近乎完美的综合天才歌德之间的对比。冲突来源于这样一个心理事实，即情感的能量是怎样在他的理性与创造性想象之间达到均衡的。席勒本人似乎也觉察到了这一点，因为在给歌德的同一封信中他这样写道：只要他一旦开始"认识和运用"他的道德力适当地限制想象和理性，他的身体就会出现各种不适，这迫使他突破这些限制。正如我们已经指出的，这是一种还没发展完全的功能才具有的特征，由于本身具有自主性，它摆脱了意识的控制，无意识地同其他功能结合在一起。它并未选择任何分化，而只表现出一种纯粹的动力因素，一种驱动或负载，从而强制性地占据了意识或已分化的功能的能量。因此，在某种情况下，意识功能被带到了其意图与决断界限之外的地方；在另外一些情况下，意识功能在达到目标之前就因受到阻碍而改变了方向；在除上述情况之外的第三种情况下，它被卷入了与其他意识功能的冲突之中，而且只要无意识的扰乱和纠结的力量一天受意识的支配，没有分化出来，这种冲突就一天得不到解决。我们可以恰当地推测，即"我们为什么仍然是野蛮人？"的感叹，不仅植根于那个时代的精神，而且也植根于席勒的主观心灵。席勒并没能正确地找到恶的根源，正如他同时代的其他人一样，因为无论到了何时，在理性与真理的影响并不广泛的地方都找不到野蛮性的影子，野蛮性只会在这样的地方存在：对理性和真理的作用存有过高的期望，甚至因为近乎迷信地高估了"真理"而赋予理性非常高的效力。野蛮性和片面性是同义词，它不受控制，甚至会走向极端。

　　法国大革命恰恰达到了令人恐惧的顶点，在这场让人记忆深刻的革命中，席勒不仅看到了理性之神究竟在多大程度上对人类进行着控制，同时也看到了非理性的野兽怎样在那里高奏凯歌。促使席勒关注这一问题的正是发生于他所处时代中的这些事件；因为这样的情形比比皆是，即一个问题表面上是主体的，而实质上却是个人的，当它恰好和那种作为个体冲突包含同样心理因素的外在事件相契合时，就马上变成了一个囊括整个社会的普遍问题。这样，个人的问题就夺回了之前缺失的尊严，因为内在的分裂往往不可避免地带有某种羞辱性和被贬低的状况，使得人无论外在还是内心都倍感屈辱；一个国家因为内战而声名狼藉也是一样的道理。这样一来就没有人有勇气将仅属于他自己的冲突在公众场合暴露出来，当然，前提是他没有经历过度自尊的痛苦。然而，当个人的问题与当代大事件之间的联系被人们感受并理解后，就消除了那种纯粹个人的封闭状态，个体的问题就会转变为我们社会的普遍问题。就问题解决的可能性来说，这个收获可是很大的。因为以前只有个人意识兴趣的微弱能量与个人问题相搭配，而现在则汇集了所有集体本能的力量，它们流入个体，并与自我的兴趣汇合在一起；因此一种新的形势便出现了，对问题的解决提供了一种新的可能性。所以，那种对于个人的意志力或勇气来说从不可能具有的东西，由于集体本能的力量而变得有可能了；同时也使一个人超越了以往仅靠他自己的能量根本不能超越的障碍。

　　我们据此推测，促使席勒勇敢地投身于解决个体功能与社会功能之间的冲突的工作的，正是当代事件的刺激。对这样的冲突卢梭也曾有深切的感受，而事实上，他写作《爱弥儿》也正是以这种冲突为出发点的。接下来，我要引述这本书中与我们讨论的问题有相同的主旨的几段文字：

人的价值在于同整体，即同社会的关系，作为公民的人只不过是一个分数单位，他是分子，必须依赖于社会这个分母。此种制度才是好的社会制度：它最知道怎样做才能改变人的天性，怎样做才能剥夺人的独立性而给他依赖性，怎样做才能让人被群体所吞没，变成其中的一员。

在社会生活中，如果一个人想将自然的情感放在第一位，那就相当于说他根本不知道自己要的是什么。如果他经常在他应尽的义务与愿望之间犹豫徘徊，无法下定决心，那他就不能成为一个人，更不能成为一个公民。无论是对自己还是对他人，他都会变得一无是处。

卢梭用这样的名言开篇："出自造物者之手的东西，都是善的；而一到了人类的手中，就全堕落了。"这句名言不仅具有卢梭本人的特色，也有他所处的那个时代的特色。

同样地，席勒也回顾了过去，但他不是要回归到卢梭的自然人那里去，而是要回归到生活在"希腊天国"的人那里，虽然这两种情况有天壤之别，但有一点却是相同的，那就是他们十分执着于对过去的理想化和高度评价。席勒盛赞古典的美但却未注意到现实中的希腊；卢梭则用这样的语言拔高了自己的观点："自然人完全就是他自己；他是完整的统一体，是绝对的整体。"然而卢梭却忽视了一个事实，即自然人具有全然集体性，也就是说自然人绝不是一个统一体，他既在于自己，也在于他人。后期的理论中卢梭又说：

不管是时间、地点，还是人物、事件，或是任何那些现在我们拥有，或虽然现在未拥有但将来可能拥有的事物，我们都要将它们抓在手里，并进行掌控；然而我们自己却是最可有可无的。换句话说，我们每一个人都将自己分散到整个世界去，而对这个辽阔的空间的一草一木进行细微的观察。……难道正是天性使人们这样远离自己吗？

在卢梭的认识中，这种状态是近代才发展出来的，其实他受了蒙骗。事实上并不是这样的，因为这种状态自始至终都存在，越是回溯到事情的开端其表现就越明显。卢梭所描述的只不过是被列维·布留尔恰当地称为"神秘参与"的原初集体精神状态。这种对个体性的压抑并不是于近代产生的，而是从古代流传下来的，在古代它们毫无个体性。因此我们所谈到的压抑并不是新近产生的东西，而是对集体性的绝对权力的一种新的感受和认识。出于本能，人们认为这种权力属于教会和国家体制，即便有机会也没有能逃脱永恒的道德的命令的办法！然而这些体制所具有的威权被人们过分地夸大了，实际上并不是这样，所以它们才会受到各种革新者的攻击；压抑的权力其实无意识地存在于我们自身及我们野蛮的集体精神中。从集体心理角度来看，个体发展只要不是直接为集体目的服务的就都是惹人生厌的。因此，尽管前面提到的单一功能的分化其实是一种个体价值的发展，但这种发展依然像这样受到集体观点的制约，最终产生了对个体自身有害的结果。

这两位思想家对过去时代的价值的判断也是不正确的，因为他们并未对早期人类的心理状况有全面的掌握。这种错误判断使他们相信早期人类的虚幻图像，相信他们具有更完美的人类类型，且相信较高阶段的类型会随着时代的进步而倒退。这种类型倒退的观点事实上是异教思维的遗留，它体现了野蛮人或古代人精神的显著特征，认为一个天堂般的黄金时代是当今罪恶时代的前身。使人类对未来产生期盼，带给人类上帝是现实存在的观念，这是基督教伟大的社会和精神成就。这种对古代的回顾取向在比较近期的心智运动中越发凸显出来，而这与自文艺复兴以来对异教日益普遍回归的现象关系密切。

在我看来，人类对教育方式做出的选择也必定是这种回顾取向决定的。如果人的心灵追寻这一取向就一定要不断地到过去的幻念中去寻求支撑。然而，如果不是受认识类型及类型机制之间的冲突驱使，去寻找能够重建类型间和谐关系的东西，我们或许也会认为这种取向根本微不足道。通过下面的引文我们可以发现，我们的目标也正是席勒心中的目标。在这些话中我们可以看到他的基本思想，这也总结了我们所要表达的观点：

请仁慈的神明及时地将婴儿从他母亲的怀中夺走，将他放到遥远的希腊天国里，并让他在那里长大成人，然后，让他作为一个陌生人再次返回自己的时代；然而，人们并不会因为他的出现而感到高兴，因为他会清扫一切，就像让人恐惧的阿伽门农的儿子一样。

这一简要陈述最大程度地表达了对希腊模式的倾心。只不过我们依然能从中窥见其局限性，正是它促使席勒从根本上拓宽了自己的视野：

他确实是从现代获得了自己需要的材料，但从形式上他所借助的东西将来源于更为古老的时代——不错，就是来源于超越所有时代的时代，借源自他的存在的绝对永恒的统一体。

席勒清楚地意识到自己应该向更远的时代追溯，即追溯到一个原初的英雄时代，那时的人类还具有半神性的特点。他继续写道：

在那里，从他那具有魔力的天性的纯粹的以太中，美的源泉喷涌而出，无论时代怎样变迁，世上的腐朽都无法玷污它，也正是因为这样，世代与时代才被抛进了无底的深渊。

对于那个时代我们产生了黄金时代的美的幻象，那时的人类仍然是神，并且由于拥有永恒的美的幻觉而变得精神抖擞。在这里，席勒的思想家的性质最终还是被其诗人性质超越了；然而在接下来的叙述中，他的思想家特征又占据了上风：

确实，这让我们不得不深思，我们看到这样一个事实：不管历史上的哪个时代，一旦艺术、品味繁荣昌盛，人性一定极为衰败。而且从来没有出现过下面的情景：一个民族拥有政治自由和公共美德，同时又有着高度发展和广泛传播的审美文化，或者可以这样说，良善的道德及真理会和优雅的风尚、完美的行为共同发展。

根据我们的经验及熟悉的知识，我们推测，那些古老时代的英雄过着行为一定非常不严谨的生活，而事实也确实如此，无论是希腊神话还是任何其他别的神话，总之，每一个神话中描述的英雄的生活都是不严谨的。那时既没有颁布刑事法典也不存在公共道德的卫道士，所以一切的美才能因它的存在而狂欢。

下面的心理事实被我们发现并认识到：充满生命力的美只有超脱于充满悲哀、痛苦、肮脏的现实之上，才能放射出耀眼的光芒；将席勒思想根基摧毁的人无疑是他自己，而并非别人；因为他所要努力证明的是已经处于分裂状态的东西，但是它们又可以在幻觉、快乐和美的创造的帮助下重获统一。美在这里原本是使人类天性回归到原初统一的调解者，然而事实却恰恰相反，所有经验都在告诉我们，美必定是以她的对立面作为她自身存在的必要条件的。

就像上文中占据上风的是席勒的诗人性质，在这里占据优势的却变成了他的思想家性质一样：他不信任美，甚至根据自己的经验而认为美可能是有害的：

> 无论我们把目光放在古代世界的什么地方，都会看到这样的
> 事实：趣味和自由是无法共存的。美只有在破坏了英雄们的道德
> 时，才能建立起自己的势力。

洞察这一经验所得出的结论，使席勒对美的主张无法再维持下
去。于是，席勒在对此论题进行深入的思考时，得出了一种认识，
在此认识中他清楚地对美的另一面做了描述：

> 如果迄今为止我们对美的效应的看法都来源于经验的教诲的
> 话，那么我们就无法太过确切地去发展人的情感，因为这对人类
> 真正的教养而言是有危险的；我们要极力避免美的融化力，即便
> 这样做可能会变得粗陋和简朴，我们无须为了赢得优雅，而屈从
> 于美的柔弱的影响力。

如果思想家们是从象征的意义上而非从字面意义上理解诗人们
的语言，那么二者之间的矛盾也就变得能够调和了，我们非常清楚，
诗人们多么渴望自己的语言能得到理解。那么，难道是席勒误解了
他自己吗？答案几乎真是这样，否则他是不会做出这种自相矛盾的评
论的。诗人身份的席勒大加赞颂那晶莹剔透的源泉，这种源泉悄悄地
在每个时代和世代的底层潜流，在每一颗人类心灵中不断地喷涌而出。
诗人身份的席勒所关心的，并不是古希腊人，而是存在于我们各自身
上的古老的异教徒成分，是那些永恒存在且从未被玷污的天性和最原
始的美，它们虽然只潜藏在我们的无意识中，但却和我们有着密切的
联系，它们所映射出的光辉被我们理想化为过去的形象，因此，我们
甚至错误地以为我们所要追寻的美能在那些远古的英雄身上找到。这

就是潜藏于我们身上的"远古人"，我们认为他们面目可憎、难以接受，因为他们和我们集体取向的意识是如此水火不容，不过同时他们也恰恰是我们费尽心机四处追寻的美的承载者。我们身上的这个"远古人"正是诗人身份的席勒用诗所意指的那个古希腊的典范，不过它却被思想家身份的席勒所误认。席勒无法用他思想家的逻辑从证据材料中推演出来他所徒劳追寻的东西，却被诗人身份的他用象征的语言描述为"应许之地"。

以上论述已充分表明，任何试图平衡我们时代的人的片面化的努力，都必须认真地考虑是否接纳劣势功能，也就是接纳未分化的功能的事实。倘若不知道怎样释放劣势功能的能量，促使它们分化，则无论什么样的调解的努力都不会成功。只有遵循能量的定律才能释放能量，也就是说，必须设置一条坡道，以便将潜在的能量释放出去。

常常有人想将劣势功能直接转化为优势功能，但这根本是不可能办到的，所以这些人总是失败。同样不可能成功的是制造一种永恒运动。因为没有任何能量的低级形式能轻而易举地转换成能量的高级形式，除非有高级的价值源能为之提供支援；换句话说，必须牺牲优势功能才能实现这种转换。然而下面的情形是不可能出现的，即能量的高级形式的原初价值同时被其低级形式所获得，或者说被优势功能所重新占有，因此能量低级形式与高级形式只能在中间的水平上进行平分。假如一个个体将自己与他已分化的功能相认同，那他一定会遇到这样一种状况：虽然能量被平分了，但与原初价值相比，获得的价值要低得多。这个结论是必然的，一切教育，只要目的是使人类本性达到统一与和谐，就必须对这一事实进行考虑。同样的结论席勒用专属于他的方式也做了表达，但他却不愿意接受这样的一个结论，甚至宁愿放弃美也不接受。然而，当思想家身份的席勒用他的思考对他那严厉的判断进行申述时，他的诗人身份却跳出来说道：

但是，或许经验并非裁决该问题的法庭，在承认它的证据的重要性之前，毫无疑问，我们要先确认一点，即我们正在谈论的和那些对它不利的例证所证明的是否是同一种美。

这样看来，很明显，席勒想要超越经验；换言之，他将经验无法证明的一种性质赋予了美。他坚信，"美一定是人性中必然的特性"，也就是说，美一定要表现为必然的、不能不承认的范畴；在这里，他既涉及了一种纯粹的美的理性概念，也涉及了"超越的方法"，这种方法可以让我们脱离"现象范围和事物生动地呈现"。"谁要是无法冲破现实，他就根本不可能获得真理"。席勒对经验所显示出的不可避免的下行趋向在主观上的排斥，迫使他让逻辑理性服务于感情，并因而促使逻辑理性建构起使原初的目标最终得以达成的程序，即便这种情形早就被确切证明是不可能出现的。

这样的错误卢梭也犯了，他假设，只要是在从属于自然的地方，天性就不会坠入堕落的深渊，但在从属于人的地方则恰恰相反，所以他得出了下面的结论：

倘若国家的法律也同自然的法律一样，不能被任何人的权力破坏，那么从属于人就变成了从属于自然；所以，所有自然状态的优势就与共和政体下社会生活的优势结合起来。而阻止人为恶的自由也将与提升人到善的高度的道德结合在一起。

根据上述思考，他提出了以下忠告：

让儿童仅仅从属于自然，在对他进行教育时遵循自然的规律……当他想要安静时，不要让他奔跑；当他想四处奔跑时，不要强制他静坐。只要我们不用我们愚蠢的行为去破坏孩子的意志，他们的愿望就跟任性扯不上关系。

　　然而不幸的是，无论在哪种情况下，国家的法律都无法与自然的法律和谐统一起来，因此文明状态永远也无法同时还是自然状态。就算我们设想这种协调最终有变成现实的可能，那也只能将其理解为一种妥协，而在妥协的情况下，两种状态都无法实现自己的理想。如果有谁想要实现两种理想中的任何一种，就必须按照卢梭所说的去做："一个人不可能同时既是自然人又是社会人；他只能选择一种。"

　　我们之中必然存在自然与文化。我们面对的不仅是我们自己，还定然会与他人发生联系。因此我们一定要找到这样一条道路：它并非仅仅是一种单纯的理性的调和，必定会是一种与生命的存在和谐统一的状态或过程。正如先知所说的，"在那里必有一条被称为圣路的大道"，在这条道路上"行路者虽愚昧，也不至于迷失"。

　　因此，我倾向于认为，我们应当公正地看待诗人身份的席勒，尽管此时，在某种程度上来说，他已经蛮横地侵入了思想家身份的席勒的领地；既然理性的真理不是最后的结论，那么也就存在非理性的真理。在人类的处事当中，有些东西通过理性之路显然不能达到，但却常常能通过非理性之路变成现实。确实，任何出现在人类历史上的最伟大的变革都是来源于那些被同时代人所忽视或被他们斥为很荒谬的方式，而并非来源于理性的思考，只有在经历了很长时间，它们内在的必然性被人们发现后才得到完全的认可。然而大多数时候它们最终都得不到认可，因为所有与精神发展有关的最重要的规律仍然是一本被贴上七重封印而无法打开的天书。

　　无论如何，我都不打算给诗人身份的席勒所呈现的哲学姿态赋予任何特殊的价值，因为理性在他看来只是一种骗人的工具。至此，理性已经将它所能完成的任务都完成了，已经将欲望与经验两者间的矛盾提示出来。而一定要从哲学思维中寻求解决此矛盾的方法显然已经毫无意义。即便我们已经想出了解决的方法，但真正的障碍仍然横亘在我们面前，因为解决这一矛盾并非在于对解决的可能性进行反复思考，也不在于发现理性真理都无法达到真正解决这一矛盾的目的，而是在于找到一条生命能真正接受的道路。建议和睿智的箴言我们并不缺少，但如果仅通过建议和箴言就能将问题解决，那么就算是在古老的毕达哥拉斯时代，人类也能从各个方面达到智慧的高峰。因此，正如我所说的，我们应该从象征意义上而不是从字面的意义上来理解席勒所论述的内容，同时这种象征还会披上哲学概念的外衣出现，因此与席勒身上的哲学气质能达成统一。

同样，对于席勒所设置的"超越的方法"，我们也绝不能将其理解为一种建立在认识基础上的批判性推论，而只能象征性地将其理解为这样的一种方法：一旦某个人面临他的理性所不能克服的障碍，或遇到无法解决的困难时就能采用。然而，在对这一方法进行探索和运用之前，他必然已经在他先前道路的岔路口的对立物面前徘徊了很长时间。这一障碍阻塞了他生命河流的前进。无论何时，这种欲力的阻挡一旦出现，先前使生命的流程得以稳定统一的各种对立物就会瞬间四分五裂，并立刻彼此对峙、相互对立，就像盼望争斗的斗士一样。因为这场冲突的战期和结局没人能预料，所以对立双方都变得精疲力竭，于是从中产生了第三种情形，那就是新的道路的开始。

根据这一规律，席勒开始致力于对对立的本质进行深入的研究。无论我们遇到了怎样的阻碍，只要它是很难克服的，那么我们的目的与客体之间的分裂就会立刻变成我们自身的分裂。之所以这样说，是因为当我们努力让客体为我们的意志服务时，我们的整个存在就渐渐与客体取得了联系，随之而来的是强有力的欲力，它将我们存在的部分投入客体之中。这样一来，从某种程度上来说，我们人格的某些部分就会和与客体相类似的性质互相认同。而这种认同一旦产生，冲突就被移入了我们的心理。这种与客体冲突的"内向投射"便会产生内在的分裂，使我们无力与客体对抗，于是我们会释放出某种往往代表内在的不和谐的感情因素。无论如何，这些感情因素都表明我们正在感受我们自己，所以，只要我们不迟钝麻木，我们就正在关注着自身的状况，从而进一步探究那些与我们自身心理相对立的活动。

这便是席勒所采用的方法。他所发现的并非国家与个人之间的不统一，而是他在第十一封信的开头就设定的"人格与状态"的二重对立，换句话说，是自我与其不断变化的感情状态之间的二重对立。因为自我无论如何都是相对稳定的，但它与客体的关系或感触性却往往是变化不定的。所以席勒想从本质上来对这种分裂进行研究。实际上，这其中一边是自我与集体的关系，另一边则是意识的自我功能。这两种决定性因素都在人的心理中。但是，类型不同，看待这些基本事实的眼光也不一样。对内倾型来说，自我的观念是意识持续起决定作用的标记，而与客体的关系或感受性则处于它的对立面。而外倾型恰恰与之相反，他对自我的观念的关注较少，却对自己与客体关系的连续性更为重视，所以呈现在他面前的问题自然是完全不同的。当我们再进一步对席勒的思考进行考察时，必须牢牢把握住这一点。例如，当他说，个人"在永恒不变的自我中且只有在这之中"揭示自身时，就说明他看问题的角度是内倾型的。而如果依照外倾型的观点，那我们只能说，个人在且只在它的关系中才能进行自我揭示，也就是说在与客体相关联的功能中才能揭示自己。因为对内倾型而言，"个人"和自己是完全等同的，而在外倾型那里，个人却并非和能进行感受的自我，而是和他的感受性，即他与客体的关系等同。可以这样说，他的自我远没有外倾型的感受性那么重要。一般情况下，外倾型往往是在不断地变化中认识自己的，而内倾型认识自己却往往是在恒定不变中。对外倾型来说，自我绝对不是"永恒不变的"，因此他很少关注自我。而在内倾型那里却恰恰相反，自我是十分重要的；所以在所有容易影响自我的客观变化中他都会退缩回来。在内倾型看来，感受性或许会导致痛苦，而外倾型却认为它是必不可少的。在下面的论述中，能够很明显地看出席勒的内倾型立场：

在所有变化中始终保持自身不发生改变，把各种知觉转化成经验，即将知觉转化为认识的统一，使他在时间中的各种表现方式变得适应于一切时间的规律，这是他的理性本性给他规定的规律。

在上述内容中，抽象的、自给自足的态度是显而易见的；这种态度甚至于和行为的最高规则等同。所有事件都必定被立刻提到经验的层面，从这些经验的总括中，那些适用于所有时间的规律也立刻浮现出来；但是，同样属于人的另一种态度却没能将事件变为经验，它很少产生出规律，并且还有可能成为将来的阻碍。

席勒不能将上帝思考成变化的，只能将上帝思考为永恒的存在，这完全和他的态度相符；因此，他凭借准确无误的直觉认识到了"类神性"状态，这种状态是合乎内倾型理想的：

如果一个人被想象成完美的，那他就应该是在变化的潮流中本身保持永远不变的统一体……人在他自身的人格中具有达到神性的天赋。

席勒这种有关上帝本质的观点，与将基督视为上帝的肉身，以及新柏拉图派在关于圣母与圣子的问题上认为圣子是作为造物主降临尘世的观点截然不同。但从中我们可以清楚地看到，席勒赋予了最高价值的神性——自我观念的永恒性——那种功能。对于席勒来说，从感受性中抽象出来的自我是最重要的东西，所以像所有的内倾型一样，在席勒看来，这是他已经分化出来的最主要的观念。他的上帝、他的最高价值即是自我的抽象和持存。相反，对外倾型来说，上帝就是与客体有关的经验，原因在于他已完全投身于现实当中；他认为，相比那些高高在上的立法者，成了肉身的上帝要亲切得多。在此我有必要预先指出，这些观点只在诸种类型的意识心理学中有效。如果是在无意识中，这种关系就要颠倒过来。席勒似乎对这方面的问题进行过思考：虽然在意识上他还是相信存在一个永恒不变的上帝，但是另一方面他也认为正是感觉、感受性、生命的变化过程将通往神性的道路揭示了出来。不过他认为，这些功能都是次要的，在某种程度上，他已经把自己与自我等同起来，他从变化中抽象出自我，因此他的意识态度也就变成了完全抽象的，与此同时，他的感受性、他与客体的关系就必然会陷入无意识之中。

在追求理想的过程中，抽象的意识态度往往从每一个事件中吸取经验，再通过经验概括出规律，在某种程度上，这种抽象的意识态度会导致局限和贫乏，而这正是内倾型的特征。席勒在他与歌德的关系中清楚地感受到这一特征，因为他将歌德较为外倾的本性感受成了某种在客观上与他本人相对立的东西。歌德曾这样意味深长地描述过自己：

我是一个彻底的现实主义者，喜欢沉思，所以对于那些呈现在我面前的事物，我既不渴望也不希望从它们身上得到任何强加于它们身上的东西。客体的区别对我来说只在于是否符合我的兴趣，除此之外没有其他的分别。

对于席勒对自己的影响，歌德强调说：

如果我能作为某类客体的表现者给你提供一些帮助，那么在你的引领下，我也摆脱了对外部事物进行过于严厉的观察以及同它们之间的关系，重新找到了我自己。你指导我学会了更公正地观察人类内部世界的复杂方面。

相反，席勒发现，歌德身上有一种能明显地完善或补充他的本质的东西，同时也感觉到了他们之间的差异，他在下面的叙述中做出了暗示：

不要觉得我拥有多么伟大的观念上的财富，因为那些全是从你身上得来的。我的需要与努力在于从少量的东西中发掘出更多的东西来。倘若你认识到我缺乏常人所熟知的知识，那么你或许会发现我已经在某些方面获得了成功。因为我的观念范围是如此窄小，以至于我可以更快、更频繁地穿越它，因此，对于有限的资源，我能善加利用，通过形式创造使原来缺乏的内容变得更加多样。你努力简化你那巨大的观念世界，而我则努力在我极少的财富中创造出多样性。你拥有一个可供统治的王国，而我则拥有一个浩繁的观念家庭，我要将把这个家庭扩充成一个小宇宙，这是我的目标。

如果对于这段话所体现出的内倾性格特征中的自卑感我们选择忽略，然后补充进这样的事实——将外倾型统治支配着"巨大的观念世界"，理解为席勒本人被这一世界控制着；那么，席勒就为我们勾勒出了一幅表现出他思想贫乏的鲜明画图，这里所指的贫乏实际上是一种本质上抽象的态度所导致的结果。

　　抽象的意识态度进一步发展的结果，是无意识发展出了一种补偿的态度，其意义在我们对其进行解析的过程中将变得更为清晰。与客体的联系越是受到抽象作用的限制（因为得到了过多的"经验"与"规律"），它们就越想让客体在无意识中获得发展，这最终会在意识中表现为一种强制性的对客体的感官的依恋。因此，情感联系将会被这种对客体的感官联系取代，情感联系变得稀缺，也就是说受到了更多的压抑，这都是因为抽象的作用。因此，席勒更突出地将感觉而并非情感看作通向神性的道路。他的自我运用了思维，但是他的感受性、他的情感却运用了感觉。所以他认为，精神性是以思维的形式出现的，感官感知是以感受性或情感的形式出现的，这两者之间出现了分裂。而在外倾型那里情况则恰恰相反：他与客体的联系变得更加紧密，但他的观念世界却是感觉性的、具体的。

　　感觉的情感，或者更准确地说，存在于感觉状况中的情感是集体的，它会产生一种关系或是感受性状况，这种状况往往使个体处于神秘参与，或与感受到的客体部分一致的状态。个体由于这种一致强迫性地依赖客体，而强迫性依赖又以一种恶性循环的方式在内倾型那里使抽象作用得到强化，并将解除由依赖和强迫引起的重担作为目标。席勒认识到了这种感受性情感的特殊之处，他指出：

　　如果人只凭感觉，只按照强烈的欲求去行动，那么人就只能用世界的形式存在。

　　但是，内倾型为了逃避感受性，不可能始终进行抽象活动，所以他最终会发现自己必须要赋予外部世界以形式。席勒说：

　　因此，假如不让自己只用世界的形式存在，那么人就必须将形式赋予外部世界；并且人必须外化一切内在的东西。只要充分完成这两项任务，就能使人回到我所提出的那个神性的概念。

这一点特别重要。我们来假设一下，就算那个与他相关联的人是他的创造者，但倘若感官感受到的对象是一个人的存在，那么，他能接受这种规定吗？他能接受自己被赋予形式吗？从较低程度上来说，拥有扮演神的角色固然是人的天职，但是存在这一神圣的权利，即便是那些没有生命的物体本身也是拥有的，而且，当人类开始磨制石器的时候，世界就已经从混沌状态摆脱出来。如果每个内倾型的人都希望外化他自己有限的观念世界，并以此来给外部世界赋形，那确实是一件麻烦事。然而这种企图丝毫没有停止，并且每天都在上演，同时个体却遭受着来自类神性的折磨。

对于外倾型，席勒做了这样的概括："把一切外在的事物内化，将形式赋予所有内在的事物。"正如我们所看到的，恰是席勒激起了歌德身上的这种反应。歌德对此也有过类似的描述，他在给席勒的信中写道：

另外，在我所参与的每一种活动中，人们几乎都可以说我是完全观念主义的：我对客体完全没有要求；但是，我要求一切都要切合我的概念。这也就意味着，外倾型在思考时，所有的一切都是以外部世界为依据的，这和内倾型行动时的情形一样。所以，这一程式只有在已经达到一种近乎完美的状态时才会有效，事实上，内倾型获得的观念世界如此丰富，如此富于弹性与表现力，所以它无须再将客体放在普罗克拉斯提斯的床上；而外倾型也因对客体具有极为充分的认识和关注，以致一旦他的思维对客体发生作用，所产生的就不再是一幅讽刺画。所以我们看到，席勒的程式是建立在最高可能的标准上的，因此也就把一种近乎苛刻的要求置于个体的心理发展上，也就是说，他对自己的精神有非常透彻的理解，同时也深知自己的程式在各个方面的意义。

　　尽管如此，有一点也是非常清楚的，那就是他的程式所说的"外化所有内在的东西，把形式赋予外在的事物"是内倾型意识态度的理想。这个程式一方面建立在他的内在概念世界、形式原则的理想领域的假设上，另一方面则建立在其理想运用于感性原则的可能性的假设上，这样，感触性就不再会出现，出现的是一种主动的力量。只要他是"感性的"，他就"仅仅作为世界而存在"，而"为了不仅仅作为世界而存在，他就必须将形式赋予事物"。这意味着对被动的、接受的、感性原则的倒置。然而问题的关键在于，要如何使这种倒置发生呢？难以想象一个人竟能赋予他的观念世界这么宽广的领域，然而要想把相应的形式强加于物质世界，他就只能这样做。为了提升观念世界的高度，他还必须将他的感触性、感性本质从消极的状态转变为积极的状态。这无论如何都要涉及人，而人却一定会受制于某物，否则他就和神没什么两样。于是人们一定会得出这样的结论，席勒思考得太深入了，以致他处置客体时态度粗暴。但是我们必须承认，古老的、劣势的功能有权不受限制而存在，就像我们所知道的，尼采实际上就是这样做的，或者至少在理论上是这样。然而这个结论在席勒身上并不适用，因为就我所知，他无论在哪里都从未有意识地表达过这一点。而且恰恰相反，他的程式具有一种完全质朴的、观念主义的特征，这与他的时代精神非常吻合，他所处的时代并未受到那种对人性和人类真理的根深蒂固的不信任的影响，然而这种影响却一直萦绕在尼采开创心理批评的时代。

　　席勒的程式只能被那种无情而严厉的权力观点贯彻执行，因为它对待客体时往往有失公允，并且不会有意识地对自己本身的权能进行考量。只有在这种席勒从未确切思考过的状况下，劣势功能才能赢得它在生命中的位置。这样一来，那些有着伟大言辞和光艳姿态的质朴与无意识的古代要素，才会涌现出来，它们能够帮着建构我们的现代"文明"，但这时，对此文明的性质，人们却在某种程度上抱有与此截然不同的看法。始终披着文明生活外衣的古代权力本能，终将露出它的本来面目，从而确实地证明了我们"仍然是野蛮人"。因此我们不要忘记，正如意识态度由于它拥有崇高和绝对的观点而以某种肖神性自傲一样，无意识态度也具有类神性，只是此种类神性是向下定向于一位具有兽性和性欲性质的古代神明的。赫拉克利特的对立形态确切地证明了这一时代的到来，那就是当机械降神出现时，当我们理想的上帝被逼得退到墙角时。这情形正如18世纪末的人们并没有亲眼看到发生在巴黎的一切，但仍然在审美的、热情的或轻率的态度中不能自拔，以便在发现人类的本性犹如深渊时进行自我欺骗一样。

尘世中遍布恐怖，
那诱惑并非来自神而是来自人，
愿人永远不希望看见，
诸神用黑夜和恐怖覆盖的事物！

——席勒：《潜水员》

在席勒还活着的时候，还没到处理尘世问题的时候，而尼采的内心已经非常接近这个时刻了，原因在于，在他看来，我们确实正在靠近一个前所未有的互相倾轧的时代。尼采是叔本华唯一真正的门徒，正是他将质朴的遮盖掀开了，在《查拉图斯特拉如是说》一书中，他唤醒了尘世中那种不久后一定会到来的时代最具活力的观念。

二、关于基本本能

在第十二封信中，席勒力图解决两种基本本能的问题，他不遗余力地对二者做了详尽的描述。"感性的"本能就在于"把人置于时间的限制内，并使人转变为物"。这种本能要求始终在变化，使时间拥有了内容。这种完全充满时间的状态就是感觉。

在这种状态下，人只是一个量的统一体，是一种时间被占有了的瞬间，我们甚至可以说他不存在了，因为只要他在感觉统治之下，被时间缠绕着，那么他的人格也就被取消了。

感性本能用坚实的纽带将积极向上的精神捆绑在感性世界上，将抽象从在无限中自由地遨游的状态拉回到现时的囚禁中。

这种本能的表现被设定为感觉，而并未被假设成积极的、感官的欲望，这与席勒的心理特征完全相符。这说明，在他看来感官感知是具有反应性或感触性的，这也是内倾型的典型特征。但如果是外倾型，则最先受到强调的无疑是欲望的因素。再进一步说，理念却追求不变与永恒，而这种本能却要求变化。无论是谁，只要他受到理念的支配，他就会渴望永恒；因而任何促使其走向变化的事物都必然会遭到他的理念的反对。在席勒身上，情感和感觉因为其未得到发展往往互相交织在一起。实际上席勒并不清楚怎样将情感与感觉区分开来，他所说的下面一段话可以为证：

情感只能宣告：对于特定的主体和特定的时刻，它是真实的；如果主体和时间发生改变的话，就要取消对前面感觉的陈述。

通过这段话，我们可以清楚地看到：对席勒来说，感觉和情感这对概念是可以互换的，这表明席勒对情感并不是很看重，从而将其和感觉区别开来。情感既可以建立起普遍性的价值，又可以建立起完全特定的和个人的价值。然而，由于内倾思维型具有被动的和反应的特征，所以他的"情感—感觉"确实完全是特定的；又因为它只在受刺激的情形下才会发生，所以它从未超出个体的情形，从而达到与所有情形进行抽象比较的层面；在内倾思维型那里，能完成这一任务的是思维功能而并非情感功能。而在内倾情感型那里却刚好相反，情感在他们那里获得了抽象的、普遍性的特征，所以它能建立起普遍而永恒的价值。

通过对席勒的描述做进一步分析，我们意识到，"情感—感觉"（我用这种表达方式为的是更好地展现在内倾思维型中情感与感觉相混合的特征）是一种并未获得自我的认同的功能。它具有的某些特征是有害的、异质的，它"毁坏"甚至掠夺了人格，把人放在自身之外，使人远离自己。所以席勒形象地将它比作把人置于"自身之外"的感情。假如一个人安静下来，席勒认为这时称为"回到了自身，即回到自我，正好重建他的人格"。由此能很明显地看出，对席勒来说，"情感—感觉"似乎只是一种不确定的附属物，而并非真正意义上的人格，"坚定的意志可以成功地抵制它的要求"。然而，对外倾型来说，"情感—感觉"正是构成他真正本质的一个方面；好像只有在客体对他产生影响时，他才真的感到了自身的存在——如果我们能意识到与客体的联系正是他的优势的、已分化的功能，就会不难理解这一切，抽象的思维和抽象情感恰恰与这种功能相对，就好比这两者对内倾型来说缺一不可。外倾情感型的思维与内倾思维型的情感一样相同，也受到了感性本能的不良影响。对它们两者来说，感性本能都意味着它们在相当大程度上受到物质的与特定的东西的限制。这样一来，只要有客体的帮助，生命也能"自由地遨游于无限之中"，而不唯独抽象作用能够如此。

因为从"人格"的概念和范畴中除去了感性，所以席勒才能说：人格是"绝对的和不可分割的统一体，它从不会自相矛盾"。这种统一正是理性所急需的，理智往往能使主体保持他最理想的完整性；因此作为优势功能，它必须排除处于劣势的感性功能。这样做会使人的本质变得残缺不全，但这恰恰是席勒探索的真正动机和出发点。

既然对席勒来说情感具有"情感—感觉"的性质，并由此认为它绝对是特定的，那么形式化的思想就非常自然地被赋予了最高的价值、真正永恒的价值，换句话说，即被赋予了席勒所说的"形式的本能"：

但是当思想宣告：那是，那么它就是永久的裁决，人格本身担保了它的裁决的效力，人格抵制了一切变化。

然而我们禁不住要问：人格的意义和价值难道真的只在于那些永不发生变化的东西吗？产生、变化和发展除了受到极端的"蔑视"之外难道就不能真正体现更高的价值了吗？席勒继续写道：

所以，在形式本能支配一切和纯粹的客体在我们内心起作用的时候，存在就会无限扩张，消除了所有限制，人由贫乏的感觉所限制的量的统一体提升为容纳所有现象领域的观念统一体。因为这个过程，我们不再处于时间之中，而是借助于完美和无限的成功，让时间处于我们之中。我们现在不再是个体，而是类；我们自己可以对所有精神做出判断，并用我们的行动来表现所有内心的选择。

毫无疑问，内倾型思维非常渴望这种亥伯龙神；但是非常遗憾，这种"观念统一体"只是非常有限的社会阶层的理想。思维最多只是这样一种功能：它一旦遵循自己的规律并得到充分的发展，就一定会要求获得普遍有效的权力。因此，通过思维，人们只能认识世界的一部分，而另一部分要通过情感来把握，第三部分要通过感觉，等等。事实上心理功能有很多种类；因为从生物学的角度来看，心理系统只能被理解为一个适应的系统，正如眼睛之所以存在是因为存在光一样。对于整体意义来说，思维仅占其中的三分之一或四分之一，虽然在它的领域只有它具有有效性，这就好像唯有视力才能感知光波，唯有听力才能感知声波一样。所以，如果一个人认为观念单位高高在上，而"情感—感觉"则与他的人格水火不容，那他就相当于一个视力极佳却又昏聩麻木的人。

"我们现在不再是个体而是类"：如果我们完全把自己和思维或任何一种功能等同起来的话，结果就确实会这样；因为虽然这时我们已经和自己极为疏远，但是我们已成为具有普遍有效的集体性的存在。除了这四分之一的心理，其余四分之三的心理都处于压抑中。"难道是自然（天性）让人生如此远离自己？"这尽管是卢梭的疑问，但也可以被我们拿来自问：这一切难道确实是自然（天性），而不是我们自己的心理如此野蛮地过分褒奖一种功能，并且允许它卷走自身吗？当然，这种驱力也是自然（天性）这种不驯服的本能能量的一部分，如果这种能量并非在它被褒奖和赞誉为神圣灵感的理想功能中显示自己，而是"偶然地"在劣势功能中显示出来，那么即便是在已分化的类型面前，它也会畏缩不前。席勒恰当地指出了这一点：

但是，你的个性和你现在所需要的都将随着变化而消失，你现在所强烈追求的终有一天会变成你所憎恶的。

倔强的、放肆的与失去均衡的能量不管是在性欲这种猥亵的地方表现自己，还是在对最高度发展的功能的过度赞誉与神化中表现自己，从本质来说并无区别：都是野蛮化。当然，假如一个人仍旧被行为的对象所迷惑，以至于忽略了怎样行动，那么他就很难洞察这种情况。

人认同一种已分化的功能意味着他正处在集体状况中——这自然不同于最初时人的那种与集体的同一，就"我们自己经常宣称的我们共同的意见"来说，这是集体性的适应，我们的思想和言语恰好与那些有着已分化的思维及有同样适应程度的人的期望统一。此外，如果我们的思想和行为完全符合所有人的期望，那么，"我们的行动就是所有人内心的选择的代表"。其实，每个人都相信，如果我们能和一种分化的功能同一，那实在是值得祝贺，因为它能带来最突出的社会优势，但要切记，它同时也会给我们天性中发展水平较低的方面带来最大的副作用，这些方面往往是形成我们个性的重要部分。席勒接着说道：

只要我们可以确定，这两种本能从存在本源上来说是必然对立的，那么唯一能使人保持统一的方式就是使人的感性本能无条件地服从于理性本能。不过这会导致的结果是：人只有单一性而无法产生和谐，人仍然处于分裂的状态。

在情感非常活跃的情况下我们想要维系自己的原则是十分困难的，所以我们可以采取一种更合适的方法，即通过促使情感变得迟钝来使性格更稳定；因为，在解除了武装的敌人面前保持镇定显然要比制服一个勇武有力的对手要容易得多。所以，这一过程会对我们所说的人的培育产生影响，也就是说在最高意义上运用这个词，它所指的是不仅要培育人的外在方面，而且要培育人的内在方面。这样培育出来的人就不再具有原来粗野的自然本性；同时无论哪种感性的天性他都能用他的原则进行抵御，所以不管从外部还是内部都很难对他达及人性产生影响。

席勒也意识到了思维和感受性"情感—感觉"这两种功能是可以互换的，正如我们看到的，当其中一种功能占据优势地位时，就会出现下面的情形：

> 他能将主动的功能（积极的思维）所要求的强度分配给被动的功能"情感—感觉"，让物质本能在形式本能之前，把决定性的功能替换为感受性功能。他也能将被动的功能所占据的广度分配给主动的功能，使形式本能在物质本能之前，用决定性的功能代替感受性的功能。在前一种情况下，人就绝不再是他自己了；而第二种情况下，人却不可能成为任何东西。这样一来，无论在何种情况下，人都只是"无存在"，既不是他自己也不是别的东西。

这段著名的论述概括了我们已经讨论过的许多东西。当"情感—感觉"被赋予积极的思维的能量（它是内倾型的一种倒置）时，原初未分化的"情感—感觉"就变得所向披靡了：个体陷入了一种极端的关系或与被感知的客体相同一的状况中。我们把这种状况称为低级外倾，也就是说，它使个体完全与他的自我脱离，和原初的集体性和自居作用相融合。这样，他就是一种纯粹的关系，而不再是"他自己"了，他和他的对象相认同，因而失去了自我。内倾型本能地感到必须抵制这种状况，但是他依然有无意识地陷入此状况的可能。这种状况自然不应被理解为是外倾型的外倾，虽然内倾型常常误解它，但依然显示出一贯的轻蔑，实际上他对自己的外倾的态度向来如此。另一方面，席勒用第二种情况对内倾思维型做了最纯粹的描绘，这种类型由于将劣势的"情感—感觉"排除在外而使自己陷入贫瘠，宣告了"不管从外部还是内部都很难对他达及人性产生影响"的状况。

显然，席勒在这里依然是从纯粹的内倾型的角度进行写作的。外倾型的自我存在于对客体的情感联系中，而并非存在于思维中，借助客体他找到了真正的自己，而内倾型则在那里丧失了自己。然而，当外倾型向内倾型发展时，他就进入了一种与集体观念的低级相连，即一种和古代具体化的集体思维相统一的状况，人们将这种集体思维称为感觉—思维。外倾型同样也会在低级内倾中失去自己，正如内倾型在他的低级外倾中失去了自己一样。所以，外倾型对内倾的态度也有同样的嫌恶、恐惧和无言的蔑视。

在席勒看来，这两种机制——感觉与思维，或用他的话来说是"事物与形式""被动性与主动性"——之间的对立是无法调和的。

感觉与思维之间的距离无限遥远，想让它们达成和解几乎是不可能的，它们永远对立，很难统一。

但是，这两种本能却又都是缺一不可的，它们作为"能量"（席勒使用现代非常流行的语词来称呼它们）而存在，它们需要并要求"宣泄"。

物质本能和形式本能的要求都是真挚的，因为在认识上，前者关系到事物的现实性，后者关系到事物的必然性。

但是，感性本能的能量的宣泄绝非肉体无能或感觉迟钝的结果，其所获不管放在何处都是应该被蔑视的；它必须是一种人格的行动、自由的行动，通过道德的关注陶冶感性的强度……因为感性必须给精神让位。

这样一来，我就能推断出精神也必须给感性让位。尽管席勒从没如此直接地说过，不过他确实是有所指的：

形式本能的宣泄同样并非精神的无能和思考力或意志力薄弱的结果，因为这贬低了人性。感觉的丰富必然是它鲜活的源泉；感性必定要用必胜的力量来维持自己的领域，以此来抵御精神用篡夺的行为强加给它的暴力。

通过这些叙述我们可以看出，席勒认识到感性和精神拥有同等的权利。他将存在的权利赋予感觉自身。而与此同时，我们也通过这段话看到了席勒更深刻的思考，即两种本能间的"相互作用"，或者干脆说兴趣的共同性或共生性，这种观点认为，对某一物来说是废料的在另一物中恰恰是养料。席勒说：

如今我们得出了两种本能的相互作用的概念，这个概念指的是，一种本能的运作建立起来，但同时却限制了另一种本能的运作，它们都借助对方的活动而使自己达到最高的表现形式。

如果我们认同这种观点，就不能将它们的对立面看成某些必须要去除的东西，反而应将其看成某种能促进生命的有益的东西，视为需要保持和强化的东西。对于那种已分化且对社会有价值的功能的优势来说，这简直就是致命的打击，因为它是导致劣势功能被压抑以致衰竭的根本原因。我们可以将此看成一位奴隶对于英雄的理想的反抗，为了这一理想，我们将所有的一切都牺牲掉了。如果正如我们所说，这种原则一开始就在致力于人的精神化的基督教中获得了很好的发展，随后又在增进人类物质目的过程中发挥了同样的作用，那么，它一旦被破坏，劣势功能就找到了一种自然的释放方式，无论正确与否，这些功能都将要求被承认，就像已分化的功能一样。内倾思维型的感性与精神或"情感—感觉"与思维之间的全然对立也将借此公开显示出来。正如席勒所说，这种全然的对立会导致一种相互的限制，在心理上的表现就是权力原则的废除，即相当于摒弃这样一种观点：凭借已分化的和适应于集体功能的力量而宣称具有普遍有效性。

摒弃的结果是导致了个人主义，也就是对于实现个性的要求，人应该为何的实现。因此，让我们看看席勒是如何对这一问题进行探讨的：

两种本能的这种相互关系完全是一个理性问题，只有完善人的存在才能彻底解决它。人性的观念是该词最真实的意义，所以是随着时间的流逝渐渐靠近但永远无法触碰到的某种无限的东西。

很遗憾，席勒受本身所属类型的限制太多，否则他绝不会把两种本能的联合看成一个"理性问题"，因为对立的双方如果没有第三方仲裁是绝不可能理性地统一起来的，而实际上，这确实是它们对立的原因。席勒所说的理性的东西应该是一种层次较高的、几近神秘的能力，而并非理性。实际上，对立只有在非理性或调和的形式中才能统一起来，在此种情况下，某种新的事物会出现在两者之间，它虽然不同于这两者，但它能从这两者中吸取等量的能量，作为对这两者而并非其中任何一方的表达的力量。理性是无法策划这种表达的，它只能为生命创造过程。实际上，正如我们在以下论述中看到的，这一点席勒已经指出来了：

然而，如果这种情况确实存在，即当人同时拥有这两种经验，当他意识到他的自由，与此同时也感觉到他的存在，当他作为精神来认识自己且同时又作为物质来感觉自身，那么只有在这种状况下，人才能对他自身的人性有完整的直观的看法，而人假如能具有这种直观的客体就象征着人的命运的完满。

所以，假如人能让两种机能或本能—经验中感觉的思维和思维的感觉（席勒称之为对象）同时活跃起来，那么，一种能表达他的完满命运的象征，即他用来统一其肯定与否定两方面的个体方式就会出现。

我们在对这种观点的心理内涵进行准确的考察前，弄清楚席勒是如何看待象征的本质和起源的是非常有必要的。

感性本能的对象广义上可以被称为生命；此概念指的是所有物质存在及一切直接呈现于感官的东西。形式本能的对象可以被称为形式，从象征和文字的意义上来说，这个概念包含的是事物所有形式方面的性质以及它们与理智能力之间所有的关系。

所以，对席勒来说，"生命的形式"其实等同于调解功能的对象，因为它是统一对立物的代表；"是对表示现象的所有审美性质有利的概念，也就是说，是我们最广义的美"。但是，象征是以具有创造象征的功能以及能理解它们的功能为前提条件的。在创造象征时后一种功能并不参与，实际上这种功能可以被人们称为象征的思维或象征的理解。我们可以这样来理解象征的本质，即它本身所表达的东西是无法被完全理解的，不过它直觉地对其潜在的意义进行了暗示。创造象征并非理性的过程，因为表征某种内容的意象根本无法通过理性的过程产生，而事实上这种意象又是无法理解的。要想理解一个象征，必须具备某种较高领悟的直觉力，即便只是大致地了解一个被创造的象征并将其联结到意识中去也需要这种直觉力。席勒将这种象征—创造的功能称为第三种本能，也就是游戏本能；虽然它和两种对立的功能之间没有丝毫相同之处，但它依然介于两者之间，公正地对它们的性质进行处置；它总是将（这一点席勒并未提到）感觉与思维作为两种严肃的功能。

有许多人认为感觉和思维并不严肃，对他们来说，严肃必须代替游戏，不偏不倚，立于中间位置。席勒在其他地方否认有第三种调和的基本本能存在，虽然他的结论难免有所偏颇，但我们仍假设他的直觉是最准确的。因为实际上在对立的两者之间确实存在某些东西，虽然在已完全分化的类型中它已变得难于辨认。它在内倾型中被我称为"情感—感觉"。因为相对来说它受到了抑制，导致劣势功能仅有部分依附于意识，而其他部分则依附于无意识。已分化的功能可以充分地和外部的现实相适应；在本质上来说，它是现实—功能；因此它尽可能地避免自己混入任何幻想因素。因此，这些因素便开始与那些受到同样抑制的劣势功能相联系。正是因为这种缘故，那些往往带着感伤色彩的内倾型的感觉，才会具有非常鲜明的无意识幻想的色调。使对立物融于其中的第三种因素是一种具有创造性的活动，也是一种具有接纳性的幻想的活动。这就是被席勒称为游戏本能的功能，他之所以这样说，是因为他所述说的并未完全表达他的意思。于是，他惊讶地说道："终于可以说，只有当人在充分意义上是人时，他才游戏；只有当人游戏时，他才是完整的人。"对他来说，游戏本能的对象是美。"人应该只同美一起游戏，人只有在拥有美时才游戏。"

席勒确实已经意识到，将游戏本能置于首要的地位有着怎样的意义。就像我们已经看到的，压抑的解除使得对立双方的冲突达成了一种平衡，这必然导致最高价值的贬低。正如我们现在所能理解的那样，如果欧洲人的野蛮发展至顶峰，那对文化来说确实是一场大灾难，因为没有人能保证当这样的人开始游戏时，会将真正的美的愉悦以及审美的陶冶当成目的。当然，这只是一种无法证明的预测。因为文化水平难免会降低，我们可以预料到将产生截然不同的结果。席勒正确地指出：

在最初的尝试中审美的游戏本能还几乎无法觉察，因为感性本能始终以其恣意的癖好和野性的欲望进行干预。因此我们看到，野蛮低级的趣味首先抓住了新鲜的、令人惊奇的、臆想的、绚烂的、稀奇的以及激烈的和野蛮的事物，对朴素与平静却唯恐避之不及。

从中我们可以得出结论，席勒意识到了这种发展的危险。据此也可推断，席勒拒绝接受这一结论，而且感到了一股强烈的冲动，并由此赋予他的人性一个坚实的基础，这种基础远比那种游戏的审美态度提供给他的并不稳固的基础更加坚实。事实确实如此。因为两类功能或两类功能集群间的对立如此严重，如此根深蒂固，所以仅仅靠游戏很难平衡这种冲突的危险性与严重性。若想以毒攻毒，第三因素是必需的，至少从严肃性上来说，它能使其他两者平衡。游戏的态度必然使一切严肃性都荡然无存，所以就开辟出一条通向席勒口中的"无限的可决定性"的道路。本能既可能被感觉吸引，也可能被思维吸引；它时而与客体嬉戏，时而与观念玩耍。但无论如何，它都绝对不会同美游戏，因为那时的人已是一个接受过审美教育的人而并非野蛮人了，然而现在的问题是：人怎样做才能摆脱这种野蛮状态呢？首先，我们必须确定，人要将他最内在的存在中的立足点放在哪里。人是思维的，同时也是感觉的，这是与生俱来的；他本身就处在对立中，所以他必定要身处两者之间的某个地方。从他最深刻的本质上来说，他必定是一种能同时分享两种本能的存在，但是他也或许会用这样一种方式把自己同这两种本能区别开来。虽然他必然会受到这两种本能的影响，并在某种程度上服从它们，但同时他也能够使用它们。然而，他首先必须把自己与它们区分开来，就像将自己区分于他所从属但却不认为与自己完全等同的自然力一样。对此，席勒作了下列描述：

在我们灵魂中的两种基本本能与我们精神的绝对统一完全不矛盾，它只是包含有能让我们区分开两种基本本能的规定。两种本能确实存在并作用于精神中，但是，就这种精神本身来说，既不是物质也并非形式，既不是感性也并非理性。

我认为在以上论述中，席勒似乎准确地指出了某些非常重要的东西，即个体内核分立出来的可能性，它可能是主体，同时也可能是各种对立功能的客体，尽管它总是维持着各种对立功能之间的区分。这种分立有可能是理性判断，不过也可能是道德判断。在某些时候它以思维的形式出现，而在另一些时候又以情感的形式出现。如果没能完成分立，或是说最终也没谁打算进行这种分立，那么个性必然会分解，形成二元对立的状况，因为个性已变得和它们相同了。更加严重的结果是导致自身的分裂，或是做出武断的决定偏向某一方，共同对另一方进行粗暴的压抑。这一思想的过程由来已久，就我所知，从心理学的角度来说，托勒密式的基督教主教辛奈西斯最早做出了与之相关的最有趣的系统阐释，他是希帕蒂亚的学生，著有《论梦》一书，并在该书中提出了"幻想的精神"这一概念，实际上，此概念也具有心理学意义，正如席勒提出的游戏本能及我所说的创造性幻想一样，只是表达方式有所不同；他的表达方式不是心理学的而是形而上学的，这种古代的表达方式很难适合我们的目的。辛奈西斯说："幻想的精神在永恒与短暂之间进行调和，我们是其中最充满活力的。"它在自身当中使对立双方统一起来；因此它同样出现在使天性本质的权利下降到动物的水平这件事中，在那里它变成了本能，并召唤出了恶魔般的欲望：

　　因为这种精神能轻易地在两个极端间找到自己想要的东西并用于自己的目的，就像从邻居家借东西那样，所以那些相隔很远的东西都能被它统一为单一的实体。因为自然在她的众多领域中引入了幻想，甚至下降到不具丝毫理性的动物界……（幻想）本身就是动物的理智，这种幻想力在动物那里更多被用于去理解……每个恶魔都从幻想的活力中衍生出自己的本质。因为它们本质上纯粹就是虚构的，都是内心幻想的产物。

　　确实，从心理学角度来看，恶魔就是来源于无意识中的入侵者，即无意识情结持续地自发侵入意识过程的干扰。情结类似于那种不时地袭击我们的思想、干扰我们的行为的恶魔；所以，在古代和中世纪人们将因急性心理疾病而引发的狂乱看成是着魔。所以，当个体始终专注于某一方面时，无意识就坚定地从另一方面开始反叛——这种反叛最有可能出现在新柏拉图或基督教哲学家那里，因为他们表现了唯精神性的立场。具有特别价值的是辛奈西斯提到了恶魔的想象性质。就像我之前所说的，幻想的因素在无意识中确实与被压抑的功能联系起来了。因此，如果个性（或者说"个体的内核"）不能从对立中独立，那就只能与之一概而论，并因此被内在地撕裂，从而出现了一种痛苦的分裂状况。对此，辛奈西斯描述说：

> 被对此坚信不疑的人们称为精神性灵魂的动物精灵由此就变成了两种偶像：一种是神明，另一种是形态各异的恶魔。在此，灵魂也经受着折磨。

精神由于参与到了本能力中，于是就变成了"神明"和"形态各异的恶魔"。其实只要我们记得感觉和思维本身是一种集体性功能，个性（席勒称其为心灵）融于其中而未能分化出来，这种古怪的观念就不难理解了。在这里，个性已经变成了一种集体性的存在，即神性存在，因为上帝（神）是一种具有普遍存在本质的集体性观念。就此情形辛奈西斯说："灵魂也经受着磨难。"但是，灵魂通过分化也获得了拯救；所以，他继续说，当精神变得"潮湿与臃肿"时，它就堕入底层，并因而与客体缠绕在一起，但当它历经痛苦而被净化时，就变得"干燥与热烈"，并再次向上升起，因为这种火热的性质使它得以从地下居所的潮湿性质中脱离。

于是这样的问题就此出现了：不可分性，即个性借助哪种力量来抵御制造分裂的本能呢？即便说席勒可以凭借游戏本能做到这一点，那也很难让人相信；要成功地使个性从对立中分离出来，必须要有某种严肃的东西或某种相当重要的力量。一方面是最高价值、最高理想的召唤，另一方面则是最强烈的欲望的诱惑。席勒说：

> 两种基本本能中，无论哪一种发展起来，都必然会竭力按照本性及需要来满足自己；正因为两者是必然的并且趋向于相反的对象，所以必然会互相抵消，意志在这两者之间一直是完全自由的。所以，意志就成了抵御这两种本能的力量，而这两种本能中不论哪一方都无法抵御另一方……在人的身上，除了人的意志外不存在其他的力量，唯有死亡和任一意识的毁灭者才能消除人的意志，使他的内在自由终止。

对立必然导致相互抵消，这从逻辑的角度来看是正确的，可实际上并非如此，因为本能一直相互、积极地对立，从而持续引起无法解决的冲突。意志能解决争端，但前提是要在我们预先准备好那种必须首先达到的条件下。然而，至今为止，人如何摆脱野蛮性这一问题仍然无法解决，因为那种唯一能赋予意志公平地对待对立物并使其统一的条件还未建立起来。实际上，意志被某种功能所片面地规定这种现象就是野蛮状态的一种标志，因为意志还需要某个目标或是某种内容。那如何实现这个目的呢？要借助一段预设的心理过程，使理性、感情的判断或感官的欲望，能给意志提供某种目标或某种内容。假如我们把感官欲望当成意志的动力，在行动时就会依据与我们的理性判断相对立的这种本能。如果我们用理性判断来解决争端的话，那么即便最公正的裁判也一定是建立在理性判断基础上的一种特权；它能使形式本能凌驾于感性本能之上。无论如何，只要意志的内容对其中的一方形成依赖，那么它就会更多地受到这一方的限制。但是，为了真正地解决冲突，它必须将自己置于中间状态或中间过程，以保证太过接近和太过疏远任何一方都无法获得内容。席勒认为，这无疑是一种象征的内容，因为能处于两者对立的中间位置的只有象征。分别以两种不同的本能作为前提条件的现实是截然不同的。对其中的一种本能来说，另一种本能纯粹是非现实的或伪现实的，反之亦然。这种现实与非现实的双重性恰恰是象征的内在特征。只有同时包含了两者的东西才可能是象征的。如果它只是现实的，那最多就只是一种现实的现象，而自然无法成为象征。换个角度说，如果它真的纯粹是非现实的，那就完全是空洞的、脱离现实的想象，也不是象征。

理性功能从其性质来说无法创造象征，因为它们只能生产一种由单方面决定其含义的理性产物，这种产物并不能同时将其对立面囊括在内。感性功能的产物同样也是由客体单方面决定的，并不包含其对立面而只包含自身，所以它同样也无法创造象征。所以，为了让意志以公正为基础，我们必须求助于另一种权力，在那里对立物尚未被清晰地分离出来，还保持着最初的统一。这显然并非意识的情形，因为意识的全部本质都在于区分，包括区分自我与非我、主体与客体、肯定与否定，等等。这些二元对立范畴的分立全部仰仗意识的区分作用；意识只能辨识那些适当的因素，使其和不适当、无价值的因素区分开来。它只能认定某一功能没有价值而另一功能有价值，这也就意味着，它在将意志力给予一种功能的同时又剥夺了另一种功能的权利。然而，在不存在意识的地方，或是在只有无意识本能生命占据优势的地方，不存在反思，不存在赞成与反对，也不存在分裂，只存在简单的发生，自律的本能性和生命的均衡（当然需要指出的一点是，这时本能还未遇到它无法适应的情形，而一旦遇到这种情形，感触、骚乱和恐慌就出现了）。

所以，想要通过意识来解决本能间的冲突是毫无意义的。意识的判断相当专横，它无法将象征的内容提供给意志，然而象征的内容是唯一能非理性解决逻辑的正反对立的途径。因此，我们必须继续深入；深入到那仍旧保持着原初本能性的意识的基地里去，也就是说，进入到无意识中去；在那里，每种心理功能都融入了原始的基本的心理活动中，不再有任何区分。无意识缺乏分化的能力，主要是因为大脑中枢各部分之间的联系几乎都是直接的，其次是因为无意识因素能量值的微弱。通过下面的事实我们可以清楚地看到无意识因素具有相对少的能量：无意识因素一旦获得了较强的能量值，它就立刻不再属于意识的范畴，这使它进入了意识的领域，唯有在无意识因素获得能量灌注的情形下此种情况才能变为现实。因此它被称为"预感"或"幸运的观念"，或者像赫尔巴特一样将之称为"自发呈现的表象"。意识内容强大的能量值的效力与集中的光束的效力是一样的，所以它们的区分能够被清晰地感觉到，因此将它们二者混淆的情况也就不会再发生。而无意识则恰恰与之相反，它只具有模糊的类似性这一最异质的因素，它们光芒黯淡，能量微弱，因此可以相互取代。甚至就连各种异质的感官印象都联结在了一起，就像我们在"光幻觉"（布留勒尔语）或"色彩听觉"中所看到的一样。语言当中也包含有许多这类无意识的混合物，正如我已经在有关声音、光线和情绪状况的例证中所指出的那样。

那么，我们求助于无意识的权威或许是恰当的，因为它处于心理的中心地带，在那里，意识中被区分开的和相对抗的一切都汇集成群，相互构型。当意识之光出现时，它们会同时显示出两方面的构成因素的性质；然而它们中的任何一方都绝不会从属于另一方，而只处于一种独立的中间位置。这样的中间位置指的是，在意识看来它们是有价值的，同时也是无价值的。之所以有价值，是因为它们未分化的状况赋予了它们一种象征性特性，这种特征以调解的意志的内容为实质；之所以无价值，则是因为它们的构成没有呈现出任何清晰可辨的东西，因而使意识无法理解。

所以，除了依赖于其内容的意志之外，人在无意识中还能找到更深层次的辅助资源，它们能孕育出创造性幻想，在任何时候都能在基本精神活动的自然过程中构造出象征，能被用来调解意志的决定性的象征。我在这里说"能"是经过反复思考的，因为只要意识内容的能量值依旧高于无意识象征的能量值，象征就无法自动自觉地突破临界点，而是继续停留在无意识中。这种情形一旦出现，常常说明情况比较正常；反之，倘若出现了能量值的反转就说明情况不正常，而无意识也由此才能获得超过意识的能量值。象征随之浮现出来，无论如何，只有通过能量值的反转，意志和主导的意识功能才能接纳它，因为意志和主导的意识功能由此变成了下意识的。而另一方面，无意识则变成了超意识的，接着便出现了一种非正常的状态、一种心理紊乱。

所以，在正常情况下，能量必然被人为地提供给无意识象征，以便增加它自身的能量值，并由此把它引向意识。这是通过自身从对立中分化出来而实现的（在这里又涉及了席勒提出的关于分化的观点）。从欲力的配置角度来说，这种分化等同于对立双方的欲力的分离。因为欲力投入到各种本能中之后可自由支配的只剩一部分，换句话说，就是只要不超出意志力的范围就都是如此。这代表了自我所能"自由"支配能量的程度。这样，意志就把自身当成了一个有可能实现的目标，冲突越是阻碍进一步的发展，这个目标就越有可能实现。在这种状况下，决定意志的就只是自身，而并非对立的双方，也就是可自由支配的能量进入自身，换句话说，就是它被内倾化了。然而这种内倾代表的仅仅是欲力被自身保存了起来，并被禁止参与到对立的冲突中。向外发展的道路被堵住了，欲力就很自然地转向了思想，然而此时，又再次面临一种卷入冲突的危险。不管是从内在客体，即思维方面，还是从外内客体来说，分化和内倾的行为都涉及可供支配的欲力的分离问题。欲力变得毫无对象（客体），且不再与一切具有意识内容的东西相关；因此它就沉入了无意识，在那里，它主动地将那些准备转送给幻想材料，然后使它活跃起来，并渐渐显现。

席勒用"生命的形式"来称呼象征是十分恰当的，因为这些不断聚集起来的幻想材料包含了个性心理发展的意象，因而也就预先表现了对立面之间进一步发展的道路。虽然起着区分作用的意识活动难以在这些意象中发现任何可被直接理解的东西是非常常见的，但是，必须承认的是，这种直觉包含了一种生命力，这种生命力对意志具有决定性影响。因为受到了两方面的相互影响，意志的决定及其两个对立面又恢复了原有的力量。这种重新开始的冲突一定会要求同样的处理，这样一来就为下一发展阶段提供了源源不断的可能性。这种在对立面之间进行调解的功能被我称为超验功能，这里我指的并非什么神秘的东西，而只是一种意识因素和无意识因素相结合的功能，或许就和数学上实数与虚数的共通函数相类似。

当然，意志的重要性绝不会因此而被否定，但除此之外，我们还有创造性的幻想，这是一种非理性的本能的功能，唯独它具有为意志提供一种能使对立面达到统一的内容的能力。这也就是被席勒直觉地理解为象征的本源的功能；但他将其看成"游戏本能"，因此，他就无法进一步将它当成意志的原动力。为了获得意志的内容，他只能返回理性，以至于完全倒向了这一方。然而，当他这样做时产生的后果却是惊人的，他已经相当接近我们的问题了。

所以，在建立法则（即理性意志的法则）的地位前，道德必须将感觉的威力彻底摧毁。仅仅让从前不存在的东西从现在开始存在，这还远远不够，还必须使原来存在的东西不再继续存在。人不能直接从感觉过渡到思维，他还必须往回退一步，因为只有将一种规定取消后，与之相反的规定才能取代它。为了能让使动取代受动，让主动的规定取代被动的规定，人必须暂时摆脱规定性从而让自己处于一种纯粹可规定性的状态。所以，人必须通过某种方式返回到单纯无规定性的那种否定状态，如果他能保证没有任何东西在他的感觉之中留下印象，那就表示他已经处于这一状态。然而，这一状态在内容上是全然的虚空，但现在的问题是，怎样才能将一种相应的无规定性与一种同样的无限可规定性协调统一起来，这一无限可规定性可能会详尽地充实内容，因为此状态可以直接产生出一些确切的东西。人通过感觉而接受的规定性必然会被好好地保存，因为他不能不顾现实；但同时，一旦它无法脱离有限性的性质，就注定要被抛弃，因为它会产生一种无限可规定性。

如果我们还记得席勒常常倾向于到理性意志中去寻找答案，那么借助前面的论述，这段晦涩的文字就非常容易理解了。如果考虑到这个事实，那么他所论述的就相当清晰了。所谓"往回退一步"指的就是欲力从内在的和外在的客体中分离出来并退回，也就是从对立的本能中分化出来。当然，席勒在这里进行思考时，主要是将感性的对象（客体）作为内容，因为正如已阐明的那样，他的终极目标是迈向理性思维的彼岸；对他来说，这对于意志的规定似乎是必不可少的。然而，他还是认为清除一切规定是十分必要的，这代表的就是与内在客体或思想的必然分离，否则是无法获得完全的无规定性和内容的虚空的，这是无意识的原初状态，是无法分辨主体和客体的。显然，席勒的意图或许能被表述为是内倾进入无意识的过程。

"无限可规定性"显然代表着一些类似于无意识的东西，代表着每种东西都无差别地影响着其他的东西的状况。意识的这种虚空状态必然是与"对内容的最大可能的充实"相统一的。能作为意识的虚空状态的对应物对其进行充实的只有无意识的内容，除此之外，再不能赋予它任何其他内容。这样一来，席勒就描述了意识与无意识的融合，并经由这种状态，"产生出了某些肯定的东西"。这种"确切的"东西对我们来说就是对意志的象征性规定。而对席勒来说，则是一种"调和的状态"，由此，感觉与思维达成了和解。他也将其称为一种"和解意向"，在这种意向中，感性与理性都非常活跃；然而，正因如此，它们才能相互将对方的决定性力量消解掉，而它们的对立也会因否定而结束。随着对立物的消解，会产生虚空，我们将之称为无意识。因为对立并未对它进行规定，因此这种状况会对所有规定有敏锐的感觉。席勒将这种状况称为"审美的状况"。席勒居然忽略了感性和理性在这种状况下都不可能"活跃"的事实，要知道，正如他所说，此种状况下的两者都被相互的否定消解了。然而，既然必然存在一些活跃的东西，而又没有其他的功能可供席勒驱使，那么，他就会理所当然地认为对立的双方必定会再次活跃起来。它们的活动会自然地持续下去，而既然意识是"虚空的"，那它们就必然在无意识中。

但是，席勒缺乏对无意识这一概念的认识，因此，在这一点上他变得极其矛盾。他的调解的审美功能类似于我们的建构象征的活动（创造性幻想）。席勒把事物的"审美特征"看作是它与"我们诸种能力整体"的联系，"而并非与其中的哪一种与能力相关联的特定对象"。在这里，重返他之前的象征概念或许比与这一模糊不清的定义要好一些；因为象征具有这样一种性质，它与所有的心理功能相关联，而并非仅与任何单一功能的某一特定对象相关联。在获得了和解的意向后，席勒认识到："从此以后，或许人可以本着自己的天性，使自己成为自己想要成为的，于是，人应该享有的自由就完全回归到了他自身。"

由于偏爱推理和理性演绎，席勒成了他自己结论的牺牲品。这一点通过他对"审美"一词的选择就能得到说明。如果他深入地了解了印度文学，那么他就能看到浮现在他心灵之眼前的原初意象与他的"审美"意象截然不同。他的直觉会牢牢抓住那种自远古时代起就已深藏于我们心灵之中的无意识模式。虽然他早就强调了无意识的象征的特征，却还是将它理解成"审美的"。我所考虑到的原初意象和在印度大梵—阿特曼教义中所凝聚的东方观念的独特构型等同，中国的老子对它进行了哲学宣讲。

印度观念提倡从对立物中获得超脱，这里的"对立物"指的就是种类繁多的对客体的感情状态和对情绪的执着。解脱在欲力收回其所有内容后发生，并由此产生了一种完全内倾的状态，这一心理过程被称为托波斯。这一称谓是非常有特色的，最好将托波斯译为"静坐"（禅定）。该词清楚地刻画了无内容的冥想状态，由此状态，欲力就像孵蛋所需的热量一样被提供给自身。由于每种与客体的情绪联系都已被切断，所以这一现象就变成了一种必然；人内在的自身之中可能产生一种客观现实的对应物，也可能产生一种可以用术语描述为此即彼的内在与外在的完全同一。通过自身与客体关系的融合，便产生了自身与世界本质（主体与客体的联系）的同一，以致能够认识到内在的阿特曼与外在的阿特曼的同一。大梵的概念与阿特曼概念之间的区别非常细微，因为大梵自身的观念并未被明显地给予；可以说，它是一种内在与外在之间的同一的普遍未被界定的状态。

从某种意义上说，与托波斯相对应的概念是瑜伽，与其将瑜伽理解为一种冥想状态，倒不如更准确地将其理解为达到托波斯状态的一种意识的技巧。瑜伽是一种方式，欲力通过它可以被系统地"内倾"，然后从对立的束缚中摆脱出来。托波斯和瑜伽的目的是建立一种调解的状态，以致可以从中产生出创造性的和补偿的因素。从个体的角度来说，心理上的结果是实现大梵，实现"至上灵光"或"极乐"。这便是解脱修行的终极目的。而又因为大梵—阿特曼是所有造物滋生的宇宙根基，因此，这一过程同时也可以被思考为是宇宙起源的过程。所以，这个神话证明，创造的过程正是发生在瑜伽修行者的无意识中，而此过程可以被解释成是对客体的新的适应。席勒说：

只要人的内心燃起烛光，身外就不再漆黑一片。只要人的内心平静安稳，世界上一切的风暴就都不再咆哮，自然中斗争的力量在静止的边界上渐渐平息。怪不得远古时代的诗歌要把人内心的这一伟大事件描绘成外在世界的一次革命。

通过瑜伽，对客体的关系变成了内倾的。通过剥夺能量价值，它们陷入了无意识之中，正像我们所描述的一样，它们在那里与其他无意识内容建立起新的联系，因而在托波斯完成修行后，它们便以一种新的形式和客体联系在了一起。这种与客体关系的转变，使客体面目一新，好像新造就的一样；所以，对于托波斯修行的最终结果来说，宇宙起源的神话这个比喻非常贴切。印度宗教修行的倾向大都是内倾的，对客体新的适应自然没有意义；但它仍残留在无意识投射的形式以及在教义关于宇宙起源的神话中，且没有发生任何实质性的改变。就这一点来说，印度宗教的态度恰恰与基督教的态度相反，因为基督教的博爱原则是外倾的，是绝对地追求外部对象。基督教使一切精益求精，而印度教的原则则使知识更加丰富。

梨陀的概念是大梵的概念的一部分，梨陀指的就是正确的规律和符合规律的世界秩序。在大梵中，诞生本质、宇宙基础以及所有事物都按照正确的轨道运行，并经历着永恒的被分解和再造的过程；在大梵中，任何发展都是按照符合规律的道路运行的。梨陀的概念引导我们将目光转向了老子的道。道指的是规律主宰下的正确的道路，它位于对立双方中间，既摆脱了它们，又把它们统一起来了。生命的目的便是在这条中间道路上行走，对任何一方都不偏不倚。那种迷狂的因素老子完全没有；他的哲学清澈而高超，是一种完全不会被神秘的烟雾所模糊的理性的和直觉的智慧——这种智慧远离了混沌的状态，就像星辰远离了无序的现实世界一样，达到了人所能达到的精神优越的最高程度。它驯服了所有野蛮之物，但并未消除它们的自然本性，只是对其进行了提升。

假如说把席勒的思想拿来同这些远古的思想放在一起比较非常牵强，人们很难认同，那么我们更该知道，叔本华在席勒之后不久出现，并用他的天才成为这些思想最强有力的宣讲者，自那以后，这些思想便深深地扎根在德国人的心灵之中，从未曾远离。在我看来，叔本华早就可以参照杜伯龙的《奥义书》拉丁文译本，而在席勒所处的时代有关这方面的史料是非常贫乏的，因此他很难有意识地对此类资料进行关注，然而这并不重要。通过自身的实际经验我很清楚地看到，直接的交流对这种联系的形成来说并不是必需的。我们发现，在某种程度上来说，我们在艾克哈特的基本思想中看到的某些东西，在康德的思想中也可以看到，尽管它们都与《奥义书》的思想非常相似，但没有一种证据能证明它们之间存在联系。神话与象征也完全一样，它们能自发地在世界的任何角落产生，而且是完全一致的，这是因为它们都形成于全世界相同的人类无意识中，这些无意识内容和种族与个体不同，它们很少会有差异。

我也感觉到，将席勒的思想与东方思想之间的相似之处指出来很有必要，因为席勒的思想已经抛弃了审美主义中某些太过狭窄的方面。审美主义并不适合解决人的教化这一极严肃极困难的问题；因为它总是预先设定它所要创造的那个非常之物，即爱美的能力。确实，这阻碍了对问题的深入探讨，因为它对任何丑恶的或是困难的东西都选择视若无睹，而将快乐当成目标，尽管这是一种有教化意义的快乐。因此，审美主义不具备道德的力量，因为它本质上仍属于一种精致的享乐主义。席勒努力想引入一种纯粹的道德动机，但依旧以失败告终；而在他的审美态度的影响下，他无法看到审美主义所承担的认识人性的另一面的那种结果。由此引发了冲突，并使得个体陷入相当的混乱与痛苦中，甚至即便美的景象能帮助他压制美的对立面，他也依旧无法摆脱这种对立；这样一来，即使在最佳情况下，最多也只是旧的状况再次被建立起来罢了。要想帮助他从冲突中解脱出来，就必然需要另一种并不属于审美的态度。这种态度只在相应的东方思想中有清晰的显示。印度宗教哲学对此有很深的领悟，且提出了解决冲突所需的疗救方式。这种方式指的就是最大程度的道德努力、自我克制与牺牲、最虔诚的宗教热忱与圣洁。

虽然对审美持尊敬态度，但叔本华还是极为明确地指出了这一方面的问题。然而，如果我们认为，"审美"与"美"的概念在席勒那里与在我们这里一样，有着同样的联系，那就错得离谱了。如果我说席勒认为"美"是一种宗教理想，这并不太过分。美对于他来说就是他的宗教。而如果将他的"审美状态"称为"宗教虔诚"，就是最为恰当的了。虽然席勒在这个问题上没有过任何明确的表示，也没有把他的核心问题清楚地描述为宗教问题，但他的直觉仍然涉及了宗教的领域；不过，这个宗教问题是有关原初人的，因此，虽然他在著作中用了大量的篇幅对其进行讨论，但并未始终沿着这条思路延伸下去。

值得我们注意的是，在席勒进一步展开他的论述时，"游戏本能"问题也悄悄在趋向审美状态的背景后隐藏起来，并获得了一种近乎神秘的价值。不过我相信，这绝非偶然现象，而是有着明确原因的。一般情况下，在一本著作中最好的最深刻的思想是不会被以那种清晰方式表达出来的，就算在书中的其他很多地方都能看到对这些思想的暗示，并且或许达到了一种能够清晰地表达出来的程度。在我看来，此刻我们所面临的正是这种困难。但是，假如我们将审美状态的概念作为一种和解的创造性的状态，那么，席勒的思想便会马上显示出它的深刻性和严肃性。但是，他依旧非常明确地挑选出"游戏本能"，并将其作为一直以来所寻求的调解活动。从某种程度上来说，这两个概念无疑是相互对立的，因为游戏和严肃是难以共存的，也是难以相容的。严肃产生于深刻的内在必然性，而游戏则是其外在的表现，它转向了意识。然而，这并非一个想要游戏的问题，而是一个必须游戏的问题；是幻想通过内在必然性而表现出来的游戏性，而不受到外部环境或者意志的强制。这是一种非常严肃的游戏。然而，如果从意识和集体的观点来看，它的外在表现确实只是一种游戏。这是一种依附于所有创造物的模糊不清的性质。

如果游戏在还没有创造出任何持久的和充满活力的东西之前就中止了，那么它就只是游戏罢了，不过，在另一种情形中，它就可以被称为创造性活动。只有在被观察的批评的理性评价之后，那些在游戏活动中所蕴含的相互联系的要素才会出现，并以各种范式显现出来。某些新东西的创造并不是理性所能完成的，能实现这一创造的唯有源自内在必然性的游戏本能。创造性精神只同它所钟爱的对象一起游戏。

因此，人们极易将那些潜能鲜为人知的创造性活动看成游戏。的确，大多数艺术家都受到指责，说他们沉迷游戏。人们常常更倾向于给一个天才（比如席勒）贴上这种标签。然而，作为这样的一个天才，席勒本人却希望得到常人的理解，他希望从这种特异的人及其秉性中超脱，以使自己也能得到造物主的帮助和解救，这是造物主按其内在必然性活动必须履行的职责。但是，将这种见解扩展到常人的教育上或许并不具有可能性；至少表面上看起来不能这样。

像在所有类似的情形中一样，只有向人类思想史的证明寻求帮助，才能解决这个问题。但是在这样做之前，我们必须要弄清楚我们要从什么角度来处理这个问题。我们已经看到了，席勒是如何要求超越对立，甚至使意识完全达到虚空的程度的，在那种状态中，无论是感觉、情感，还是思维、意向，都不扮演任何角色。他追求的是一种意识尚未分化的意识状态，在这种状态中，所有内容都因能量值的减弱变得难以区分。但是，真正的意识只有当能量值足以区分内容时才会变成可能。凡是没有区分作用的地方，也就没有真正的意识存在。因此，尽管意识的可能随时都在，但这种状况仍能被称为"无意识"。这代表的其实是一种"精神水平低下"的状况；是与瑜伽和麻木的催眠状态类似的一种状态。

据我所知，在导向"审美状态"的实际技术（当然，前提是采用这个词是合适的）问题上，席勒什么观点也未表达过。他曾在和他人的通信中偶然提到，朱诺·卢多维西给我们显示了一种"审美虔诚"的状态，其特点是完全沉浸和移情于所默察的对象中。然而，那种作为无内容或无规定性存在的基本特征的这种虔诚状态并不具有。但是，联系段落，那么，这个例子告诉我们的就是，虔诚或虔敬的观念在席勒的头脑中一再出现。这再次把我们带入了宗教问题中；但同时它也使我们看到，事实上把席勒的观点扩展到普通人那里或许是可行的。这是因为，宗教虔诚是一种集体现象，并不依赖于个人天赋。

当然，这里仍然存在其他的可能性。我们看到，意识的虚空状态，也就是无意识状态，是由欲力潜入无意识所造成的。那些于无意识中存在的情感—色调的内容处于正在休眠的记忆—情结中，它们源自个体过去的经历，而基本等同于一般的童年情结的父母情结最为突出。虔诚或欲力潜入无意识后，在童年情结中被再次激活，由此，童年的回忆，特别是与双亲情结相联系的回忆，再次焕发出生机。很多幻想通过这一复苏过程产生出来，促使父母产生了神性，也唤醒了与上帝的儿童般的关系以及相应的类似儿童的情感。然而更具特征的是，重新焕发生机的并非现实中父母情结的意象，而是父母情结的象征；这个事实被弗洛伊德解释为因为抵制乱伦而对父母意象的压抑。我非常赞同这种解释，然而我认为它还不完美，因为它并未将这种象征性置换的特殊含义纳入考虑范围。对于超出记忆的具体化和感官性来说，上帝意象形成中的象征化具有举足轻重

的意义；因为，通过把"象征"认定为一个现实的象征，回归父母
情结就能马上被转化为一种前进的过程，但如果只把象征理解为具
体的父母情结的标志，并因此剥夺了其独立的特征，那么它就依旧
只是一种回归罢了。

　　通过认定象征的现实性，人类与诸神的距离又进一步缩短了，
也就是说，又向思想的现实性迈进了一步，使人成了大地的主人。
就像席勒正确地感受的那样，虔诚就是一种欲力向原初阶段回归的
运动，是一种对原初本源的潜入。作为原初前行运动的意象的象征
就在这一过程中产生了，它是所有无意识要素运作的综合性结果，
是席勒所说的"有生命的形式"，也是历史所证明的一个上帝意象。
因此，席勒抓住了神性的意象，他选择以朱诺·卢多维西为例就并
非偶然了。歌德让帕里斯与海伦的神性意象在母亲国的三角鼎上浮
现——他们一方面是复活的一对，另一方面是内在统一过程的象征，
他们被浮士德当成独一无二的内在救赎并花费毕生精力不懈地追
求。这在后来的场景中有清楚的表现，在情节的进一步展开中也得
到了明显的证实。正如我们在浮士德这个范例中所看到的，象征的
幻觉是生命进程的指引，它将欲力引向一个更远的目标，并且此目
标之后将在浮士德的生命中始终坚强地燃烧着，使得他的生命正如
燃烧着的火焰，向着远方的灯塔坚定地前行。象征给生命带来的独
特意义就在于此，而这也正是宗教象征的价值和意义。当然，我所
指的象征不是那种被教条所窒息与僵化的象征，而是有生命力的象
征，它源于充满活力的人的创造性的无意识。

　　只有那些认为世界历史只是从今天开始的人，才会否认象征的
巨大意义。谈论象征的意义原本就是多余的，但非常不幸的是，实
际情况并非如此，因为我们时代的精神常常认为他自己比我们时代
的心理学要优越。我们今天的道德主义和卫生学往往相信自己知道
什么是有害的什么是有益的，什么是对的什么是错的。一门真正的

心理学不会让自己限于这些问题；而只需要认识事物本身就足够了。

从"虔诚状态"出现的象征—形成无须依靠个体的禀赋便能在另一种集体宗教现象中存在。据此，我们也能将席勒的观点进行延伸，将其放到普通人的身上。我认为从普遍的人类心理角度来说，至少这个观点的可能性在理论上已得到充分的证明。我打算在这里进行一点补充，以使论证更加完整和清晰，对象征与意识以及象征与生命的意识行为之间的关系，我已经进行了很长时间的思考。对此，我得出了下面的结论：作为无意识表征，象征具有重大的意义，其价值是不容忽视的。从日常治疗神经病患者的经验中我了解到，产生于无意识过程的干扰具有一种重要的实际意义。分裂的程度越高，即意识态度越是疏远个体的和集体的无意识内容，从无意识内容来的对意识的内容有害的抑制或强化就越是强大。所以，考虑到实际情况，象征必然具有至关重要的价值。但是，假如我们认同象征确实是具有价值的（无论大小），那我们说，象征就因此获得了一种意识的动力，也就是说，它被知觉到了，它的无意识的欲力因此而得到了一个可以使自己在生命的意识行为中被感觉到的机会。因此在我看来，它获得了一种事实上非常重要的优势，也就是无意识的协作，它参与了意识的心理活动，从而将来自于无意识方面的干扰清除了。

我将这种与象征联系的普遍功能称为超越功能。对此，我还无法着手充分地阐述这个问题，因为如果要这样做，我就必须搜集所有以无意识活动的结果出现的材料。而迄今为止，专业文献中有关幻想的描述并未给我们这里所讨论的象征的创造提供任何概念。不过，这类幻想的范例在纯文学中却不少见；但是，在"纯粹的"状态中并没有出现任何和它们有关的观察和记载，在那里，它们已经过了一种高度"审美的"精致加工。在所有的范例中，我专门挑出了梅伦克的两部作品，即《有生命的假人》和《绿色的幻景》。对此问题的这一方面我将在后面进行进一步的处理。

虽然这些有关和解状态的观察是席勒引发的，但我们已经远远超出了他的概念。尽管他以极为敏锐的洞察力感悟到了人性中的对立，但他解决问题的尝试却仍然停留在早期阶段。在我看来，他的失败与"审美状态"一词有一定的关联。事实上，"审美状态"与"美"在席勒那里被混为一谈了，因此使我们的心境出人意料地突然进入这样的状态。他不仅混淆了因果关系，同时也违背了他自己的定义，将确定的规定性特征给予了这种"无规定性"状态，因为他把"无规定性"和美等同起来了。因此从一开始，和解功能就被抛弃了，因为美立即把丑掩盖了，而事实上，这种美也是一个与丑同等的问题。我们已经看到，席勒将一个事物的"审美特征"定义为它与"我们多种能力的整体"的关系。因此，"美的"和"审美的"就不完全相符，因为我们的能力不同，在审美方面也不同：一些是美的而另一些则是丑的，只有极端的乐观主义者和理想主义者才会将人性的"整体"完全看成是美的。其实更准确地说，人性就是人性，它有光明的一面，也有黑暗的一面。所有颜色合在一起就成了灰色——亮色和暗色互为背景。

概念上不完善也可以证明这一事实，和解状态是怎样发生的，至今仍没有清晰的解释。有很大的篇幅对和解状态是由"纯粹美的愉悦"导致的进行了明确的论述。所以席勒说：

一切通过直接的感觉就能取悦我们感官的东西，尽管使我们柔软而善感的天性向所有印象敞开了大门，但同时也弱化了我们所能发挥的能力。而那些能振奋我们精神，带给我们抽象概念的东西的理性力，虽然增强了我们精神的各种抵抗力，却也同样使我们的精神麻木迟钝，正如它使我们产生更大的主动性一样，也同样使我们丧失了感触性。因此，两者最终都将走向衰竭……相反，假如我们沉浸在纯粹美的愉悦中，那么我们就能在某一时刻，在同等的程度上控制我们的主动力量和被动力量，并在严肃与游戏、休息与运动、顺从与反抗、抽象思维与静观默察中运用同等能力。

此段论述与前文提出的关于"审美状态"的定义直接相矛盾，前文认为人在审美状态中是"零"，是"虚空的"，是"无规定的"，而在这里，人却最高程度地受美的规定（"沉浸在它里面"）。然而，想要从席勒的这段文字里对这个问题进行深入的探究根本毫无价值。他在这里遇到了一个障碍，而这个障碍不仅在他面前存在，同时也横亘在他的时代面前，因为无论在哪里他都会遇到没有办法看到的"最丑陋的人"，直到我们身处的这个时代，尼采才对此进行了揭露。

"首先让人成为审美的"，把感性的人转化为理性的存在是席勒的目的所在。他说："我们必须改变人的本性"，"我们要使人受形式的支配，即使在其纯粹的自然生命中也是一样的"，"必须让人按照美的规律……来实现他的自然规定性"，"使人开始他的道德生活时，必须是在其自然生活中性的层面上"，"尽管人仍被他的感性限制着，但他必须开始他的理性自由"，"人必须使自己的嗜好受到自己意志的约束"，"人必须学会追求更高层次的高贵"。

上述引文中席勒所说的"必须"和我们所熟知的"应该"等同，人们在走投无路时往往会说"必须"。于是在这里，我们再次遇到了无法避免的障碍。希望某一个体心灵来解决这个只有时代和民族才能解决的巨大问题，是非常不公平的，因为它从来就没有如此伟大。而即便时代和民族能解决这个问题，那也并非有意为之，而只是听从了命运的安排。

席勒的思想是伟大的，这在于他的心理观察，以及他对所观察到事物的直觉把握。但是，我却要特别强调他的另一条思想之路。

我们看到，产生某些"肯定性"的东西，也就是象征，是和解状态的特征。从本质上来说，象征是对立的诸要素的统一；所以它也是现实与非现实对立的统一，因为一方面它是一种心理现实（根据它的功效），另一方面它又不与任何物质现实相对应。它是一种现实，也是一种现象。席勒清楚地强调这一点，顺便还为现象进行了辩护，无论从哪方面来说这都是含义隽永的：

从某种程度上来说，极度的愚蠢与最高的理性是非常相似的，即它们都不在意纯粹的现象，而只寻求现实。只有让客体直接出现在感觉中，才能彻底打破愚蠢的平静，而只有让概念与经验材料联系在一起，才能让理性平静下来，总之，愚蠢不能超出现实，理性不能在真实之下驻足。所以，对现实的需要还有对现实的东西的依附，全都是由人性缺陷所导致的，在这一点上说，对现实冷漠和对现象感兴趣其实就是人性的真正扩大，是迈向文化教养之路上的关键性一步。

在之前的论述中，在我谈到价值分配给象征时，就已表明了正确地评价无意识所具有的实际优势。假如我们能从一开始就通过关注象征将无意识也纳入考虑范围，那么我们就能排除无意识对意识功能的干扰。就像我们所知道的，当无意识没有被实现时，它就总是给一切事物加上一种欺骗的魔力、一种虚假的现象；它总是在客体上显现，因为无意识中的一切都被投射出来了。如果我们能这样来理解无意识，那么就能除去那些来自客体的虚假现象，促成真实。席勒说：

人在现象的艺术中行使自己的支配权，在这里，他越是严格地区分我的与你的，就能越详细地将形式与本质分离，从而使形式的独立更为清楚明白，这样一来，他就不仅进一步对美的王国进行了扩展，而且也越发保护了真实的疆界；因为他若不能将现实从现象中解脱出来，也就意味着他不能从现实中将现实清除掉。

一个人，只有拥有比那种将自己限定在现实中的人更强大的抽象能力，更自由广阔的心灵，更旺盛的意志力，才能达到绝对的现象，并且他还往往已经将现实抛到脑后了。

第二节　席勒对诗展开的讨论

我一直都认为席勒将诗人分为两类，一类是素朴的，一类是感伤的。这可能和本书所谈的类型心理是一致的。然而，在经过缜密思考之后，我却发现这并非事实。席勒的定义非常简单："素朴诗人就是自然本身，而感伤诗人则追寻自然。"这一简要陈述具有很大的欺骗性，因为它假定了对待客体的两种不同的关系。因此，下述说法非常具有诱惑力：那些将自然当成客体来寻索或期望的人并不拥有自然；这样的人是内倾型的；相反，那些本身就是自然，所以与客体有最紧密联系的人，则是外倾型。但是，这种解释不免有些牵强，和席勒本人的观点极少有共通之处。席勒对素朴的与感伤的进行区分时，丝毫未涉及诗人的个体精神，反而是和诗人创作活动的特征，或是其作品的特征有关系，这和我们对类型的区分截然相反。同一位诗人，在这首诗中是感伤的，但在另一首诗中或许就是素朴的。当然也有例外——荷马完全是素朴的，不过，现代的诗人大都是感伤的。席勒明显地感觉到了这一困难，所以他宣称，诗人只是作为诗人而并非个体，这是由他的时代决定的。他说：

所有真正的诗人不是素朴的就是感伤的，他们到底属于哪一类，或者是由他们活跃于其中的时代的条件决定的，或者是由偶然的境遇决定的，该境遇对他们的一般性格或瞬间的情绪状态有很大的影响。

所以，在席勒看来，这并不是基本类型的问题，而是个别作品的某些特征或性质的问题。所以十分明显，一位内倾型诗人可能既是素朴的同时又是感伤的。这样一来，如果把素朴的和感伤的与外倾型和内倾型分别等同起来，那么从有关类型的问题上来看，它既完全偏离了论题，又偏离了类型机制的问题。

一、素朴的态度

我们首先来考察席勒对这种态度所下的定义。上文中已经谈到，素朴诗人就是"自然"本身。他"纯粹追随自然，依赖感觉，把自己限定在对现实的纯粹模仿上"。"我们之所以对素朴的诗感兴趣，是因为它在我们的想象中生动地呈现出了客体。""素朴的诗是自然的恩赐。它是幸运的投射，如果成功便不用增减，如果失败也没有丝毫损失。""素朴的天才必然是凭借他的天性来处理所有事务的；如果凭借他的自由，那他将一事无成，唯有当源于内在必然的自然（天性）作用在他身上的时候，他才能实现自己的理想。""素朴的诗是生命的产物，它要回归到生命。"素朴的天才全然依赖"经验"，依赖外在世界，他需要和它们"直接地接触"。他"需要外在的救助"。在素朴的诗人看来，他周遭环境的"平庸"代表着"危险"，因为"感受性往往依赖于外部印象，只有创作才能持续不停地活动，才能避免出现一种盲目的力量不时地强加于他的感受性的状况，但我们是很难对人性保持这样的期待的。无论何时，这种情形一旦发生，他的诗情就会变得陈腐平庸"，"素朴的天才是无限制地支配他的自然的追随者。"

通过这些定义我们可以清晰地看出，素朴的诗人对客体的依赖是多么深。他同客体的关系具有一种强迫性的特征，因为他内向投射于客体，即他在无意识中将自己与客体等同起来，也可以说他天生就是和天地同一的。列维·布留尔把这种与客体的关系看成是神秘参与。这种同一往往源于客体与一种无意识内容间的相似性。也可以这样说，这种同一是通过和客体相类似而将一种无意识联想投射到客体身上而形成的。这类同一同样具有强迫性的特征，因为它表现了一定量的欲力，所有欲力都能作用于无意识，而意识却无法控制这些欲力，所以它们能强制施行意识的内容。所以，素朴的诗人的态度会在很大程度上受到客体的制约；客体甚至能独立地对他产生影响；因为他和客体是同一的，所以客体在他身上实现它自己。他将自己的表达功能借给了客体，所以客体的呈现根本就没有主动性或意向性，而只是因为客体在他身上才得到呈现。诗人自己就是自然，因为自然在他身上创造出了作品。他"允许自然无限制地支配他"。把绝对的权力交给了客体。这样看来，素朴的态度是外倾的。

二、感伤的态度

感伤的诗人追寻自然。他"反思客体留给他的印象，和他的反思相连的，只有那种既能激化他也能激化我们的情绪。在这里，客体与观念相联系，这种联系仅仅依赖于他作为诗人的创造力"。他"总是陷入两种互相对立的观念和感觉，陷入有限的现实和无限的两种互相对立的观念中：他所激起的相混合的情感证明了这种双重的根源的存在"。"感伤的心境是由努力再造素朴的感觉所产生的结果，即便处在反思的状况下这个结果也不会改变。""感伤的诗是抽象作用的产物。""由于希望消除人的本性的局限，感伤的天才也面临着完全清除人的本性的危险；他一定要将所有有限的和已定的现实提升到绝对可能性的高度，即将其理想化；而且甚至要超越可能性本身，将其幻想化……感伤的天才清除掉现实，希望能由此进入观念的世界中，以绝对自由来支配他的物质生活。"

显然，和素朴的诗人相比，具有对客体的反思的和抽象的态度即为感伤的诗人的特征。他通过对客体的抽象来反思客体。因此可以说，他在开始创作时就摆脱了客体；此时并非客体运作于他，他自己就是运作者。但是，他的创作是对客体的超越，而并非内向于他自己。他并不与客体同一，而是与客体相区分；他将全部精力放在建立自己与客体的关系，建立能"支配他的物质生活"的关系上。他区分于客体的行为就产生了席勒所指的双重意味；因为感伤的诗人的创作力来源于两个方面：一个是他自身，另一个是客体和他对客体的感知。对他来说，客体的外在印象并非某种绝对的东西，而是他依据自己的内容能够把握的材料。因此，他位于客体之上但仍与客体保持联系，它们之间是一种可感受性或接纳性的关系，也是一种可以任由他自由选择是否将价值或性质赋予客体的关系。所以感伤的态度是内倾的。

但是，只是用内倾的和外倾的来对这两种态度所具有的特征进行表述，依旧没能完全展现席勒的观念。我们提出的内倾型和外倾型两种机制只是比较普遍的基本现象，它们只是将那些态度的特异之处大致地指了出来。假如想加深对素朴型和感伤型的了解，我们还得向另外两种功能——感觉和直觉——求助。我将在后面的内容中对它们进行更为细致的讨论。现在，我只简单地提一点，那就是素朴型是以感觉占主要地位为特征的，而感伤型则是以直觉占主要地位为特征。感觉促使主体依赖客体，甚至将其引入客体中；所以对素朴型来说，所面临的"危险"就是他可能会被淹没于客体中。

直觉作为人对自己无意识过程的一种知觉，使人撤离客体；它超越客体并位于其上，不断致力于支配其材料，赋予它们形式，甚至用粗暴的手段迫使客体和他自己的主观观点保持一致，虽然他并不是有意识这样做的。因此我断定，感伤型所面临的危险就是完全脱离了现实，使得自己消失在无意识幻想世界的洪流中。

三、观念主义者与现实主义者

在反思的引领下，席勒在同一篇论文中对两种基本心理态度做出了预设。他说：

这将我引到那种备受关注的心理对立之上，它常常出现在进步文化时代中的人们身上，因为这种对立非常激烈，且植根于内在的情绪结构中，所以和偶然的利益冲突所带来的分裂相比，这种对抗造成了人与人之间更为严重的分裂；虽然通过表达普遍诉求而带给人们的希望是诗人和艺术家的职责，但这一对立却使所有希望都归于幻灭；它使哲学家无论付出多少努力都不可能普遍地令人信服，丝毫不顾及这种信服已包含在哲学的真正观念中；最后，它也使现实生活中的人无法看到自己的行为模式获得的赞赏。总之，这种对立要对下面的事实负责，即任何一个心灵的产物或内心的行为，一旦在一个阶层那里取得决定性的成功，那么就必会遭到另一阶层的责难。毫无疑问，这种对立就像文化的起源一样古老，即便马上就要湮灭，它也一直不变，除一些罕见的个人特例外，这种对立过去始终存在，而且可以预见，在将来它也仍然会存在。尽管就其运作的本质来看，不管是哪种平息对立的尝试都注定不会成功，因为无论站在自己立场上的哪一方，都不可能承认自己有缺陷，不可能承认对方的真实性，但是，如果能将这一重大对立的最终根源找到，并能将争议的焦点至少还原成一种相对简要的程式，那么我们就能有很多的收获。

　　通过上述文字，我们能得出下面的结论：通过对对立机制的考查，席勒获得了两种心理类型的概念，这两种类型所具有的意义和我所描述的内倾的和外倾的所具有的意义完全相同。从这两种类型的相互关系来看，我的假设中的每一个字每一句话几乎都能在席勒的类型观中得到印证。和我之前所讨论的相一致，席勒也是以类型的机制作为着眼点入手研究的，这些机制"从素朴的和感伤的特征中分离出来，类似于两种普遍的诗人的性质"。假如我们将这一程序演示出来，除去两种类型的天才的创造因素，那么对素朴型来说，剩下的就是他们对客体的依恋还有客体在主体中的自主性；而对感伤型来说，留下的则是超越客体之上的优越性，它对客体某种程度上的专断或对客体的处置在这种优越性都体现了出来。席勒继续说：

　　这样一来，从理论层面上看，素朴型就只剩下了冷静的观察精神，以及对与感官相一致的证据的顽固依赖；而从实际生活这一层面上看，剩下的则是对自然要求的顺从……感伤型的特征，从理论层面上看，只留下了永无止境的思辨精神，这种精神在每一个认知行为和意志行为中都执着于那个所谓的绝对物；而从实际生活层面上看，体现出来的则是道德的严酷性。不管是谁，只要他属于前者，那就说明他是现实主义者；假如他属于后者，那就说明他是观念主义者。

　　席勒对他的两种类型所做的进一步考察，几乎完全和我们所熟知的现实主义的态度和观念主义的态度这一现象类似，所以不在我们研究的旨趣范围之内。

第三章

太阳神精神与酒神精神

对诸神问题席勒已经认识到并进行了部分论述，尼采则以一种新的原创的方式再次对其进行了研究，这在他于1871年写的《悲剧的诞生》一书中就有体现。较之与席勒的关系，这本早期著作与叔本华和歌德的关系更为密切。虽然它在救赎主题和悲观主义方面与叔本华具有同等造诣，并和歌德的《浮士德》有着数不胜数的相同点，但它在希腊主义和美学主义方面却与席勒有着共同之处。就我们的论题来说，在这些关联中，最能引发我们的兴趣的自然是尼采与席勒的联系。然而，我们也不会忘记夸赞叔本华所走的道路，因为我们看到，他沿着这条道路带来了东方知识黎明的曙光，而这些知识在席勒那里仅仅是像幽灵一样忽隐忽现。如果我们对叔本华的这种与基督徒的信仰愉悦和救赎确证相对照的悲观主义并不在意，那么就基本上可以将叔本华的拯救学说看成是佛教的。东方人俘获了他，这很明显是对我们西方情境的一种反抗。众所周知，这种反抗迄今为止仍然存在于各种多少有些朝向印度的运动中。对尼采来说，东方的吸引力到希腊这里就消失了。他认为希腊处在东西方之间的位置上，这在某种程度上来说倒和席勒较为接近，但他对希腊特征的看法又和席勒存在非常大的差异！他既看到了明朗、闪耀着金光的奥林匹斯天国，也看到了其背后的黑暗衬底。

"为了创造生命存在的可能，希腊人不得不因纯粹的必然性而创造了诸神……希腊人知道并感到存在的恐惧与丑恶；而为了能继续活下去，他们被迫在自己和恐惧之间虚构出一个耀眼的奥林匹斯世界。那对自然的巨大力量的恐惧不安，无情地出现在一切知识宝座的莫拉，啄食伟大的博爱主义者普罗米修斯肉体的秃鹫，聪明的俄狄浦斯不可逆转的可怕命运，致使俄瑞斯忒斯弑母的阿特柔斯家族可怕的灾祸……都被希腊人通过一个幻想的中介世界——奥林匹斯重新征服了，或者至少被隐藏起来了。"

希腊人的那种"明朗"，以及那带有温暖笑容的希腊天国，都被当成了光辉的幻象，以掩盖其阴暗背景，这种认识直至今天依然存在，且成为反对道德审美主义的有力证据。

在这里，尼采所持的观点明显与席勒的观点截然不同。人们纷纷猜测席勒关于审美教育的通信是用以处理自身所面临的问题为目的的，然而尼采在他的书中非常明确地说：这是一本"完全个人化"的书。然而，在那些自己羞于描写的地方，席勒把自己心理的冲突看成是"素朴的"与"感伤的"之间的对立，并因此排除了那些属于人性背景的和人性不可能触及的底层的一切。然而，这种对立却能被尼采深刻而广泛地理解，在他看来，和席勒所想象的耀眼的美相比，这种对立不但不低劣，甚至还能揭示出茫茫无际的黑暗色调，这不仅能增强亮色的色度，还不会对那些仍处于黑暗底层的东西被神圣化加以阻止。

尼采宣称，自己的基本对立是太阳神精神与酒神精神的二元对立。对此，我们首先应该描述一下这种对立的性质。所以，我从尼采的著作中选取了一组引文，借此读者可以做出自己的判断，同时也可对我的观点进行评判——尽管读者并不一定熟悉尼采的著作。

如果我们在考察如下事实时从直觉的直接确定性而不是从逻辑的推论出发，那我们就更加成功地把握了审美科学，这一事实指的就是，艺术的持续发展无法离开太阳神精神和酒神精神这种二元性，正如生殖繁衍离开性别的二元性一样，它们会卷入那种只能暂时和解的永恒冲突中。

从阿波罗与狄俄尼索斯这两位艺术之神身上，我们认识到了希腊世界中的那种强大对立，以及阿波罗式造型艺术与狄俄尼索斯式造型的音乐艺术两者之间在起源和目的上的强大对立。这两种如此不同的冲动始终共同发展，并大致处于互相对峙的状态，双方会相互不断促使对方获得新生，目的是使双方的对抗能够一直继续下去；它们似乎只能借助"艺术"这一共同的称呼才能进行沟通；直到最后，在希腊人的"意志"这个形而上学的奇迹中它们才互相匹配。正是这种兼具太阳神精神与酒神精神的创造性结合最终导致了雅典悲剧的诞生。

为了更形象地刻画这"两种冲动"的特征，尼采用梦幻和醉狂的状况来比喻导致它们发生的特殊心理状态。太阳神精神的冲动产生的是一种与梦幻的状况相似的状态，而酒神精神的冲动产生出来的则是一种与醉狂类似的状态。正如尼采所说，从本质上来说，"梦幻"是一种"内在的幻觉"，"可爱的梦幻世界的表象"。太阳神统治着"内在幻想世界的美妙幻象"；他"具有所有造形的能力"。他代表着数量、尺度、限制，以及对一切野蛮与野性之物的驯服。"人们甚至可以把太阳神描绘成个性化原则的光辉的神圣意象。"

相反，酒神冲动代表的则是无拘无束的本能的自由放纵，是放浪形骸的兽性与神性的原动力的自由迸发；正因如此，在酒神合唱队中，人才往往会以森林神的形象出现，上半身是神，下半身是山羊。酒神精神在面对个性化原则的毁灭时既感到恐惧又有"狂欢的兴奋"，因此可以被称为醉狂，它使个体融入集体成分和集体本能中，通过集体冲破了孤独的自我。所以，在酒神精神中，人找到了人"与自然的疏远、敌对，或受到自然的奴役，重新以盛宴来庆祝自然与浪子（人类）的和解"。每个人都会感到自己"不仅与邻居相一致、相和解、相融合，甚至已经完全地等同"。他的个人化完全消失了。"人不再是艺术家，而是变成了艺术品"，"自然的全部艺术能力都在沉醉的迷狂中展现出来"。这意味着，创造的原动力和本能形式中的欲力已经完全占据了个体，即便他是一个客体，也把它当作一件工具或对其自身的表现来使用。如果我们可以把自然的创造看成是"艺术品"，那么人在酒神精神的状态中也就变成了自然的艺术品；但是，从自然的创造这个词的本义来看，将其称为艺术品显然并不恰当，那么我们说，人就是纯粹的自然，是一道自由奔放而湍急的激流，而并非被自身及生存法则限制的一头野兽。为了使读者更加清楚后面的讨论，我必须强调一点，因为尼采出于某种原因并未把这点讲清楚，从而使这个问题披上了一层虚假的审美的面纱，但在某些地方他又会不由自主地掀开这层面纱。例如，他在谈到酒神精神的狂欢时说：

> 事实上，不管在哪里，这些庆典本质上都是性的极度放纵，它的巨浪冲破了每个家庭及其庄严的传统；天性中最凶猛的兽性就像脱缰的野马，使得肉欲与暴行混合在一起，在我看来，这和真正的女巫的肉汤没有多大区别。

尼采认为，德尔菲的阿波罗与狄俄尼索斯的和解是文明的希腊人内心当中对立物得到和解的象征。然而在这里，他忽略了自己的补偿程式，而根据这个程式，奥林匹斯的众神将他们的光辉归功于希腊人心理的幽暗。因此，太阳神与酒神的和解仅仅是一种"美的幻象"，是一种文明的希腊人在与自己的野蛮方面抗争时所迫切需要的东西，这种野蛮因素在处于狄俄尼索斯式状态时就会毫无阻碍地爆发出来。

不管是哪个民族，其宗教与其实际生活方式之间总是存在一种补偿的关系，否则，宗教对这个民族来说就没有任何实际意义。举例来说，波斯人那高尚的道德宗教就是对他们那臭名昭著的两面的生活方式（就算在古代也是如此）的补偿，而对于我们的"基督教"时代来说，其博爱的精神即是世界史上最大的血腥屠戮的有益补偿——无论我们的方向是什么，我们都能对这个规律的正确性予以证明。所以，我们可以从这种德尔菲式的和解的象征中得出这样的结论：在希腊人的性格中存在着一种尤为激烈的分裂。那种在希腊社会生活中赋予神秘仪式以重大意义而渴望拯救的原因也能被这种分裂从另一个角度给予说明，而希腊世界早期的赞美者彻底忽视了这一切。他们把所有自己缺少的东西都天真地赋予希腊人，并因此沾沾自喜。

因此我们说，在狄俄尼索斯状态中，希腊人可以是除了"艺术品"之外的任何东西；而且恰恰相反，他们受到自身野蛮性的控制，被彻底剥夺了个性，所以才会融入他的集体成分中，并使他通过放弃自己的个人目的来与集体无意识、"类的才能"，甚至与自然本身融为一体。阿波罗精神在某种程度上实现了温顺，对于它来说，这种能使人忘掉他自己及其人性，使其成为一种纯粹的本能创造物的狂乱状态，毫无疑问是非常可耻的；两种冲动间的激烈冲突正是因此不可避免地爆发了出来。我们可以假设一下文明人的本能释放的情景，热心于文化的人士认为，那只是纯粹的美的流溢。这一错误的认识源自心理知识上的极度无知。相比于原初人的本能力量所带来的危险，文明人的那种被阻碍的本能力量具有更大的破坏性，因为低层次的原初人往往在不断超越其负面本能的状态中生存。因此，史前的战争所导致的后果及其恐怖性都无法同现代文明国家之间的战争相比。希腊人的情形与此相同。由此产生了太阳神精神与酒神精神的和解，就像尼采所说的一样，是"凭借""形而上学的奇迹"来达成这种和解的，这源自他们恐惧的生存感受。这一论述和尼采在其他地方所说的太阳神精神与酒神精神的对立"似乎仅能通过'艺术'这一共同的才能互相沟通"，我们必须牢记在心中，和席勒一样，尼采也有一种明显的倾向，即把艺术当成一种调解和救赎的角色。因此丑的在他们那里也被当成了"美的"，甚至就连野蛮与罪恶也可以更具物力，因为它们蒙上审美的虚伪面纱，所以，在审美上仍然无法有所进步，无论是对席勒来说还是对尼采来说，艺术的本质及其特殊的创造与表达的能力都具有救赎的意义。

由此尼采不仅彻底忘记了太阳神精神和酒神精神之间的冲突，也把它们最终的和解忘记了，对希腊人来说，这实质上根本就不是什么审美的问题而是宗教的问题。如果我们根据种种相似性来进行推断，就可以得出这样的结论，酒神的森林神庆典是一种回归到与原初祖先或直接与动物图腾相认同的图腾庆典。酒神的狂热仪式在很多方面都表现得神秘而又非常富有冒险性，无论如何，它都具有非常强大的宗教影响。

希腊悲剧起源于原初宗教仪式，这一事实至少类似于我们的现代戏剧和中世纪基督受难剧之间所具有的那种关联，现代戏剧完全起源于宗教；因此我们不能只从审美角度出发来对这个问题进行考察。审美主义这种偏见只属于现代人，它所呈现出来的酒神仪式的心理奥秘古代人绝对未曾看到或体验过。尼采和席勒一样，也完全忽视了宗教观点，审美取代了宗教的位置。但显然，宗教所具有的审美的一面也是不容忽视的。然而，如果只是从审美的角度出发来理解中世纪的基督教，那么结果就正如完全从历史的观点出发一样，只会使得它的真正特征被贬低和歪曲。

要想真正地了解它，唯有同时关注它的所有方面；仅仅从一种纯粹的审美视角出发就能正确地理解一座铁路桥的性质，这种说法根本不会获得人们的赞同。如果接受这种观点，那么阿波罗与狄俄尼索斯之间的冲突就被转化成了一个彼此对立的艺术冲动的问题，问题就被以这种方式移到了审美范畴内，无论从历史上还是从本质上都无法正确判断它；它变成了仅限于某些方面的考虑，无法对其真实内容进行正确判断。

问题被放置到审美范畴内毫无疑问有其心理上的原因和目的。这种转移具有明显的优势：问题被审美评价直接转换成了一幅画图，观赏者可以站在一定的安全距离凝视它，重新体验它的激情，点评它的美丑，而不会有被卷入其中的危险。人不会真正参与，所以不会使自己深陷其中，但是事实上，真正地参与就是用宗教所意指的东西来理解这个问题。历史的研究方法也具有同等优势，尼采在一系列有着重要价值的论文中对这一点进行了批评。仅从审美上来处理这样一个对他来说十分"棘手"的问题，其中具有的可能性自然非常吸引人，因为它的宗教理解力是以令现代人极为骄傲的实际经验为前提的。然而，正如我们在尼采于1886年写的《自我批判的尝试》一书中所看到的那样，狄俄尼索斯似乎回敬了尼采：

> 酒神精神到底是什么？本书中给出了唯一的答案：一位"智者"说就是他的神的崇拜者和门徒。然而这个门徒并非指《悲剧的诞生》的作者尼采；那时的尼采还只倾心于审美主义，直到写出了《查拉图斯特拉如是说》以及《自我批判的尝试》中那段著名的文字，他才真正成了一名酒神主义者。那段文字这样描述道：
>
> 我的兄弟们，振作你们的精神，向上，再向上！别忘了你们的双腿！振作你们的双腿，你们是动作优美的舞蹈家，如果你们能手舞足蹈地来跳舞就更好了！

尽管有审美做防护，但是尼采对问题的把握极为深刻，这使得他如此地接近了实情，因此他后来酒神精神式体验的结局几乎是必然的。他在《悲剧的诞生》中攻击了苏格拉底，而事实上这种攻击针对的是理性主义者，因为酒神精神式的狂欢对理性主义者没有丝毫影响。这种攻击与审美者经常犯的错误类似；这种错误使自己与问题的距离越来越远。但是即便在那时站在审美主义的立场，尼采还是真正地解决了问题，他写道：对抗只能靠"希腊人的'意志'这一形而上学的奇迹"来调和，而不能靠艺术。他给意志一词加上了引号，考虑到叔本华对当时的他有巨大的影响，我们完全可以认为他借鉴了叔本华关于意志的形而上学的概念。在我们看来，"形而上学的"具有"无意识的"心理含义。所以，如果我们在尼采程式中用"无意识的"来替代"形而上学的"，那么，解决问题的关键就变成了一种无意识的"奇迹"。这种"奇迹"往往是非理性的，因而它本身就是一个无意识的非理性的事件，在没有理性与意识目的的参与的情况下就自发形成了。它的发生是期盼、信念与希望的果实，而并非任何人类智慧的结晶，就好像自然界造物的生长现象一样。

关于这一点，我会留到恰当的时候再进行充分的讨论。接下来我们要从更深的层次上继续考察太阳神精神和酒神精神的心理本质。首先我们要思考酒神精神。通过尼采的描述，我们可以知道，它正逐渐显示成一股向外和向下的激流，一种歌德所说的"心脏扩张"；它是遍及世界的运动，正如席勒在他的诗歌《欢乐颂》中所描述的那样：

拥抱吧，万民！
这一吻送给全世界！
……
在自然之流的中心，
欢乐使所有造物醉饮；
既不害怕善，也不畏惧恶，
是她走过的生的鼎盛之路。
当死神来临的时候，

她把吻与酒赐给朋友。

啊，淫欲在悄悄地攀越，

先前上帝与天使所在的地方。

　　这是酒神精神的扩张，是普遍情感的洪流倾泻而下，它不可抑制地喷发出来，就像烈酒般麻醉了感官。它是最高意义上的醉狂。

　　在上述状况下，感觉这一心理功能——无论是感官上的还是情绪上的——成了最高程度的参与者。这是一种情感的外倾，所有情感都紧紧地系着于感觉，我们因此将它称为"情感—感觉"。在这种状况中所爆发的东西具有更为明显的纯粹的情绪特征，它们是一种本能，且具有盲目的强迫性，它们通过肉体方面的感触找到了自己独特的表达方式。

　　与此相比，太阳神精神是一种以美的内在意象、尺度比例、自制和均衡的情感为对象的知觉。同梦相比较，太阳神精神状态的特征则更清楚地显示为一种内观的状态，以及对永恒观念的梦的世界的静观默察，因此属于一种内倾状态。

　　到目前为止，我们的机制（内倾和外倾）与上文所述相似是毋庸置疑的。但是，如果我们再把自己限定在这种类似性上，那么我们自己的视野就被限制住了，这有悖于尼采的观念，正如将他的观念放到了普罗克拉斯提斯的床上一样。

　　接着研究我们将会看到，假如内倾的状况成为习惯，那么它便会与观念世界保持一种分化；与此相同，若是外倾的状况成为习惯的话，它便总是同客观世界保持着这样的关系。这种分化我们在尼采的太阳神精神与酒神精神的概念中根本看不到。酒神的情感具有感触性感觉的彻底古代的特征。因此，它并非那种从本能中抽象和分化出来而成为易变因素的那种纯粹的情感，这种纯粹的情感屈从于理性的控制，使自己成为理性的工具。同样，尼采的内倾概念和观念纯粹及分化也没有任何关系，这种关系无论是从感官决定上的还是创造性生产上的意象上来说，都脱离了对内在意象的知觉从而变成了一种对纯粹的和抽象的形式的沉思。太阳神精神是一种内在知觉，一种对观念世界的直觉。它与梦类似就能清楚地证明，尼采一方面将这种状况看成纯粹是知觉性的，另一方面又把它视为纯粹是直觉性的。

这些特征完全于个人身上显现，而不能被放置在我们关于内倾和外倾态度的概念中。在一个善于沉思的人那里，这种内在意象的太阳神式知觉会根据理性思维特性来精心编构知觉材料，也可以说，他会产生出一种观念。这样的结果也会在一个主要倾向于情感的人身上产生：一种意象的"情感穿透"不可避免地会产生出带有情感色彩的观念，从本质上来说，它们与思维所产生的观念是相同的。所以，观念可以既是情感的也是思维的，比如祖国、自由、上帝、永恒等。这两种构造原则是逻辑的，同时也是理性的。不过，也存在一种非常不同的观点，对它来说逻辑的和理性的构造都是无效的。这就是审美的观点。内倾关注的是观念的知觉，它竭尽全力发展直觉，也就是内在幻觉；而外倾关注的则是感觉，它的注意力都集中于发展感官、本能和感触性上。以此看来，思维绝不是对观念的内在知觉的原则，情感同样也不是；相反，思维和情感只不过是内在知觉和外在感觉的衍生物罢了。

所以，尼采的思想为我们提供了第三和第四种心理类型的原则，我们可以将它们称为"审美的"类型，也就是直觉型和感觉型，这两种类型与理性类型（思维型和感情型）是完全相对的。不过，这两种类型和理性型有一个共同点，那就是都具有内倾和外倾的机制。但它们并未在思维中对内在意象进行知觉和沉思，这与思维型不同；也并未在情感中对本能和感觉进行感触体验，这与感情型不同。恰恰相反，直觉者将无意识知觉提高到一种已分化的功能的层面，借此直觉他就能适应外部世界。这种适应获得了他的无意识的指引的帮助。他通过精细敏锐的知觉以及微弱的意识刺激获得了这种无意识的指引。由于它的非理性和无意识特征，这种功能是很难描述的。从某种程度上来说，我们可以将它和苏格拉底所说的恶魔相比，然而我们必须要做出一个限定，即苏格拉底以其强有力的理性态度最大程度地抑制了直觉功能，所以直觉功能不得不以具体的幻觉的形式来接近意识。然而，感觉型却与此截然不同。

感觉型无论在哪一方面都是与直觉型截然相反的，他几乎完全依赖于自己的感官印象。他的所有心理都定向于本能与感觉，因此他完全依赖于外部刺激。

尼采特别强调了自己个人的心理的特征，这一事实同一方面是直觉的心理功能而另一方面则是感觉和本能的心理功能恰恰相应。他确实能被我们看作具有内倾倾向的直觉类型。作为直觉类型的典范，尼采写出了《悲剧的诞生》这本极具个性的书，这本书同时也是他超凡的直觉与艺术天赋的杰作，而他的另一部代表作《查拉图斯特拉如是说》可以说更是这样。他格言式的写作风格是他内倾的理性方面的最好体现。尽管这些著作还渗透着强有力的情感，但对展示出18世纪知识分子的那种深刻的批判的理性主义并无妨碍。他适度的理性及缺乏简洁，常常能够证明他是直觉型的。在这样的情形下，他在早期的著作中不由自主地以个人的心理事实为基础也就非常正常了。这恰恰与直觉的态度相符，这种态度在感知外在世界时往往要通过内在世界，有时甚至不惜牺牲现实。凭借这种态度，他也深刻地洞察到他无意识的酒神精神的性质以及其未加修饰的形式，正如我们了解到的那样，尽管这种形式曾经在种种情欲的暗示中出现过，但却直到他的疾病发作之后才达到意识的表层。所以，那些在他突发疾病之后在都灵发现的极有意义的手稿终因道德和审美的顾虑而被毁掉了，这简直可以说是心理学上的一大憾事。

第四章

乔丹的类型问题

第一节　乔丹类型学概述

　　对于先辈们对心理类型这一有趣的问题所做的贡献，我已经按照时间顺序进行了考察，现在是阐述一本小而奇特的著作的时候了，有关这方面的知识来源，我得向我敬爱的同事、伦敦的朗格博士表示感谢。这就是乔丹所写的《从躯体与出身看人类性格》。

　　在这本仅有126页的小书中，乔丹主要描述了两种性格类型，关于它们的定义在许多方面都对我们非常有吸引力。虽然正如我们在这里所预言的那样，作者真正关心的只有我们讨论的类型的一半，即思维型与情感型，而对于直觉型和感觉型这另一半，他也曾谈到，但却将二者混为一谈。我们先来看看作者自己是怎么解说的，他在这本书导言的定义中如此写道：

　　性格中存在两种普遍的基本的倾向……两种明显的性格类型（还存在第三种，那是一种中间的类型）……其中一种是极端倾向于行动而较少倾向于沉思；另一种则是沉思占绝对优势而行动的倾向则较少。在这两种极端倾向之间有无数与之同一等级的倾向；在这里只要指出第三种类型就够了……在第三种类型中，沉思和行为这两种力量的倾向相持不下……而处于这种类型中间位置的也可能是偏执的性格倾向，或是其他反常的倾向，它们凌驾于激情和非激情之上。

从这个定义中我们能够清楚地看到，乔丹将沉思或思维与行动放在一起对比，无须过多考虑，也不难理解，一个学者在观察人时，首先看到的即是沉思与行动这两种性格的对立，并会因此倾向于从这两方面来对他所观察到的对立进行界定。然而，行动并不必然来自冲动，它也可能来源于思维，基于这样的思考，我们对上述定义进行一下扩展就非常有必要了。乔丹自己得出的结论是这样的，他在该书第6页引入了一个更深层次的、对我们来说有特殊意义的因素，即情感因素。他说，沉思型的性格"富有激情"，而行为型的人却"缺少激情"。因而乔丹将两种类型称为"激情型"与"冷漠型"，所以，乔丹虽然在导言的定义中忽视了情感因素，但这一因素后来却成为他进行叙述的固定术语。然而，他的概念与我们的观点仍有分歧，他认为"激情型"不好动，而"冷漠型"好动。

对于乔丹的这种看法我并不认同，因为实际上不乏那种既有高度激情又具深邃人性的人，他们有充沛的精力且好动；与此相反，那些具有冷漠而浅薄的性格的人们，他们也不会对他们活动的特色加以炫耀，就连为生计奔波这种低级的活动形式或许都没有。依我看来，虽然乔丹所说的好动的和不好动的因素本身也决定着性格，并且是非常重要的因素，但如果不考虑这一点而将其放到另一种不同的观点中，那么乔丹在该书中所叙述的其他方面有价值的概念就会相当清晰地显示出来。

接下来我们还会看到，乔丹会用"缺乏激情而较为好动"的类型来描述外倾型，用"富有激情而较不好动"的类型来描述内倾型。然而，这两者都可能是好动的，也都可能是不好动的，而且无论如何都不会对他们的类型产生影响，所以我认为，活动的因素并不包括在类型的主要特征里。即便这样，活动也仍可以扮演一个次要的决定因素的角色，因为外倾型总的来说是比内倾型表现得更活跃，更充满活力以及更多地倾向于活动。然而这一特质的出现完全依赖于个体突然发现自己与外部世界相对这种情形。处于外倾状态的内倾型往往显得主动，而处于内倾状态时的外倾型则往往显得较为被动。行为是一种基本的性格特征，它有时是内倾的，这时它全部导向内在，在沉静的外表下发展其激烈的思维与情感活动；有时又是外倾的，在外在方面的行动精力旺盛，但其内在却没有思考，情感也无丝毫波澜。

在我们对乔丹的观点进行精确的考察之前，我必须强调一点，否则容易产生混乱。在本书的第一章我曾说过，我在早期的著作中将内倾型和思维型等同外倾型和情感型等。对此，我在前文也给出了解释，即认为内倾和外倾乃是一般基本态度，显然和功能类型不同，直到后来我才对这一看法渐渐有了清晰的认识。我们或许很容易就能将内倾外倾这两种态度区分开，但要想对功能类型进行分辨就需要有一定的经验。有时，要辨别到底是哪一种功能占据了优势地位是异常困难的。内倾型由于他的抽象态度，会自然表现出一副内省和沉思的模样。这常常使我们误认为，思维在他身上具有压倒一切的优势。同样的道理，外倾型自然也会有许多直接的反应，这也同样容易使我们误认为情感占据了优势。但是这些推测都具有非常大的欺骗性，因为外倾型完全有可能属于思想型，而内倾型则完全可能属于情感型。乔丹只是大体上描述了这两种类型。一旦他进入细节，他的描述就逐渐偏离了正轨，因为假如不同的功能—类型的特性混合了在一起，那么只有凭借更为深入的考察才能将它们分离开来。虽然是这样，大体说来，他对内倾态度与外倾态度的图像的描绘还是非常清楚的，因此这两种基本态度的性质能被清楚地辨识。

我认为，乔丹的著作中真正有价值的是那种从感触性的角度来区分类型的特征的观点。我们已经知道，此种状况正是内倾型的反省与沉思的特性的补偿，本能和感觉在这里是无意识的、原始的。我们甚至可以说，他之所以成为内倾型，正是因为他将他那原始的、充满激情的本性提升到了更为安全的抽象的高度，以便控制他那桀骜不驯的骚乱的感情。这种见解真是一语破的，而且在很多情况下都是这样。与之恰恰相反的是，对于外倾型，我们认为由于根基较浅，他更多的是用自己的感情生活来对他无意识的、原始的思维和情感进行分化与驯化，这种幻想活动给他的人格带来了极其恶劣的影响。所以，他总是尽可能地忙碌着，充分地追求生活和经验，以避免正视自己的邪恶思想与情感。通过上述可证实的观察，乔丹那些看似自相矛盾的叙述就更容易为我们所理解了，他在第6页中说，在冷漠型（外倾型）性格那里，理性在生命的原则上有很大的分量，占据着统治地位，而在沉思型（内倾型）性格那里占据统治地位的则是感情。

　　乍看起来，这种解释好像和我的主张——冷漠型与外倾型是一致的——是互相矛盾的。但如果进行更为详细的考察，就能证明事实并不是这样。因为，尽管内倾者（沉思型性格）总是尽力掌控他难以驾驭的感情，但在现实中他却会更多地受到激情的影响。对于后者（外倾型）来说，就算他侥幸走到了最后，但是他依旧会不可避免地体验到他的情感和主观思维是怎样的执着以及难以改变。自身受到了内在心理世界多大的影响是他永远也无法猜测到的，不过他身边的一个善于观察的人，却往往能通过他的追求发现他的个人目的。因此有关他生存的那些金科玉律便常常问他自己："我确切的愿望是什么？我真正追求的又是什么？"至于内倾型，虽然他具有已经意识到的思考透彻的目的，但他往往忽视他周围的人们清楚地看到的东西，他的目的的确服从他既缺乏对象又缺乏目的的强有力的本能冲动，极大地受到它们的影响。在外倾型的观察者和批评者那里，外倾型对思维和情感的展示很容易被当成一层薄薄的掩盖物，仅仅能部分地掩盖起外倾型冷漠且狡猾的个人目的。而想要理解内倾型的人则或许能很快就总结出，他那强烈的激情很难被他那浅显的诡辩牵制。

情况不同，这两种判断的结果也不同，可能正确也可能错误。当微弱的意识观点遇到强大的无意识而不得不避让时，这种判断是正确的；当意识观点或意识本身强大到足以抵抗无意识时，这种判断就是错误的。在前一种情况中，原来在背景中存留的动力突然喷发出来：在这种情况下，它的目的是自我中心，而在另一种情况下它则将一切深思熟虑都抛诸脑后，又变成了基本的情绪或是一种放纵的激情。

这些思考有助于我们对乔丹的研究方式进行进一步的理解：很明显，他喜欢通过感触性来观察类型，类型由此被他分为"冷漠型"和"激情型"。当他依据的是情绪的观点时，内倾型就被看作富有激情的，而外倾型则是冷漠的（缺乏激情的），甚至是理性型的，这就揭示了一种特殊的方式，我们称之为直觉。乔丹混淆了理性类型和"审美"类型的观点，这我已经指出过。因为内倾型的特征被他描述为激情的，而外倾型的特征则被描述为理性的，这就能清楚地看出他是从无意识方面来看待这两种类型的，或者可以这样说，对它们进行理解时是通过其无意识的中介作用。他运用直觉来观察和认识，这是一个对人的实际观察者最常用的方式。

但是，无论这种观察是怎样的真实和深刻，它都无法摆脱这样一种最基本的限制：因为它往往并非从他的实际现象，而是从被考察者的无意识的镜像来判断，所以忽视了被考察者这一活生生的实际存在。这种错误与直觉紧密相关，所以，理性常常无法容于直觉，而不得不勉强承认它具有存在的权利，而实际上，直觉在许多情况下都具有不容置疑的客观正确性。所以，乔丹的叙述和现实大致是相符的，但这并不意味着它符合理性类型所理解的现实，而是说它符合对它们来说是无意识的现实。显然，这些情形很可能使得一切对于被观察者的判断都变得一团糟，从而难以达成统一。所以，我们应该把精力放在把握那些可观察到的差异上去，而不是在那些名词术语上争论不休。存在某些分歧是非常正常的，因此我尽管按照我的秉性表达了和乔丹截然不同的观点，然而我们对观察到的现象所进行的分类是相同的。

在继续对乔丹的类型思想进行考察之前，我们再来简单回顾一下他所说的第三种类型或"中间"类型。这一类型在乔丹的设想中有两方面的含义：一方面是指完全平衡的性格，另一方面则指不平衡的或"偏执"的性格。在这点上如果我们能记住瓦伦丁学派的分类，会对我们的分析非常有帮助，依据此分类，物质主义者低于心灵和圣灵主义者。物质主义者是和那些感觉类型的人对应的，即与那些完全通过感觉而获得其支配性的决定的因素的人对应。感觉型的人虽然既没有已分化的思维，也没有已分化的情感，但是他的感性却获得了充分的发展。据我们所知，原始人的情况也是这样的。原始人心理过程的自发行为中存在一种与本能感知相对应的东西，可以说，他的精神产物、思维都极为清楚地呈现在了他的面前。他不具备创造或思考它们的能力，所以它们会在他身上自发地产生，正像幻觉一样。这种精神活动无疑应该被称为直觉，因为直觉是对浮现的心理内容的本能感知。虽然一般来说，原始人的主要心理功能是感觉，然而直觉却是其补偿功能——尽管并不太明显。在文明的较高层面上，人们有的在某种程度上具有了已分化了的思维或情感，有的则具有较高水平的直觉，并能把它当成基本的决定性功能加以运用。我们认为这些个体都是直觉型。所以，我对于乔丹的中间类型可转化为感觉型与直觉型这一观点确信无疑。

第二节 乔丹类型学的描述与批判

从两种类型的一般特征来看，乔丹强调，冷漠型的人格比激情型的人格更加突出和惊人。他将主动的类型与冷漠型看成了一回事，所以才会得出这样的结论。我并不赞同这样的观点。如果我们将这一错误判断弃置一旁，那么我们就会说，与激情型或内倾型相比，冷漠型或外倾型在行为上确实要更为突出一些。

一、内倾型女性（激情型女性）

乔丹首先描述了内倾型女性，下面是我所概括的一些要点：

她的举止平静端庄，性格让人捉摸不透；她的言语时而尖酸刻薄，时而冷嘲热讽。尽管她的坏脾气有时表现得特别明显，但这并非反复无常，也并非因为她觉得烦躁。她不是一个"吹毛求疵"的女人，她也不会强词夺理。她给人的印象是恬静的，能不经意地让人获得慰藉，感到舒适，但是，在她静谧的外表下却潜伏着激动与激情。她那激情的天性发育得很慢，但性格的魅力却随着年龄的增长而日渐增加。她"富有同情心"，能设身处地为他人着想，体谅和分担别人的困难。不过，真正最坏的性格也能在激情型女性中找到，她们常常是最残暴的继母。虽然她们中的很多人都非常温柔，是良母贤妻，但她们的激情和情感是如此强烈，常常会压制她们的理性，甚至将其彻底卷走。她们爱得很热烈，但恨起来也非常凶狠。

嫉妒能使她们变成狂暴的野兽。假如她们恨继子，继子甚至可能被她们置于死地。然而，只要邪恶还未暴露出来，道德就会紧紧依附于深层的情感，从而选择一条独立的道路，一条具有深刻理性的道路，而不是始终遵循传统的标准。这绝非一种虚伪或屈服，也并非一种为了获得酬报的有心算计。只有在身处非常亲密的关系中时，激情型女性的优点和缺点才会显现出来。在这里，她暴露了自己的快乐与悲伤、缺陷和软弱，这其中，或许还有不轻易宽恕及难以抚平的情绪，隐藏着阴沉、愤怒、忌妒甚至是不能控制的低下的激情。她往往非常迷恋眼前的幸福，却很少思考目前她并不拥有的舒适和幸福。她仍易忘记别人，忘记时间，这是天性使然。倘若她被感动了，那么她所表现出来的态度就并非虚假的模仿，而更多的是随着思想和情感方式发生的变化而在言行举止上的显著的变化。在社会生活中，任何生活圈子都无法改变她的本性。无论是在家庭生活中还是在社会生活中，她都很容易被取悦，她也会非常主动地欣赏、恭贺和称赞别人。她安慰受伤的人，鼓舞失意的人。对于弱者她怀有强烈的同情心，无论是对人还是对动物。她洒脱不拘，所以能和各种人打成一片。她的判断是温和的、宽厚的。在读书的时候，她会尽力把握书中最内在的思想与最深刻的情感；而且她会一遍又一遍地读这本书，同时在书上做笔记，并翻折书角做标记。

从上面的这些描述中，我们很容易认识到内倾的性格。然而这种描述在某种程度上并不全面，因为它的着重点被放在情感方面，而并未考虑到我给这种性格所添加的特殊价值，也就是意识的内在生命。虽然乔丹提到了内倾型女性是"善于沉思的"，但是对此他并未进行进一步的挖掘。但是，我对他的观察方法所做的评论的正确性似乎通过他的描述得到了证明。给他留下深刻印象的主要是情感集聚所引发的外在行为和激情的表达；他并未对这种类型的意识生命进行深入探究。内在生命在内倾型的意识心理中扮演着决定性的角色这一点他从未提及。比如，内倾型女性为什么如此专注于阅读？因为除此之外理解和掌握观念是她深为热衷的。她为什么如此安闲且怡然自得？因为她总是把情感隐藏于内心深处，让其活跃于此处，而不愿对他人吐露。她非常规的道德是建立在深刻的内省和令人信服的内在情感的基础上的。她娴静的魅力和智慧的特征一方面来自她平和的态度，另一方面来源于下面的事实：因为她能用欣赏的态度对待与她对话者的言谈，所以人们能同她理性且连贯地交谈。她用她自己的思维和情感来补充对方的表达，而不会用突然想起的论证来打断对方的话，但她的思维和情感依旧是坚定的，绝不会屈服于对方的辩论。

这种意识心理内容的严密性及充分发展的有序性，能有力地防御混乱而狂热的激情生活，对于自己这样的生活内倾型，女性往往有意识，至少对她个人来说是这样的：一旦她对它过于了解了，她就会感到恐惧。她常常自我反思，因此她遇事冷静，能认识和欣赏他人，不会以压倒之势夸赞或贬低任何一方。但是，她的激情生活却有对她的优良品德造成破坏性影响的可能，但是她无法完全掌控自己的本能和情绪，所以尽量排斥它们。所以，对于她逻辑而严密的意识来说，她的情感生活基本上是混乱的、难以控制的。这种激情生活没有真正的人性的特征，所以是不均衡的、非理性的，是一种破坏人类秩序的自然现象。任何明显可知的事后思考或目标它都不具备，所以它往往具有纯粹的破坏性，它就像一股狂野的激流，虽非有意破坏却又很难避免，是冷酷无情且必定会发生的，它遵循的只是自己的规律，完成的也只是自己的过程。她的优美特质完全依赖于她的思维，通过宽容与仁慈的守望，这种思维尽管无法包容和改变所有本能能力，但仍成功地影响并抑制了她的部分本能生命。内倾型女性尽管可以意识到她的理性思维和情感，但却无法完全意识到她的感触性。她的感触性相比于她的理性内容变化更少，可以说，它出奇地呆滞，难以改变；所以她无意识的执著，她的自我——意志和偶尔对触及她情绪的事物不合常理的固执都是很难改变的。

上述考察说明了仅仅从感触性方面来对内倾型女性的好坏进行判断是片面的，也是不公正的。假如说乔丹发现了内倾型女性最令人讨厌的性格，那么照我看来，这只是因为他过于强调感触性这一事实了，这正如只从激情方面来对母性的全部邪恶进行判断一样。而且，内倾型女性有着让人难以想象且丰富的爱，但这绝不是因为她的占有欲；相反，她完全被爱所占据倒更为常见，她只能选择去爱，直到某一天一个有利的机会突然出现时，她就马上露出莫名其妙的冷漠，甚至于她的爱人也无法理解。内倾型女性的情感生活也会非常脆弱，而并非绝对值得信赖的。在这方面她既欺骗自己，也欺骗别人；如果有人过于相信她的感情，就会因为受到欺骗而对她大失所望。不过，她的心灵倒是可以依赖的，因为已经被更多地调适过。她的情绪则非常接近未驯化的本性。

二、外倾型女性（"冷漠型女性"）

现在我们要对乔丹关于"冷漠型"女性的描述进行讨论。首先，我必须排除乔丹引入"好动的"这一概念造成的混乱，因为这一引入只会给此类型性格的辨认带来困难。所以，当他谈到外倾型的某种"机敏性"时，指的并非活泼或好动。

乔丹这样描述外倾型女性：

她好动、活泼、机敏和识时务，不会持守和固执。她的生活全为琐事所占据。她比比肯斯菲尔德勋爵更加坚信这句名言：不重要的事情并非真的不重要，重要的事情并非真的重要。她喜欢不厌其烦地谈论她祖母做事的方式，谈论她的孙女怎样做事；她喜欢反复谈论人的生存及人世的普遍堕落。她每天都这样想，如果她不去打理，事情将会变得多么糟糕。在社会活动中，她通常疲于应对。家庭的清洁占用了她大部分的精力，这常常是许多女性赖以生活的目的。通常她们"缺少主见，没有热情，忙于劳动，专注清洁"。她们常常很早熟，且很明白事理。她十八岁时并不会比她二十八岁或四十八岁时有更差的表现。她的精神状态条理清晰，虽然通常情况下根本谈不上广度和深度。如果智力得到发展，她就能坐上领导的位置。在社会上她是善良的、大方的和好客的。她常常对她的邻居和朋友品头论足，但对他们对自己的评论却很少注意，当他们遭遇不幸时，她会伸出援助之手。她缺乏那种激烈的感情，对她来说，爱只不过是喜欢，恨只不过是讨厌，妒忌仅仅是因为她的骄傲受到了伤害。她的热情不能长久维持，诗歌的形式美比诗歌的激情和哀婉之处更能触动她的心。她的信仰和疑惑都是彻底的，但却不强烈。她虽然缺乏信念，但并不疑惧。与其说她相信，毋宁说她是接受意见；与其说她不轻信，毋宁说她是不理会。她从不深究也从不怀疑。在重大事件上，她尊重权威；而在琐屑事情上，她习惯匆忙得出结论。在她自己狭小世界的琐事中，无论什么都是错的；而在大千世界之外，无论什么都是对的。她本能地拒绝把理性的结论运用于实践。

她在家里所表现出的性格与她在社会上所表现出来的完全不同。因受到野心及爱情变化的影响，她的婚姻在很大程度上或是遵从了世俗教条和"命中注定"的想法，或是从真情实感转入追逐实利。如果她的丈夫属于激情型，那他将比她更爱孩子。

在家庭中，她那些最惹人生厌的特征表现得淋漓尽致。她喜欢唠叨，吹毛求疵，谁也不知道这样的家庭什么时候才会有阳光明媚的日子。这种冷漠型女性很少或完全不会进行自我反思。如果她那种习惯性的唠叨受到你的直接指责，她会倍感惊讶并且恼怒不已，她会给人一种她这么做完全是为了大家好，"但有些人却完全不领情"的暗示。她有自己保持家庭美满的一套方法，然而涉及社会时她的方法就会与此截然不同了。家庭必须随时接受社会的检验。社会必然要获得和平与发展。社会的上层必定引人注目，它的下层奉公守法。对她来说，社会就是夏天，家庭就是冬天。家门一打开，就有客人已站在门外，她将会笑脸相迎。

冷漠型女性绝不会对禁欲主义欢天喜地，在她看来，不用必须这样做才能显得体面且安分守己。她喜爱运动、娱乐，喜欢变化。她忙碌的一天可能以一场宗教仪式开始，而以一幕喜剧结束。她特别喜欢接待朋友，也喜欢朋友接待她。在社会上，她既找到了工作和报酬，也找到了快乐和慰藉。她信任社会，社会同样也信任她。她的情感极少受到偏见的影响，一般情况下，她都是"合情合理"的。她非常善于模仿，模仿的对象是那些好的榜样，只不过她只是模糊地意识到自己在模仿。她所读的书必定是和生活与行动有关的。

这种常见的女性无疑是外倾型的。外倾型所必然具有的那些性格特征我们在她的所有行为中都能清楚地看到。她那没完没了的批评完全是无关于思维的瞬间印象的发泄，而并非出于真正的思考。记得我曾在某个地方读到过一句至理名言："思维是这样艰难，所以我们大多数人都宁愿下判断！"对沉思者来说时间比其他一切都要重要，所以沉思者根本无暇考虑这种零散破碎且无关紧要的批评，由于依附于传统和权威，这种批评显得完全没有一点独立思考的能力。同样，自我批评和独立思考能力的缺乏都会让她的判断功能显得软弱。在这种类型中，内在的精神生活的缺失比前面描述的内倾型更加突出。经由上述言论人们很容易联想到：这种类型的感触性与其内在精神生活一样，也相当贫乏，甚至更加严重，因为它显然是表面的、肤浅的，甚至就像在表演，之所以这样说，是因为感触性往往同一些隐秘动机有联系，或是我们能够感觉到其背后隐藏着这些动机，但这种类型因为感触性的贫乏而使得其感触的产物没有一点实际价值。然而，我倾向于认为，乔丹在此却过低地评价了外倾型，就正如他过高地评价了内倾型一样。虽然乔丹偶尔也会肯定外倾型的一些良好品德，但总体来说他认为这种类型是非常不好的。我认为乔丹的观点有失公允。一般情况下，只要一个人某一类型中的一位代表或某些代表人物有痛苦的经验，那他对这一类型的所有其他人就会失去兴趣。我们切不可忘记：我们曾经说过，内倾型女性的正面意义依赖于她的精神内容对一般思维的谨慎顺应，而与此相同，外倾型女性的感触性也会因适应人类社会普遍生活而具有某种可塑性和表层性。所以她的感触性具有社会性，已分化出来，且有着非常重要的普遍价值，与那种沉静、固执而充满激情的内倾型的感触相比，它更有价值。

虽然牺牲了内在的精神生活使它的缺陷变得更加明显，但是这种已分化的感触性已经切除了所有混乱的和忧郁的东西，使自己变成了一种可任意处置的适应功能。它在无意识中存在，在与内倾型的激情相应的形式中依然也存在，在这里，它处于一种未发展的、原始的、幼儿期的状态。这种未发展的心理由于无意识的参与作用生产出了具有内容和潜在动机的感触性产物，尽管这一点很难被不持批评态度的人觉察，但是它们的确给持批评态度的观察者留下了极坏的印象。这是因为观察者往往以自己潜在的自以为是的动机去观察它们，因此极易忽略这种所展现的感触性产物所具有的实际现实性和适应有效性。假如没有已分化的感触性感情，那么，生活中一切安闲的、有节制的、舒缓的、无害的和表层的东西也就不存在了。人们要么在永恒的混乱中窒息，要么深陷激情受压抑的深渊。如果内倾型的社会功能主要服务于个体，那么外倾型则一定服务于群体生活，他同样有存在的权利。外倾型首先是沟通他人的桥梁，此即社会需要外倾的原因。

众所周知，感触性感情的表达要靠暗示，而心灵则只能通过间接的努力将其转换成别的方式来运作。深刻的感情并不被社会功能所需要，因为它们会引发人们的激情，从而造成社会生活的混乱。同样，内倾型已适应和已分化的精神与其说有深度倒不如说有广度；因而他理智、镇静，却没有丝毫的骚乱和挑衅。但是，内倾型会因为他狂暴的激情而引起麻烦，而外倾型则会因为他的无意识思维和情感而愤怒，以至于他在评价他身边的人时用的是一种蠢笨的却又不留情面的方式，而且冒失且不符合逻辑。如果我们尝试着搜集这些评价来建立一门与它们有关的心理学，那我们就能看到一幅十足粗暴的画面，它的无情和强悍、粗鲁及愚蠢都能与内倾型凶猛的感触性情绪匹敌。因此，我并不赞同乔丹的这一观点：最坏的性格往往出现在充满激情的内倾性格中。因为在外倾型中存在着同样顽固的恶习。然而，内倾的激情导致粗野的行为，而外倾的无意识思维和情感的粗俗则会伤害人的灵魂，我无法判断其中哪一种更为恶劣。前者在行为上有着明显的缺陷，而后者粗俗的心灵则被可接受的行为掩藏起来了。然而我必须强调一点，那就是，一般情况下，外倾型所具有的关心社会、积极关注一般的福利，以及给别人带来快乐的果断态度的品质，内倾型只有在幻想中才具有。

已分化的感触性情绪优雅，使人着迷，我们在它们身上能感受到一种审美的和仁善的气氛。有很多外倾型的人从事着以音乐为主的艺术活动，可能他们在这方面有特殊的天赋，但更可能是因为他们有着服务于社会生活的愿望。并且，外倾型的唠叨和挑剔也不全然是令人生厌或没有丝毫价值的。一般情况下，这些唠叨和挑剔带着一种良好教养的倾向，因而具有很多优点。同样，他们屈从于别人的判断或许并非一件坏事，因为这能抑制那些阻碍社会生活和福祉的发展的过度而有害的行为。武断地认为一种类型在任何情况下都比另一种类型更有价值，是完全不公正的。这种种类型互有差异，相互补充，无论是个体还是社会，为了维系生命都需要从这些类型中获得张力。

三、外倾型男性（"冷漠型男性"）

对于外倾型男性，乔丹有如下描述：

他喜怒无常，易怒、忙乱、喜欢发牢骚且吹毛求疵。他常常抬高自己贬低别人。他做出的判断往往是错误的，计划也常常失败，不过他仍始终充满自信。在谈到与自己同一时代的一位著名的政治家时，西德尼·史密斯说，他随时都准备去指挥海峡舰队，否则就砍去自己的手臂。对于发生在眼前的任何事情，他的座右铭是：要么这件事不是真的，要么就是所有人都已经知道了。他的天空里容不下两个太阳，如果另一个发光的太阳定要出现，他就会有一种奇怪的殉难的感觉。

他成熟得早，喜爱行政管理事业，往往是一名备受尊敬的公仆。他认为，在他的慈善事业委员会里，挑选洗衣女与选拔主席都同样有趣。面对别人的评论他总能抓住要点恰当地予以反击，显得非常有智慧。他坚决、自信、持久地表现自己。他能不断地获取经验，经验也可以帮助他。他不愿做一个国家不知名的捐助者，而宁可在只有三个人的委员会中当知名主席。他绝不会因自己没有天分就变得自卑。他很忙吗？他相信自己是精力充沛的；他健谈吗？他相信自己是口齿伶俐的。

他几乎没有提出过什么新的观念，也无法开辟新的道路，但是他能快速地追随、领会、执行以及运用它们。他天生崇古，至少能接受信仰和政策的形式。在特殊的情况下，对于自己异端的鲁莽行径他可能会洋洋自得。冷漠型的理智通常是高傲与威严的，以致没有任何扰乱性影响能阻止他在所有的生活领域形成开阔而公正的思想。他的生活常常充满道德、真诚和崇高的原则，但偶尔也会因为急功近利，而不断地惹来麻烦。

在公众集会上，如果运气不好使他没什么可提出、赞同、支持、修正或反对的，他就会站起来请求关上窗户，以免风吹进来；或者更有可能出现的情形是，他会要求再打开一扇窗，以使更多的空气可以流进来，因为从生理角度看，他需要更多的空气，就像需要被更多人关注一样。他特别想做那些别人并未要求他去做的事情，即便他并不适合做这些事；但是，他总相信，大家会像他看待自己那样把他当成一个日理万机的公益人士，总是对他抱有希望。他让别人都欠他人情，不过他也希望获得回报。由于演讲精彩，他很可能使他的听众深受感动，尽管他自己却不为所动。他或许会很敏捷地了解他的时代，至少是可以了解他的团体；他能预先感觉到这个团体会遇到什么危险，从而提前组织力量，巧妙地回击对手。他的头脑中满是计划和预言，忙忙碌碌。他带给社会的只有三种感觉：欣喜，否则就是惊异，如果两种都不是，那就必然是苦恼和震动。他对自己职业救世、人所共知的救星的角色非常满意。或许，我们本身是懦弱无能的，不过他完全值得信赖、追随，感谢上帝将这个人赐给我们，我们可以请他来教导我们。

他不喜欢安静，无论做什么都无法长时间地休息。在忙碌了一个白天之后，他还会有一个充满刺激的夜晚。他在剧院、音乐会、教堂、集贸市场、饭店、学术座谈会、俱乐部等地方穿梭往来，随便转转都能碰到他。假如他不小心错过了一次会议、一封电报，他就会告诉别人自己还要去参加另一个更值得夸耀的邀请。

通过上述文字我们能够很轻易地对这种类型进行了解。尽管乔丹的描述中有不少对其的欣赏，但相比于对外倾型女性的描述，还是多了更多的贬损因素，就像一幅讽刺画一样。从某种程度上来讲，这是因为：乔丹的描述并不能公正地评价外倾型的本质，因为理性的态度几乎是无法对外倾型的特殊价值做出正确评价的。而在内倾型身上，这种可能性或许会大为增加，因为内倾型本质上的通达情理和意识的动机很容易通过理性的方式来表达，这就像由激情所导致的行为很容易解释他的激情一样。另一方面，外倾型的特殊价值在于他同客体的关系。在我看来，除了生命本身，理性批判是无法公正地评判外倾型的。当然，外倾型的益处极大地促进了人类社会的进步，我们完全能给予证明。但是如果对他的手段和动机进行分析，那么得出的结论却往往是否定的，因为外倾型的特殊价值原本就在他与客体的联系中，而不在他自身。他与客体的这种联系是理性程式永远无法把握和准确估量的。

理性批判必定会继续进行它的分析，而这样必然会使得所观察的类型越发清晰，其动机与目的消隐。所以，我们看到了一幅好像是在讽刺外倾型心理的漫画，外倾型的真实人格在其中竟被描绘成了嘲笑的对象，相信观察此漫画的人在发现外倾型真正的态度后，都会对此感到惊讶。这种看待事物的观念并不全面，它根本无法正确地对外倾型进行描绘。为了在看待外倾型时能公正一些，我们必须抛掉这些关于他的思考，同样，只有当外倾型已经准备接受那些完全不可能实际运用的心理内容时，他才能在某种程度上和内倾型相契合。理性分析似乎不可避免地会将所有觉察到的迹象、计谋、隐秘的动机等都归属于外倾型，即便它们事实上并不存在，至多只是从无意识背景中泄漏出来的带有阴影的情绪。

当外倾者无言以对时，他无疑会要求打开或关上某扇窗户。但是有谁会关注这些呢？有谁对此印象深刻呢？我想，恐怕只有那些试图考查这一行为背后潜藏的原因或对此行为进行思考、剖析并阐释其意义的人才会这样，而其他的人是任何耐人寻味的东西都看不到的，对他们来说，这一细微的动作已经完全被生活的琐碎与忙乱淹没了。然而，外倾型心理恰恰是由这些细微的行为表现出来的：它是人类日常生活的一部分或是偶然发生的事件，它的全部意义都在此，无所谓好坏。可反思的人却喜欢对其进行深入研究，虽然说他的目光能看到外倾型思维无意识背景中的东西，但对于他关注的实际生活来说，他的目光却是扭曲的。他看到的并非这个人的正面，而都是他的阴影面。而阴影可以对反思者判断的正确性进行证明，但前提是必须处在损害此人的正面和意识中。因此我认为把人与他的阴影，即他的无意识分离开来是正确的；否则，讨论就会受到一种混乱的思想的威胁。一个人能从另一个人身上发现很多属于他的无意识心理但并不属于他的意识心理的东西，并且错误地认为，从性质上来讲他观察到的这些东西应该属于他的自我意识。生命和命运可能会这样做，但心理学家却绝不可能这样做，因为怎样了解人的心理结构以及进一步理解人类才是他最关心的。把人的意识与无意识清楚地区分开来是非常有必要的，因为只有通过对意识观点的同化，才能获得清晰和理解，而借助对无意识背景、侧光或四分音符的还原过程是永远无法做到这一点的。

四、内倾型男性（"激情型男性"）

关于内倾型男性，乔丹这样描述道：

他可能一整晚都陶醉在对某物纯粹的爱的快乐中；他只是因这些快乐无法心平气和，但他的快乐不会时刻变化。如果他从事的是公益事业，那可能是因为他非常适合从事这些事业而被邀请来的；也可能是由于他出于某些慈善的或恶作剧的动机而希望发展这些事业。一旦将这些事业完成了，他就会自动让贤。他衷心地希望，和自己相比，别人能做得更好；他认为，与其让自己的事业在自己手中失败，还不如交由他人实现成功。他常常发自肺腑地赞赏他的同事，给予周围人的优点过高的评价或许正是他的缺点。他从不是一个粗鲁的人。……这类人虽然有着深刻的情感，喜欢做事，善于思考，但易于疑惑甚至迟疑不决；他们绝不能创立宗教，也不能做宗教运动的领袖；他们从不会盲目地自信，以致令自己的邻居恼火；他们从来不会自信地认为，自己掌握了绝对可靠的真理，尽管他们并不缺乏勇气，时刻准备为真理而献身。

在我看来非常有意思的是，乔丹对内倾型男性的论述事实上只不过是我在前面已经论述了的东西。开篇时作者把内倾型称之为"激情型"的那种激情的描述我们在其中始终无法找到。当然，为了谨慎起见，我们还是可以推断，作者之所以对内倾型男性只用了如此少的篇幅进行描述纯粹是出于主观原因。因为乔丹之前对外倾型做的描述虽然详细，但是不公平，所以人们也许会想当然地认为对于内倾型他也会有同样彻底的描述。可是，为什么情况并不像人们所想象的那样呢？

如果设想一下，乔丹在写作时始终站在内倾型一边，那么，就很容易理解像他这样，对待与他相对的类型严厉而无情，但做出的描述却与他的这本书完全不相适应这一点了。在这里我并不是说他缺乏客观性，而是说他无法认清自己的阴影。内倾型无法了解或想象自己在外倾型这一与他对立型的眼中是什么样子，除非外倾型当面告诉他，并且能承担与外倾性决斗的危险。正如外倾型不会把乔丹对自己性格的描述当成一幅友善和正确的图画来接受那样，内倾型也不会赞同外倾型观察家或批评者对他的性格特征所做的描述。因为一种类型在面对与他相对的类型时往往是持贬低态度的。内倾型人物在把握外倾型的本质时不可避免地会离题万里；同样，外倾型人物在从外在性的角度来理解他人内在的精神生活时，结果也是云里雾里。内倾型常常犯从外倾型的主观心理来推知其行为的错误，而外倾型则荒谬地将内倾型内在的精神生活视为外部环境的产物。外倾型认为，如果与客体之间不存在明显的联系，那么抽象的思维序列就必定是一种幻想，大脑中挥之不去的一层迷雾。和外倾型头脑的构造相比，内倾型头脑的构造强不了多少。总之，关于内倾型男性可谈论的东西有很多，无论是谁都能给他画一幅素描，而且和乔丹对外倾型的刻画相比，更详尽也更不利。

乔丹在观察内倾型时所得出的观点，即内倾型的爱的快乐是"纯粹的"，在我看来非常重要。因为一般情况下，这就是内倾情感的特征：它是纯粹的，因为它在自身中存在，来源于人的深层天性；它从自身中涌现出来，它的目的就是自身；它只为这个目的服务。这同那些古代的和自然的现象的自发性是一样的，这些自发性从未向文明的目的和目标屈服过。无论对还是错，或根本就无所谓对还是错，适合还是不适合，总之没有人能阻挡这种感情的状态显示出来，并把自己强加在主体上，即便是违背了主体的意志和期望也依然是这样。这其中并不包含任何关于它的所预计的审慎思考的动机。

对于乔丹著作中的其他章节，我不想进行评述。他把历史上的人格作为例子，呈现出的许多观点都是错误的，它们都是因为前面所提及的那种错误——将主动性和被动性作为评判的标准，并和其他的准则混淆，从而无法避免地产生了这样的结论：主动型人格必然是缺少激情型（冷漠型），富有激情的性格一定是消极型。我会尽量将好动性这一因素排除在标准之外，以避免这类错误发生。

不过，就我所知，乔丹仍然是对较为确切地概述了感情类型的性格进行了较为确切概述的第一人，这一荣誉应该属于他。

第五章

诗中的类型问题

第一节　斯皮特勒类型学引论

假如类型问题只给诗人提供了关于情感生活的复杂性这个主题，除此之外再没有扮演别什么重要的角色，那我们关于类型问题不存在的说法就是合理的。然而我们已经看到类型问题在席勒身上的情况，它一方面对思想家身份的席勒进行干扰，另一方面又对作为诗人的他产生影响。在这章中，我们将把注意力放在对一部几乎完全立足于类型问题的诗集的探讨上。这本诗集就是于1881年出版，由斯皮特勒所创作的《普罗米修斯与埃庇米修斯》。

我并不想在一开始就做这样的断定，普罗米修斯这位先知先觉者代表内倾型，而埃庇米修斯这位实践者和后知后觉者则代表外倾型。这两个人物之间的冲突在本质上表现的是内倾与外倾两种发展倾向在同一个人身上之间的冲突，只不过在这里，斯皮特勒通过他的诗将两个独立的人物形象和他们类型的命运这一冲突具体化了。

普罗米修斯内倾的性格特征在诗中有清楚的显示。我们看到的他是这样一副内倾的模样：关注自己的内在世界、忠实于自己的"灵魂"。他对天使提问的回答完全透露了他的本质：

但是，我无法评判我灵魂的相貌，因为她（灵魂）是我的贵妇、我的女主人，她主宰着我的欢喜和悲伤，有了她的存在，我才能成为我。于是，她将同我共享我的荣耀，如果需要的话，我随时准备为她放弃所有荣耀。

普罗米修斯屈从于自己，他的荣耀或耻辱都来源于灵魂，即来源于他与内在世界相联系的功能。说得准确一点，灵魂之所以有一种神秘的、形而上学的特征，是因为灵魂与无意识的联系。对于灵魂作为自己的女主人和向导具有绝对意义这一点普罗米修斯是承认的，而埃庇米修斯同样无条件地屈从于外部世界。普罗米修斯变得非个人化了，因为他将他的自我献给了灵魂，献给了作为永恒意象与意义的源泉的那种与无意识的联系；因为他失去了与人格面具抗衡的力量，也就是说，失去了那种与外在客体相联系的功能。因为屈从于灵魂，普罗米修斯与周围世界失去了全部联系，这就意味着外在世界不再有对他进行矫正的可能。但是，这种失去是不容于现实世界的本质的。所以，降临在他面前的天使，清楚地显现为世界秩序的代表；从心理学的意义上说，他现在的角色已经发生了转变，已经成了以对现实的适应为目标这一倾向的投射意象。

天使对普罗米修斯说：

如果你无法掌控你那难以战胜的灵魂，以便获得自由，那么你将会看到：你多年来获得的伟大奖赏、你内心的喜悦，还有你那颇有天赋的心灵的所有成果都将不再存在。

天使又说：

因为你灵魂的缘故，你将被逐出荣耀之国，因为她（灵魂）眼里没有神，也不遵守法律，在她的傲慢面前，无论是天堂还是地狱，都不具有什么神圣性。

因为普罗米修斯片面地对自己的灵魂定向，使得任何与外在世界相适应的倾向都备受压抑并因此而沉入了无意识。甚至于即便它们能被感知到，也不是他自己的人格，而只是表现为投射。这里似乎出现了一个矛盾：可以说普罗米修斯所信奉及拥有的灵魂完全只在他的意识中存在，但同时，他的灵魂又显现为一种投射。既然灵魂是一种联系的功能，正如人格面具一样，那么它必定有两方面的意义：一方面属于个人，另一方面则依附于相关的客体，在后一种情形下它就是无意识。一般说来，一个人只要不是哈特曼哲学的忠实信徒，就会更倾向于承认作为心理因素的无意识只是一种有条件的存在。

依据认识论，我们可以看出，正如因现实事物的本质在我们的心理学认识的范围之外，致使我们无法有效地对其进行陈述一样，对于我们称为无意识的复杂心理现象的客观现实性，我们也不可能做出任何有效的论述。然而如果立足于实际经验，那么我必须指出，正如外在世界的现实事物宣称其具有现实性一样，无意识内容凭借它与意识活动的联系中所展现的固执与持久，同样有权宣称它是具有现实性的，尽管这种宣称在"符合客观外界标准"的心灵眼中很难让人相信。我们一定不要忘记，对于很多人来说，无意识内容比外在世界的现实事物有更多的现实性。人类思想史便证明了这两种现实。通过对人类心理更为深入的研究，我们知道，一般来说，意识活动的两个方面有着同样强大的影响力；从心理学上来看，我们有权利从纯粹经验的角度出发将无意识内容看成是具有现实性的东西，就像外在世界的事物一样，尽管这两种现实可能显示出截然不同的性质，并且互相矛盾。所以，使一种现实凌驾于另一种现实之上的观点是一种专断，没有丝毫道理。通神论和唯灵论都在粗暴地对对方进行干预，它们与唯物主义并没有什么区别。这样看来，我们唯有适应并相信我们的心理学能力。

所以，无意识内容的特殊现实性使我们有同样的权利将它们描述成客体，正如描述外在世界的事物一样。作为一种联系的功能，人格面具常常被外在客体所制约，就像被固定于主体一样，它也同样被固定于外在客体；灵魂作为与内在客体相联系的功能也是这样，只不过她是由内在客体表现出来的；因而从某种意义上来说，她总是和主体相区分，并在事实上被知觉为另一种不同的东西。所以，在普罗米修斯身上，灵魂就表现为某种同个体自我完全不同的东西。即使一个人完全屈从于外部世界，他依然拥有一个使他自己和客体相区分的世界；同样，即使一个人完全屈从于无意识的意象世界，然而他的无意识的意象世界依旧作为一种与主体相区分的客体存在并活动着。就像神话意象的无意识世界通过外在事物的经验，间接地与完全屈从于外在世界的人对话时所说的那样，现实世界及其要求也找到了间接地表达那些完全屈从于灵魂的人的道路；因为这两种现实没有人能逃避。一个人如果沉湎于外在现实，他就必然生活在他的神话中；如果热衷于内在现实，那么他的外在世界以及所谓的现实生活就是他的梦想。因此，灵魂对普罗米修斯说：

　　我曾告诉过你，我是一位任性的女神，想把你领上回归之路，但你不听我的话，所以我预言的事情都发生了：因为我的缘故，你被剥夺了英名和荣耀，属于你生命的欢乐也被偷走了。

普罗米修斯拒绝接受天使为他提供的天国，这意味着他并未按照事物所要求的那样同事物相适应，原因是这要求用他自己的灵魂作为交换。尽管主体，即普罗米修斯本质上是人性的，但他灵魂的性格却与此完全不同。他的灵魂是魔性的，因为灵魂作为内在客体与超越个体的集体无意识与作为联系功能的灵魂紧密相连，并透过灵魂闪现出来。无意识作为人类心理历史的背景，浓缩了所有心理印痕（印迹）的承续过程，自远古时代起它就将现存的心理结构决定好了。这些心理印痕就是功能—印迹，它往往带有人类心理最频繁和最密集使用的功能的典型特征。它们会以神话主题和神话意象的形式表现出来，总是带着惊人的相似性出现在每一个种族中；即使在现代人的无意识材料中，也不难证实它们。因此，这些在无意识内容中出现确实属于兽性的特征或要素，竟会同那些从远古时代起就始终在生命的道路上作为人的组成部分的崇高的形象并存也就很容易理解了。

作为一个意象的世界，整个无意识拥有同"现实"事物的世界一样广袤无垠的领域。在一个完全屈从于外在世界的人看来，无意识总会在某种他所亲密和喜爱的存在物的形式中呈现出来，如果他的命运在于对个体对象的绝对忠诚，那么他就能体验到对外在世界和自己本性的所有矛盾心理；同样，屈从于灵魂的人也会遇到作为无意识的恶魔化身的灵魂，她体现了意象世界的整体和它的极端性、矛盾性。这两种极端现象都不在常态范围内；因此这些野蛮的无法想象的东西根本就不为那些走中间道路的常态的人所知。他认为它们事实上并不存在。只有极少数人能达到此界限的最高点，那里显现着它的镜像。对于一个常常持中间态度的人来说，灵魂是人性的，并不具有隐晦的魔性特征；在他看来，与之相类似的问题在他的邻居身上并不存在。只有同时完全屈从于灵魂和外在世界才会唤起它们的极端矛盾性。这样一个灵魂—意象被斯皮特勒用直觉抓住了，而倘若从梦中观察，它似乎并没有什么深刻的性质：

当他的激情变得狂暴甚至已经开始让他厌烦的时候，她的嘴和脸却奇怪地颤抖着，她的眼睑闪烁不定。在她那柔韧修长的睫毛后面正隐藏着某种让人害怕甚至战栗的东西，它们正悄悄沿房屋蔓延，如烈火一般，又像老虎悄悄隐匿于黑暗的灌木丛中，一道闪光突然掠过，它那黄色斑驳的皮纹不时闪现。

很明显，普罗米修斯选择的生活道路是内倾的。为了按照对遥远未来的期望来进行创造，他将所有与现在的联系都解除了，这和埃庇米修斯是不同的。而埃庇米修斯认为他的目的是世界，或是在世界看来有价值的东西。所以，他对天使说：

既然我现在渴望真理，而我的灵魂又在你手上，那么你会乐于赐予我那种能使我"谨言慎行"和公正地对待一切的良知。

埃庇米修斯无法抵制走向他自己宿命的诱惑，使自己完全听任"无灵魂的"观点的摆布。这种与世界的结合直接导致的结果是：

于是下面的情形出现了，当埃庇米修斯站起身来，他发现自己的身体在增大，勇气也在增加；他与他的存在合为一体，他的情感是健全的，也是自如的。因此，他就像一个天不怕地不怕的人一样，迈着勇敢的步伐沿着一条笔直的道路穿过峡谷；就像一个为周密的思考所鼓舞的人一样，用坦然且勇敢的目光巡视着一切。

就像普罗米修斯所说的，埃庇米修斯为了得到"谨言慎行"，用他的灵魂做了交换。因此，普罗米修斯得到了灵魂，而他丧失了灵魂。埃庇米修斯对他的外倾百依百顺，因为外倾能使他定向于外在客体，从而被对世界的渴望和期待所吸引，表面上看这好像对他非常有益处。后来，在普罗米修斯的影响下，度过了多年孤独生活的埃庇米修斯变成了一个外倾型，实际上是一个模仿内倾型的伪装的外倾者。这种不自觉的"性格的模仿"（波朗语）会经常出现。向真正的外倾的转化是他迈向"真理"的一步，他也因此获得了相应的报酬。

由于灵魂的绝对要求，普罗米修斯被迫为他的灵魂做出了惨烈的牺牲，他将与外在客体的所有联系都中断了；而埃庇米修斯则恰恰与之相反，他得到了一个直接有效的避难所，在这里他可以避开那种外倾型会带来的最大威胁的危险，也就是完全屈从于外在客体的危险。这种庇护存在于以传统的"正确思想"为基础的良知中，换句话说，世代相传的至关重要的世俗智慧为它提供了支持，就像法官运用刑事法典判案一样，公众舆论也可以用这种方式来运用这些智慧。这给埃庇米修斯修建了一道防护墙，使他不至于像普罗米修斯无节制地屈从于自己灵魂那样无节制地屈从于外在客体。他被良知限制着，他的灵魂也被良知占据。当普罗米修斯返回到人间，返回到已成为法典的良知上来时，也就意味着他落入了残忍而任性的灵魂—女主手中，只有永无止境的受苦受难才能赎回他犯下的漠视世界的罪孽。

良知那无可非议的谨慎与节制把埃庇米修斯的眼睛用一层纱布蒙住了，使他不得不盲目地生活在他的神话中，但是他的感觉却一贯都是正确的，因为他总是与普遍的期望保持一致，而且总会获得成功，因为他将所有人的愿望都实现了。这正是人们渴望见到他们的国王的原因，也使得埃庇米修斯所扮演的角色虽然有着不光彩的结局，却从来没有被强有力的公共舆论抛弃。他的自信、自以为是、对自己的价值毫不动摇的信心以及健全的良知和无可置疑的"正确行为"，都明显地和乔丹所描绘的外倾型性格相符。接下来我们看看埃庇米修斯拜访生病的普罗米修斯时的情形，他渴望生病的哥哥能够被治愈：

一切都安排好了，在左右侍从的搀扶下，国王埃庇米修斯向前走去，他提高嗓门但友好地说了些善意的话："我亲爱的哥哥，普罗米修斯，我的心为你而悲伤！但是我现在已经振作起来了，看啊，我这里有一块包治百病的药膏，它对因高热和严寒引起的疾病有特别显著的功效，你还可能用它来进行有效的慰藉和惩罚。"

说着他便拿起拐杖，快速将药膏打开，庄重且又小心翼翼地将其递到他哥哥的面前。但是，普罗米修斯一闻到药膏的气味，看到它的样子，就立刻厌恶地把头转到一旁。看到这样的情景，国王恼怒不已，他眼露凶光大声预言道："你真是太不知好歹了，灾难都没能让你变得聪明一点，你会招来更大的惩罚的。"说着他从他的斗篷里拿出一面镜子，口若悬河地向普罗米修斯讲述了事情的来龙去脉，普罗米修斯所有的过错他都知道。

乔丹的话在这里得到了明确的证实："如果有可能，社会一定会因他而欢喜；如果并不欢喜，那就必然是惊异；如果两者都不是，那就必定是苦恼和震动。"在东方，富人常用下面的方式来显示他的社会地位——只有在两个侍从的搀扶下才会亲自在公共场合露面。埃庇米修斯为了炫耀自己的地位，也同样摆出了这种姿态。高贵的举止必须同告诫和道德说教相配合。即便这样做没有效果，双方太过悬殊的地位至少会将对方吓得不知所措。因此我们说，所有的做法为的都是产生一种印象。一个美国人曾说过这样的话："在美国，只有两种人能获得成功，能做事的人和能巧妙行骗的人。"这正说明假象常常能和实际行动一样取得成功。所以，外倾型常常喜欢用外表来产生效果。内倾型则企图通过力量来达到这一点，为此即使劳而无功也在所不惜。

假如我们将普罗米修斯和埃庇米修斯的特征结合起来，放到一个人的身上，那么就有了一个内在像普罗米修斯而外表像埃庇米修斯的人——这是一个不断遭受两种倾向撕扯的个体，每个倾向都试图将这一个体拉到自己这一方。

第二节 "普罗米修斯"之间的比较

将斯皮特勒所表现的这种普罗米修斯的概念同歌德所表现的那种放在一起进行比较是非常有意思的。我自信我有充分的理由认为，斯皮特勒更多地属于内倾型，而歌德则更多地属于外倾型。只有对歌德的传记进行深入的研究分析才能得出这种公正的判断。我的判断是建立在多种印象的基础上的，但因为篇幅有限，在这里我就不再进行详细的论述了。

内倾的态度并不一定与普罗米修斯的形象相契合，我指的是，传统的普罗米修斯形象可能会被做出截然不同的解释。例如，另一种解释可以在柏拉图的普罗塔哥拉斯那里找到，万物是众神通过火和水创造的，把生命力赋予万物的是埃庇米修斯，而不是普罗米修斯。在此神话中，普罗米修斯（与古代的趣味相同）是一位灵巧的创造天才。歌德在自己著作中表达了两种关于普罗米修斯的观点。在写于1773年的《普罗米修斯》的片段中，普罗米修斯叛逆而自负、神圣而倨傲，是发明家和艺术家。他的灵魂是智慧女神，也就是宙斯（天帝）的女儿密涅瓦。普罗米修斯与密涅瓦的关系和斯皮特勒的普罗米修斯与他的灵魂的关系非常相似：

从一开始你的话对我来说就是天上的光辉！
宛如我灵魂的自我亲昵。
她自我倾吐衷肠，

她言词生动，声音悦耳。

当我认为这些话就是我说的时，

却是一位女神的话语，

当我深信是一位女神在说话时，

却又是我自己的声音。

是我的声音也是女神的声音，

是一种声音，我们亲密地合为一体。

我永远爱着你！

接下来又说：

当夕阳灿烂的余晖，

依然笼罩着阴暗的高加索，

我的灵魂被神圣的平和萦绕，

离别，却又和我常在，

我的力量逐渐变得强大，

每一次呼吸都深深吸入你那天国的气息。

通过以上描述，我们可以看出，歌德的普罗米修斯非常依赖他的灵魂。这与斯皮特勒的普罗米修斯与他的灵魂的关系非常相似。斯皮特勒的普罗米修斯对他的灵魂说：

尽管我的一切都被剥夺了，但只要你独自与我同在，你那甜美的嘴仍称我为"朋友"，你那骄傲而仁慈的容颜散发出的光辉仍笼罩着我，我就依旧具有数不胜数的财富。

虽然这两个人物与灵魂的关系有相似的地方，但无论如何本质的差别也还是存在的。歌德的普罗米修斯是一位发明家，一位艺术家，他用泥巴捏成了密涅瓦这一注入生命的雕塑。斯皮特勒的普罗

米修斯与其说是创造的不如说是受难的；只有他的灵魂才是创造的，
而且灵魂的创造过程是神圣的、神秘的。在分离时灵魂对他说：

> 现在我要和你分开了。一项伟大的，甚至堪称壮举的工作正
> 等着我，我必须赶紧去完成它。

这似乎是说，斯皮特勒认为，普罗米修斯式的创造力被赋予他
的灵魂，而普罗米修斯自己则仅仅遭受内在于他有着创造力的灵魂的
折磨。但歌德的普罗米修斯却与其截然不同，他是自我—行动的，从
本质上来说是完全创造的，能够凭借自己的创造力与诸神公然对抗：

> 谁会帮助我，
> 来和泰坦人的傲慢对抗？
> 谁能救我摆脱死亡？
> 将我从被奴役中拯救出来？
> 啊，难道你不是你自己，
> 靠你热情而神圣的内心来完成这一切吗？

这个片段中只对埃庇米修斯进行了简要的描述，如果和他与普
罗米修斯相比，就会觉得他太过低下，他对集体情感坚决拥护，他
仅仅将灵魂的奉献理解为"顽固不化"。他对普罗米修斯说：

> 你是多么的孤单！
> 你的世界，你的天堂，
> 都包含在一个囊括一切的统一体中。
> 你的冥顽不化并不懂得那种极乐、那种诸神和你及你所拥有
> 的一切。

从《普罗米修斯》片段中，我们很少能看到这样的提示，这使我们不容易了解埃庇米修斯的性格。但是，同样是对普罗米修斯的描述，歌德的描述与斯皮特勒的相比，更加显示出了典型的差异。歌德的普罗米修斯在世界上的创造是外倾的，他用以充塞世间的是他塑造的并用他的灵魂灌注生气的人物，他的创造物一代代繁衍使人类遍布地球，他是人类的主人及导师。但是，斯皮特勒的普罗米修斯的一切发展都走向内向，消失在灵魂深处的黑暗之中，正如消失在人类世界一样，甚至即便在他的家乡这个狭小的范围内他也会迷路，感觉像是他不想让人看见似的。用分析心理学中的补偿原则来分析，我们可以看到灵魂这一无意识的化身在此情形下必然非常活跃，它准备从事那种至今仍然不易觉察的工作。除了上面已经引用的段落外，我们在《潘多拉》的插曲中也能看到斯皮特勒对这种可预料的补偿过程进行的详细描述。

在普罗米修斯的神话中，潘多拉是一个谜一般的人物，而在斯皮特勒的作品中她则被描绘成了一位神圣的少女，除了那种最深刻的关系之外，她与普罗米修斯之间再无其他。这种描述源自某个神话版本，在那里，与普罗米修斯发生关系的是潘多拉或雅典娜。在歌德那里，神话中的普罗米修斯与潘多拉或雅典娜同样也有灵魂的联系。但是，在斯皮特勒那里引进了一种分离，这种分离尽管已经在历史的神话中被提到过，但依然值得引起我们的注意，在那里，普罗米修斯与潘多拉的关系因为相似于赫菲斯托斯与雅典娜的关系而遭到了玷污。歌德无疑选择的是普罗米修斯与雅典娜发生关系。而在斯皮特勒那里，普罗米修斯远离了神的领域，因为他拥有了自己的灵魂。然而他的神性以及他与潘多拉原来的关系仍被保留在神话中，作为宇宙的对立情节不断在天庭上演。这种发生于另一个世界的事件实际上只会出现在意识深层领域，即无意识中。所以，潘多拉插曲表现的是普罗米修斯受难时，继续发生于无意识中的事件。

当普罗米修斯在世上消失，不再与人类有丝毫联系，他就沉入了他自身的底层，他周围所剩下的唯一的东西，也是唯一的客体，就是他自己。他变得具有"类神性"，因为能普遍自给自足，并凭借其遍在性而无处不在的就是神。但是，普罗米修斯却丝毫未感受到这种类神性。在埃庇米修斯对普罗米修斯的痛苦给予极度轻蔑之后，另一个世界中的插曲就上演了，非常明显，普罗米修斯与世界的一切联系正是在这个时候被几乎毁灭殆尽。以往的经验表明，此时是无意识内容最有可能获得独立性和生命力，甚至有可能将意识压倒的时刻。处于无意识状况中的普罗米修斯在下述情景中就有所表现：

在那个阴云密布的早晨，在一个超乎世界之外的沉静而荒芜的草原上，那位创造一切生命的神，任凭自己忍受着那神秘而难以承受的古怪疾病的折磨，踱着可诅咒的步子，绕着圆圈。

由于疾病的缘故，他既无法在他前进的旅途中找到休憩之地，也不能停下这项周而复始的工作，他就这样日复一日、年复一年地在这片荒原上绕着圈。他紧锁着眉头，表情扭曲，低着头，步伐缓慢，步子精确。他的眼神常常凝视着圆圈的中点。

他越是悲哀地低着头，就越是感觉到身体困乏脚步沉重，似乎这夜间痛苦的劳作将他生命的源泉耗尽了。终于，这一天他走完了这每天重复似乎无止无休的圆圈，黑夜和黎明过去后，白昼来临了，他的最年幼的女儿潘多拉，以不可丈量的步伐走近了这神圣的地点，带着谦恭的态度站在他的身旁，目光羞涩，恭敬地向他提问。

普罗米修斯的病痛显然被传染给了神。正如普罗米修斯让他全部的激情、欲力内向流入灵魂，直达最内在的底层，全身心地服务于他的灵魂，神也围绕世界的中点循环往复地走着，用一种近乎自我灭绝的方式消耗着自己的生命。这也就是说，他的欲力已全都沉入了无意识，一种等价物必定会出现在那里；因为欲力是守恒的能量，它消失后必定能产生出某种等价物。而潘多拉和她献给父亲的礼——一颗人类可以用来消除痛苦的珍贵宝石就是这个等价物。

假如我们将这一过程放在普罗米修斯的人性方面，那也就意味着，当"类神性"的状况使普罗米修斯饱经痛苦时，他的灵魂已经做好了完成一项可以减轻人类苦难的工作的准备。他的灵魂想要影响人类。但是，他的灵魂具体计划和完成的工作并不能与潘多拉的工作混为一谈。潘多拉的宝石是一种无意识的镜像，它象征着普罗米修斯的灵魂的实际工作。上面的文字清楚地表明，宝石是生命力流回自身的中心的标志，进入无意识的底层，生命从这里获得再生。这或许就能解释世界上关于宝石的描述为何与在《普曜经》一书中描绘的佛陀诞生的意象惊人地相似：潘多拉把宝石放在一棵胡桃树旁，正如幻境女神玛雅在无花果树下产下她的孩子一样：

午夜时分，夜幕笼罩着胡桃树，宝石熠熠发光，照亮了暗夜，就像黑暗天幕中的晨星，它钻石般的亮光穿透黑暗。

于是，快速扇动翅膀的蜂蝶在花园里翩翩起舞，围绕着这个神奇的孩子玩耍、嬉戏……云雀从天空中俯冲而下，争着向这个新的可爱而阳光的面容致敬，当它们靠近这个明亮的光环，并注视着它时，它们早已如醉如痴……

并且，这棵被选中的树也像皇帝加冕般面目一新，它仁慈而宽厚，那浓郁的绿叶就是他的皇冠，它用国王般的手抚摸并护卫着孩子的面容。它每一个宽大的枝叶都向下低垂着，好像要用这些来保护孩子那双奇妙的眼睛，唯恐失去这个可以给它带来快乐的不可复得的礼物，当数以万计的轻柔摆动的树叶因为狂欢而颤动和抖动时，在惬意的狂喜中，一曲有如窃窃私语般柔软而清澈的合唱正在吟唱着："谁能知道在这些卑微的树叶下隐藏着什么东西，谁能猜到停歇在我们中间的这个珍宝！"

时间一到，幻境女神就在普那克萨）的一棵枝繁叶茂的无花果树下生下她的孩子。他是菩萨的化身，他洒向世界的是一种难以想象的光辉；诸神和万物都参与了菩萨的诞生过程。每当他在大地上迈出一步，他的脚下立刻就会长出一朵硕大的莲花，他站在莲花之中对整个世界进行审视。因此西藏人在祈祷时会说："啊！瞧这莲花中的宝石。"再生的时刻到来了，在被选中的菩提树下，菩萨立地成佛，成为正觉者。这种再生像初生一样，伴随着同样耀眼的光辉，同样的自然奇观和众神的幽灵。

在斯皮特勒那里，埃庇米修斯的王国丢失了无价的珍宝，在那里，良知代替灵魂进行着统治。埃庇米修斯的愚蠢触怒了天使，天使斥责他："你就像愚蠢的无理性的野兽一样没有灵魂，你难道认为自己能骗得了万能的神吗？"

潘多拉的宝石显然预示着一位新神的诞生，但这种状况我们唯有在天国，也就是在无意识中才会看到。居于统治地位的是埃庇米修斯式原则的人与外在世界的关系，他们无法理解这种穿透意识的暗示过程。在下面的章节中，斯皮特勒详细叙述了这种状况，在那里我们看到，对于宝石的真正价值及其意义，具有理性态度和定向于客体的意识世界是无法对其做出评价的。因此，宝石无可挽回地丧失了。

获得新生的神代表着一种新生的态度、一种生命再生的可能性和一种生命力的恢复；因为，从心理学上来看，神意指的总是最高的价值，因而是最高值的欲力、最大强度的生命和最适度的心理活动。但是，在斯皮特勒看来，普罗米修斯式态度与埃庇米修斯式态度并不能互相适应。两种态度终将走向分裂：埃庇米修斯式态度是与外在世界相适应的，就像它实际所做的那样；而普罗米修斯式态度则并非如此，所以，它一定会产生一种生命的更新，产生一种对待被誉为赐予人类宝石的世界的新态度，而埃庇米修斯对这种态度恰恰是深恶痛绝的。然而，通过潘多拉的礼物，我们认识到了曾在我们关于席勒的《美育书简》的讨论中尝试解决的问题，即已分化的功能与未分化的功能怎样统一的问题。

在对这个问题进行进一步讨论之前，我们必须再回顾一下歌德的普罗米修斯。我们已经知道，歌德的普罗米修斯以创造者的形象出现，斯皮特勒的普罗米修斯则是以受难者的形象出现，这两者是截然不同的。而另一个更为重要的区别是它们与潘多拉的关系。在斯皮特勒看来，潘多拉是另一个世界的存在，是神的领域内的普罗米修斯的灵魂的副本；但在歌德看来，她却只是普罗米修斯的创造物和女儿，是他的绝对附属物。在歌德那里，由于与密涅瓦的关系，普罗米修斯被置于伏尔甘的位置上，但事实上潘多拉根本不具有神性本质，她只是普罗米修斯创造出来的人物，在这里，普罗米修斯变成了一位创造的神，因此被完全从人的领域清除出去了。因此，普罗米修斯说：

> 当我认为这些话就是我说的时，
> 却是一位女神的话语，
> 当我深信是一位女神在说话时，
> 却又是我自己的声音。

而斯皮特勒恰恰与之相反，他认为普罗米修斯已经失去了神性，甚至他的灵魂也仅仅是一个非正式的精灵；他的神性摆脱了人事，被人格化了。从这方面来看，歌德的观点是古代的，即它强调了普罗米修斯的神性。因此，埃庇米修斯的形象势必被弱化。但斯皮特

勒的埃庇米修斯的性格明显是积极的。这样一来，和我们先前所看
到的《普罗米修斯》片段中对埃庇米修斯性格的描写相比，我们在
歌德的《潘多拉》这本著作中看到的要更加完整，所以不得不说我
们非常幸运。在本著作中，埃庇米修斯自我介绍道：

> 在我看来，白天和黑夜的区别并不明显，
> 源自我氏族的古老的罪恶在我身上延续：
> 我的祖先给我妈赐名埃庇米修斯。
> 默想那些曾经荒唐的行为，
> 回忆中全是烦恼的思绪，
> 想到那流浪中的一切忧郁，
> 过去岁月的良机转瞬即逝。
> 我青春的岁月是由痛苦艰辛的劳作构成的，
> 我痛苦地看着它耗费着我的生命，
> 却只能心不在焉地抓住现在，
> 可得到的只是那让人饱受折磨的很难承受的新愁。

从这些话中，我们可以看到埃庇米修斯的本性：他回忆过去，
沉思着，却一直不能忘记他的妻子（根据古代神话记载）潘多拉。
尽管潘多拉早就抛弃了他，只把女儿埃庇米莉娅（意为忧虑）留给
了他，却带走了厄尔庇斯（意为希望），但他仍无法摆脱对她的意
象的记忆。在这里，我们能立刻辨认出埃庇米修斯所代表的心理功
能是什么，因为对他描述得特别清楚。当普罗米修斯仍旧是创造者
和塑造者，每天很早就起来，继续在世上进行他那永无止境的创造
并且留下他的印记时，埃庇米修斯却完全沉浸在幻想、梦和回忆中，
充满焦虑的悲伤和苦恼的思索。潘多拉是赫菲斯托斯的创造物，普
罗米修斯并不接受她，而埃庇米修斯却娶她做了自己的妻子。埃庇

米修斯对潘多拉说："就算这颗珍宝带来的是痛苦，但我依旧会感
到快乐。"在埃庇米修斯眼中，潘多拉是具有无与伦比价值的珍贵
的宝石：

> 她永远属于我，她多么光彩照人！
>
> 她给我带来了无与伦比的快乐。
>
> 我拥有了美，美就在我面前展示，
>
> 在那个草木萌生的春天，她辉煌地来到我身边。
>
> 我认识她，抓住她，然后得到了她。
>
> 沉重的思绪如雾霭般消散，
>
> 她将我从地上带到了天堂。
>
> 你能找到最美妙的言语来赞美她吗？
>
> 你也许能赞美她，但她却显得更高贵。
>
> 就算把最好的东西都献给她，也会觉得配不上她。
>
> 她的话会使你感到迷惑，但她是对的。
>
> 你也许反对她，但她往往可以说服你。
>
> 你不愿为她效劳，但你仍是她的奴隶。
>
> 她最愿意回报以仁慈与爱。
>
> 最高的赞誉也无法使她跌落。
>
> 她有她的目标，她有她的飞翔路线。
>
> 如果她拦截你，你将插翅难逃。
>
> 你给她出一个价格，她就将价格抬高，
>
> 直到你在此交易中献出所有的一切。
>
> 她变化多端地降临人间，
>
> 她在江河盘旋，又跨越平原，
>
> 神性布满大地使人目眩神摇，
>
> 她内涵深刻的姿态使她愈发高贵，

她自身以及这内涵都蕴含着无穷的力量。

她衣着盛装带着青春光艳而至。

就像这些诗句所清楚表明了的，在埃庇米修斯眼中，潘多拉具有一种灵魂—意象的价值：她代表着他的灵魂；她具有神性的力量，是高高在上的至尊。只要把这种属性赋予某个人格，我们就能肯定，这一人格不是一个无意识内容所投射的意象，就是一个象征—载体。因为歌德所说的那力大无比的东西其实就是无意识内容，他用下面的诗句表达了其显著的特征："你给她出一个价格，她就将价格抬高。"这句诗精彩地描绘了除了特殊的激情因意识内容与类似无意识内容发生联系而被增强的情境。这种增强具有某种魔性和强迫性，所以它会产生"神性的"或"恶魔似的"效果。

我们已经将歌德的普罗米修斯描述成了外倾的，他在《潘多拉》中的描写也是一样。虽然这里的普罗米修斯已经丧失了与灵魂的联系，也不再有无意识的女性原则，但代之以埃庇米修斯表现为朝向内在世界的内倾型。歌德的埃庇米修斯忧郁沉思，他经常追忆曾经的死亡，并"反思"，这与斯皮特勒的埃庇米修斯截然不同。所以我们说，认为歌德先前所暗示的观点在他的《潘多拉》中具体显露出来了并不为过。普罗米修斯代表行动的外倾型，而埃庇米修斯则代表沉思的内倾型。斯皮特勒的普罗米修斯属于内倾型，歌德的普罗米修斯则属于外倾型。在歌德的《潘多拉》中，普罗米修斯之所以进行创造，是因为他想实现一个集体目标，即在他的山上建造一座常备制造厂，凡是适合全世界使用的产物都能从这里生产出来。所以他斩断了自己与自己内在世界的联系，并将其移交给了埃庇米修斯，也就是说，移交给了外倾型的次要而纯粹对立的思维和情感，这种思维和情感具有未分化的功能的全部特征。因此埃庇米修斯才会对潘多拉百依百顺，因为不管在哪个方面，潘多拉都比他优越。从心理学角度来说，这也代表着由于灵魂的介入，对外倾型无意识的埃庇米修斯式功能被强化了，也就是说，那种幻想的、沉思默想的功能通过这种方式而被加强了。一旦灵魂与未分化的功能结合起来，我们就会看到：优势功能（即已分化的功能）将更具集体性，它服从的是集体良知（斯皮特勒称其为"谨言慎行"），而非自由。这种状况非常常见，而只要它出现，未分化的功能或"另一面"就会被病态的自我中心所强化。于是，外倾型就会以忧郁或臆想的沉思来消磨时间，有时他甚至还会产生莫名其妙的幻想和其他症状，而内倾型则陷入了忧郁的困境，因为他意识不到自己在强迫性的低下情感中挣扎。

是结束关于《潘多拉》中的普罗米修斯与斯皮特勒的普罗米修斯之间的比较的时候了。普罗米修斯只不过是一种集体性的"行为渴望"，他的片面性只相当于一种情欲的压抑。他的儿子菲勒洛斯（爱神厄洛斯的恋人）代表的只是爱欲的激情；因为他是普罗米修斯的儿子，所以正如常常在儿童身上发生的那样，他一定会在无意识的胁迫下，重新经历他父母未曾经历过的那种生活。

埃庇米修斯是个后觉者，他常常在事后为自己考虑不周或行为失当懊恼不已，所以他和潘多拉的女儿被形象地取名为埃庇米莉娅（忧虑）。菲勒洛斯和埃庇米莉娅相爱了，如此一来，普罗米修斯拒绝潘多拉的罪过就得到了弥补。同时，和埃庇米修斯这对兄弟之间达成了一种和解，此时普罗米修斯的辛劳显示出来的只是未被承认的情欲，而埃庇米修斯对过去执着的沉思则显示为理性的忧虑，因为埃庇米修斯理性的忧虑能限制普罗米修斯那永不停歇的创造，使其在理性的范围内。

从歌德的外倾心理中，我们可以逐渐推导出他解决这一问题的企图，并因此被带回到斯皮特勒的观点中，这是我们为了讨论歌德的普罗米修斯形象而暂时搁置起来的问题。

　　斯皮特勒的普罗米修斯像他的神一样，背离了外在世界，也背离了他周边的外界，他紧盯内在的中心，凝视那再生的"狭窄的通道"。欲力因这种凝视或内倾而进入了无意识。由此，无意识的活动增强了，于是，心理开始"运作"，创造出一种产物，这种产物致力于摆脱无意识而进入意识。但是，意识有两种态度——普罗米修斯式的和埃庇米修斯式的，前者将欲力从外在世界撤回，全部向内倾注；后者则永远把欲力向外倾注，同无灵魂的状态互相呼应，深陷于外在客体的要求中。当潘多拉把她创作的礼物奉献给外在世界时，从心理学角度来说，这意味着一种有巨大价值的无意识产物即将到达外倾的意识，它正寻求一种同现实世界的联系。从普罗米修斯或是那些作为人的艺术家这方面来看，尽管他的直觉使他知道该产物的价值巨大，然而，因为对传统的专断，他个人同世界的联系被切断了，以至于他只将潘多拉的礼物或产物当成艺术品来欣赏，却并未认识到其真正的意义，即允诺生命再生的象征。为了使它由纯粹的审美趣味变为生命的现实，就一定要将它吸纳进生命及生活中来。然而，如果一个人主要持内倾的态度，并沉溺于抽象，那么他的外倾具有的就仅仅是劣势的功能，摆脱不了集体的约束控制。所以，宝石丢失了，但是，假如最高的生命价值的"神"这一象征表达无法成为生命的事实，那么，一个人也就不具有真正的生命。所以，宝石的丢失同时也代表着埃庇米修斯开始堕落。

　　现在，出现了对立形态。每个理性主义者和乐观主义者都认为，所有事物都是"向上发展"的，好事情会接踵而至，可事实上，情况恰恰相反，埃庇米修斯原本具有无可指摘的良知和广为人知的道德原则，但他竟然与巨兽及其邪恶的主人歃血为盟，甚至委托给他照料的圣子们也被他用来与魔鬼做交易。从心理学上来看，这意味着，人的最高价值由于受到世界的那种集体的、未分化的态度的抑制而变成了一种具有破坏性的力量，它的影响力不断增大，直到普罗米修斯的观念和抽象的态度被当成宝石用来筑造灵魂，正如真正的普罗米修斯为世界重新燃起了生命的火焰那样为止。斯皮特勒的普罗米修斯只能选择将孤独抛弃，甚至还要冒着失去生命的危险指出人们的错误。他必定会认识到真理是无情的，就像歌德的普罗米修斯必然会在菲勒洛斯身上体验到爱的无情一样。

实际上，埃庇米修斯态度中的破坏性因素同传统的和集体的约束是一回事，这一点在那副鲜明地讽刺传统基督徒的画作——埃庇米修斯对"羔羊"的勃然大怒中有清楚的显示。那种我们极为熟悉的来自《查拉图斯特拉如是说》的《驴之节日》中的对当代倾向的表达，我们在这种感情的爆发中能够清楚地看到。

人们往往会忘记这样的事实，某种东西曾经是好的并不代表它永远都是好的。人们常常喜欢遵循过去旧的方式，将那些早已变坏的东西仍看成是好的，只有人们因为这种错误的认识付出极大的牺牲，感到极度的痛苦之后，才开始意识到，过去好的东西现在或许已经变坏了，原本具有的好品质也已经不具有了。无论事大还是事小，都是如此。即便早就知道孩提时代的一些方法和习惯以及那些曾经被认为高尚的善实际上是存在危害的，人们却还是难以将它们抛弃。如果我们扩大范围，同样的情形也发生在更大范围的历史变迁上。一种集体态度必然与一种宗教相对应，宗教的变迁绝对是世界史中最痛苦的章节。在这方面，我们的时代曾因前所未有的盲目而遭受磨难。我们认为，我们唯有宣称已经刻在我们心上的每条信仰都是错误且无效的，才能从心理上清除一切犹太教传统及其他宗教的影响。我们对启蒙深信不疑，就像我们面临的理性变化以某种方式对情感过程产生了深刻的影响，甚至还对无意识产生了深刻的影响。有这样一个事实被我们完全忽略了：宗教已经历经两千年甚至更长时间，它是一种心理态度，是一种适应外在和内在世界的特定形式和方式，它创出一种特定的文化模式，创造出一种任何理性都无法质疑它的氛围。当然，在我们眼前的理性变化，是一种即将到来的可能性的指引，是一种预兆，但是，心理的更深层次的东西依旧会在先前的态度中长久地发挥作用，因为心理是具有惰性的。唯有如此，无意识才能使异教继续存在。我们看到，古代精神在文艺复兴中更易再次焕发生命，更为古老的原初精神在我们这个时代也能再现，或许它们比任何其他时代都最了解历史。

　　某种态度的根基扎得越深，那么摆脱它的斗争就会越激烈。伴随着来自启蒙时代的"铲除罪恶"的呼喊，法国大革命中宗教变革的序幕徐徐拉开，宗教变革的实质只是对一种基本态度的重新调整，并不具有普遍性。而从那以后，关于态度的普遍变化的问题就未曾中断过；在19世纪许多卓越的思想家那里，它再次成为热门话题。我们已经看到，席勒是怎样努力把握这一问题的，而在歌德对关于普罗米修斯与埃庇米修斯的问题进行处理时，我们还看到了另一种努力；它想在某种程度上使较高分化程度的功能与较少分化程度的功能和解，较高分化程度的功能与基督教向善的理想对应，而较少分化程度的功能因受到压抑与基督教除恶的理想对应。席勒依托古代神话，以普罗米修斯与埃庇米修斯的故事为象征，努力从哲学和美学的角度出发来解决问题，所以，正如我早就说过的那样，某些东西的出现仅仅能说明某些有代表性的和常见的事情发生了：当一个人遇到一件困难的工作，且他想尽一切办法都无法解决时，欲力的退行就会自动发生，即出现了退化。此时，欲力会从问题中退回来，转变成内倾的，并或多或少地在无意识中重新激活一种与意识状况相类似的原初物。这一规律决定了歌德对象征的选择：普罗米修斯把光明与火带给身处黑暗中的人类。原本，歌德凭着自己渊博的学识是能够轻易地找到另外的救星的，但是这样的话，他所选择的象征就不能被充分地解释。所以他必然要把古代精神作为选择的源泉。18世纪是一个转折点，此时，古代精神被认定包含了一种补偿的价值，它以种种可能的方式得到了表达，如美学、哲学、道德甚至政治（亲希腊主义）等。它被认为是古代的异教，获得了"自由""素朴""美"等称誉，而这些都是同那个时代的渴望相符的。席勒清楚地向我们表明，这些渴望是由一种不完美感，以及精神的野蛮状态、道德的奴役和单调的感觉引起的。而除此之外，这些感觉亦源于所有的片面评价，源自已分化的功能与未分化的功能之间的分裂日益严重这一事实。基督教把整个人分割成有价值的和没有价值的两部分，对于身处那个时代的感受非常敏锐的人来说，这是很难接受的。罪恶曾经沉睡于永恒的自然美观念中，沉睡于那时代向一个更古老的时代回溯的沉思中，那时，罪恶的观念还没有将人的完整性分裂，人性的崇高和低劣依旧并存于完美的素朴中，没有触碰到道德与审美的敏感神经。

然而，复旧的文艺复兴的努力和《普罗米修斯》片段以及《潘多拉》的命运是相同的：它也胎死腹中，因为我们对其间经历的一直伴随着深刻的精神动乱的基督教世纪无法熟视无睹，所以古代的解决方式不再发生作用。因此，这种对古代的偏爱在中世纪时就渐渐消失了。歌德的《浮士德》对这一过程进行了证明，在该书中，问题紧紧围绕着魔鬼的头角。善与恶之间神圣的赌注被接纳了。浮士德这位中世纪的普罗米修斯，接受了梅菲斯特这位中世纪的埃庇米修斯的挑战，并和他订立了契约。此时问题的焦点一下子变得集中起来，而透过它我们会发现，浮士德和梅菲斯特是相同的。埃庇米修斯的原则不断地往回追溯，认为造成这一切的都是那种采取"交换形式"的原初状况，这种原则汇聚在一起就变成了魔鬼的形象，凭借"魔鬼冰冷的拳头"，他邪恶的力量对所有生命体构成了威胁，光明不得不返回到孕育了它的母体的黑暗中。魔鬼将真正的埃庇米修斯式思维全部暴露出来，它所谓的"除了……以外什么也不"式的思维将一切都归结为不。埃庇米修斯对潘多拉的素朴的激情变成了梅菲斯特用于浮士德的灵魂的恶魔的诡计。在拒绝具有神性的潘多拉时，普罗米修斯表现出来了敏锐的预见，他不仅延迟到葛丽卿的悲剧以及对海伦的仰慕中获得了完满的补偿，还在最后升入天堂母国时（永恒的女性/引我们向上）获得了补偿。

普罗米修斯反抗被认可的众神，所以他才会被人格化为中世纪的术士形象。中世纪术士总是保留着原初异教的特征；他的性格未被基督教的两分化触及，仍无意识地同原本的异教无意识紧密相连，在它们原初的素朴中，对立物彼此共存于"罪恶"难以企及的范围，但却不承担任何责任，它们一旦被意识生命吸纳，就会以相同的魔力导致恶与善。这种人既是破坏者也是拯救者，所以最适合充当解决冲突的意图的象征性载体。况且，中世纪的术士早就将不再具有可能性的古代素朴弃置一旁，全身地投入了基督教中。在进入基督教的初始阶段，他身上所具有的古老的异教因素必然立刻否定自身并进行苦修；他如此迫切地渴望得到拯救，以至于他不得不探求所有可能的道路。但是，基督教所做的解决问题的尝试最终还是失败了，这表明那些顽强存活下来的异教因素的确还有可能被救赎，因为这些反基督教的象征开辟了容纳罪恶的道路。凭借自己敏锐的直觉歌德把握住了这一问题。不过有趣的是，不管是《普罗米修斯》的片段《潘多拉》，还是把采取折中的方式将狄俄尼索斯式快乐与基督徒的自我牺牲混合在一起的玫瑰十字会等各种解决问题的方式很明显都非常肤浅且不完善。

浮士德的拯救从他死的那一刻才开始。直到弥留之际他还保留着神性以及普罗米修斯式的性格，它们才因为他的重生离开了他。从心理学上来说，这意味着必须在个体变成一个相统一的整体之前放弃浮士德式的态度。从最初的葛丽卿到随后较高层次的海伦，再到最后上升为圣母的形象，这些都是一个象征，我们现在的讨论难以穷尽它丰厚的含义。在此只能这样说，它是原初意象，就像诺斯替教所集中关注的夏娃、海伦、玛利亚和索菲娅·阿查莫丝等神姬的意象一样。

第三节　和解象征的意义

从我们目前所了解到的来看，假如我们回顾一下斯皮特勒对问题的描述，我们马上就会感觉到，与罪恶订立契约并非普罗米修斯的本意，他之所以这样做是因为埃庇米修斯的无思想性，他仅仅具有集体的良知而不具备对内在世界事物的辨别力。集体的价值必然完全决定着不可避免地定向于客体的立场的状况，因而忽略了新的具有独创性的东西的意义。在衡量惯常的集体价值时确实可以使用客观的标准，但只有有生命的情感状态，即自由的、个体的评价，才能正确评价某些新创造物。这对于一个与客体相联系，并且具有"灵魂"的人来说，也是不可或缺的。

埃庇米修斯因为新生的神的意象的丧失而变得堕落。从道德上来说，他那无可指摘的思维、情感和行为是无法阻止邪恶和破坏性因素潜入，并占据上风的。从前的善因为邪恶的侵入而变成了现在的恶。于是，斯皮特勒在此表达了这样的观点，具有主导性的道德原则起初处于优势地位，但随着时间的流逝，就渐渐失去了与生命的基本联系，因为它丧失了生命的丰富性和多样性。这些理性上的概念原则尽管基本上都是正确的，但它过于狭隘，因此它无法从整体上把握生命，给予生命永恒的表现。神的降生完全是理性所不能接受的。从心理学角度来看，神的降生宣告了一种新的象征，一种新的、最高强度的生命表现被创造了出来。这是任何一个普罗米修斯式的人或一个埃庇米修斯式的人所不能理解的。然而，从此时开始，要想发现生命的最高强度，就只能遵从这个新的方向，其他所有的方向都渐渐消失或逐渐被忘却。

普罗米修斯赐予灵魂女主新的生命，尽管他的灵魂女主是一个魔性思维形象。因此人们可以确定，生命的美与恶的成分在新的象征中相互交织着。如果并非如此，那么它将缺少生命的光辉和美，因为从道德上看，生命和美实质上都是中性的。也正是出于这个原因，在象征中才无法发现埃庇米修斯式的集体性精神存在任何有价值的东西。它的双眼因为自己道德观点的片面性被蒙蔽了，这种观点与"基督的羔羊"是一致的。在新形式中，埃庇米修斯恼怒"羔羊"对应着"铲除罪恶"，基督教是无法理解反基督教将生命引向一个新的方向的新象征的。

如果不是诗人为我们探测和解读了集体无意识，我们会因集体无意识这种难以理解的情形而陷入冷酷之中，除非诗人能为我们探测和解读。诗人们往往将那种在黑暗中流动的神秘潜流呈现给我们，竭尽全力地揭示出它们在象征中所表达的东西。他们就像真正的先知一样，使集体无意识的深层次的东西运动起来，或者是像《旧约》说的那样，"上帝的意志"因他们而得以彰显，随着时间的流逝，它们终将成为一种集体现象而停留在表面。普罗米修斯的行为的赎罪含义，埃庇米修斯的堕落，他与他的兄弟普罗米修斯的和解，以及埃庇米修斯对"羔羊"的报复——会让人联想起乌格利诺与卢吉埃里大主教之间的冷战，所有这些都为解决冲突做好了准备，这种冲突中包含着对传统集体道德的誓死抵抗。

如果一个诗人很平庸，那么，我们可以设想，在一个非常平庸的诗人那里，即便是他的巅峰之作，也不过就是他个人的情感与抱负。然而，斯皮特勒的作品却大大超载了他个人的命运。也正是由于这个缘故，我们才会说他对问题的解答并非孤立的。他距法典的破坏者查拉图斯特拉只有一步之遥。施蒂纳作为叔本华的追随者此时也加入了他们的队伍，而叔本华就是头一个提出"世界否定"理论构想的人。从心理学上来说，"世界"意味着我看待世界的角度和我对世界的态度；正因如此，世界就被当成了"我的意志"和"我的观念（表象）"。世界本身是不存在差别的，正是我的肯定和否定创造了他的差异。

我们说，"否定"其实和一种看待世界的态度，尤其与叔本华式的态度有关，一方面，它是完全理智与理性的，另一方面，也是一种同世界的神秘一致的深刻情感。这种态度是内倾的，所以它自然也会受到类型对立的折磨。然而叔本华的著作在很大程度上超越了他的人格。千百万人模糊地思索和感受到的东西，都被它清楚地表达了出来。做到这一点的还有尼采，尤其是他的《查拉图斯特拉如是说》，更是给我们时代的集体无意识的内容指明了道路。在他那里，我们看到的特征与反偶像崇拜者反叛传统道德氛围相同，反叛对"最丑陋的人"的认可，正是因此，《查拉图斯特拉如是说》中才呈现出毁坏无意识的悲剧。然而，实际上创造性精神从集体无意识中所提取的东西确实存在，它们在集体心理中是不可避免地要出现的。无政府主义、弑君、极端左派中持续增加与分裂的虚无主义因素及其制定那些决然敌视文化的纲领，这些都属于群体心理现象，然而早期的诗人和创造性思想家对这些并不陌生，他们早就将它们描绘出来了。

所以，我们无法忽略诗人，因为他们在集体无意识的深层创作着，通过自己最深邃的灵感和最重要的作品，呼喊出他人只能在梦中看到的东西。然而，虽然他们大声呼喊，但他们所塑造出来的象征仅仅蕴含有审美愉悦，而并未涉及其他任何真正含义。在这里，我并不想对诗人和思想家对当代以及后世产生了多么有教育意义的影响进行讨论，但在我看来，他们产生的主要影响就是，他们已经用极为清晰而有力的语言，表达出了所有人都知道的东西。并且，要想进一步教育人或感染人，他们只能把这种普遍的无意识"知识"表达出来。最巨大、最直接的暗示性只有那些知道怎样以恰当的形式表达最表层的无意识的诗人才具有。但是，创造性精神的洞见越是有深刻的穿透力，广大群众对它就越陌生，也就对那些杰出人士产生更强烈的抗拒。群众虽无意识地生活在他所表达的东西中，但却并不理解他。究其原因，并非因为诗人将它表达了出来，而是因为群众的生命是从诗人所窥测到的集体无意识中产生的。一个好沉思的民族的确更容易理解诗人信息中的某些东西，但是，因为诗人的言辞毫无偏差地将群众的生活过程表现了出来，也因为诗人早就对他们本身的欲望进行了预测，所以他们怨恨这些思想的创造者。但是这绝不带有恶意，而纯粹出自他们进行自我防卫的一种本能。当诗人对无意识的理解达到某种深度，以致任何意识的表达形式都很难把握它的内容时，我们就难以判断，这到底是一种因为它具有独特的深度以致我们从未听说过的东西，还是一种病态的产物。一种有深刻的内涵但并未获得充分理解的内容，通常具有某种病态的特征。一般说来，病态产物都有深厚的寓意。然而，无论了解这两种情形中的哪一种都不是一件容易的事。这些创造者的名声一般是在他死后一段时间获得的，有时甚至要延迟到数个世纪之后。奥斯特瓦尔德认为，当代天才在十年之内即能得到认可。我认为，在技术发明的领域，这种断言是正确的；但是如果将其放到其他领域中，就显得荒谬了。

我认为还需提出另外一个非常重要的观点。那就是，无论是《浮士德》，瓦格纳的《帕西法尔》，叔本华，甚至尼采的《查拉图斯特拉如是说》，都是通过宗教来解决问题的。因此，斯皮特勒无疑也被卷入了一种宗教背景中。当某问题被当成宗教问题来理解时，在心理学上也就代表着，它不是被看成某种非常重要的有着特殊价值的东西，就是被当成某种与整体的人相关，因而也与无意识（诸神的领域、另外一个世界，等等）相关的东西。但在斯皮特勒看来，宗教背景是极端放纵的，以致它独特的宗教问题早已丧失了深度，尽管在神话的丰富性和拟古主义方面它仍可有所斩获。一旦问题被复杂的神话体系隐藏起来，掩盖在清晰的理解中，给问题的解决造成了混乱，研究工作就更不容易进行下去了。对于精神的进入来说，这种对具有丰富性的深奥、怪诞、乏味的神话的依附是一种严重的阻碍，使其不再具有研究意义，尽管它也能将某种独创性赋予全部研究，但却惹人生厌，并且这种独创性对更为关注细节，所以只有利于逃避心理反常的控制。无论如何，这种神话的丰富性都让人厌倦，觉得烦闷，它在这方面具有优势，它允许象征的丰富性毫无忌惮地扩展，但是，在相关的无意识的情形中，诗人的意识才智对怎样充实它的意义完全不知所措，因此只能选择将精力放在神话的扩展与润饰方面。在这方面，斯皮特勒的诗歌不同于《浮士德》和《查拉图斯特拉如是说》：在后两部著作中，诗人用象征的方式加入了一种强有力的意识。因此，《浮士德》中神话的丰富性与《查拉图斯特拉如是说》中理性的丰富性都被除去了，为的就是迎合诗人解决问题的期望。所以，它们比斯皮特勒的《普罗米修斯与埃庇米修斯》更难以满足其审美性。另一方面，后者或多或少忠实反映了集体无意识的实际过程，具有更加深刻的真实性。

《浮士德》和《查拉图斯特拉如是说》这两部作品有助于对问题的个别把握，而斯皮特勒的《普罗米修斯与埃庇米修斯》则为问题提供了一种更为普遍的透视，因为其神话材料非常丰富，这也是我们能在集体生活中看到这些的原因。斯皮特勒描述了无意识宗教的内容，而神的再生的象征是其中最主要显示出来的，在后来的《奥林匹斯之春》中，他对此进行了扩展。这种象征似乎与心理类型和功能之间的对立直接相关，很显然，它希望用一般态度的更新的形式来寻求解决对立问题的方法，在无意识的语言中它被描述为神的再生。这就是大家普遍所熟知的神的原初意象；在这里，我只需略微指出一点就可以了：每个神话中所描述的神的死亡与复活，各种各样的原初预兆，还有物神及护符的再次注入魔力都是如此。它表现的是态度上的转化，在这种转化的帮助下能够创造出一种新的生命的潜在势能、一种新的生命显示，以及一种新的丰富性。神的再生与季节变化及植物生长的现象之间具有某种关系，通过后一个类比能够得到充分的说明。人们更倾向于认为，月亮神话、太阳神话以及季节的变化、植物的生长，都包括在这种类比中。然而我们不应该忘记，和所有心理事件一样，神话在它们看来不能仅仅由外在事件来决定。所有的心理产物都是由其内在条件引起的，因此人们宣称神话完全是心理性的是合情合理的，因为神话只不过是用气象学或天文学的事件作为表现的材料罢了。大多部原初神话都是怪诞而荒谬的，以致后一种解释远没有其他的解释有说服力。

对于神的再生来说，心理能量或欲力的调配中不断增大的分裂是其心理出发点。欲力被分成了两半；一半流向普罗米修斯式倾向，另一半则流向埃庇米修斯式倾向。当然，这一分裂不管是对社会还是对个体都是一种阻碍。因此，最适度的生命与相对立的极端相距越来越远，由此它开始寻找一条中间道路，因为对立是理性的和意识的，而中间道路就一定是非理性的和无意识的。既然作为一种两者对立的和解功能，中间状态具有无意识的非理性的特征，那么，它就必然会投射在和解的神的形式中，投射在弥赛亚的形象中。如果将原初理解成缺乏洞察力，那么我们说，新的生命的承受者在更原初的西方宗教形式中就曾以上帝或救世主的形式出现，他携带着父性的爱和忧虑，从自己内在的和解出发，彻底消除了我们无法真正理解但却切合于他的分裂。这种观点的幼稚是毋庸置疑的。对这一过程，东方人可以说非常熟悉，几千年以来，拯救的心理学说以它为基础建立起来，并将救赎的方法引入人的知识与能力范围。所以，印度的和中国的宗教，尤其是将二者融为一体的佛教，都具有这样一种观念，即借助意识态度而获得神奇效验的拯救的中间道路。《吠陀经》的观念正是一种获得了救赎，将人从二元对立中解脱出来的有意识的努力。

一、婆罗门教关于对立问题的观念

如果从心理学角度上来看，梵文将二元对立称为 Dvandva。这个词除了包含着二元的含义（尤其指男女），还包含有冲突、争吵、格斗、疑虑等含义。对二元对立物进行规定的是世界的创造者。《摩奴法典》说：

此外，他对行为的区分依据的是功与过，他认为他的所造之物是无法摆脱二元对立物的影响的，比如痛苦与快乐。

注经家古卢格深入研究了二元对立后，把它称为欲望与愤怒、爱与恨、饥饿与干渴、谨慎与愚蠢、荣誉与耻辱。《罗摩衍那》说："这注定是个永远无法脱离二元对立物的折磨的世界。"要让自己免受对立物的影响，获得自由，不被它控制，将自己上升到对立之上，这是一项基本的道德任务，因为摆脱对立就代表着获得了拯救。

下面是一些例子：

只要（他的心灵）有所归属，对于他来说，这世界上的所有事物就都失去了意义，无论是生前还是死后，他都能够获得永恒的极乐。不管什么人，只要用这种方式渐渐斩断了所有的羁绊，使自己摆脱一切对立，他就会独自安息于大梵之中。

《吠陀经》谈到了三种德；

但是，啊，阿朱那，你居然对这三种德视而不见，并且漠视对立，你的勇气永远坚定。

然后，（在最深入的沉思中），那种对对立无动于衷的状况最终还是到来了。

于是善行与恶行，此两者皆洒落。其亲爱之所知者，就拾得其善行；其非亲爱之所知者，就取得其恶行。这正如乘车而驰的人，只能看见两只车轮。他必须看见白天和黑夜两个方面，这样才能看到善行与恶行，以及所有的对立。而只要他摆脱了善恶，对大梵就达到了明识且进入了大梵中。

一个沉浸于冥思中的人必然能成为一个主人，他会摆脱愤怒、见解的执着、感官欲望以及对立的羁绊和束缚，消除自我寻求，将愿望放置一旁。

在开阔的苍穹之下，我来用泥土建造我的住所，我将其建在一棵树下，抛弃一切所爱之物以及一切所憎之物，既不品尝悲哀也不享受快乐，既拒绝接受责怪也拒绝接受奖赏，既不心怀期待也不思考敬重，既无财产又无牵挂，这样，就能摆脱对立。

无论是谁，只要他视生如死，将幸运看成霉运，对得失荣辱漠然视之，他就得到了拯救；无论是谁，只要他一无所求，没有什么事需要考虑，他就摆脱了对立，他的灵魂不再激动，他完全解脱了……无论是谁，只要他不言对也不言错，抛弃他先前生命中所有的功与过，那么，即便他的肉体渐渐消失了，他的灵魂仍旧保持平静，他就获得了拯救。

千百年以来，当我仍然控制不住地对外界事物充满渴望时，我沉迷于感官的享受。然而现在，我要把它们全都抛弃，我要使我的心灵贴近大梵；漠视对立，摆脱自我—寻求，我将在荒野之中漫游。通过忍耐所有造物，通过禁欲、苦修、自我克制、消除欲望，通过起誓和无抱怨的生活，通过平衡对立与忍让，我将享有大梵的极乐，那种无色的极乐。

无论是谁，丢掉傲慢与妄想，克服对恶的依赖，对最高的自我永远保持忠诚，消灭欲望，无论是痛苦还是快乐都不为所动，他们就真实地走向了那永恒的境界。

通过上述引文我们可以知道，首先不能让外在对立物——比如冷与热之类——参与到精神中来，其次也不能让它们参与到极度的感情波动——比如爱与恨之类——中来。感情波动永远伴随着每种心理对立的现象，因而永远伴随着相冲突的观念的现象，这些观念不是道德的，而是其他的东西。将以往的经验作为依据，个体受到的刺激越大，个体感情的波澜相应也就成比例地增大。

所以，我们就会非常清楚地认识到，使个体从对立中完全解脱，保持原有的人性，以使人可以从大梵中获得一种新的生命，就是与神同在，获得拯救，这就是印度人的目的。大梵最终克服各种对立，成为各种对立物的非理性的统一。作为世界的本原和创造者，大梵创造了对立物，但也必然会将它们消除，否则，就是没能考虑到拯救的状况。下面是举出的一组例子：

大梵是有与无，存在与非存在，有限与无限，实在与非实在。

大梵有两种形式：有形与无形，有灭与无灭，静与动，具体与超验。

作为万物的创造者，伟大的自性的神人永远在人的内心之中存在，他通过心、思和魂来感悟：知与不知；他所知的变得极易朽坏。当黑暗（无知）不存在时，就无所谓白昼与黑夜，存在与非存在。

知与不知隐藏在不朽的、无限的、最崇高的大梵中。不知易于腐朽，知却一直存在。但是，能支配知与不知这二者的却是另一种人。

比微者更微、比大者更大的自然性隐藏在造物的内心。在上天恩赐的帮助下，只要人得以瞥见自性的光辉，就能摆脱欲望，远离悲伤。他尽管静坐此处，但早已远行；尽管身处家中却又无所不在。能了解神的不快与欢欣的除了我还能有谁？

他虽不动，他的行动却比心灵还要迅捷。

其前行之速已远超众神。

他站立着，但已远远超过那些行进之人。

他身处一隅，却支配着那些供应空气、雨水的半神人。

亦行亦止，

亦远亦近。

在一切之内，

亦在一切之外。

正如在天空翱翔的雄鹰，困倦了就收拢翅膀，回到它栖息的地方，神人也是这样，他立刻就进入无欲无梦的睡眠状态之中。

这就是神人真实的状态，摆脱欲望，抛弃罪恶，消除恐惧。就像被爱妻拥持的人感觉不到身内与身外之物一般，神人也因被明识之自性拥持而同样感觉不到这一切。的确，这就是神人的状态，所有欲望都被满足，仅仅渴望自性。那是无欲无哀之欲。

一个人如果亲眼看到大海，便不再想去观赏江河，此时他的世界就是大梵……这是人的最高成就、最大的幸福、最终目标，也是他无上的快乐。

什么东西敏捷疾驰而又静止不动，

什么东西呼吸而又不呼吸，

什么东西合上了眼睛，

什么造成了大地的千姿百态，

又将其统一起来复归于一。

这些引文告诉我们，实质上大梵就是对立物的统一与分裂，它是一种超出了对立的非理性因素。因此，我们说，大梵是一种神性实体，它完全超越了认识和理解，它是自性（虽然程度要比类似的阿特曼低），同时也是一种特定的能隔绝情感之流的心理状态。既然苦难是一种情感，那么超脱情感就代表着获得解救。从情感之流中，从对立的紧张中获得解救，即是逐渐走向大梵的救赎之道。

所以，大梵绝不仅是一种心理状态，还是一种过程，一种"创造的绵延"。由此，我们就可以理解为何在《奥义书》中，这种被我称为欲力象征的大梵观念会以象征的方式来表达了。关于这一点，我将在下面一节中给出一些实例。

二、婆罗门教有关和解象征的观念

当我们说大梵首次诞生在东方，也就是说，大梵每天都像远方的太阳一样在东方诞生。

> 那太阳中的从远方而来的人是波罗摩西丁、大梵和阿特曼。
> 大梵如同太阳一样带来光明。
> 大梵是在远方发光的圆盘。
> 大梵在东方出生。
> 仁慈的太一出现在地平线上，十分壮观；
> 他的光芒至深、至高，洒遍世间万物，
> 他是存在与非存在的根源。
> 他的光明之父，他创造了财富，
> 他于天际显现，姿态万千。万物用赞美诗颂扬他，

愿你青春永驻，借婆罗门之教义而永远增大。

大梵创造了众神，大梵创造了世界。

我在最后一段用着重号强调了某些极富特征的句子，它们表明，大梵是不断生成之物，在创造的同时也在被创造。在此，赋予了太阳"仁慈的太一"的称号，倘若是在别的地方，则会用这个称号称颂那些神性的荣耀的先知，因为先知的精神就如同太阳般的大梵一样，穿越"天空与大地而入于沉思的大梵中"。这样一来，我们就从总体上对神的存在与人的自性（阿特曼）之间那种同一的亲密联系进行了了解。我再举一个《阿闼婆吠陀》中的例子：

大梵的门徒赋予两个世界生命。

他身上的众神拥有一个共同的灵魂。

他囊括和支撑了大地与天空，

他甚至以他的托波斯供养着他的师尊。

人们纷纷拜访他的门徒，

父亲与众神，单个或成群地前往，

他就用他的托波斯滋养众神。

大梵的门徒都是由大梵转化而来的，因此，从本质上来说，大梵与某种特定的心理状况是统一的。

太阳在众神的驱动之下，光芒万丈，照耀四方。

这光辉来自至高无上的大梵，来自大梵的威力，

来自众神，以及使他们永恒的那些东西。

大梵的门徒向四方播撒大梵的光辉，

他身上交织着数不胜数的神明。

大梵也是般若罗，意思是生命的气息和宇宙的原则；大梵也是
vayu，意思是风，在《大林间奥义书》中，大梵被描述为"将这个
世界和另一个世界以及万物联系起来的风，自性、内在的控制者与
不朽者"。

那在人之中居住的他与在太阳之中居住的他是同一的。
将死之人的祈祷：
金色的圆盘覆盖在
那真实者的脸庞上。
啊，太阳，揭开它吧，
我们也许能看到真实者的真容。
在他们身上汇聚你播散的光辉！
那是最美妙的光芒，
我感受到了它。
那在远方的大阳中居住的神人就是我自己。
当我的肉体彻底消失时，
我的气息变成了永恒的风。

这普照万物的光辉，达到万物之外，高于一切，甚至在至高
的世界超越了另一非存在的世界，它也是人内在的光辉。有确切
的证据证明，我们凭借肉身中的内心感触可以感受到它。

与稻谷、大麦或小米一样，它们的核心都是内心中的金色神人，
他就像无烟的火焰，比大地更广阔，比天空更深邃，比世界更辽远。
这就是所有造物的灵魂，就是我自己。我将由此进入我的灵魂。

大梵在《阿闼婆吠陀》中被感知为生命力与活力论的原则，
所有器官及其相应的本能都是由他构成的：

是谁将种子撒在他的心中，使他一直接续起繁衍的链条？
是谁将精神的力量集聚在他的身上，使他有了声音和面部表情？

　　甚至大梵也是人的力量的源头。这些例子无比清楚地告诉我们，它们能被扩增到无限大，就其全部属性和象征而言，大梵的观念与被我称作"欲力"的创造性原则或动力性原则是一致的。"大梵"一词的含义是祈祷、圣言、神圣的生命、符咒、圣知（吠陀）、神圣的社会等级（即婆罗门，印度封建种姓制度的第一姓）、绝对者。杜赛恩强调"祈祷"一词有着独特的含义。该词源自"barh"（参考拉丁文中的"farcire"），意思是"隆起"，因而可以用"人朝向神圣与神性而奋力向上的意志"来解释"祈祷"。这一解释是指一种特别的心理状态，即一种特殊的欲力的集聚，倘若神经受到了强烈的刺激，就会产生一种普遍的心理紧张状态，情感的迸发也会伴随而来，也就是上面提到的隆起。而人们在日常生活中经常提到的像"难以自制""激情的宣泄""大发雷霆"等意象表达的就是这种状态。（常常挂在嘴上的就是心里一直想的。）为了达到这一状态，印度瑜伽修行者会进行系统的训练，练习从外在客体和内在心理状态中撤回注意力（欲力），也就是把注意力（欲力）从对立物中撤回来。排除感官知觉和意识内容之后，意识的程度势必会像催眠一样降低，同时无意识的内容（即原初的意象）会变得更加活跃，这些是普遍存在的意象，古老而又永恒，所以才会拥有超人类的和宇宙的特征。这样一来，就不难理解那些像太阳、光焰、火、风、呼吸之类的古老比喻的内涵了，它们是来自远古时期的象征，具有的创造性和创造力能让世界运动起来。我在《转变的象征》一书中特别研究这些欲力象征，所以在此就不再展开论述了。

　　蕴含于人的生命本质的一种知觉的投射就是创造性世界原则的观念。为了不让我们被活力论误导，为了使人以抽象的方式恰当地思考这一本质，我们称其为能量，同时，对于按照现代物理学家的观点把能量的概念具体化，我们也必须坚决反对。能量的含义是两极对立，因为能量流动的前提必须是存在两种不同的潜能状态或两极状态，没有两极就无所谓流动。所有的能量现象（有能量才会出现这种现象）都与对立的双方分不开，比如开始和结束、早和迟、冷和热、上和下、原因和结果等。欲力概念同样适用两极对立的能量概念所具有的不可分性。所以，本源上具有神话或沉思特点的欲力象征，可以分解为两者的对立，也能直接显示为对立。在之前的著作中我曾经讨论过欲力的内在分裂和由此产生的极大的抗拒，不过我的论证或许并不充分，因为实际上，欲力象征与对立概念之间的直接联系本身就是最充分的论证。我们在大梵的象征或概念中也发现了这种联系。大梵作为祈祷与原初创造力的联结（后者本身分解为性的对立）出现在了《梨俱吠陀》的一首著名的赞美诗中：

> 这位歌手缥缈与远方的祈祷，
> 化为世界出现之前的公牛。
> 众神出自同一血脉，
> 一起在阿苏罗的宫室生活。
> 何为森林，何为树木，
> 天堂与大地从哪里来？
> 这是永恒不变的"二"，
> 它们用歌声对每一个黎明与清晨进行颂扬。
> 他是世界上最伟大的，
> 这大地与天堂靠公牛赡养。
> 纯粹的光辉在他的皮毛上闪烁，
> 那时，他驱赶他栗色的马群，就像苏尔耶一样。
> 他照耀广袤的大地，就像太阳的金箭，
> 他吹遍整个世界，就像吹散迷雾的风。
> 他将林油涂满身体，就像密多罗与伐楼拿，
> 他光芒耀眼，就像森林中的阿祇尼。

不孕的母牛在追逐他时产崽了，

　　自由地放牧，这不动之物，母牛创造了动物。

　　她生下了比她的双亲更古老的儿子。

创造性世界原则的两极在《迦托普梵书》中表现为另一种形式：

　　开始，在这个世界里只有般茶帕底，他感到很苦恼：我自己怎么才能生殖呢？于是他辛苦劳作，实施托波斯，然后，阿祇尼（火）就从他的嘴里产生了；因为火产生于他的嘴里，所以火能吞没食物。

　　般茶帕底百般思索：阿祇尼是我从自身创造的，他能够吞没食物；但是，除了这可能吞没食物的火，在我自身之外就什么也没有了。因为那时大地上极为荒凉，没有一点绿色，这一思考一直萦绕着他。

　　于是阿祇尼转而将火对着他那裂开的嘴。自身的崇高对他说：牺牲吧！于是，般茶帕底明白，这是自身的崇高在说话；而且它已经牺牲了。

　　然后，他开始向上升腾，在远方燃烧（太阳）；接着，他开始站起来，纯净万物（风）。因此，般茶帕底就这样牺牲了自我，却也实现了自我繁殖，同时他从死亡中挽救了自己，就像阿祇尼吞没食物一样，让死亡吞食了他。

　　牺牲表示一个人将他有价值的部分放弃，这样一来，牺牲者就不会被吞食掉。也就是说，这里只有均衡和统一，而没有进入对立的转化，太阳与风这两种新的欲力形式就是在这儿产生的。对此《迦托普梵书》的描述是：般茶帕底有一半是易死的，另一半则是不死的。

　　般茶帕底把自己分为了公牛和母牛，他也以同样的方式把自已分为了精神和言语两种原则：

> 这世界只存在般荼帕底，言语是他变样了的自身，即他的第二自身。他百般思索：我要发出这种言语，它应运而生，肯定会穿透一切。于是，他发出了言语，并使它充满了整个宇宙。

我们应该特别注意这段话，在此，把言语假设成欲力的创造性的和外倾的运动，假设成歌德所说的心脏扩张。下面这段话与它更为相似：

> 其实，般荼帕底就是世界，言语就是他的第二自身。对她来说；他产生了生命；她来自他，又创造了万物，并且重新回到般荼帕底中去。

言语在《迦托普梵书》中所占分量极重："的确，言语是智慧的，因为整个世界都是言语创造的。"然而，在《迦托普梵书》的其他章节中，关于精神和言语出现的先后问题的规定却截然相反：

> 现在，精神和言语开始为出现的先后问题而争论不休。精神说：我比你出现得早，因为一旦我什么都觉察不到时你就无话可说。可言语说：我比你出现得早，因为只有当我说出你所觉察到的东西时人们才会知晓它。
>
> 它们找到般荼帕底做裁判。般荼帕底赞同精神的说法，他对言语说："是的，精神比你出现得早，因为你只是在遵循它的轨迹，说出了它觉察到的东西；再说，你一直以来都在模仿他优先的东西，这是非常低级的。"

这段话告诉我们，还可以对世界创造者自身分化出的原则进行细分。最初般茶帕底之中包含它们，下面的引文就清楚地表明了这一点：

> 般茶帕底期待：我想要更多，我想自我繁衍。于是他在精神中沉思，将精神里所具有的变成了歌；他明白：我自身的产物就在我的肉体中，我可以用言语使它诞生。于是他创造了言语。

上面的引文揭示了作为心理功能的两条原则：内在的产物，即"精神"是由欲力的内倾创造出来的；而外化或外倾的功能则创造出了"言语"。由此，我们看到了另一段与大梵有关的文字：

> 在进入另一个世界时，大梵想的是：我怎样才能使自己也向这些世界中延伸呢？最后，他通过形式与名称，使自己双重地延伸到了这些世界中。
>
> 这两者是大梵的两大魔怪；不管是谁，只要认识了大梵的两大魔怪，都会变成强有力的魔怪。它们是大梵的两个强有力的方面。

之后没过多久，"由于人们通过精神才明白这种形式是什么，亦即精神是形式，"因而就用精来定义形式，而"由于人们通过言语了解了名称"，因而"名称"就用来表示言语。这样一来，大梵的两大"魔怪"也就成了两种心理功能，即精神和言语，它们指的显然是"联系"的功能，大梵正是通过它向两个世界"延伸自己"的。事物的形式通过内倾的精神，得以被"理解"或"领会"；而事物通过外倾的言语获得了名称。两者都与客体的联系、适应或同化有关。很显然，两大"魔怪"被视为人格的化身；这从yaksha——它们的另一个命名——即"显现物"中就能看出来，因为yaksha的意思大致是恶魔或超人类的存在。从心理学观点来说，人格化身总是表示其心理层次的分裂，也就是说表示被人格化的内容的相对自主性。不能有意地再生这种内容；它们往往是自发生成的，或者让自己以同样的方式从意识中抽身出来。比如，当自我与某个特定情结之间存在不能相容的东西时，就会显现出这种分裂。就像我们知道的，倘若这个特定情结是性情结的话，那么分裂就会变得更加明显，此外，其他的情结也有可能导致分裂，比如权力情结，它所有的努力和意念都是为了获得权力。不过，还有另一种不可忽视的分裂形式，即意识自我与人格的其他部分中的一种选择功能的分裂。可以用自我对某种特定的功能或某组功能的认同来定义这种分裂形式。在这样一种人身上经常能见到这种形式：他们过度沉湎于自身心理功能中的某一种，甚至还单独分化此功能，使其成为他们唯一的意识适应方式。

在文学作品中，处于悲剧开始时的浮士德与此形象最为接近。首先，他们人格的其他部分以长卷毛狗的形象出现，之后则表现为梅菲斯特。在我看来，虽然从种种联想来看，梅菲斯特体现的是性欲情结，但倘若以此判定这是一种分裂的情结，并宣称其是被压抑的性欲，很明显是不能成立的。因为梅菲斯特不仅是性欲，也是权力，所以这种解释过于狭隘了；其实，对浮士德而言，梅菲斯特就是他的全部生命，也正是因为这样，才会使得他与恶魔签订契约的恶果。在青春复活之前，浮士德梦想不到的权力可能性展现得淋漓尽致！因此，也许正确的解释是，因与某种功能等同，浮士德成了梅菲斯特，从而使他与人格整体分裂开来。后来，思想家瓦格纳也表达了浮士德的这种分裂。

某种意识能力的片面化是最高文化的体现。不过，非自主性的片面化，即除了片面化其他方面的任何无能体现的都是野蛮。因此，处在半野蛮中的民族发现了最片面的分化——比如某些蔑视高尚情趣的基督教禁欲主义分子，或是瑜伽修行者和西藏佛教徒。这种无视人的整体人格而沦为某一片面性的牺牲品的倾向对野蛮人而言是十分危险的。举例来说，吉尔加梅斯史诗就是从这一冲突开始的。野蛮人的片面性不仅具有恶魔的强迫性形式，还具有狂暴者之怒的"肆意妄为"的特征。无论如何，片面性以原初人所不具有的本能的萎缩为条件，所以一般来说，原初人依然能够摆脱文明野蛮人的片面性。

认同某一特定功能一定会马上导致产生对立的紧张。某种片面性的强迫性越强，向某方面流动的欲力就越是野性难驯，同时也就更加具有恶魔的性质。当一个人被他失控的未驯服的欲力控制时，他说话就像着了魔或被恶魔附体了似的。倘若从这个意义上来讲，那么，确实可以将精神和言语视为强力恶魔，因为它们控制住了他。所有能产生强力影响的事物不是被视为神，就是被视为恶魔。所以，在诺斯替教中，精神被人格化为睿智的蛇，就像言语被当作逻各斯一样。像逻各斯与上帝一样，言语与般茶帕底具有相同的关系。在我们这些心理治疗者看来，比较常见的经验是这种内倾和外倾都有可能变得具有恶魔性的状况。我们从自身或是病人身上感觉到，欲力的这种向内或向外流动的力量是不可抗拒的，以及深置于内倾或外倾态度中的倾向是坚不可摧的。用"大梵的强力魔怪"来描述精神和言语，与欲力一经出现就马上被分成两条小溪流这一心理事实完全相符，一般情况下，两者是周期性地交替出现的，但有时也可能会以一种冲突的形式，即内向的溪流与外向的溪流忽然相对立地出现。这两种运动是具有恶魔性质的，因为它们无法控制也不可阻挡。当然，只有在下列情形中才可以感觉到这种恶魔性：不再发生因原初人的本能被剥夺而产生的那种自然的且有意的抵制片面性的反向流动；文化发展的程度还不够，所以人对自己欲力的驯化还达不到这种程度，他只能通过自己的自由意志和意愿来对欲力内倾或外倾的流向加以控制。

三、作为动力调节原则的和解象征

在上述章节中，我们引用了印度文献中的资料，追溯了二元对立救赎原则的发展，一直挖掘到其相同的创造性原则的根源，并由此洞见了一种规律性地发生的心理事件——在别人眼中，它们与现代心理学的概念是互相包含的。我们对心理事件发生的规律性印象深刻，印度文献则为此提供了确凿的证据，因为它们将大梵与梨陀同等看待。什么是梨陀？梨陀表示既定的秩序、规则、神圣习俗、圣律、命运、正义、法令、真理。根据词源学的考证，法令、正确的道路、方向、必须遵循的路线是它的本义。整个世界都是梨陀所规定的东西，但梨陀总是特殊显现在那些自然过程的存在中，该过程始终是恒定的，能将有规律出现的事件的意识激发出来。"梨陀的法令将曙光带给了天降的黎明。""依循梨陀的法令"，掌管世界的古老太一"使太阳上升到天上"，太阳即"梨陀燃烧的面盘"。年环绕天空而行，它是梨陀永远灵巧的十二辐车轮。人们认为阿祇尼是梨陀的后代。就人的行为来看，梨陀就是铺设了真理和正直的道路的正在运作的道德律。

"不管是谁，只要他追随梨陀，就能找到并踏上一条平坦而没有阻碍的道路。"

倘若只考虑由宇宙事件呈现出来的一种神奇的重复和循环，那么在宗教仪式中，梨陀也呈现出来了。如同河流循梨陀的法令流动，绯红的黎明将光辉播撒出来，"在梨陀的马具下"，牺牲也同样被点燃了；依照梨陀的惯例，阿祇尼把牺牲献给众神。贡献牺牲的人说："纯粹的魔力啊，我祈求众神；愿梨陀帮我工作，助我形成思想。"尽管在《吠陀经》中没有赋予梨陀的概念以人格，但在柏盖根看来，确实有某种具体存在的暗示依附着它。既然是梨陀表明了事件的有序性，那么"梨陀的道路""梨陀的马车夫""梨陀的航船"等说法便自然而然地出现了；有时众神那里也会出现与之相似的情形。比如，对天空之神伐楼拿来说，关于梨陀的论述也一样适合。而古老的太阳神密多罗也同样摆脱不了与梨陀之间的联系。而对于阿祇尼，曾有过下列叙述："倘若你一心追随梨陀，你就会变成伐楼拿。"梨陀受到了众神的护卫。我们从以下文字中可以看到某种最重要的联系：

由于梨陀和密多罗同属大梵，因而梨陀也是密多罗。

把母牛赐给大梵的人能获得整个世界，因为她包含了梨陀、大梵和托波斯。

梨陀的第一次降生是般茶帕底。

众神会遵循梨陀的规律。

能看见隐藏的阿祇尼的人，就与梨陀的生命之流无限接近了。

啊，聪明的梨陀智者，你十分了解梨陀！他钻木取火，将梨陀众多的生命之流释放了出来。

"钻木取火"的功劳应该归功于阿祇尼，因此他就成了这首赞美诗的主角；在诗中，阿祇尼被称为"梨陀的红色公牛"。阿祇尼的所有崇拜者都认为钻木取火是生命更生的神秘象征。在此，梨陀的生命之流的"钻通"与钻木取火的含义明显是相同的；生命之流再次喷涌而出，欲力不再被束缚。大声朗诵赞美诗和钻木取火的宗教仪式都能产生这样的效果，在他们的信仰者看来，这一切自然是客体的魔力；其实，它是一种主体的"着魔"，即生命力的增强与释放、生命情感的强化和心理潜能的恢复：

虽然阿祇尼悄悄地离开了，但是祈祷者直接走向了他，走向了流淌着梨陀的溪流。

倘若将其视为能量的流淌，那么，充满活力的情感的复活则被看作本义上的春天的复苏，春天到来时冬天的坚冰融化，以及久旱逢甘霖。下面这些文字符合这一主题：

"乳汁太多了，梨陀哞哞叫的母牛奶汁四溢。那来自远方的向神乞求恩惠的激流澎湃者，将山上的岩石都击碎了。"

这个意象暗示的是某种欲力的阻截与释放。在此，"哞哞叫的母牛"表现出的是神圣的赐福者和能量释放的最终本源。

我们在下述文字中还看到了前文说到的作为欲力释放的雨的意象：

迷雾散去，雷声轰隆滚过云层。吮吸梨陀乳汁的他被领着走上了通向梨陀的笔直的道路，此时，阿耶门、密多罗和伐楼拿在大地上游荡，他们从低层的发源地（云层）走向了更低的皮囊（大气）中。

"吮吸梨陀乳汁的他"指的就是阿祇尼，文中用从带雨乌云中闪现出来的闪电比喻他。梨陀又一次表现为具体的能量根源，阿祇尼就是从这里产生出来的，就像《吠陀赞美诗》中明确谈到的那样。

在神的诞生之地和神的宝座旁隐藏着梨陀的泉流，他们热情欢呼，迎接它的到来。神在这里吮吸泉流，他居住在纵横交错的江河中。

在这段话中我们所说的把梨陀视为欲力本源的观点得到了证实，神在那里居住，他在神圣的仪式之中诞生。潜在的欲力的主动显现就是阿祇尼；他是梨陀的"马车夫"，他赶着梨陀的那两匹红色的长着长鬃毛的牡马，完成或实现了梨陀。他驾驭梨陀，如同在用缰绳驭马。他将众神带给人类，并赐给人类力量和幸福；他们体现的是确定的心理状况，在那里，生命的情感和能量能够自由欢快地流淌，尼采描述这种状况时运用了奇妙的诗句：

> 我冰冻的灵魂被
> 你那烈焰熊熊的长矛化解，
> 它在海洋中呼啸奔腾
> 携着至高的愿望前行。

下面这段祷词与上述主题正好相应：

> 请打开神圣的门，让那梨陀的增生者洒向四方……愿众神降临，愿黑夜与黎明——梨陀年轻的母亲们，在献祭的草地上同坐。

很明显，这里用初升的太阳比喻梨陀。梨陀是诞生于黑夜与黎明之中的新的太阳，曙光表示新的太阳的诞生。

在我看来，至此已经不用再举例说明了，显然，梨陀的概念是一种欲力象征，就像太阳与风一样。只是这并非具体的概念，它包含的主要是规律的抽象因素和确定方向，以及设定好的有序的道路或过程的观念。所以，它象征的是某种富于哲学意味的欲力，能够和斯多噶学派的命运概念直接进行比较。斯多噶学派的命运概念具有创造的、原初热量的意义，与此同时，它也是预定而有序的过程，因此，它还有另一个含义，即其另一"命运星宿的强制"。欲力明显具有这些性质，因为它是一种心理能量；因为过程一般指的是从较高势能向较低势能流动，所以能量概念必然也包含有规律的过程的观念。它与欲力概念是等同的，后者仅指生命过程的能量。它的规律与生命能量的规律是一样的。欲力作为能量概念，对于生命现象来讲，是一个量的程式，它的强度能够发生不同的变化是非常正常的。欲力充斥在所有可感知的转化之中，像物理能量一样；关于这方面，无意识幻想和神话为我们提供了充分的证据。这些幻想依照自身特有的规律与特有的"道路"运行，主要是能量转化过程的自我呈现。在这里，"道路"是指描述能量的最佳释放，以及它的相应释放结果的线路或曲线。因此，它最多只是表现除了能量之外的流动以及能量的自我显示。道路也就是梨陀，它是设定的线路，是生命能量或欲力之流，是一条正确之路，只要沿着它往下走就能接近不断自我更新的过程。倘若说一个人的命运由其心理决定，那么，我们说命运就是这条道路。它是我们的存在规律之路，也是我们的天命。

倘若把这种方向视作自然主义，那就表示要完全屈从于人的本能，很明显这是错误的。这等于是在为本能假设一种逐渐"下行"的倾向，以及自然主义与堕落、不道德相当。对这种解释自然主义的方式，我没法反对，但也忘不了，那种放纵自己肆意妄为的人是最可能走向堕落的，例如原初人，他们有着比我们这些文明人严厉得多的道德准则。不管是对原初人来说还是对我们这些文明人来说，倘若善恶是某种东西，那么我们就和原初人一样了；最重要的是，立法产生于自然主义的发展。与西奈山上的摩西那样的人向他的百姓所颁布的观念不同，道德是在生活法则中被塑造出来的东西，就像房子、船或任何其他文化器具一样。同样，欲力的自然流动作为中间道路，代表的是对人类天性完全服从的基本法则，所以那种超越人类自然律的更高的道德原则也就不被需要了，自然律自然会把欲力引向生命最适度的方向。粗野的利己主义中是不可能存在生命最适度的，因为实际上，人具有这样的特质：对他来说，能使别人快乐具有重大的意义。同样，那种对个体的优越无度的追求也无法获得最适度，因为在人性之中集体因素已经根深蒂固，以致他对友谊的渴望将所有由赤裸裸的利己主义带来的快乐都摧毁了。唯一能够获得生命的最适度的做法就是遵循欲力的涨落规律，经由心脏舒张收缩的彼此交替——那种既产生快乐也对快乐在一定程度上进行限定快乐的规律，给我们个体生命设置了任务。

倘若如同"自然主义"的悲观主义者哀叹的那样，实现中间道路就是纯粹屈从于本能，那么，人类也就没有什么理由再去探究最深刻的哲学沉思了。不过，倘若你对《奥义书》的哲学进行过研究，就会明白，要想实现这一道路的确有很多苦难。与印度人的洞见相比，我们的优越感恰好表现了我们的野蛮根性，他们具有的那种最古老的细致入微的辨别力，是我们所没有的，因而由这种辨别力所带来的令人惊叹的心理精确性和不同寻常的深度，自然也是我们没有的。我们的教养也不够，甚至不得不依靠外在的律令。严厉的工头或父亲跟我们说：什么是正确的，什么是善，什么是能做的事情。因为我们还是那么野蛮，以致对我们而言，任何对人的本质规律的信赖都是危险的和非道德的自然主义的表现。这是什么原因呢？因为披着文化外衣的野蛮人，内在却潜伏着随时爆发的兽性，这就已经非常恐怖了。不过，锁在牢笼中的这头野兽依旧未被驯化。并不存在超出自由的道德。当野蛮人将他自身中潜藏的兽性释放出来时，得到的是奴役而不是自由。因而必须先将野蛮性连根拔起才能赢得自由。从理论上来说，当个体把野蛮根性和道德驾驭力感受为他自身的本质因素而非外在的限制时，也就表示消除了野蛮性。不过，要获得这种认识，恐怕只有一条路，那就是解决对立的冲突。

四、中国哲学中的和解象征

在中国也出现过在对立的两者之间取中间道路的思想，那就是"道"。说起道，人们通常会联想起于公元前604年出生的哲学家老子。不过，这一概念早在老子的哲学问世前就出现了。它与民间古老的宗教——道教，即"天师道"联系密切，《吠陀经》中的梨陀恰好与这一概念对应。道的含义包括:道路，方法，原则，善，正确的，道德律，宇宙观，所有现象的本因，自然力或生命力，自然的有规律的过程。甚至有的译者把道翻译成万能的上帝，在我看来，道是具有某种实体性的，就像梨陀一样。

下面我们先来看一下老子的《道德经》，我会从中举出一些实例:

有物混成，先天地生。寂兮寥兮，独立而不改，周行而不殆，可以为天下母。吾不知其名，强字之曰道。(《道德经》第二十五章)

吾不知谁之子，象帝之先。(《道德经》第四章)

老子用水来比喻道的基本性质:

上善若水，水善利万物而不争，处众人之所恶，故几于道。(《道德经》第八章)

对于潜能的观念来说，这句描述是最恰当的了:

故常无欲，以观其妙。常有欲，以观其徼。(《道德经》第一章)

尽管这并不表示道与基本的婆罗门教观念有过什么直接的接触，但没有人能够否认二者之间在血缘上存在联系。老子堪称真正的原创思想家。原初意象潜藏在梨陀-大梵-阿特曼和道中，具有像人一样的普遍性,在每个时代和所有民族中以能量或"灵魂力"(无论是哪个称呼)的原初概念出现。

　　知常容,容乃公,公乃全,全乃天,天乃道,道乃久,没身不殆。(《道德经》第十六章)

　　所以,认识道如同认识大梵一样,具有拯救和提升的效果。人与道合一,与无休止的创造性的绵延合一,当然,前提是可以把柏格森的这个概念与古老的道的概念相提并论,因为道也是时间之流。道并非理性的、无法想象的:

天下万物生于有,有生于无。(《道德经》第四十章)
道隐无名。(《道德经》第四十一章)
道之为物,惟恍惟惚。(《道德经》第二十一章)

很明显,道象征着有与无,是一种非理性的对立统一。

谷神不死,是谓玄牝。玄牝之门,是谓天地根。(《道德经》第六章)

　　道也是创造的过程,就像父性生殖和母性生殖一样。它是一切造物的始与终。

故从事于道者,同于道。(《道德经》第二十三章)

　　正是因为洞见了对立物彼此间的关联性和交替性,圣人才能从诸对立物中将自己解脱出来。因此老子说:

功遂身退，天之道也。（《道德经》第九章）

故（圣人）不可得而亲，不可得而疏；不可得而利，不可得而害；不可得而贵，不可得而贱。（《道德经》第五十六章）

与道合一的存在近似于婴儿的状况：

载营魄抱一，能无离乎？专气致柔，能如婴儿乎？（《道德经》第十章）

知其雄，守其雌，为天下溪。为天下溪，常德不离，复归于婴儿。（《道德经》第二十八章）

含德之厚，比于赤子。（《道德经》第五十五章）

众所周知，要想进入天国，最基本的条件是这种心理态度，不管对它进行怎样的理性解释，它都是核心的非理性的象征，都会产生救赎的效用。与东方观念相比，基督教具有的社会特征更多。它们将自己直接放置在古老的动力论观念中，觉得从人和事物中，或者从较高的进化层次上来讲，会有一种魔力从神祇或神圣的原则中散发出来。

在道教的思想看来，道是阳与阴的二元对立。阳为天，阴为地；阳指的是温暖、光明、男性，阴指的是寒冷、黑暗、女性。从阳力中产生了神和人灵魂的天上部分，从阴力中产生了鬼和人灵魂的地下部分。人就如同一个微观世界，是对立的和解。天、人和地被称为三才，是世界的三大要素。

以上描述的是一个原初的观念，我们在别的地方同样也看到了它的这种形式，比如Obatala和Odudua在非洲西部神话中是第一对父母，即天和地，他们一起在一个葫芦中生活，直到他们的儿子出生，即人的到来为止。所以，人作为一个微观世界，是与统一了诸心理对立物的非理性象征相对应的。很明显，席勒之所以用"生命的形式"定义象征，与这种人的原初意象密切相关。

人的灵魂被分为两大类：鬼或魄，还有神或魂，这在心理上具有极大的真实性。《浮士德》中的著名诗句便呼应了这种中国观念：

> 有两个灵魂居住在我的心中，
> 它们总想脱离彼此。
> 一个对爱满怀期待，
> 对俗世凡尘无比执着恋眷；
> 另一个却竭力从世俗中挣脱，
> 想飞向崇高的先辈的居住地。

这两种倾向都在竭力把人拖进极端的态度中来，使人附着于尘世中，它们互相争斗，都使自己与人在精神和物质上产生冲突，所以必须找到一种平衡，即"非理性的第三者"——道。因此，为了避免陷入对立的冲突，圣人们都会竭力使自己过上一种与道合一的生活。因为道是非理性的，所以单靠意志是无法得到它的；老子也一再强调这一点。正是因为这样，另一个独特的中国概念——"无为"拥有了一种特殊的含义。无为也就是"无-作为"（切记不要将"无为"与"无所作为"弄混）。这个时代崇高却又邪恶的理性主义式的"有所作为"是到达不了道的。

因此，我们说，道教伦理的目的是在宇宙性的对立的紧张中，通过返回到道而获得拯救。与此同时，我们也必须要提及一位17世纪的日本著名的哲学家，即被称为"近江圣人"的中江藤树。他在中国的朱熹学派的学理基础上，建立了两条原则——理和气。理指的是世界精神，气指的是世界物质。不过，因为它们都是神的属性，也都只存在于神那里，统一于神，且只有通过神才存在，所以理和气是一体的。同样，灵魂之中也包含理和气。谈到神，藤树说："作为世界的本质，神涵盖了整个世界，但与此同时，神也在我们之中存在甚至在我们的躯体中存在。"在他看来，神是一种普遍的自性，而深藏于我们内部的"天"则是个体自性，是一种超越了感知的神性之物，又被称为心。心是"内在于我们的神"，存在于每一个体中，是真实自性。藤树区分出了真实自性与虚假自性。虚假自性是一种混杂着邪恶信念的人格，是后天获得的，可以被定义为人格面具，即我们建立于我们与世界之间的相互影响的经验中的普遍观念。叔本华曾经说过，人格面具不是某人的存在之物，是在此人及其世界面前的呈现之物，他的个体自性才是他的存在之物，即藤树所说的"真实自性"或心。心显然是与自性的本质相关的，也不属于外部经验所能决定的所有个人的判断，所以又被称作"独"或"独知"。在藤树看来，心就是至善，就是"极乐"（大梵也是极乐）。心是贯穿世界的光明——这与大梵更加近似。"心"永不朽坏、善良纯全、无所不知，是对人类的爱。罪恶来自意志（有几分类似于叔本华）。心是理和气二元对立的调和，是自我调节的功能；它与印度人"居于心中的古老智者"的观念非常相符。就像中国哲学家、日本哲学之父王阳明所说的："圣人存在于每个人的心中。只是人们对此持怀疑态度，以致把它彻底埋藏了起来。"

　　从这个观点来看，对于瓦格纳的《帕西法尔》中有助于问题解答的原初意象我们就不难理解了。作品中痛苦的根源是圣杯与体现克林瑟尔的权力的圣矛之间紧张的对立。受控于克林瑟尔魔法的坎德丽，就象征着阿姆弗达斯所没有的本能生命力或欲力。帕西法尔之所以能从骚乱的、强制性的本能状态中将欲力解放出来，第一是因为他没有屈服于坎德丽，第二是他并没有占有圣杯。因为缺乏欲力，阿姆弗达斯占有了圣杯并因此受难。而帕西法尔什么都没做，所以他从对立中摆脱了出来，成为治伤的良药、拯救者、对立的和解、鲜活的生命力；圣杯代表着光明、天国、女性，圣矛代表着黑暗、地狱、男性，这里说的和解指的就是二者之间的和解。坎德丽之死表示欲力从自然的、未驯化的形式（与之前所说的"公牛的形式"相比较而言）挣脱了出来，倘若将生命赋予了这种形式，那么在圣杯的光辉中它将使作为新的生命之流的能量奔涌而出。

帕西法尔避免了对立（虽然是无意识的，但最起码是部分的），所以积聚起来的欲力创造了新的势能，能量也因此有了新的表现方式。这种性的象征表现是不容置疑的，或许会使人片面地将圣矛与圣杯的结合理解为纯粹的性欲的释放。不过，阿姆弗达斯的命运表明，这个问题与性欲一点关系都没有。而且相反的是，阿姆弗达斯就是因为将受本性的野蛮控制的态度重拾起来，才会遭受苦难并最终丧失了权力。坎德丽以一种象征性行为诱惑他，这说明，重创他的是本性的强迫性态度，盲从于生物性冲动，而不是性欲。这种态度暴露出了我们心理中至高无上的兽性成分。人注定一边被兽性伤害，一边抵抗兽性的征服；也正是因为这样，人才能得到发展。我已经在《转变的象征》中表明，性欲不是问题的关键，欲力的驯化才是问题的关键，至于它为什么会与性欲存在某种关系，这是因为性欲是欲力中最重要和最危险的一种表现形式。

倘若我们只将阿姆弗达斯的情形以及圣矛与圣杯的结合视为一个与性有关的问题，那么由于造成伤害之物同时又是治伤的药物，我们就会遇到不可调和的冲突。不过，倘若我们能把对立视为一种层次更高的和解，或者说，倘若我们能认识到这并不是各种不同的形式出现的性欲问题，而是一种态度问题——此态度可以使一切活动（包括性的活动）获得调节，那么，这种悖谬也就具有真实性或是可相容的了。我必须不断强调一点，那就是，在比性欲和性欲的压抑更深层的地方存在对心理学的实际问题的分析。虽然不管在解释幼儿还是解释成人的病态心理方面性欲的观点都是很有价值的，但我们必须承认作为一种阐释人的心理整体的原则，这一观点还是非常不完善的。对性欲或对权力的某种态度隐藏在性欲或权力本能之下。这种态度是一种意识功能，也是一种无意识的和自发的直觉现象，所以大致上可以被视为一种生命观。在看待一切疑难问题时，我们有时会是有意识的，但大部分时候是无意识地受到了某些集体观念的极大的影响，这些集体观念构成了我们的精神氛围，与过去世世代代的世界观和生命观联系密切。无论我们有没有意识到它，我们都是通过在此精神氛围中进行呼吸而受到这些观念的影响的。集体观念常常是宗教性的，因为一种哲学观念要想变成集体性的，必须对原初意象加以表达。这些观念对集体无意识的真实表达是它们的宗教特征，因而它们能够释放出集体无意识的潜能。生命的最大问题（当然也涵盖性）总是与集体无意识的原初意象有关。这些意象不是平衡的因素，就是补偿的因素，它们与生命在现实中向我们所呈现的问题总是相适应的。

对此我们不用感到惊讶，因为造就这些意象的正是数千年来人类为生存与适应而搏斗所形成的经验。在生命中的每一次重大经验和每一个深刻的冲突中，这些意象所积聚的宝贵价值都会被唤起，它们也因此形成了内在的布局。只有当个体的自我意识非常强大，并且具有睿智的理解力，以致他能反思他所经历的一切而不是沉湎于过去的经历中，这些意象才能被意识接受。盲目生活的人其实就是生活在象征和神话中，只是他自己并没有意识到这一点。

第四节 象征的相对性

一、女性崇拜与灵魂崇拜

不同宗教采用的是不同的和解对立的原则：基督教选择了上帝崇拜，佛教选择的则是自性崇拜（自我发展）；而在斯比特勒与歌德那里，选择的却是灵魂崇拜，而且象征性地在女性崇拜中出现。这些类型包含了两大方面，即现代的个人主义原则和原初的多神崇拜，它们给每一个种族或部落、每一个家族甚至个体都分配了自身独特的宗教原则。

《浮士德》中所选取的中世纪背景有着独特的含义，因为这个时代因素导致了现代个人主义的诞生。在我看来，个人主义好像是从女性崇拜开始的，之所以这么说，是因为作为一种心理因素，个人主义在很大程度上对人的灵魂的作用进行了强化，而女性崇拜又表示灵魂崇拜。在但丁的《神曲》中这种状况得到了绝无仅有的完美表达。

但丁作为自己情人的精神骑士，在天堂和地狱里展开了种种冒险。他的这种英雄的行为把情人的形象提升为神秘的、超凡的圣母的形象，由此，这个脱离了客体的形象就转化成了某种纯粹的心理因素，更确切地说，是成了无意识内容的化身，我称其为阿尼玛（男性的女性灵魂）。但丁的这种心理在《天堂篇》的第三十三歌，在圣·伯纳的祈祷里发展到了极致：

啊，纯洁的圣母，圣子的女儿，

谦卑却比所有造物还崇高，

永恒的天意所命定的对象！

你将诸多高贵赐予人类

上帝作为人类之父也不敢自诩

使他自己变成他创造的造物。

诗歌的第22—27、29—33、37—39行也对但丁的这种心理发展进行了暗示：

此人，来自全宇宙

最深的深渊，

将种种灵魂的生存看透，

现在请你大发慈悲，赐给他力量

使他能把眼光投向更高，

直到最后获得拯救。

我……向你奉献

我所有的祈祷——愿他们梦想成真——

你将驱散所有的

伴随他身边的、死亡的乌云，

让至高的极乐呈现在他的眼前。

愿你的庇护平息他人性的情欲！

你看，贝德丽采和众多圣洁的灵魂，

皆合起手掌恳请你允准我的祷告！

但丁在这里借圣·伯纳的口说出的祷告其实表明了他自己存在的提升与转变。在浮士德身上我们也看到了同样的转变，从葛丽卿到海伦再到圣母，他提升了很多次；因为经历了多次比喻性的死亡，他的本性也获得了改变，他作为崇拜圣母的博士，最后实现了最高的目标。通过这种方式浮士德向圣母祷告道：

> 至尊女王统治着世界，
> 让我在这一片
> 蓝色的高擎着的穹苍下，
> 欣赏你的幽远。
> 让我怀着神圣的爱慕，
> 向你呈现
> 那优柔庄严、
> 打动男子心胸的一切。
> 我们的勇气异常坚定，
> 只要你发号施令：
> 我们的热情很快就会降温，
> 只要你对我们进行安抚。
> 含义最美的纯洁的处女，
> 值得崇敬的女王，
> 你大可以与天神为伍，
> 为我们挑选出来的女王！
> 请抬头仰视救世主的眼睛，
> 所有悔悟的柔弱者，
> 承受着最高的福祉，
> 感激地脱胎换骨。
> 所有品德高尚的人
> 都甘于为你效命；
> 童女，圣母，女神，女王，

请永远护佑我们！

除此之外，为了佐证这些联系，我们还可举出《洛雷托启应祷文》中提到的圣母玛利亚象征的特征：

你是可爱的母亲

你是神奇的母亲

你是良言相劝的母亲

你是正义的镜子

你是智慧的宝座

你是我们欢乐的源泉

你是精神性的人

你是尊荣的人

你是虔诚的高贵的人

你是神秘的玫瑰

你是象牙之塔

你是大卫之塔

你是金库

你是《圣经》中的约柜

你是天堂的大门

你是清晨的星星

这些特征既把圣母意象的功能意义表现了出来，也表明了灵魂（即阿尼玛）是如何影响意识态度的。圣母孕育了智慧和再生，是信仰的载体。

从女性崇拜到灵魂崇拜的典型转变可以在早期基督徒的著作中看到。比较明显的例子是赫尔墨斯约于公元140年用希腊语写成的

《牧人书》，该书的主要内容是大量的幻觉和启示，表达了作者对新的信仰的执着。虽然长久以来这本著作就被当作教规，但《穆拉托里教规》却十分抵制它。《牧人书》的开篇是这样的：

在罗马，从前抚育过我的那个人把我卖给了一个女人，她的名字是罗达。许多年后，一次偶然的机会让我遇见了罗达。开始时，我就像爱妹妹一样地爱她。直到有一次，她在台伯河里洗澡时被我看见，我从河里将她拉上来。当我看到她那诱人的身体时，我立刻想到："倘若我的妻子也能这么漂亮、迷人，那该多么幸福啊！"这是我此生仅有的愿望。

以这种体验开篇，接下来就是幻觉情节。很明显，这里的赫尔墨斯只是被罗达任意驱使的奴隶；如同经常会发生的那样，他获得了自由，没过多久又遇见了她，也许是因为心理上的愉悦，也许是因为心怀感激，他爱上了她；不过他很清楚这种爱只是兄妹之情。赫尔墨斯是基督徒，况且根据书中描写，当时他也已经结婚且有了自己的孩子。我们很容易理解，这种情境促使他将浑身的欲火压制住了。不过，由于这种情形的特殊性肯定会引发许多容易将人的情欲愿望带入意识中的问题。其实，我们可以在赫尔斯斯的思想中清楚地看到这一点，开始时他希望有一位妻子——能够像罗达那样，然后他又特意强调，这一切只在他的愿望中停留，因为他的所有更露骨和更直接的表露都立刻被道德控制并压制住了。接下来的一切好像就顺其自然了，这种被压抑的欲力在他的无意识里引发了一种强有力的转化，它为灵魂意象灌注了生命，使其自发地显现出来：

之后，我到卡美旅行，我心怀对上帝的创造的颂扬，在它优美、博大、有力的怀抱里沉睡了。忽然，在睡梦中一个神灵抓住我，并且把我带到一个河流交织、土地龟裂、杳无人烟的地方。我穿过河流，来到平坦的土地上，双膝跪地开始向上帝忏悔我的过错。就在这时，天空的帐幕突然拉开，天上出现了我日夜思念的那位女郎，她向我致意说："赫尔墨斯，欢迎你来到这里！"于是我紧紧地盯着她看，开口说道："女士，你怎么会来到这里？"她回答说："我奉上帝之命来此，为的是指责你在他面前所犯下的所有罪孽。"我问她："你现在就要指责我吗？"她说："不，你只要把我对你讲的这些话记住就可以了。上帝居住在天庭，从无创造了有，使万物繁衍生息，但是现在上帝对你发怒了，因为你犯了侮辱我的罪。"我为自己争辩道："凭什么说我犯了侮辱你的罪？我在何时何地对你说过什么邪恶的话吗？我不是一直敬你如神，待你如手足吗？女士啊，你为什么要用这样不清不白的邪恶的事情来污蔑我，并且对我横加指责呢？"她微笑着说："罪恶的欲念已经出现在你心里了。换句话说，作为一个行为端正的男人，倘若他心中产生了一个可怕的邪念，那么这无疑就是一种罪恶。"接着她又说："作为一个真正的男子汉，他应该为正义的事业而不懈努力，所以这不仅是一种罪恶，而且是罪大恶极。"

大家都知道，一个人在孤独的漫游过程中是很容易产生遐想或做白日梦的。在去卡美的途中，赫尔墨斯很可能对他的女主人一直牵肠挂肚；这时，他的精力过于集中，而压抑的情欲幻想则逐渐将他的欲力拉入了无意识中。随着意识强度持续下降，他一点点进入睡眠状态，此时他的感觉是，一种梦游或迷狂的状态抓住了自己，而实际上这只是一种完全征服了意识心理的特殊强度的幻想。非常有趣的是，这里出现的并不是情欲方面的幻想；他在幻觉中感到自己仿佛被带到了另一个世界，那里荒无人烟，而他则要跨越河流并旅行。在他的眼前，无意识以一个上界世界的形式呈现出来，在那里出现的人以及发生的事都与现实中的一样。他眼中那天上的女神就是他的女主人，她以"神圣"的形式出现在他面前，而非情欲的幻想。赫尔墨斯的那种被压抑的情欲印象激活了女神的潜在的原初意象，即原型的灵魂意象。显然，这一情欲印象在集体无意识中与那些古代遗留下来的残余物结合起来了，后者带有各种鲜明印象的女性性质的印记，此女性既指作为母亲的女性，也指作为诱人的处女的女性。这种极富魅力的印象，无论对儿童还是对成人，都有巨大的影响，它们具有不可抗拒的绝对的驱迫力，所以将它们的这种特性称为"神圣性"就是最恰当的了。倘若把这种力量视为魔力，那就不能说道德的压抑是它的来源，而应该是心理有机体用自我调节功能来保护自己，使自己的心理不出现失衡造成的。因为，如果心理能起到抗衡作用，当一个人面对那种压倒一切的激情且彻底任由另一个人摆布时，在其达到激情的巅峰时，将放纵欲望的对象变成一个能迫使他在其神圣意象之下跪倒的偶像，那么，心理就能把他从对象的魅惑中解救出来。这样一来，他就又一次回复了自我，并且彻底醒悟，发现自己再次处在神人之间，按照他自己的规律在自己的道路上行走。他感觉那种令原始人敬畏的惧怕和对一切事物难以忘怀的恐惧，通通是魔力，而实际上这种感觉是他在以一种有意识的方式保护自己不去接触那些最可怕的可能性，以免灵魂丧失，以及随之而来的必然会出现的疾病和死亡。

灵魂的丧失相当于撕裂了人类天性中的本质部分；从本质上说，它是一种情结的消失和解散，然后，它会蛮横地占有意识的权位，并压迫整个人。它使人从既定的轨道脱离，让人不得不行动起来，不过因其片面性，这些盲目的行动最终肯定会造成自我毁灭。众所周知，原始人无法从杀人狂、斗士狂暴的怒气、着魔之类现象的限制中脱离出来。认识这些激情的魔性特征可以得到一种有效的防卫，因为这种做法可以迅速将对象的最强大的诱惑排除，使自己在魔性的世界扎根，也就是根植到无意识中，最终在激情的力量现实中的源头上扎根。某些驱邪仪式以招魂和将灵魂从魔咒中解救出来为目的，也能使欲力回流入无意识之中。

这种机制的效力在赫尔墨斯身上十分明显。罗达向神圣女主的转化使她丧失了挑逗性和毁灭性魅力，这对赫尔墨斯回归他自己灵魂的轨道和集体起了决定作用。在那个时代的精神运动中，赫尔墨斯因其突出的能力和人际关系，理所当然地担当着非常重要的角色。那时罗马主教团的主教是他的兄弟比尔斯。而原本是奴隶的赫尔墨斯，做梦也没有想到兄弟会把自己召去共商时代的大计。那时，有能力长期胜任传播基督教的时代任务的人还没有出现，除非种族的限制和特殊性能在精神伟大的转变过程中赋予他一种不同的功能。生命的外在条件迫使人必须去履行某种社会功能，同样，心理的集体规定性也迫使人向社会传布其思想。赫尔墨斯因被激情撞击而受伤之后，可能的社会越轨行为转而开始服务于他的灵魂，也正是因为这样，他才会被引导着完成具有精神性质的社会任务，这在那个时代意义非凡。

对赫尔墨斯而言，只有其灵魂彻底摧毁对象的情欲的最后一点可能性，才能把这项非常重要的任务完成，不然的话就是对自己撒谎。对他来说，倘若是没有情欲的愿望就再好不过了，所以他开始刻意地排斥一切情欲的愿望，不过这只是赫尔墨斯的假设，根本无法证明他完全没有情欲的企图和幻想。所以他的灵魂，他所崇拜的女主人，残酷无情地披露了他的罪恶，但同时也使他从对象神秘的束缚中摆脱了出来——作为"信仰的载体"，她接收了在她身上所耗费的一切激情。不过，如果想完成时代赋予的任务，就不得不完全消除最后一丝激情，也就是说，要使人摆脱感官性的束缚和原初的神秘参与的状态。那个时代的人是无法忍受这种束缚的。显然，为了重建心理平衡，精神功能的分化是不可或缺的。所有企图恢复心理平衡的哲学都对斯多噶派学说进行过关注，但它们都因其理性主义而没有获得成功。理性只给那些理性已经成为他们的一种平衡器官的人提供平衡。然而，在整个历史上究竟又有哪些人得到过这样的理性呢？一般来说，只有在现实状况中出现对立时，一个人才会被迫去寻找中间位置。他绝对不会因为纯粹的理性而将生活环境中强烈的感官需求——忽略。他用来对抗尘世的力量与诱惑的方式是追求永恒的快乐，必须努力在精神境界上达到一定高度，才能抵制来自肉欲的激情。前者必须拥有与后者可以互相匹敌的力量，才能成功地对抗后者。

正是因为看到了自己真实存在的情欲，赫尔墨斯才能认识这种形而上的现实。原本依附在具体对象上的感官欲力现在通向了他的灵魂意象，所以才将灵魂意象赋予了一直被感官对象所占有的现实性。因此，他的灵魂发出了有效的言说，能够十分成功地满足她的要求。

在与他谈完话之后，罗达就不见了，天庭也关上了。接着在赫尔墨斯面前出现了一个"衣冠楚楚的老妇人"，她跟他说，他的情欲不仅有罪而且是愚蠢的，与他崇高的精神格格不入，但上帝并不是因为这些才迁怒他，而是因为赫尔墨斯毫不关心他家族的罪过。就这样，这种奇妙的欲力从情欲中彻底摆脱，直接投入到了社会事务之中。非常神奇的是，在此，灵魂将罗达的意象丢弃，直接变成了一个老妇人，这样一来，情欲要素就不得不退到背景中去了。赫尔墨斯在之后的情形中发现，老妇人就是基督教会的代表；在她那里，理想也变得前所未有的真实，一切具体的和个体的因素也都被分解为抽象的东西。然后，老妇人给赫尔墨斯读了一本神秘的有关攻击异教徒和背叛者的书，但他无法理解书中的准确含义。之后我们了解到，这本书要表达的是一种使命。而这一使命被这位尊贵的老妇人托付给了赫尔墨斯，而赫尔墨斯要效忠于她，成为她的骑士，为她完成这个使命。美德的考验也是必不可少的，因为很快，赫尔墨斯就产生了一种幻觉，他又看到了那个老妇人，她答应会在五点左右为他解释上帝的启示。然后赫尔墨斯就去到乡下一个被指定的地方，在那里他看到了一张铺着漂亮床单的乳白色的卧床，床上还放着一个枕头。

那个地方没有人，所以当我在那里看见这些东西时，我感到非常震惊，产生了一种令我毛骨悚立的恐惧感，仿佛要大难临头。但当我再次镇定下来时，我记起了上帝的荣耀，于是我又一次鼓起勇气，如同平时那样，跪在上帝面前忏悔我的罪孽，恳请他赦免我。这时，老妇人走了过来，她还带着六个我曾在梦里看见过的年轻人，在我向上帝祷告和忏悔时，他们一直在旁边听着。老妇人抚摸着我说："赫尔墨斯，做完你的整个祷告并讲完你的罪过之后，也为正义祷告吧，这样你就能将一些正义感带回去了。"她把我扶起来，领到卧床边，然后转头对那些年轻人喝道："快走开，去做自己的事情！"年轻人走了，只剩下我和老妇人，她柔声地对我说："你坐在这儿！"我回答她说："太太，请您先坐。"她说："我叫你坐你就坐嘛。"不过，当我准备坐到她的右边时，她却用手势示意我去她的左边坐下。

我对此感到很迷惑，不知道该怎样做，我为何不能坐在她的右边呢？她对我说："赫尔墨斯，你怎么这么忧伤？右边的位置坐的是那些为上帝的荣誉而受苦的人，以及讨上帝欢心的人。目前，你还没有资格与他们坐在一起。不过到现在你仍保留着本质上的良好品质，因此你以后肯定可以与他们坐到右边。它十分欢迎那些能忍受他们所遭受的苦难并努力完成工作的人们。"

在此情境下，赫尔墨斯自然会产生情欲的误解。就像文中所说的那样，在"一个美丽而又与世隔绝的地方"约会，自然会闪现出一种特殊的情感。存在于那里的豪华的卧床必然会使人联想到爱神厄洛斯，因此，我们很容易理解为什么这种场合所产生的恐惧征服了赫尔墨斯。很明显，为了避免陷入淫乱的心境，他必须牢牢控制住自己不往情欲方面联想。他是真的没意识到那种诱惑力，在他对自己的恐惧进行描述的时候，这种认识被视为一种不言而喻的诚实，那个时代的人比现代人更容易获得这种诚实。因为与我们相比，那个时代的人更接近自己的本性，因此，他们更容易直接感受到自己本能的反应，更能理解其中的意味。在这种情形下，赫尔墨斯在对自己的罪过进行忏悔时可能会马上联想起那种不圣洁的情感。所以，出现在他面前的这个问题，也就是他应该坐在左边还是右边，就肯定会受到他的女主人的道德训诫。尽管在罗马人的占卜仪式里，左向的符号表示顺利，但在希腊人和罗马人看来，左向总是不祥之兆，"sinister"一词意味着不祥，左边的双重含义就表明了这种情况。但在此显然所谓左边和右边的问题不是什么迷信，我们可以在《圣经》的《马太福音》第25章第33节中看到它的雏形："他把山羊安置在左边，把绵羊安置在右边。"绵羊代表着善，因为其本性无害而温顺；而山羊则代表着恶，因为其本性难改且放纵。所以，赫尔墨斯的女主人示意他坐在左边，恰好说明了她十分了解他的心理。

因此，赫尔墨斯只能忧伤地在她的左边坐下，如同他所回忆的那样，在他眼前他的女主人展开了一幅幻景。于是，他看见千千万万的人正在那几位年轻人的带领下建造一座巨塔，巨塔的石头之间毫无缝隙，砌得非常紧密。在赫尔墨斯看来，这个坚不可摧的无缝之塔是教会的象征，并且他的女主人就是教会。在《洛雷托的启应祷文》中，我们看到圣母被称为"大卫之塔"和"象牙之塔"。赫尔墨斯看到的塔好像就出自同样或类似的联想。毫无疑问，塔表示坚固和安全，圣经旧约《诗篇》第61篇第3节中说："因为你做过我的坚固台，做过我的避难所。"此处的坚固台的意思与塔相同。所有以巴别塔为对象的对比都包含一种必须排除的内在矛盾的紧张，不过同时也包含着对它的回应，因为赫尔墨斯肯定也经历了由于异教的倾轧和无止境的教派纷争而导致的早期教会的萧条景象，就像同时代其他有思想的心灵一样。我们甚至可以推断他就是出于这种印象才会写作本书的，因为，显示在赫尔墨斯面前的那本神秘之书对异教徒和背叛者进行了强烈的抨击。同样，巴别塔因为语言的混乱而无法搭建成功，这种混乱也同样困扰着一些早期的基督教会，因此信徒们要竭力结束这种混乱。既然当时的基督教世界无法做到如同放牧者统率羊群那般得心应手，那么赫尔墨斯自然就会想要找一个强有力的"牧羊人"，找一个坚不可摧的"塔"，这座塔能聚集起从各个方向吹来的风、周围的海洋和山脉等所有要素，形成一个神圣的整体。

心理能量日益被以各种形式表现出来的淫欲，与这个世界紧密相连的诱惑与尘世欲望，以及在这个世界中各种形式的肆意挥霍消耗着，这就给连贯的和有目的的态度造成了阻碍。因此，排除这种障碍就是那个时代最重要的一个任务。所以我们就不奇怪为什么会在赫尔墨斯的《牧人书》中看到怎样完成这项任务的情景了。我们已经看到他那被释放的原初情欲冲动和能量如何转化成了无意识的情结，这就是老妇人和教会的形象，这种形象的幻觉的出现是潜在情结具有自发作用最好的证明。除此以外，我们知道，现在这位老妇人成了代表着教会的塔的形象。这种转变让人感到难以预料，因为老妇人与塔之间缺乏明显的联系。然而，《洛雷托的启应祷文》中描述的圣母的特性有助于我们理解这一点，那里的"塔"是与圣母联系在一起的。圣经《雅歌》的第4章第4节第一行提到了这些特性："你的颈项就像大卫建造的收藏军器的高台。"第7章第4节："你的颈项就像象牙台。"与之相类似的句子也出现在第8章第10节：

"我是墙，我两乳如同其上的楼。"

众所周知，著名的《雅歌》原本是一首世俗情诗，也可能是一支在婚礼上表演的曲目，因此犹太人学者一直到晚近时期都不接受把它当作教规来学习。不过，有某些深奥的解释把新郎比喻成上帝，把新娘比喻成以色列，而这完全出于正常的本能，这种本能甚至还用诗歌中的爱情作为上帝与选民之间的关系的象征。基督教圣经出于同样的原因也收录了《雅歌》，于是一些人认为新郎象征的就是耶稣基督，而新娘象征的是教会。这种解释与中世纪基督教神秘主义者的心理特别吻合，因为这将他们不知羞耻的情欲唤醒了，其中的典型就是冯·迈格德贝格。《洛雷托的启应祷文》的构思也遵循了这种精神。它将圣母具有的某些特征直接从《雅歌》中联想出来，比如塔的象征。甚至玫瑰花早在希腊神父的时代就被当成了圣母玛利亚的一种特征，与百合花一同出现在《雅歌》里（第2章，第1节）："我是谷的百合花，是沙伦的玫瑰花。""关锁的园"和"封闭的泉源"是中世纪赞美诗中比较常用的意象（《雅歌》第4章，第12节："我新妇，我姐妹，乃是禁闭的井，关锁的园，封闭的泉源。"）。很明显，当时的神父们全盘接受了这些意象所表达的明显的情欲性质。比如在圣·安布罗修斯看来，"关锁的园"比喻的就是童贞。同样地，圣·安布罗修斯用蒲草箱（刚出生的摩西躺在里面）来比喻圣母：

圣洁的圣母就如同蒲草箱，所以摩西的母亲已经准备好了。上帝超人的智慧使他选择让他的儿子在圣洁的处女玛利亚的腹中孕育，并成长为一个男子汉，于是他的神性与玛利亚的人性就统一起来了。

圣·奥古斯丁在玛利亚（后来的作者常常使用）身上用了将内室明喻为洞房的方法，后来这种明喻也常为后世的作者采用，而在解剖学上，它同样具有典型的意义："这一贞洁的洞房是他为自己选择的，新郎和新娘在这里同房。"还有："他诞生于这个洞房，即这个处女的子宫里。"

于是，为确证圣·奥古斯丁的观点，圣·安布罗修斯把容器也解释为子宫，他说："他所选择的这个容器不是属于尘世的而是属于天庭的，他在这里诞生，以致这个耻辱之殿变得圣洁。"在希腊神父那里常常出现"容器"这个称谓。在《雅歌》中它或许会以暗喻的形式出现，尽管拉丁文版本的《圣经》中并没有"容器"这个词，但我们却发现了它的替代名词——酒杯和饮酒的意象（《雅歌》第7章，第1节）："你的肚脐就像圆杯，一直充满调和的酒；你的腰就像一堆麦子，周围开满百合花。"第一句的含义与科尔玛手稿《巨匠之歌》中的描述相类似，在那里，采用撒勒法的寡妇的油瓶（《旧约》的《列王记上》来比喻玛利亚，第17章，第9节及以后节）："你起身去西顿的撒勒法，并在那里居住，我已告诉那里的一个寡妇，让她供养你。以利亚就前往撒勒法；撒勒法的寡妇说：'上帝给我降下了一位先知，使我们可以度过这个饥荒的时代'。"至于第二句，圣·安布罗修斯说："恩典如小麦堆与百合花丛般在圣母的腹中增长，甚至如同小麦和百合花一样生长。"在天主教文献中，容器象征的意义在一些非常不起眼的章节中也有所映射，如《雅歌》第1章第1节："愿他用嘴唇亲吻我：因为你的爱情比酒更有魅力。"他们甚至从《出埃及记》中抽出第16章第33节所描述的内容："拿一个罐子来，装满一俄梅珥吗哪，供奉在耶和华那里，传给世世代代。"

这些联想都是苦思冥想的结果，目的就是对容器象征只起源于《圣经》的观点做出反驳。认为除了《圣经》之外，容器象征还有其他的来源是有据可查的，中世纪在赞美圣母玛利亚时大胆地借用了各地的比喻，从而使一切珍贵的事物都与圣母产生了某种程度的关联。很早就已存在容器象征，其源头可以追溯到公元3世纪或4世纪。它的世俗起源与这一事实没有冲突，因为就连神父都对《圣经》以外的异教意象产生了兴趣；典型的例子就是德尔图良与圣·奥古斯丁，他们都用未受玷污的、未被开垦的土地来比喻圣母，而从未从侧面见过那位神秘的柯丽。这种以异教模式所进行的比较近似于库蒙所描绘的在中世纪早期的插图原稿本中出现以利亚升天的情形，它们的原型都是同一个——古代密斯拉。教会的许多仪式都与异教的模式有着密切联系，比如耶稣降生的过程就与所向无敌的太阳的诞生惊人地相似。圣·希罗姆则用作为光明之母的太阳来比喻圣母。

这些不是源自《圣经》的寓言，可能只是源自当时泛滥的异教观念。因此，如果要研究容器象征，就必须明白当时非常著名和流传甚广的诺斯替教容器象征才是最为公正的。那个时代留下来的大量的镌刻的珍宝上都有着大水罐的象征，各式各样龙飞凤舞的图案镶在上面，这极易让人联想到包含脐带的子宫。然而，完全不同于对玛利亚的赞美诗，这种容器被称为"罪恶之瓶"，而在赞美诗中则是"贞洁的容器"。金反对这一武断的解释，他的观点与科勒一致。在科勒看来，那些珍宝上的浮雕（主要是埃及的）实际上是水车上的罐子，用来从尼罗河抽水灌溉农田；这也合理地解释了那些把罐子系在水车上的特殊带子。金发现，用罐子施肥灌溉象征的是"用俄赛里斯的种子（精子）使爱色斯受孕"。人们常常能在这类容器上发现筛篮的图样，这可能指的就是"依阿克阔斯的神秘筛篮"或lkvov，用来比喻小麦颗粒出生的地方，并象征着生殖。希腊以前有过这样一种结婚仪式，将一个盛满了水果的筛篮放在新娘头上，寓意新娘今后早生贵子，儿女绕膝。

对容器的这种解释在古埃及人的观念中得到了证实，即原初的水是世间万物的起源，Nu或Nut，意思与尼罗河或海洋相同。Nu

由三个罐子组成，即三个水的符号和天空的符号。有一首赞美卜塔－特伦的诗歌是这样写的："谷物的创造者用他那古老的姓名给谷物命名，即'奴'，创造者使山上的水源源不断，使天空的水慢慢丰富，将生命赐予男人和女人。"沃利斯·巴奇爵士使我们对这样一个事实更加注意，即现在，在埃及南部的偏僻地区，依旧以雨水和生殖魔力的形式存在着子宫象征。在那里偶然还会发生这样的事件，当地人在丛林中杀死一个妇女，然后取出她的子宫，以备在各种魔法仪式上使用。

虽然基督教神父们对诺斯替教等异端的观念表示抗拒，但是只要人们考虑到他们在很大程度上会受到这些观念的影响，那么有一种容器象征已得到证明，也就不难理解与基督教相符的异教遗迹了，圣母崇拜使基督教会对爱色斯、梅特尔和其他母神的继承获得了保证，它本身最可能就是一种异教遗存。智慧容器的意象同样能够让人联想到索菲娅，这对诺斯替教来说具有重大意义。

因此，正统的基督教吸收了某些诺斯替教的因素，它们的表现便是女性崇拜，也就是强烈地崇拜圣母玛利亚。还有很多与此相关的有趣材料，我从中选取了《洛雷托的启应祷文》作为这种同化过程的事例。这种基督教象征消灭了尚处在萌芽状态中的人的心理文化；因为人的灵魂最初就向固定的女主意象中投射，从而不可能通过同化把个体的形式表达出来。因此，灵魂会因受集体性崇拜的压抑而使个体分化丧失。这种丧失造成的结果常常是不幸的，在此状况下，人们很快就会感受到这种不幸。既然集体性的圣母崇拜把与女性的心理联系表现了出来，那么女性意象就没有了因人类存在而具有的自然权利的价值。只要集体的表现形式取代了个体的表现形式，该价值就会向无意识中沉去；只要个体进行选择，个体就能通过该价值找到自然的表现形式，在无意识里，女性意象能获得一种可以激活古代要素和婴儿期要素的能量值。既然分离的欲力将一切无意识内容激活了，从而使它们向外在客体投射，那么便削弱了真实的女性意象，由魔性的特征进行补偿。女性表现为虐待者或女巫的面目，而不再以爱的对象出现。所以，中世纪后期产生了一个无法磨灭的污点，那就是圣母崇拜造成了猎女巫的出现。

不过后果却远非如此。无意识将在更普遍的范围内被有价值的前进趋势的分裂和压抑激活。在集体的基督教里找不到这种普遍的激活的合适的表现方式，因为一切恰当的表现方式都不得不采取个体的形式。这就为异端和教派分立提供了契机，因此只有通过宗教狂热，基督教意识才能与之进行有效的抗衡。无意识过度抗衡的产物使得宗教裁判对异端进行疯狂打压，并最终引发了宗教改革运动。

读者可能没有想到，我会用这么大的篇幅来描述容器象征。不过我这么做的理由是十分明确的，即我希望能以此对女性崇拜与圣杯传奇之间存在着的某种心理上的联系进行说明，中世纪早期的基本特征在后者身上是十分明显的。尽管这一传奇的版本有很多，但圣杯这一容器一直都是它们共同的核心的宗教观念。众所周知，圣杯并非一个基督教的意象，要寻找它的根源只能去查《圣经》以外的资料。按照我所引述的资料分析，我觉得它毋庸置疑就是一种诺斯替教信仰；它也许是因为其神秘的传统而在所有异教被根除时得以幸存，也许是在无意识对正统基督教统治进行抗拒的过程中获得了重生。但无论如何，它都是那个时代女性原则在男性心理中强化的标志。它被象征化为不可思议的意象的原因是女性崇拜引发了性欲冲动的精神化。但精神化一般表示存在一定数量的欲力，不然的话它将马上在过度的性行为上被消耗殆尽。经验表明，倘若存在欲力，除了一部分会向精神性的表现流去之外，其余的残留物则都会沉入无意识，将与之相应的意象激活，象征是在受到抑制的欲力形式中产生的，然后又反过来有效地控制这些欲力形式。象征的分解表示欲力沿着一条笔直的道路倾泻，或者最起码是一种所向披靡的直接使用欲力的冲动。但有生命力的象征彻底根除了这种危险。只要人们认识到了象征的易于分解性，象征的魔力就丧失了，也就是说失去了它救赎的力量。一个有效的象征一定有着完美无缺的本性。它应当是世界观最完美的表达，是一个囊括了所有意义的容器；它也必然与理解力毫无关系，能抗拒所有批评理性企图对它做出的分解；最后，它的审美形式必然会强烈地吸引着我们的情感，以致没有能够与其抗衡的争论。圣杯象征在一个时期里符合了上述所有要求，所以它充满活力，就像瓦格纳列举的例子所证明的那样，虽然我们的时代和我们的心理学还在不断努力寻找问题的答案，但时至今日它依旧散发着活力。

现在让我们概括一下以上冗长的讨论，看看我们都从中取得了怎样的收获。首先，让我们想想赫尔墨斯的幻觉，他从幻觉中看到了正在建构的象征着教会的"塔"。因而，那位老妇人的意义被转变成了塔，所以她才会在一开始便宣称自己代表教会，《牧人书》后面的内容都与此密切相关。对赫尔墨斯而言，他的关注点以后应该从老妇人转到塔上，因此只留下了罗达。到这里，欲力从现实客体中分离出来，集聚在象征中，并被导向一种象征的功能。于是，普遍的和不可分裂的教会观念在赫尔墨斯头脑中变成了牢不可破的现实，固若金汤、完美无瑕的塔的象征就是其表现。从客体中分离出来的欲力进入主体，激活了潜伏在主体的无意识中的意象。

这些意象呈现为自身转变成相对贬值的客体的对应物形式，它们是构成象征的古代的表达形式。这一过程就像人类的存在一样有着悠久的历史，因为各种象征不仅曾出现在史前人类的遗迹中，到现在，依然能在大多数原初人类种族中看到它的存在。所以，象征形成是一种非常重要的生物性功能，这一事实是十分清楚的。因为只有通过客体的相对贬值象征才能充满活力，所以，剥夺客体的价值就是象征所要达到的目标。倘若客体具有绝对的价值，那么它就会使人丧失全部行动自由，成为主体的绝对主宰，因为就算是一种相对的自由也无法生存于客体的绝对主宰地位下。对客体的绝对关系是与意识过程的完全客观化对应的；这相当于使所有认识都变得不再可能的主体与客体的同一。时至今日，在原初人中仍然以非常微弱的形式存在着这种状况。我们经常会在分析实践中遇到的那种所谓的投射实际上也是这种主体与客体原初同一的残余物。

这种状况是由认识的排除和意识经验导致的，它会给适应能力带来极大的损害，但对人而言，这种表现尤其严重，因为人没有本能防御的能力，其年幼的后代也孤弱无力，所以人处在十分不利的境地。同样，因为情感与客体的同一会产生种种不利因素，所以感情状态不佳也是一种危险：首先，各种程度的客体会随时对所有主体造成影响；其次，主体部分生发的任何情绪都可以马上干扰客体。在此，我要给大家讲述一个与丛林垦荒者的生活有关的故事，借助它我可以把我的想法更好地表达出来：一个垦荒者以原初人的那种溺爱来对待自己的小儿子。而在心理学上，这种爱就是自体性爱，即主体借客体而自爱。在这里客体的作用相当于一面性爱的镜子。有一天，垦荒者一条鱼都没钓上来，他一走进家门就大发雷霆。他的小儿子如同平常那样跑过去迎接他，可他却一把抓住孩子并当场将他的脖子扭断了。当然，之后他又同样毫不犹豫地放纵自己去哀悼他的孩子，而导致他亲手杀死了自己孩子的正是这种放纵。

客体与瞬间感情完全同一在这个故事中得到了很好的体现。大家都知道，不管对哪个部落的防御组织和种类的繁殖而言，这种心理状态都是非常不利的，所以必须对其压抑或干脆将其转移。这就是象征要实现的目的，它就是为这个目的而生的。它使欲力从客体脱离出来，因此主体获得了剩余的欲力，客体则相对贬值。这些剩余的欲力能够对无意识产生影响，以致主体发现自己处于内在与外在决定因素之间，从而拥有选择的可能性和相对的主体自由。

　　通常来讲，象征的起源就是古代的遗迹或种族的印痕（印记），尽管其具体年代和源起已无从考证，但却有很多推测存在。企图从个体根源去寻找象征起源的方式是非常错误的，比如从压抑的性欲中寻找象征的起源。这样的压抑最多只能将古代印迹所需的欲力的数量激活。不过，这种印迹与功能的遗传模式是相同的，但功能遗传模式的存在属于普遍的本能的分化，与性欲压抑在历史上没有联系。以前，本能的分化是一种生物的需要，现在依旧是；它并非独属于人类，因为就算性欲萎缩的工蜂，也同样会表现出这一点。

　　我在前面对容器象征进行的阐述，目的是要说明象征源于古代观念。我们发现原初人关于子宫的观念就是这种象征的根源，由此推测塔的象征也有与此类似的起源。或许塔象征着男性生殖器，这种象征在历史上十分常见。因此，当赫尔墨斯看到那诱人的白床，却必须压抑自己的情欲幻想时，随之出现塔的意象（也许表示勃起）也就不足为奇了。不容置疑的是另一种关于教会和圣母玛利亚的象征特性具有性的根源，这一点我们已经看到，对此《雅歌》中的内容就是非常好的证明，教会神父们也做出了相当明确的解释。《洛雷托的启应祷文》中塔的象征的起源与此相同，所以它们潜在的意义可能也是一样的。用"象牙"比喻的塔暗指身体的外形（《雅歌》第5章，第14节："他的身体就像雕刻的象牙"），很明显它也具有性的根源。不过，塔本身也在性欲的关联中出现过。《雅歌》第8章，第10节有下列描写："我是墙，我两乳就如同其上的楼。"在此，楼明显是指那凸起的丰满坚实而又具有弹性的乳房。此外，还有一处描述："他的腿就像白玉石柱。"（第5章，第15节）"你的颈项就像象牙台。"（第7章，第4节）"你的鼻子与朝大马士革的黎巴嫩塔相似。"（第7章，第4节）很明显，这些代表的都是某种细长且凸出的东西。这些特性都来自触觉，从身体器官转移到客体的触觉。大家都知道，心情会影响对周围世界的感觉，心情忧郁时仿佛一切都是灰色的，而心情欢快时仿佛一切都是明亮多彩的；同样，主观性欲感觉（在这里是勃起的感觉）也会影响触觉，触觉的感受性特征向客体身上发生了移转。用主体中所激起的意象来增强客体的价值是《雅歌》的性爱心理的目标。教会的心理学将欲力导向形象性的客体时用的是同样的意象，而赫尔墨斯的心理学的目的是对无意识地唤起的意象本身进行提升，使该意象能将对那个时代的心灵而言具有最高价值的那些观念体现出来，即对刚刚建立起来的基督教态度和世界观进行巩固并使其形成组织。

二、艾克哈特有关上帝观念的相对性

在赫尔墨斯经历的转化过程中，略微地将中世纪早期心理学中所发生的更大规模的一件事情体现了出来，那就是重新揭示了女性并发展了女性的象征——圣杯。因为赫尔墨斯是从别的角度来看待罗达的，所以使欲力实现了自由的转化，而自己的社会使命也得以完成。

在我看来，我们的心理特征是，在新时代的开端找到了两个必然会对年轻一代的内心与精神产生巨大影响的大人物：第一位是爱的倡导者瓦格纳，可以在他的音乐中找到从特里斯坦下降至乱伦的激情，也可以找到从特里斯坦上升到帕西法尔的优美精神，情感的所有领域都被他表达得淋漓尽致；第二位是权力和个体化的强力意志的宣扬者尼采。在瓦格纳最后也是最崇高的著作里，如同歌德回到但丁一样，再度回到了圣杯传说当中，而尼采则紧紧抓住主人等级和主人道德的观念，还有那种在中世纪的许多被宠爱的英雄和骑士身上体现的观念。瓦格纳彻底摧毁了所有爱的禁锢，而尼采则撕碎了辖制个性的"价值法典"。尽管他们是为同一个目标而努力奋斗的，但仍不可避免地产生了无法调和的对立；因为在权力压倒一切的地方，爱根本无法立足，而在充满爱的地方，权力又必须退居其次。

中世纪早期的心理被这两位德国最伟大的人物用他们最重要的著作呈现给了我们，而这足以说明那个时代遗留下来的问题依旧悬而未决。因此，有必要对其进行更加细致的考察。我有一种强烈的感觉：也许新生命取向的胚芽，即一种新的象征就包含在那些促使骑士团（比如圣堂骑士）产生，并好像在圣杯传说中找到了其表达方式的神秘事物中。圣杯象征具有的特征是非基督教或者说是诺斯替教的，这促使我们回想起那些早期基督教的异端，以及那些蕴藏着整个世界的非凡的思想财富的根基。我们在诺斯替教中看到无意识心理达到了不同寻常的全盛状态；它包含着最强烈反抗"信仰统治"的真实之物，以及普罗米修斯式的创造精神，而这些都与集体原则无关，只属于个体灵魂。无论其形式粗糙与否，我们确实在诺斯替教中找到了之后几个世纪都没有的东西：在个人天启能力和知识能力中的信仰。这种信仰的根本是人与神的亲缘关系的自信情感，与任何人类法则都没有关系，它们的主宰力非常强大，甚至仅靠纯粹的灵知的力量就能将诸神征服。在诺斯替教中隐藏着通向德国神秘主义直觉的道路，这在心理学上具有重大的意义，德国神秘主义会将我们正准备论述的这个时代的魅力充分地显现出来。

由于如今摆在面前的这个问题，我们不得不把注意力向这时代一位伟大的思想家艾克哈特的身上转移。一种新的取向的迹象在骑士团那里出现了，而我们在艾克哈特这里也发现了一些新的观念，它们具有相同的心理取向，但丁就是在这种心理取向的怂恿下追随贝德丽采进入到无意识的冥界的，歌手们也在它的怂恿下唱起了圣杯之歌。

不过遗憾的是，我们对艾克哈特的个人生活经历根本不了解，否则我们就能知道他是怎样使自己认识灵魂的。不过，他在忏悔演讲中对那种冥思的状态进行了描述："在如今，最初没有误入歧途、而后能成就伟大事业的人已经很难寻觅到了。"也许我们能以此作为依据，推断出他写作的素材就是他的个人经历。不同于基督徒的那种负罪感，艾克哈特对上帝有着内在的亲和感，因而他具有令人惊叹的感染力。我们感觉到自己进入了一种广阔的空间，这是《奥义书》带来的。艾克哈特肯定感受到了自己逐渐增强的灵魂价值，或者说他逐渐提升的内在存在，这些使他获得了纯粹心理的和相对的上帝观念，以及人与上帝的关系的观念。在我看来，发现上帝与人及灵魂关系的相对性，并将其深刻地揭示出来，不仅对理解宗教现象的心理学有帮助，而且对把宗教功能从理性批判的那种令人窒息的辖制中解放出来有帮助，虽然我们无法否认这种批判肯定有它的职责所在。

象征的相对性是我们这章的主要论题，而现在我们距离这个论题已经很近了。按照我的理解，切入点就是"上帝的相对性"，因为它抛弃了上帝是"绝对的"或与人完全"隔绝"的，只存在于超越一切人类状况之外的观点，认为上帝就存在于人的感觉中，即人与上帝之间是一种相互依存的根本性关系。由此看来，可以把上帝理解为一种人的心理功能，而把人理解为一种上帝的功能。从分析心理学的经验观点来看，上帝意象是一种对心理功能或特殊心理状态的象征表达，它的特征绝对高于主体意志，所以无论意识怎样努力都永远无法达到它对行为所产生的那么大的影响和成就。上帝的功能在行动时显现出来，会使行为具有势不可当的冲动，而且能够产生超越意识理解力的灵感，而所有这些都是无意识中的能量集聚的结果。欲力的集聚激活了在集体无意识中休眠的各种意象，其中也包括上帝意象，即遗迹与印痕。这些遗迹与印痕因为无意识的欲力的集聚对意识的心灵产生了影响，所以它们成了人类有史以来对至高的强大影响力的集体表达。

心理学作为一门科学，不可以超出由认识所设置的经验数据的范围，由此看来，上帝应该是一种无意识的功能，即用来将上帝意象分离出来的一定量的欲力激活的表现方式，而不是相对的。形而上学的观点想当然地觉得上帝是脱离其他事物独立存在的，是绝对的，也就是说上帝与无意识毫无关系；而在心理学的观点看来，这只能表示对上帝的行为是从人的内在存在产生的这样的事实的无知。与此相反，上帝相对性的观点是指，大多数的无意识过程被列入了或最起码可以说是被间接列入了心理内容。当然，只有在心理上集中超乎寻常的注意力，从被投射的客体中将无意识内容撤回，并且将其意识的性质赋予它，以致它们最后从属于主体且被主体制约时，才可能获得这种洞察力。

这种情形出现在神秘主义者那里，并非上帝的相对性观念的首次露面。因为对于它的原则或是真正的本质，我们早就在原初人那里看到过了。上帝（神）观念几乎在一切有较低级次人群中的地方，都具有完全的动力性特征；上帝（神）是一种神圣力量，与灵魂、健康、酋长、魔力、财富有关，它可以经由某种程序获得，从而使人得到其在生活中所需的东西，但是倘若使用不当也会带来危害。原初人认为这种力量不仅内在于他，也外在于他；不仅是支撑他生命的力量，也是能够保护他健康的"魔力"，或是散发自他的酋长的超自然之力。在这里，我们认为自己已经拥有了穿透一切的精神力量的概念。从心理学上来讲，巫师的威望或物神的威力实际上都是那些客体所进行的无意识的主观评价。它们的力量是由主体无意识产生的，存在于欲力中，同时从客体那里也可以感受到它，因为被激活的无意识内容都会以投射的方式出现。

所以，中世纪人的那种神秘的上帝的相对性其实是回归到了一种原初人的状态。与之截然相反的是，个体与超个体的阿特曼这个相关的东方概念是在设法保留原初人原则的效应的基础上，以典型的东方人的方式，超越了原初人而继续向前发展的。倘若考虑到这一事实，那么就不会觉得向原初人回归很奇怪了，而这一事实就是：宗教的一切重要形式，都将原初的意向集合或多或少地融入了其宗教仪式或伦理观念中，这样就能够确保那些神秘的本能力量在宗教程式中增进人性的完美。像印第安人那样始终与原初人保持联系或这种向原初人的回归，能使人持续地与大地母亲接触，从而保持住所有力量的原始本源。不过，从已经分化的观点来看，比如从道德观或理性观的角度来看，这些本能力量并非绝对"纯洁的"。凡是过于"纯洁"的东西就没有足够的生命力，所以生命本身的源头是既清澈又浑浊的。倘若将其中的浑浊因素排除在外，那么对清澈的执着追求以及分化的努力就只能代表生命强度的失衡。每一次生命的更新都离不开清澈与浑浊。伟大的相对论者艾克哈特早就明确地感受到了这一点，他说：

　　出于这个原因，上帝甘愿一次次地被各种罪恶伤害，却故意对它们视而不见，他常常在那些被指定要从事伟大事业的人们的身上施加罪孽。瞧！我们的传道士是最亲近上帝的人，但他们都是罪人，而且大多数犯过不可饶恕的大罪。就像我们在《旧约全书》和《新约全书》中看到的那样，与上帝最为亲近的人都是曾被他指出犯过大罪而悔改的那些人，这就表明：截至目前，不可能寻觅到最初一点错误都不犯最后却能成就伟大事业的人。

　　因为艾克哈特的心理十分敏锐，宗教情感、宗教思想十分深刻，所以才会在13世纪末倡导教会批判运动中脱颖而出。下面几段文字是他有关上帝的相对性观念的言论：

　　人是真正的上帝，上帝是真正的人。

倘若人没有获得内在于自身的上帝，他肯定要想方设法从外在方面获得他，不过就算他采用了各种行为方式，找遍各种事物以及所有的人群或地点，也永远找不到上帝；毫无疑问，这种人非常容易受到某种事物的影响，因此他无法拥有上帝。无论是邪恶的团体，还是善意的团体；无论是街道，还是教堂；无论是恶意的行为和话语，还是友善的行为和话语。总而言之，这一切事物都能轻易地对他产生干扰。因为有巨大的障碍存在于他自己的内心，对他而言，上帝依旧没有变成世界。倘若他拥有上帝，那么不管身处什么地方他都能感到安逸，对所有人都有安全感，这样一来上帝就能永远在他的内心居住。

这段话蕴含着非常特殊的心理学价值，因为它表明了上文讲到的上帝观念的某些原初特征。"从外在方面获得上帝"与从外在方面获得tondi的原初观点相对应。当然，在艾克哈特眼中，这可能只是一种演说的修辞手法，不过，它的原初意义却因此而完全暴露了出来。总之，"他非常容易被这些事物困扰"很明显地证明了艾克哈特把上帝视作一种心理价值。倘若上帝是外在的，那么他就必然会被投射到客体上，在客体身上附加一种过度的价值。所以当这种情形发生时，客体便将巨大的影响力施加到主体上，使主体变得像个奴隶。这个世界因这种从属于客体的情况而以上帝的面目出现，也就是说上帝是唯一的决定因素，艾克哈特对这一点进行了十分清晰的论述。他是这样评价这种人的，"上帝还是没有变成世界"，因为对于这样的人而言，世界已经取代了上帝。他没有成功地从客体中分离出剩余的价值并使其内倾而成为内在的所有物。倘若能拥有这种内倾的剩余价值，他就得到了上帝（这一同样的价值），并且将上帝视为客体，通过这种方式上帝就变成了世界。然后艾克哈特又说：

　　情感正确的人在任何地方和任何团体中都是正确的，倘若他不具备正确的情感，那么他无论在什么地方或与什么人接触都无法找到任何正确的东西。因为上帝始终与拥有正确的情感的人在一起。

　　倘若一个人拥有这种价值，那么无论他身处何地都会感到自如，他既不需要也不希望从客体中找到他缺失的东西，因而他也就不会对客体产生依赖。

　　从上面这些思考来看，有一点是非常明确的，对艾克哈特而言，上帝就是一种心理状态，更准确地说，是一种心理动力状态。

　　倘若我们能够理解上帝的天国，也就理解了灵魂，因为从本质上来看，二者是相似的。所以只要上帝本身是天国，那么在此谈论一切与上帝天国有关的东西，就和谈论与灵魂相似的本质没什么不同。圣·约翰说："世间的一切都是上帝创造的。"必须把这里的一切理解为灵魂，因为灵魂能够代表一切。而之所以这么说，是因为灵魂是上帝赋予的，且同属于上帝的天国……一位长老曾经说过，上帝在灵魂中非常根深蒂固，以至于他整个的神圣本质都对灵魂产生了依赖。寓于上帝之中的灵魂并不能获得极乐，但当上帝寓于灵魂之中时，灵魂却能获得极乐；所以，后者所处的层次明显比前者更高。上帝就是灵魂中的极乐，一切皆有赖于此。

　　从历史范畴来看，灵魂的概念有着多种解释和多重面向，但最终我们可以将其归结为一种心理内容，在意识范围内它肯定拥有一定程度的自主性。不然的话，人们不可能将一种具有独立存在的特性的观念赋予灵魂，以致灵魂给人的感觉似乎是某种客观的可被感知的东西。灵魂一定是自发内在的某种内容，因而其中一部分是无意识的，就像所有自发性情结一样。按照我们所知道的，通常来说原初人具有好几个灵魂，即自发性情结具有较高程度的自主性，因此，在例如精神失调等一些时候，他们也就拥有了多重的存在。灵魂的数量随着社会的发展进步，在逐渐减少，倘若文化发展到最高层面，灵魂就会彻底消失，变成主体心理活动的一般意识，而且在整个心理过程中只作为一个用语存在。东西方文化所共有的特征是灵魂同化于意识的状况。佛教里的一切东西都被同化于意识中；就连净化这种无意识的建构性力量要想得到转化也要借助宗教的自我发展。

在分析心理学看来，灵魂与心理功能的整体并不是一致的，这一点与上述灵魂观念的历史演变不一样。我们将灵魂界定为与无意识的关系和无意识内容的人格化身。从文明的角度上来说，这种无意识内容的人格化身的存在，就如同具有已分化的意识的人依旧会因作为无意识的内容的存在深感悲叹一样，也是让人感到悲哀的。不过，因为分析心理学关心的是人实际上是什么，而不是人想让自己是什么，所以我们不得不承认，那些促使原初人谈到的"灵魂"的相同现象一直存在，就如同一个文明民族中也有不少人相信鬼神一样。同样，我们可以极大地信任我们"自我统一"的理论，按照这个理论，根本不可能存在诸如自主情结这类东西，不过，我们的抽象理论却丝毫迷惑不了人的本性。

倘若用无意识内容的人格化身来定义"灵魂"，那么就像前文所说的，上帝也就应该是一种无意识内容，倘若觉得上帝是人，那他就是人格化身；倘若觉得上帝是动力，那他就是某些东西的意象或表现形式。当把上帝思考成无意识内容的人格化身时，上帝与灵魂基本等同。所以，艾克哈特的观点也是绝对的心理学观点。他曾经说过，寓于上帝之中的灵魂不能获得极乐。倘若人们觉得"极乐"

是一种强烈的生命状态，那么，按照艾克哈特的观点来看，只要"上帝"（即欲力）作为动力原则向客体中投射时，这种状态就不可能出现。因为，倘若上帝这种最高的价值不是在灵魂中，就是在其他地方，上帝肯定会从客体退出转而进入灵魂，这才是"更高的状态"，在此状态中，上帝就是"极乐"。这在心理学上表示的是，当欲力投注于上帝，或者说当被用来投射的剩余价值被视为一种"投射"时，客体就丧失了那绝对的重要性，因此剩余价值在个体中持续增长，最终产生了一种新的势能，并使得强烈的生命感获得提升。上帝就是最高强度的生命，所以当上帝寓身于灵魂之中，也就等于进入了无意识之中。不过，这并不代表在这个意义上说，上帝已经彻底变成了无意识，意识中也再不会存在有关上帝的观念。这代表的只是这样一种情形——比如说最高价值转移到别的地方了，以致如今从外部根本找不到它，只能在内部找到它。此时的上帝变成了一种自主的心理情结，而客体却已经不是自主性要素。不过，一个自主性情结是无法具有完全的意识性的，因为它与自我的关联是非常有限的，自我绝对不能将自主性情结整个包容在内，不然，它就不再是自主的了。从这一刻开始，价值过高的客体就失去了决定性作用，而无意识则拥有了决定性的因素。由此便会感觉决定性影响就发生在自身中，这种感觉造成了存在的统一的出现，起支配作用的显然是无意识，而意识与无意识相互关联。

现在我们必须问自己一个问题，出现这种"极乐"的情感就表示爱的陶醉吗？在这种与大梵类似的极乐状态中，由于无意识中存在着优势价值，因而意识势能一点点下降，无意识开始起决定性作用，而自我则彻底消失了。看到这种状态，我们会不自觉地想起原初人和儿童期，无意识对他们产生了强有力的影响。我们很可能会断言：这种极乐的根本原因就是回归到那种早期天堂般的状态，并满足于得出了这一结论。然而，这种原初状态为什么能带来这么特异的极乐，这是我们必须要弄明白的。极乐感仿佛一直与种种欢乐时光相伴而来，那种欢乐就如同被阻塞的东西终于突破阻塞而能自由流淌，如同拥有了流动的生命特征，如同不必有意识地付出努力就能获得某种结果。对于这种情境或心情我们都了然于心，那时"事情会自行运转"，想要获得喜乐并不需要我们编造各种无聊的前提条件。童年时代象征着这种难以忘怀的快乐，那时事物根本不会干扰到我们，快乐如同暖流一般在心底汩汩流淌。所以"孩童似的"是一种独特的内在状况的象征，是极乐依赖的对象。"孩童似的"表示拥有一座欲力集聚的宝库和源泉，欲力从中不断地向外喷涌。儿童的欲力流向各种事物；因此他获得了世界，不过，随着他一天天过高地评价各种事物，他在世界中逐渐丧失了他自己（沿用宗教的语言）。一旦依赖于各种事物，就必须做出牺牲，即将欲力撤回，断绝与一切外在的联系。宗教的直觉教义力图以这种方式将能量重新聚集起来；而宗教也的确演示出了欲力在象征中重新集结的过程。其实，倘若没有意识力的阻碍，主体的过低价值与过高地评价客体之间就会形成鲜明的对比，这样一来，欲力自然就会被退行的流动带回到主体中去。我们发现，在每个原初人存在的地方都能看到与人的天性保持一致的宗教活动，因为在各个方面原初人都能轻松地依循自己的本能。他的宗教活动能够把他所需的魔力创造出来，或者能把他丢失在夜间的灵魂招回去。

在"不要属于这个世界"的训谕中，蕴含着伟大的宗教目标，它暗示着进入无意识的欲力的内在运动。其撤回和内倾促使欲力在无意识中汇聚，可以用"珍宝"来比喻，就像寓言里所说的"原野中的珍宝"和"昂贵的珍珠"一样。艾克哈特是这样解释"原野中的珍宝"的：

基督说："天国就如同藏在原野里的珍宝。"此处的原野指的就是灵魂，天国神圣的珍宝就藏在那里。因此，上帝寓于灵魂之中，一切被造之物都在灵魂中获得了极乐。"

这种解释符合我们的心理学论点：灵魂是无意识的人格化身，珍宝存留在那里，即欲力沉浸于内倾之中，并且用上帝的天国来比喻。这表示与上帝永远结合在一起，生活在上帝的天国中，或者生活在这种状态下：欲力决定着意识的生活，并且在无意识方面具有优势。原本聚集在无意识中的欲力投注在客体上，使得人们对外在世界产生了一种"全能"的感觉。那时的上帝是"外在的"，而现在却开始在内部运作了，就像潜在的珍宝比喻为上帝的天国一样。所以，艾克哈特断定：倘若说灵魂就是上帝的天国，那么就能把它设想成一种与上帝相关的功能，上帝将能在灵魂之中运作，且被灵魂感受到。艾克哈特甚至用上帝的意象来称呼灵魂。

我们透过人类文化学资料和历史资料能够清楚地看到，灵魂分属于主体和精神世界或无意识。因此，灵魂兼具两种性质，即世俗性和幽灵性。原初的魔力和原初的神圣力量同时蕴含在灵魂里，所以上帝才会在文化的较高层次中被提升到纯粹理想的高度，与人彻底分离开来。不过，灵魂一定会死守他的中介位置。所以，比较恰当的方式是把它视为主体与难以接近的深层无意识之间的联系功能。这种运作于无意识深层的决定性力量（上帝）被灵魂反射了，因此将各种各样的象征和意象创造了出来，而它本身其实也只是一种意象。通过这些意象，灵魂向意识输送了各种无意识力量；它既是接收者也是输送者，对无意识内容而言，还是一个知觉器官。它所领悟到的是象征，即被定型的能量，也是一种决定性的观念，与精神价值一样具有巨大的感染力。如同艾克哈特所说，当灵魂寓居于上帝之中时，不能获得"极乐"的状态，因为这时神的原动力已经淹没了这个知觉器官，所以这肯定是一种幸福状态。只有当上帝寓居灵魂之中时，即灵魂变成了无意识的容器，并使自身变成了无意识的意象或象征时，才是达到了真正的幸福状态。幸福状态是一种创造性的状态，下面的文字绝妙地表现了这一点：

> 倘若有人这样问我：我们为何要祷告、斋戒？为何要受洗？为何要做各种各样好的工作？上帝为何要变成人？对此，我的回答是，因为上帝可能是从灵魂中诞生的，不过灵魂也有可能是在上帝中诞生的，于是才有了《圣经》。上帝创造了整个世界，上帝可能是从灵魂中诞生的，而灵魂也可能是从上帝中诞生的。对谷物而言，麦子是最内在的本质；对金属而言，金子是最内在的本质；对一切生物而言，人是最内在的本质！

在此艾克哈特坦白说，上帝依赖于灵魂，同时灵魂也是上帝的发源地。按照我们之前的见解，对于后一句话我们非常容易理解。当灵魂作为一种知觉的器官时，它可以理解无意识的内容，而当它成为一种创造性功能时，它就把象征形式中的原动力催生了出来。就意识理性的观点来说，灵魂产生了毫无价值的意象，因为根本无法直接将它们运用到客观世界中。第一个可能运用这些意象的是艺术，当然，个人具有这方面的天分是必要的前提；第二个可能运用这些意象的是哲学的沉思；第三个可能运用这些意象的则是准宗教，最后造成了异端和其他教派的建立；在各种放荡行为中消耗其能量是运用这些意象的原动力的最后一种方式。如同我们在本书开头（第25段）所看到的那样，后两种类型以特别显著的形式在诺斯替教的禁欲派（苦行的）和纵欲派（不守法的）中体现出来。

从适应现实的角度来说，无论如何，使这些意象获得意识的认识使得人与周围世界联系不再混杂，所以它们都具有某种间接的价值。无论外在的环境怎样，增进主体的幸福和健康就是这些意象的主要价值。能适应固然是一种理想，但却不可能一直是这样的。在很多情形下，适应只能代表坚韧的忍受。通过对幻想意象的精心编构，这种被动的适应会变成可能。我之所以会在此使用"精心编构"一词，是因为这些幻想只是一些原初材料，它们的价值还值得推敲。只有经过处理，把这些材料放置在一种最为精心编构的形式中，才能产生最高的价值。因为这种处理是一个技术问题，所以我在这里就不进行过多的讨论了。为了让大家认识得更清楚，在此，我要介绍两种处理方式：第一种是还原；第二种是综合。还原指的是将一切推回到原初的本能上去；综合指的是将材料演示为人格分化的过程。这两种方法互为补充，因为还原到本能就是回归到了现实，更确切地说是回归到了评价过高的现实，所以必然会出现牺牲。综合的方法使得象征的幻想被精致化了，而牺牲则导致了欲力的内倾。于是产生了一种对待世界的新的态度，它提供了一种完全不同的新的势能。我把这种向新的态度转化的功能称为超越功能。在这种新生的态度里，先前沉溺于无意识中的欲力以主动完成的形式浮现出来。它简直就是生命的再生，艾克哈特象征性地将其表现为上帝的诞生。而如果与之相反，从外部客体撤回了欲力并使其沉入了无意识之中，那么，"灵魂就在上帝中获得了再生"。就如同艾克哈特正确地观察到的那样，这并非一种极乐状态，因为它背离了生命，下降到了"隐蔽上帝"，此上帝与之前那个在白昼中沐浴的上帝在本质上是截然不同的。

在艾克哈特看来，上帝的诞生是一个连续的过程。实际上，我们在此讨论的过程是一个心理过程，基本上它都是在无意识地不间断地重复着自身，虽然只有当它转向极限时，我们才会发现它。歌德所说的心脏收缩和心脏扩张的观念，似乎从直觉上掌握住了这一点。也许我们能更确切地说，这是一个在无意识中进行的生命律动或生命力波动的问题。这也使我们对于那些现存的对此过程进行描述的术语，为何几乎都是神话方面的或宗教方面的有些了解，因为这样的表达方式并不像对神话的科学解释经常断言的那样，与月亮的盈亏或别的气象现象有关，而是与无意识的心理事实密切相连的。因为首要的是无意识过程的问题，所以对于一名科学家而言，要是想从隐喻的语言中摆脱出来，或者至少可以达到其他科学使用隐喻语言的程度，实在是太困难了。宗教语言力图通过自古以来具有深厚意义的、被神圣化的、美的各种象征，对天性的神秘力量的崇敬进行表达，心理学在这一领域的扩展不会损害这种崇敬，不过科学到现在也没有找到通往这个领域的道路。因此，我们在这里唯一能做的就是把各种象征向后（即回归）挪一点，以便能让它们黑暗的领地照进一丝光亮，但这并不表示我们要向这些错误的观念屈从，即认为我们在面对让所有时代都感到困惑的谜时，真的创造了比那种纯粹新的象征更加丰富的东西。虽然我们的科学无法从隐喻的语言范畴中脱离出来，但与那些年代久远的神话假设相比，它其实运作得更好，因为它的表达方式是具体化的，且不用借助概念。

作为受造之物，灵魂创造了上帝，因为在灵魂被创造出来之前，并没有上帝。之后没过多久我就宣布，我是上帝的原因！上帝来自灵魂：灵魂本身具有上帝性。

上帝正在生成而且死去了。

因为一切造物都向他宣告，正在生成上帝。当我依旧在上帝性的底层和深渊、洪流及源泉中滞留时，不会有人问我去什么地方或者去做什么；因为此时根本就没有向我提出疑问的人。不过，在我流出来的时候，我听到一切受造之物都在宣称上帝……为何没有人说到上帝性以及一切在上帝性中都合而为一呢？只有上帝在运作；而上帝性却没有事情可做，也从没必要找事情做。正是因此上帝和上帝性变得完全不同。当我再次向上帝回归时，我自身不需要做任何事情，所以与我第一次的离去相比，我这次的回归显得更为卓越。因为我使一切受造之物从它们自身脱离转而进入了我的内心，与我合而为一。当我再次回到上帝性的底层和深渊、洪流及源泉时，谁也没有问我从何而来，要到哪儿去。没有人会注意到我。因为上帝不复存在了。

我们从这几段引文中可以知道，艾克哈特区分出了上帝和上帝性；上帝是一种灵魂的功能，如同灵魂是上帝性的一种功能一样；上帝性则是全体，它没有形体，也对自身一无所知；很明显，上帝性是一种创造力量，它无处不在，倘若用心理学的术语来说，它就是创生性没有形体且对自身一无所知的本能，这种本能完全可以被拿来与叔本华的普遍意志做比较。而上帝则是上帝性与灵魂的产物。如同所有受造之物一样，灵魂同样"宣称"：上帝因灵魂与无意识的区分以及感受到无意识的原动力而存在；不过，倘若灵魂在无意识原动力的"洪水和源泉"中沉没，那么，上帝就不复存在了（死去了）。所以，艾克哈特说：

当我流出上帝时，万物都在宣告："上帝是存在的！"但这无法使我获得极乐，因为此时我只能将自己视为一个受造物。不过在我摆脱他时，我是虚空的，我掏空了上帝的意志，让他的造化变得虚空，就连上帝本身也是虚空的——于是我超越了一切造物，我既非上帝也不是受造之物：我就是我，无论是现在还是未来，我都始终存在！然后在一股推力的带领下，我来到了高翔于天使之上的地方。借着这股推力，我变得非常丰富，对我来说，就算是上帝及其所拥有的一切，乃至其堪称神迹的造化都算不了什么了；因为在这种突破的过程中，我既获得了自己的一切，又获得了上帝的一切。我就是我，一个变动者，无须增减，以不变而使一切变动。在人类这里上帝再也找不到容身之处了，因为通过人的空无，他们已经重新赢回了原本属于自己的永恒，而且将一直保留下来。

"流出"是一种对无意识内容和无意识原动力的知觉，出现于灵魂诞生的观念形式中。这是一种有意识地将自我与无意识原动力分离开来的行为，也就是说是把作为客体的上帝（原动力）与作为主体的自我分离开来的行为。因此上帝发生了"变化"。不过，当这种"突破"以将自我与世界分割开来的方式分离消解自我与上帝，以致自我与无意识原动力再次融为一体时，作为客体的上帝就转变成了与自我相同的主体。换言之，就是因为自我是后来分化出来的产物，于是再次与原动力的整一（原初人的神秘参与）结合了。这就是所说的沉浸在"洪流和泉源"中。显然，这与东方观念非常相似。那些能力比我强的专家们早就对它们进行了各种阐述。倘若不能直接交流，那么对东西方来说，这种相平行的类似性的证明和艾克哈特一直思考的集体心理的深层就是能够通用的。在不同的历史背景下却能做出同样的解答是因为有一种普遍基础，这种基础在原初心理之中以上帝的能量概念的形式潜存着。

这种向原初本性的回归与向史前心理状况的神秘退行会出现在所有宗教中，在那里，那些驱动的原动力作为一种经验，无论是表现在基督教神秘主义者的迷狂中，还是表现在澳洲原住民与图腾合一的仪式中，它们都依然充满生机，因为它们还没有因抽象观念而变得僵化。这一退行的过程重建了与上帝合一的原初状态，也由此产生了新的势能。也许这种状态的存在无法成为现实，不过它确实是一种印象深刻的经验，依靠复活个体与客体身份的上帝的关系而将世界进行了重塑。

谈到上帝象征的相对性，倘若不考虑那位孤独的诗人赛勒修斯

（人们认为他的悲剧命运不仅与他自身的内在幻觉无关，也与他的时代无关），那么对我们的研究而言则损失巨大。艾克哈特苦思冥想，以晦涩的理性语言极力表达的那些东西，却被赛勒修斯以亲切的诗句吟唱了出来，我们在他的诗歌中，可以看到描述上帝与素朴的天真的关系的内容。他的诗句如下：

> 我知道我若不存在
> 上帝不能多活一瞬：
> 倘若我死了，他也
> 只能逝去。
> 上帝不能失去我
> 不然的话他只能造出一条可怜的蠕虫；
> 倘若我不与他风雨同舟
> 他势必要毁灭。
> 我如同上帝一般伟大，
> 上帝如同我一般渺小；
> 我绝不委身其下，
> 他也休想高高在上。
> 上帝在我心中是一把火
> 我使他发光发亮；
> 我们的生命息息相关，
> 分离之时即为我们的末日。
> 上帝爱我胜过他自己
> 我的爱与他一样，
> 无论他赐予我什么
> 我都一定给他同等的报答。
> 他是上帝我是凡人，

我们的确不一样；

他能救助我的需要，

我能满足他的渴望。

倘若我们有意追求一切，

上帝就会对我们表示同情；

倘若我们不去完成使命，

他就会将我们视为敌人。

上帝是上帝，

我是我；

但只要认识一个，

你就认识了他和我。

上帝与我在一起，

我们寸步不离；

我是他的光亮和仁慈，

他是我的启明星。

我是上帝种下的葡萄树，

被他珍视；

我长出来的果实，

就是上帝神圣的幽灵。

我是上帝的儿子，

也爱着上帝；

我们融为一体，

既是儿子又是慈爱的父亲。

为了照亮我的上帝

我是阳光；

我把光束照射在

他那平静而广阔的大海上。

倘若只把诗句中这些大胆的思想和艾克哈特的那些观念视为一些意识沉思的碎片，那就极为荒谬了。这些思想是在集体心理的无意识潜流之中产生的，是有意义的历史现象。数以万计与这些思想相类似的情感蕴藏在意识的阈限之内，尽管这些情感没有名字，却和它们一起列居幕后，随时准备着打开新时代的大门。我们从这些大胆的观念中看到了集体心理的身影，它们自信又沉静、坚定又持守自然律，在它们的促使下，精神发生了转变与更新。无意识潜流在基督教改革运动过程中逐渐浮现出来。基督教改革运动在很大程度上使得教会作为拯救者的地位发生了动摇，重建了个人与上帝的关系。自此以后，便没有了客观化的无上权威，上帝观念变得越来越主观化了。这一主观化的过程肯定会造成教派的分崩离析，同时也带来了个人主义，这一最极端的后果是一种新的与世界分离的形式的体现，它的直接危险是沉没在无意识的原动力中。这种发展不仅产生了对"金发碧眼兽"的崇拜，还区分了我们的时代与其他时代。不过，有了这种沉没于本能的情形，就一定会出现补偿，这种补偿产生于日益增强的抵制纯粹原动力的混沌状态，以及对秩序与形式的渴望中。灵魂面对隐藏着的心理洪流，必须创造出一种象征，以表达这种原动力状态。艺术家与诗人感受或直觉到了这种集体心理的过程，于是，他们主要的创作源泉便成了对无意识内容的知觉。因为他们心智开阔，所以能够感受到时代的关键问题，至少从外在方面看是这样的。

第五节　和解象征的本质

斯比特勒的普罗米修斯是一个心理的转折点的标志：他描述了先前相和解的对立双方的严重分裂。普罗米修斯以灵魂的仆人和艺术家的身份从人类的世界离开；而社会因为完全向无灵魂的道德惯例屈从而被交了河马巨兽，它的寓意是陈腐理想导致的有害且毁灭性的影响。此时，尽管潘多拉（灵魂）将无意识中的拯救的宝石创造了出来，但却因为人们理解不了它而无法使其为人类造福。这种情况只有在普罗米修斯的干预下才会有所好转，普罗米修斯有着惊人的洞察力和理解力，他会先使少数人觉醒，接着再拯救其他人。毫无疑问，斯比特勒的这部著作的根本出发点是作家的私人生活。不过，倘若它只是纯粹地对个人经验进行了诗意的编构，那么就不存在它的普遍有效性和永久性的价值了。不过事实是，因为它不仅属于个人，而且还涉及在我们这个时代中作者对集体问题的亲身经验，所以它确实具有普遍有效性和永久性的价值。这部著作第一次问世时肯定会被大众冷落，因为无论对哪个时代的人而言，大部分人的愿望都是维护和颂扬现状，即便这种做法会将灾难性的后果带给那些有着创造力的心灵。

在此，我们还需要对另外一个重要的问题进行探讨，那就是珠宝或再生的生命象征的本质，即被诗人预示为将会带来欢乐与释放快乐的容器。为了证明宝石"神圣"的本质，我们已经举出了很多文献，这很明显表示象征包含了新的能量，即在无意识中囚禁的欲力释放的可能性。象征总是表明：一种新的生命将可能显现在这样的某种形式里，使生命从囚禁和世界性困乏中释放出来。通过象征，欲力从无意识中释放出来，并显现为获得新生的神，或者说其实是新神；比如基督教中的耶和华就被视为慈祥的、具有更高的道德、更为精神化的圣父。神的再生的主题是非常普遍的，可能也是大多数读者所熟悉的。在提及宝石的救赎力量时，潘多拉说："看啊！这群人满怀悲哀，让人心生同情，我想到了一件礼物，倘若你同意，我就可以用它来带给他们抚慰，使他们减轻痛苦。"护庇"神童"的树叶这样唱道："这里拥有现在、仁慈和福佑。"

"神童"将一种爱与快乐的信息带到这里，如同耶稣基督诞生时的那种极乐的状态。而致敬太阳女神，以及无论身在什么地方的人都在诞生时变成"善的"，而且获得了极乐这样的奇迹，则是佛陀诞生的标志。什么是"神性的极乐"？我想下面这句话是非常有深意的："也许每个人还会遇到那些意象，他曾经把它们视作闪烁着微光的未来的梦中的孩童。"显然，这证明那些产生于童年时期的幻想，人们在成年后会努力地实现它；因为随着时间的流逝，这些意象并没有消失，而是在成年后再次显现，并被付诸现实。如同《死寂的时日》中巴尔拉赫的老库勒说的那样：

我在深夜躺下时，黑暗的枕头使我无比焦虑，在我眼前灵光不时地清晰闪现，它的回响，不绝于耳；在我床的周围站着许多具有灿烂前景的可爱的人影。尽管它们十分呆板，依旧沉睡，但却无比美丽，光彩照人；倘若有谁能唤醒这些美丽人形，那么他将会成为英雄，并为世界创造一个更加动人的形象……他们从不在有阳光的地方出现，更别说要站在阳光下了。但在某个时候，他们一定会从黑夜之中站出来。那项能使他们站立在阳光下的事业是多么伟大啊！他们将在那里生活。

就像我们后来会看到的那样，埃庇米修斯的心中也对宝石这个意象充满渴望；他在关于英雄赫拉克里斯雕像的演讲中说："在我们头上将出现一块熠熠生辉的宝石，我们必定要赢得它。雕像的意义就在于此……"不过，最终埃庇米修斯拒绝了宝石。而当这块宝石出现在教士面前时，就如同埃庇米修斯所做的那样，教士们也对宝石十分渴慕，他们赞美它说："啊，来吧！啊，我的神！带着你的恩典来吧。"不过，当神圣的宝石再次出现在他们面前时，他们不仅没有接受它，甚至还肆意辱骂它。教士们唱的这些很容易被新教徒视为赞美诗：

> 鲜活的神灵，再度降临
> 你是真正永恒的上帝！
> 你有高高在上的权力，
> 让我们永远在你的居所生活；
> 所以神灵，欢乐与光明，
> 永远居住在我们心中，
> 哪怕那全是黑夜之处。
> 你这力量和权力的神灵，
> 上帝赋予了你新的精神，
> 拯救我们于诱惑中，
> 你使我们完美地升到天堂。
> 你在战场上让我们全副武装，
> 让我们坚强不屈。

这首赞美诗很好地证明了我们前面的讨论。它不仅与埃庇米修斯式创造的理性主义本质完全一致，还与那些歌唱这类赞美诗的教士一致，他们拒绝了新的生命精神和新的象征。在一切正常的情形下，理性一般以某种理智的一贯的逻辑方式解决问题，当然这是完全成立的；但倘若是在那种真正重大和具有决定性问题的情形下，就显得不太合适了。象征没有创造象征的能力，因为它是非理性的。如果证明理性的解决方式根本行不通，（就如同它在某一时期后经常做的那样），那么，在理性无法预料的那一面，问题就会得到解决。（"拿撒勒还会有什么好东西吗？"《约翰福音》第1章，第56节）比如，那种潜藏在弥赛亚预言中的心理学法则。其实预言就是无意识中对事件的征兆做出的投射。因为运用了非理性的解决方式，所以救世主的诞生往往是与一种非理性的、不可想象的状况相伴的，比如处女玛利亚怀孕生子（《以赛亚书》第7章，第14节）。这一预言与其他许多预言一样，也表现在两个方面，就像《麦克佩斯》（第4幕第1场）中所描述的：

麦克佩斯永不败
除非有一天勃南的树林
会冲着他移向邓西嫩高山。

在人们预料不到的时刻，救世主诞生在最不可能发生的地方了，即出现了救赎的象征。因而《以赛亚书》（第53章，第1—3节）这样说：

谁会相信我们所传的呢？耶和华的膀臂显露给谁呢？

他如嫩芽般长在耶和华面前，就像根从地面冒出来。他没有美丽的外表，我们看见他的时候，他也无美貌可使我们欣美。

他被人厌弃，被鄙视，常经忧患，多受痛苦。他被藐视，被人忽视，我们也不尊重他。

拯救的力量不仅会出现在人们预料不到的地方，甚至还会以一种在埃庇米修斯式观点看来非常不受欢迎的形式出现。我们发现，当斯比特勒在对拒绝象征进行描述时，他在用词方面几乎不会有意识地借用《圣经》中的语句。不过有一点是很有可能的，那就是他从那种被有创造力的艺术家和预言家唤起的拯救的象征中获得了同样的营养。

一种对立的和解就是救世主的出现带来的结果：

豺狼一定要和绵羊羔生活在一起，豹子一定要和山羊羔住在一起，雄壮的狮子一定要和牛犊并肥壮的牲畜生活在一起；小孩子要牵引它们。牛一定要和熊一起进食，牛犊一定要和小熊一起生活，狮子一定要像牛一样吃草。

吃奶的孩子一定会在蝮蛇的洞口玩耍，断奶的孩子要将手伸进毒蛇的巢穴。

救赎象征的性质，即儿童的性质（斯比特勒将其称为"神童"）是象征的真正本质和功能，那种态度或童稚性不带任何预设。童稚的态度以另一种指导原则取代了顽固的理性意向，因此它的效力无比强大，且具有神圣的力量。既然从本质上来说它是非理性的，那么这种新的指导原则肯定会以一种神奇的形式展现出来：

有一个为我们而生的婴孩，有一个赐给我们的孩子，他的肩头肯定担负着责任。全能的神、永在的父、奇迹、策士、和平的君都是他的名字。

这些荣耀的称号构成了救赎象征的基本特征。无意识中那不可抗拒的原动力是它具有"神圣"的效力的原因。救世主总是被描绘成具有使不可能成为可能的神奇力量的形象。其实象征就是一条中间的道路，对立双方顺着这条道路走向一种新的运动，就好像久旱之后的河道流出了甘泉。在问题解决之前，张力就如同《以赛亚书》中所说的"怀孕"：

> 怀孕的妇女临产时感受到阵痛，痛苦地高声喊叫；上帝啊，在你面前我们也是这样。
>
> 我们也曾怀孕忍受疼痛，竟像产生于风一样。我们在地上没有做过任何拯救的事，世上的居民也从来没有败落过。
>
> （你的）死人要复活，（我的）尸首也要站起。

死了的以及无生命的东西因为被救赎了——复活了；用心理学的语言来说，就是那些未开发的和休眠的功能，那些遭人蔑视的、失去作用的、受到压抑的、被贬低的等心理因素，都在一瞬间爆发，重获新生。尽管这些评价过低的功能曾经受到已分化的功能的致命威胁，但是如今它们却使生命能够延续。在圣经《新约》有关万物复兴的观念中再次出现了这一主题，而且是全世界关于英雄神话的各种版本中更高的发展形势。我们发现，在冲出鲸鱼腹中时，这些神话中的英雄不仅带出了自己的父母，还带出了那些先前被这个妖怪吞下的所有同伴，这就是弗洛比尼斯所谓的"普遍的摆脱"。这种与英雄神话的联系还被保留在《以赛亚书》的一段描述中：

> 到那一天，上帝一定会用他刚硬有力的大刀
> 刑罚鳄鱼，以及那快行的蛇，
> 并杀死海中的龙。

欲力因为象征的诞生而停止了向无意识的退行。发泄代替了压

抑，前行代替了退行，直至破除母性深渊的诱惑。《死寂的时日》是巴尔拉赫的戏剧，其中的老库勒说他唤醒的之前一直沉睡的那个意象将成为英雄时，母亲如此回答："英雄先埋葬了他的母亲。"在这里我就不再对"母龙"的主题进行赘述了，因为我曾经用很详细的材料在一部早期的著作中对其进行过论述。《以赛亚书》第35章第5节还对曾经的不毛之地如今重新焕发生机的情景进行了描述：

那时盲人必会睁开眼，失聪者必会双耳通明；

那时腿有残疾者一定会像鹿一样跳跃，哑巴的舌头一定可以歌唱；有水在旷野中迸出，有河在沙漠中涌流。

发光的沙（或者说是蜃楼）会变成水池，干渴的地方要变成泉源；在野狗躺卧之处，必能找到青草、芦苇和蒲草。

在那里肯定有一条被称为圣路的大道，此专为赎民行走，污秽之人不能从那里经过，即使行路的人非常愚昧也不会迷失。

一条宽阔的大道就是救赎的象征，一条生命无须经受折磨与痛苦就能沿其大道向前迈进。在《普特茅斯》中荷尔德林这样说：

上帝就在周围

却难以把握。

不过在危险的地方，

拯救纷纷出现。

看上去这似乎是说上帝的临近表示会出现一种危险，即对意识的生命而言，无意识中的欲力集聚好像是一种危险。而事实也确实是这样，因为无意识中被投入过多的欲力，或者说得更确切一些，是欲力越多地主动地投入到无意识中，那么它的势力或发挥的影响就更大了：这表示早在多个世纪之前，就已经完全被丢弃的、被拒绝的、已经非常衰弱的功能的那些可能性又重获新生，开始不断地对意识心灵施加影响，虽然意识在绝望中对其做出了抵抗，并试图窥探究竟发生了什么。象征不仅包含着意识与无意识，还能将二者统一起来，它是救赎的因素。因为当在功能的分化上使用被意识支配的欲力，造成其逐渐被耗尽而不能得到补充时，就会逐渐增加内在分裂的征兆，从而出现一种无意识内容将一切淹没以及毁灭的危险；不过在这时，象征同时持续地发展着，它肯定会解决这一冲突。不论如何，象征与来自无意识方面的危险和威胁都有十分密切的联系，所以它们非常易混，或者说象征的出现很可能会重新唤起罪恶和毁灭的趋势。在所有事件中，显现的救赎象征与毁灭和破坏都有着密切的联系。倘若旧的事物不消失，新的事物就无法出现；倘若旧事物对新事物道路没有造成致命性的阻碍，就不可能也无须彻底根除它。

我们在《以赛亚书》中可以找到这种心理对立的自然结合，《以赛亚书》第7章，第14节中说，处女玛利亚怀孕产下一个名叫以马内利的孩子。非常有意思的是，以马内利（象征着救赎）表示"神与我们同在"，即与无意识潜在原动力的结合。这种结合所预示的东西在接下来的叙述中被揭示了出来：

因为这个孩子还不知道怎样弃恶择善，所以你所憎恶的那二王之地肯定会遭到唾弃。

上帝对我说："你拿一个大牌，在上面用人所用的笔写上玛黑珥沙勒哈施罢斯（意为'抢夺快到，掳掠速临'）。"

我以赛亚与妻子（原文是"女先知"）同居，她怀孕产子，上帝就对我说："用玛黑珥沙勒哈施罢斯给他命名吧。因为早在这个孩子还不会叫自己的父母时，撒玛利亚的掳物和大马士革的财宝，就已经从亚述王面前被掠夺一空了。"

　　上帝又对我说："既然百姓厌恶西罗亚缓流的水……因此，主一定会让大河翻腾的水凶猛而来，这就是亚述王及他的一切威势，这水一定会漫过所有水道，将堤岸冲破；一定会冲入犹太，导致洪水泛滥，直到颈项。以马内利啊，他展开翅膀，揽括你的国土。"

　　我已经在早期的著作中指出，神的降生伴随着巨龙与洪水的危险，以及虐杀孩童的威胁。倘若运用心理学来分析，这就等于是无意识潜在的原动力可能突然爆发而淹没了意识。在以赛亚眼中，危险来自敌对的拥有强大统治权力的外来国王。当然，因为是完全投射，所以以赛亚所面临的问题是具体的实际问题而不是什么心理问题。而恰恰与之相反的是，对斯比特勒而言，最初问题就是心理方面的，因而与具体的客体无关，但它所表现出来的东西却类似于《以赛亚书》中的形式，虽然这并不是有意识的借用。

　　救世主的诞生表示有一次大灾难要降临，因为在一个几乎不存在或者有可能发生任何力量、生命的地方出现了一种强有力的新的生命。它从无意识而来，即从人们所不知道的、所有理性主义者从根本上就不承认其存在的心理部分而来。一种新的能量流动、生命的更新出现在这个被质疑、被拒绝的领域。不过这个被质疑、被拒绝的新的生命到底是从哪里来的呢？所有因与意识价值格格不入而被压抑的心理内容都被包含其中，即一切错误的、无用的、不合适的、不道德的、丑恶的东西，也就是在某个时刻显露出来的那些与个体联系密切的东西。现在这里出现了一种危险，即出现在这里的外观奇妙的东西，很有可能对个体造成巨大冲击，以致个体或者忘记或者拒绝承认他之前所接受的一切价值。他之前蔑视的一切，现在变成了至高无上的原则，他之前以为是真理的东西，现在成了谬误。这种价值的颠倒无异于用洪水毁灭一个国家。

所以，在斯比特勒那里，就像古代神话描述的那样，潘多拉从天国带来的礼物把罪恶带给了地上的国家和居民，当潘多拉将她随身携带的盒子打开时，疾病等灾难一拥而出，摧残着大地。倘若知道了这一点，就不难理解我们为何必须这样对象征的本质进行考察了。是农夫首先发现宝石的象征的，如同牧羊人最先敬拜救世主一样。他们不断掂量着手里的宝石，仔细地观察和揣摩，"直到最后它那不正当的、不道德的以及奇怪的外观彻底把他们惊呆了"。于是他们将其交给国王埃庇米修斯查看，它的良心（藏在衣柜里的良心）迅速地跳到地板上，又"带着难以置信的疑惑"，非常惊恐地藏到床底下去了。

此时，良心就如同一只四处逃窜的螃蟹，用恶毒的眼睛盯着，充满敌意地挥舞着交错的钳爪，从床底下向外面窥探，只要埃庇米修斯把这个意象（宝石）放在它的面前，它就会马上带着厌恶的姿态退后。就这样，它静静地在床下蜷缩着，不吐露任何言语，不发出任何声音，国王使出浑身解数来乞求、哀告和哄骗都没有用。

显然，良心非常厌恶新出现的象征。因此，国王让农夫们把宝石带给教士。

谁知，教士一看见这块宝石，就厌恶得浑身抽搐。他把手护在前额上，好像是为了避免自己受到重击，然后大声叫喊着："赶紧拿走这东西！它浑身都是邪气且反抗上帝，在它的内心深处隐藏着肉欲，它的眼睛里都是傲慢无礼。"

后来，农夫们带着宝石来到了学院，教授们发现它"不仅缺乏情感与灵魂，还缺乏庄重，甚至连主导思想都没有"。最后，金匠发现它并不是真的宝石，而是一块普通的金属。农夫们想在集市上把它卖掉，警察却抢走了它，并高声斥责农夫：

　　难道你的灵魂丧失了良知吗？难道你没长心肝吗？你竟敢在众人面前拿出这种放荡淫邪的、不知羞耻的裸露之物？……你快带着它滚吧！倘若你让我们纯洁的孩子和清白的妻子因为看见它而被玷污了灵魂，那么就算是魔鬼也不会放过你的！

　　象征在诗人的笔下成了与道德情感相悖的不道德的、古怪的和不正当的东西，这把我们有关精神和神圣的观念都颠覆了；象征败坏了风俗，表现了肉欲，并且因唤起了性欲幻想，而使公众的道德观念受到了威胁。这些特性所界定的东西与我们的道德价值和审美判断明显是截然相反的，因为它没有更高级的情感价值，缺乏"主导思想"暗示着它有着非理性化的理智内容。也许"反对上帝"这个裁决正是与"反基督教"对应的，因为这段情节不是发生在遥远的古代，也不是发生在东方。因着这些特征，象征成了劣势功能和未被认识的心理内容的代表。不管在什么地方都看不到对它的描述，不过，这个意象很明显是一个裸露的人类形象，也就是一个"有生命的形式"。它表达了作为一个人所应有的绝对自由和责任。它象征着一个人渴望成为人是出自天性，而不是某种人为了理想所追求的审美感和道德美的完满状态。来到人们面前时，这一意象只会产生唯一的一个效果，即解放他们身上那些一直被束缚的和虽生犹死的东西。换言之，倘若人身上一半是文明的，一半是野蛮的，那么他身上所有的野蛮性将会被唤起，因为一个人的憎恨的焦点就是那种使他意识到自身劣根性的东西。因而宝石的命运将它被世界发现的那一刻铭刻了下来。愤怒的农夫们把首先发现宝石的哑巴牧羊少年打成重伤，而且最终他们把宝石"猛掷"在街道上。如此一来，救赎的象征便踏上了它典型而短暂的历程。毋庸置疑，这基本与基督教中耶稣受难的主题近似，这一事实再次对宝石的救赎性质进行了证实，它每一千年才会出现一次。无论是佛陀的现身还是救世主的降临，都是非常罕见的。

宝石有一个神秘色彩非常浓厚的结局：最后一个四处流浪的犹太人得到了它。"这个犹太人的着装令我们惊愕，看上去他并不属于这个世界。"这个与众不同的犹太人只能是阿哈修勒斯，和当时一样，他不接受真正的救赎者，现在这个救赎的意象被他窃取了。有关他的故事最早可追溯至中世纪晚期，即公元13世纪，那是基督教的传奇。运用心理学分析，这个故事主要源自一种欲力成分或人格因素，它在基督教对待世界与生命的态度里因无从发泄而备受压抑。犹太人便象征着这些成分和因素，这也是中世纪犹太人为什么会遭到疯狂迫害的原因。因为人们总是看见他弟兄眼中的"梁"，而无视自己眼中的"刺"（自己身上的小缺点到了他人身上就成了大缺陷），所以对拒绝拯救者的投射的一种尖锐的形式便是仪式屠杀的观念。在斯比特勒的故事中，仪式屠杀的观念也发挥了一定的作用，故事中的犹太人偷走了来自天堂的神童（宝石）。这是对无意识知觉的一种神话投射，无意识知觉是：无意识中出现的未获拯救的因素常常阻碍拯救者的救赎活动。这种未驯服的、野蛮的、未获拯救的因素得不到自由，因而只能被囚禁，在那些对基督教信仰拒不接受者的身上投射。这时，出现了一种无意识的意识状况，其实它是我们身上的组成部分，它尽力避免自己被基督教驯化，但是人们不愿意接受这种难以控制的因素的存在，所以就把它投射了出去。具体来说，这个流浪四方的不得安宁的犹太人形象代表的就是这种未获拯救的状况。

一瞬间，这种还没有获得拯救的因素就吸取了新光亮、新象征的能量。我们在前面的文章中已经对这是象征影响整体心理的另一种表达方式进行了论述。它唤醒了所有受压抑的和未被认识的内容，如同唤醒了斯比特勒所说的"市场的警卫"一样；同样，高级教士也没能逃脱这种影响，因为他对自己的宗教有一种无意识的抗拒，所以就在顷刻之间强调了新象征具有肉欲的性质且亵渎神灵。从数量上来讲，抗拒宝石的感情与被压抑的欲力是一致的。在道德上对这个来自天堂的纯洁的礼物进行贬损，并促使其转化为教士和警卫肉欲的幻想，就宣告着完成了仪式屠杀。不过象征的出现并不是毫无价值的。尽管人们没有接受它纯粹的形式，但对于那种无意识的古代的和未分化的力量而言，它绝对具有巨大的吸引力（河马巨兽是其象征化的表现），而且审美观念和意识道德也站在它这边。于是对立状态便出现了，到现在，善变成了恶，有价值的变成了无价值的。

埃庇米修斯统治的是善的王国，一直以来它都与河马巨兽统治的恶的王国敌对。出现在圣经旧约《约伯记》中的河马巨兽和海中怪兽都是上帝创造的怪兽，意思是上帝至上的威权。作为猛兽的象征，它们体现了人类本性中相类似的心理力量。上帝说（《约伯记》第40章，第15节及以后内容）：

你且看看河马，我创造了你也创造了它。它如同牛一样吃草。
它的能力在肚腹的筋上，力气在腰间。
它摇动的尾巴像一棵香柏树，它大腿的筋互相联络。

它的骨头如同铜管，它的肢体如同铁棍。
它是上帝创造的第一个事物……

我们必须仔细揣摩才能领会到这段话的意思，这种纯粹的原动力是上帝创造的开端，但是上帝在《新约》中已经不再是自然神了，他将这种形式丢弃了。从心理学上来说，这等于基督教的态度将集聚在无意识中的欲力的兽性方面持久地抑制住了；上帝在一定程度上受到压抑，或者被记入人的名下，最终来到邪恶的领域。于是，在上帝开始创造时，无意识的原动力开始涌现，上帝变成了河马巨

兽。甚至还有人说，上帝把自己装扮成了魔鬼。不过这些道德评价
最多就是视觉幻象：生命的力量是不受道德判断的限制的。艾克哈
特说：

> 所以倘若我说上帝是善的，请相信这并非事实：上帝并不是
> 善的，我才是。更准确地说：上帝不如我善！因为只有善的才能
> 成为较好的，继而成为最好的。但上帝不是善的，因而他不能成
> 为较好的，自然也就不能成为最好的。上帝与"好""较好""最好"
> 这三个等级相差甚远。他在它们的外面。

救赎象征的直接效果是对立之间的和解，因而埃庇米修斯所统
治的善的王国也与河马巨兽所统治的恶的王国和解了。这表示，欲
力与无意识内容相联系，和道德意识以及无意识内容达成了可怕的
联盟。人类的最高价值是"上帝的孩童"，倘若人类没有这一价值，
那么他就只是一个动物，而现在，埃庇米修斯肩负着照看这一价值
的责任。不过，埃庇米修斯的无意识与其对立面之间的和解会导致
破坏和洪水般的危险，并且很容易将意识的价值淹没在其中。假如
宝石，也就是自然的道德与美感的意象被重视且被真正接受，而不
再在我们"道德的"文明幕后隐藏，煽动一切猥亵的东西，那么，
即便善与河马巨兽结成联盟，也不会对圣子们造成危害，因为埃庇
米修斯能区分是否具有价值。然而，因为出现的象征并没有被他理
性主义的、片面的、扭曲了的精神接受，所以一切价值标准的效力
通通失去了。不过，当对立的和解在较高的层面上出现时，必将随
之产生洪水以及毁灭的危险，因为相悖谬的倾向在"正确观念"的
掩护下也悄然潜入了进来，这是极具特征的，就连邪恶与危害也因
为被理性化而变成了审美的。所以意识价值被当作筹码，与愚昧和
纯粹的本能进行交易——圣子们都被送给了河马巨兽。之前仍是无

意识的原初及野蛮的倾向吞灭了他们；因此，河马巨兽与海中怪兽打造出一条无形的象征它们力量的鲸鱼，与此相对应的是作为埃庇米修斯式王国的象征的鸟。鲸鱼作为深海动物，象征的是吞噬性的无意识；鸟作为天空这个光明王国的居民，象征的是意识思想，也象征了圣灵（鸽子）和理想（飞翔）。

因为有了普罗米修斯的干预，善受到了保护，不至于灭绝。他从敌人的强权下救出了最后一位圣子——救助者梅西亚。梅西亚继承了神圣的王国，在此时普罗米修斯与埃庇米修斯作为两个分裂的对立面的人格化身结合了，他们一起在"土生的山谷"中退隐。普罗米修斯则从未争夺过权力，而埃庇米修斯则是被逼无奈放弃了自己的权力，无论如何，两人都没有统治权了。倘若将其转化为心理学的语言，即内倾与外倾不再是仅有的支配性原则，因而心理分裂中止了。作为一种新出现的功能，长久沉睡的圣子梅西亚最终取代了它们。梅西亚是一位协调者，他是使对立面统一起来的新态度的象征。他不仅是一个孩童，还代表了一种古老原型的混沌状态，他用青春欢呼那些失去之物的新生与复归。人类拒绝了潘多拉以意象的形式给人类带来的东西，这个东西最终将会毁灭人类，而在梅西亚这里这一切得到了实现。一般情况下，在分析心理学实践中我们会遇见这种象征的结合：由于我们在上文中提到的原因，在梦中出现的象征会遭到抵制，甚至引起一种与河马巨兽的入侵相类似的敌对反应。冲突的结果导致人格平均降低到从出生以来所表现出来的基本特征上，维持着童年的能量来源与成熟的人格的联系。不过就像斯比特勒所表明的那样，象征被接受并非最大的危险，最危险的是象征所唤起的本能被理性化且被传统思维方式支配。

英国神秘诗人布莱克说："可以将人类分成丰产者和吞食者……宗教总是致力于在这两者之间进行调和。"依靠其简洁的诗句，布莱克不仅在我们面前十分清楚地呈现了斯比特勒的基本观点，也完全概括了我们在上面所做的讨论，因此，我选择用它来结束本章的内容。倘若我的阐述太过详细，那是因为我希望能像我们在谈论席勒的《美育书简》时所做的那样，借助斯比特勒在《普罗米修斯与埃庇米修斯》中的论述对我们所提出的大量同样的观点做出充分公正的评价。我尽量使自己讨论的问题都具有实质性；确实，我不得不将我曾经十分关注并阐释过的有关这些问题的大量材料一一删去。

心理类型

（下册）

[瑞士] 荣格 著

徐志晶 译

PSYCHOLOGICAL

TYPES

中国水利水电出版社
www.waterpub.com.cn
·北京·

内 容 提 要

　　《心理类型》不仅是荣格的成名之作，而且是人格分析心理学的核心理论。在本书中荣格认为人的性格不受遗传的影响，不受性别的限制，也不是生活环境所养成的，而是取决于个人的心理倾向。通过阅读本书可以让读者更好地看清自己、了解他人。

图书在版编目（CIP）数据

心理类型：上下册／（瑞士）荣格
(Carl Gustav Jung) 著；徐志晶译 . —— 北京：中国水
利水电出版社，2020.1
　　ISBN 978-7-5170-8345-0

　　Ⅰ.①心… Ⅱ.①荣…②徐… Ⅲ.①心理学 – 研究
Ⅳ.① B84

中国版本图书馆 CIP 数据核字 (2019) 第 287892 号

书　　　名	**心理类型（下册）** XINLI LEIXING（XIA CE）
作　　　者	［瑞士］荣格　著　徐志晶　译
出 版 发 行	中国水利水电出版社 （北京市海淀区玉渊潭南路1号D座　100038） 网址：www.waterpub.com.cn E-mail：sales@waterpub.com.cn 电话：（010）68367658（营销中心）
经　　　售	北京科水图书销售中心（零售） 电话：（010）88383994、63202643、68545874 全国各地新华书店和相关出版物销售网点
排　　　版	北京水利万物传媒有限公司
印　　　刷	天津旭非印刷有限公司
规　　　格	146mm×210mm　32开本　16.5印张（总）450千字（总）
版　　　次	2020年1月第1版　2020年1月第1次印刷
总 定 价	88.00元（全两册）

目　录

第六章

心理病理学中的类型问题

下面，让我们来看看一位精神病学家，即格罗斯的著作，他试着挑选出两种令人困惑的精神扰乱现象，将其归类为"心理病态的低级状态"。这种归类非常广泛，它将一切无法列入真正的精神疾病的心理病理的边缘状态都囊括了，也就是说，涵盖了那些心理症的和所有退化的状态，比如道德的、理智的、感情的和其他方面的心理低级状态。

以上就是格罗斯进行的尝试，他于1902年发表了理论研究《大脑的次生功能》。把他引入两种心理类型观念之中就是这部作品的基本假设。虽然他进行讨论时用的是心理病态低级状态范围内的经验材料，不过他从中获得的洞见绝对可以在更广阔的正常心理领域产生影响。在正常的范围内，某些心理现象一般只能被隐约地感知到，不过研究者却能以非常清晰的视野来观察心理失衡状态。有时异常状态的行为就像一面放大镜。我们将在最后一章看到，格罗斯也把他自己的结论向更广阔的领域进行了延伸。

在格罗斯看来，"原初功能"出现以后脑细胞开始活动的过程就是"次生功能"。而原初功能会产生出诸如观念之类确定的心理过程，即原初功能与细胞的实际运作相当。实际上，这种运作是能量的过程，也可以说是一种化学分解的过程；或者说是一种化学压力的释放。格罗斯将其称为原初功能，之后次生功能就开始了运作。次生功能是一种借助同化的再建，是一个复原的过程。其运作时间的长短取决于先前能量释放的强度。当其开始运作时，细胞处于一种与先前的兴奋刺激不同的状态，而且这种状态一定会影响到后续的心理过程。那些充满感情的和高调值的心理过程，因为释放了强度较大的能量，而延长了取决于次生功能的复原期。格罗斯认为，对于后续的联想线路来说，次生功能具有特定而明显的影响，这就是次生功能之于心理过程的作用，从这个意义上来说，联想的选择范围被次生功能限定在原初功能所体现的"主题"或"主导观念"上。而事实也确实是这样，我曾在与几位学生合写的一本经验性著作中，用统计的方法对持续言语现象总是在带有较高情感调值的观念系列之后出现进行了证明。我的学生埃贝切威勒对于语言组成也进行了相关研究，他以语言的部分相应和凝集作用对与我所述相同的现象进行了证明。除此之外，我们经由病理学的经验也可以知道，持续言语现象是在严重脑部病变的病例中出现的频繁现象，例如脑瘤、中风、萎缩和其他的退化状态都包括在内。我们可以将前文所述的复原过程受到的阻碍看成是这种持续言语现象出现的原因。而由此格罗斯的假设就具有了极大的可取之处。

我们会因此产生疑虑：是不是真的存在某种个体或类型，其次生功能持续的时间或者说复原期会比别人长？如果他们确实存在，那么是不是可以断定，某些特殊的心理就是因此产生的？相比之下，次生功能的持续时间越长，在一定时间内对连续联想产生的影响也会越大越明显。所以，较短期的次生功能的原初功能运作得更加频繁。心理图像在这种状况下表现为一种持续更新的、对行动和反应有所准备的状态，也就是某种心理错乱，这种联想不是朝向深层而是朝向表层的，所以面对那种联想应该有意义的想法时，就会显得太过简洁而且支离破碎。另一方面，许多新的主题在同一个时段出现，但是它们当中的任何一个都没有受到清晰的关注或获得强调，以致各种不同价值的异质观念存在于同一个平面上，使人产生一种就像威尼克所说的"观念齐平"的印象。原初功能连续且快速地出现，以致完全无法真正地对观念本身的感情价值进行体验，造成了感触性的肤浅。不过与此同时，这也可能迅速调适和改变态度。具体的思想过程或抽象过程会因次生功能这样的简缩而受到伤害，因为抽象运作若想对众多的初始观念及其后续结果进行持续的沉思，则需要有较长期的次生功能。缺少长期的次生功能，根本无法使某个或某群观念进行抽象和深化。原初功能的快速复原产生出较高的反应性（较高指的不是深度而是广度），使得它很快地把握了眼前的状况，不过这些状况只是其表层的含义而不是深层的含义。这种是非批判性类型的人，他们看待一切时总是不带任何成见；在我们看来，他们总是善解人意、乐于助人，或者，我们还会发现他欠缺圆滑甚至粗野，不具备缜密思考的能力，这些是不可理解的。因为他不对深层的意义进行追求，所以是盲目的，以至于无法看到那些不会呈现在表面的东西。从表面上看，他那快速的反应性总是让人认为他镇定而胆大，而实际上这只能表现他的有勇无谋，说明他不仅缺乏批判性，而且完全不具备认识到危险的能力。从表面上看，他那迅速的行为很果断，其实却是盲目的冲动。他将干涉他人的事务视为理所当然，而他无视行为或观念的感情价值和他对周围的人的影响的表现，则让这种状况的发生愈演愈烈。他时刻准备着重新行动，对于同化感知和经验来说这是没有好处的；一般来说，这在很大程度上妨碍了他的记忆力，因为最容易重建的就是那些与其他联想内容有很大关系的联想；如果联想内容相对隔绝，就会很快消失不见；这也说明了，为什么记忆一首诗远没有记忆一连串不相关联又毫无意义的词语困难。这种类型的兴奋与热情都很难持久，最多只能保持五分钟的热度，这是他的另一个特性，还有就是缺乏品位，而那些连续快速的各种异质内容使他欣赏不到各种不同的感情价值就是造成这一切的原因。他的思维方面的特征是倾向于再现和对内容的有序编排，但他不具备抽象与综合能力。

我们使用正常心理学的语言对这种较短期的次生功能的类型进行描述，这基本上依循了格罗斯的思路。格罗斯将这种类型称为"浅层意识的低下状态"。倘若我们把这个十分明显的特征放到正常人的身上，就能够看到一幅全面的画图，读者很容易由此联想到外倾型，即乔丹所说的"缺乏激情型"（"冷漠型"）。最先为这种类型建立起简要而一致的假设的就是格罗斯，因此，他应该享有所有的功劳。

相反的类型被格罗斯称为"聚敛意识的低下状态"。在这种类型中，次生功能得到了特别强化，持续时间也特别长。所以与其他类型相比，这种类型对连续联想的影响程度也大得多。也许我们可以这样假设，这种类型的原初功能特别强，所以比起外倾型，它的细胞运作更广更彻底，因此次生功能得以强化且持续。这种持续的结果是初始观念的后续影响，所以维持的时间较长。因此格罗斯所说的"聚敛效应"就显得不言而喻：以初始观念为前行线路的联想的选择，让"主题"的实现和深化变得更加充分。这一切对初始观念产生了持续的影响，也使印象更加深刻。但是，由于联想被限制在一个较狭窄的范围内，也带来了一个非常不利的后果，那就是使思维丧失了多样性和丰富性。虽然这样，对综合来说聚敛效应是有帮助的，因为它为那些组合起来而持存的因素的聚集提供了足够长的时间，使它们能够达到抽象。这种对某一主题的执着，使得群集于它周围的联想大大丰富，也使得某一特定观念的集束（情结）得以巩固，不过与此同时，也使得观念集束（情结）与外在事物的联系中断了，使其处于一种封闭的状态，借用威尼克的语言来说，格罗斯将之称为"不相接"。众多的观念集群（或集束）之间联系松散甚至缺乏联系就是由于观念集束（情结）的"不相接"导致的。就像格罗斯所说的，这种状况的外在表现是一种不和谐的"不相接"

的人格。这些封闭的集束（情结）相互独立，毫无干系；彼此之间无法进行相互渗透、相互平衡和相互矫正。尽管它们具有逻辑的结构和严谨一致的自身组织，但却没有取向各异的集束（情结）的矫正性影响。所以我们能够轻易地看到这种状况：一个非常强大因而非常封闭且不具备矫正性影响的集束（情结），成了一种"评价过高的观念"和一种独断性观念，它藐视所有准则，完全能够自主，最后成为控制一切的因素，呈现出一种"坏脾气"。倘若是在病态的情形中，它就会呈现出强迫性的或妄想性的观念，它会变成一个根本无法克服的因素,主宰个体生命的全部。个体的整个精神完全"错乱"了，而且都被颠覆了。这种关于偏执妄想性观念的发生的观点还可以被我们用来解释为什么它在其初期阶段的某些时候，可以运用适当的心理治疗过程，也就是把它带入与别的更广阔的、更具平衡作用的集束(情结)的联系中而得以矫正。偏执妄想狂对不相关集束(情结）的联想十分警惕。他们觉得凡事都要保持清晰的分立，要尽力将集束（情结）之间的桥梁砍断，以取代对集束（情结）内容过度精确而严格的阐释程式。格罗斯将这种倾向称为"联想的恐惧"。

显然，这种集束（情结）严格的内在一致性阻绝了从外部影响它的一切可能性。只有当这种集束如它自身组织一致那样与其他集束坚固地、逻辑地结合时，它才会受到来自外部的影响。没有充分联结的集束越来越多，使其严重脱离了外部世界，从而造成了欲力的内在聚集。所以我们看到，从一定的规律上来说，欲力非常明显地集中于内在的过程中，根据主体是属于思维型还是感觉型，这种过程不是集中于理性过程，就是集中于身体感觉。人格好像被迷惑，被抑制，或被吸纳，"在思考中沉迷"，心智倾斜严重，呈现出有疑病的状态。在此情况下，这种情结所表现出的几乎不参与外在生活，因为畏惧而不与他人来往的独特倾向，往往会通过倾注在动物或植物上面的巨大的爱来作为补偿。它的内在过程非常活跃，因为到目前与别的集束联系少或完全没有联系的集束（情结）经常突发"冲突"，激发了原初功能进行剧烈活动，从而使较长期的次生功能被释放出来，使不同的集束混在一起。人们可能会这样想，在某个时间所有集束（情结）都有可能以这种方式发生冲突，使一切心理内容实现普遍的一致与整合。是的，要想产生这种整合的结果，必须遏制所有外在生活的变化。不过，这种情况是不可能发生的，因为不断出现的新刺激和不断引发的次生功能会使内在的路线变得错综复杂。所以，这种类型只会向一种断然的状态靠近，它畏惧外在的刺激，害怕和逃避变化，中止了生命稳固的流动，直到内在的一切都混合起来。除此之外，这种倾向在一些病例之中也会显示出来：他们将一切事物隔绝在外，向往着一种孤寂的生活。对于病情较轻的患者可以用这种方式治疗，但对于那些病情较为严重的患者而言，唯一的治疗方式就是减低原初功能的强度。我们在讨论席勒的《美育书简》时，对这种治疗方式已经谈到了一些，不过还是需要用另一章来进行处理。

　　我们能很明显地从感情方面相当特异的现象中将这种类型区分出来。我们已经对主体是如何借助初始观念之力使联想运转起来的进行了清楚的分析。他向来是以那些与主题相关的材料来进行充分联想的，即他联想到的所有材料与没有既定联系的其他集束（情结）的材料无关。一旦此集束与刺激的因素接触，就会激起感情的剧烈爆发；但是当集束完全处于封闭状态时，则会排斥刺激的因素。一旦感情显现，就会将所有的能量值释放出来；形成力量强大的激情反应和延长的后续效应。不过由于这种爆发总是在深层次领域之中发生，因此一般来说从外部很难观察到它。激情萦绕着主体的精神不断回响，直到消退之后才会接受新的刺激。他无法忍受刺激的积累，于是为了避免这种累积，他便采取了激烈的防御反应。只要有显著的集束（情结）累积的情形出现，那么习惯性的防御反应就会随之而来，并且向一种深度的不信任感转化，在病态的情况下甚至会发展成迫害妄想症。

感情的突然爆发，使自我防御与沉默混杂在一起，在周围的人们眼中，其人格是古怪的乃至无法想象的。因为这种类型的病人对自己过于关注，因此一旦被要求镇定或快速地采取行动时，他们通常都不知道该怎么做。他们往往陷入难以脱身的尴尬情境，这也让他们对社交活动变得更加逃避。时不时突然爆发的感情，严重地破坏了他们与他人的关系，在困窘与无助交织的情景下，他们觉得难以应付这种局面。一连串不幸的经验都是由这种笨拙的适应能力引起的，自卑感和难堪感也油然而生，有时那些臆想中或实际上给他们造成不幸的罪魁祸首甚至还会变成他们愤恨的对象。他们的内在的感情生活非常强烈，激情不断回旋激荡，使其对情感—调值的层次分辨和感知更加细腻。他们在感情上十分敏感，一旦出现激情的刺激或将要引发这些刺激时，他们就会变得十分懦弱，并且对外在的世界感到深深的惶恐。这种过敏性多在周遭环境中的激情状况之下发生。由于主体恐惧自身的激情，从最初就不得不刻意回避所有唐突的意见表达、感情的申诉和玩弄等，而这些反过来又会使他产生可能难以掌握的回应的印象。倘若时间一久，由于情感存在与生命相分离，这种敏感性很容易发展成忧郁症。其实在格罗斯看来，"忧郁症"就是这种类型的典型特征。与此同时，他还强调，感情价值的实现导致了激情式的判断或者说"把事情看得太严重"。这卓越而直接地刻画了内倾型的内在过程和激情生命，于乔丹对"激情型"的勾勒相比，格罗斯的描述要更加充分且更加完善，虽然乔丹对于主要特征的描述并不比格罗斯差。

格罗斯在其著作的第五章中，对两种低级类型在正常范围内体现的个性生理差异进行了描述。因此，性格得以因浅广型意识与狭深型意识而区分开来。在格罗斯看来，拥有浅广意识的类型具有迅速适应环境的能力，所以倾向于实践的层面。对于那些"伟大的观念集束（情结）"的形成来说，他的内在生命没有起到任何作用，所以也不会占据主导地位。"他们能对自己的人格进行强有力的宣传，在较高的层次上，他们也为过去流传下来的伟大的观念服务。"格罗斯果断地认为，虽然这种类型在较高的层次上，可能通过"接受外在的现成理想"而变得非常有条理，不过感情生命一直是原始的。格罗斯还说，他的行为也许会变成"英雄式"的，"然而他们始终都是平庸的"。"英雄式的"与"平庸的"似乎难以共存。不过格罗斯立刻向我们解释说：在此类型中，性欲的集束（情结）和其他观念的集束（情结）之间的关联发展得并不充分，比如伦理的、审美的、哲学的或宗教的集束都包括在内。对此，或许弗洛伊德会说那是抑制了性欲的集束（情结）。而格罗斯觉得，"高级人性的真正标志"是这种关联的显著表现。正因如此，必然会出现延长的次生功能的发展，因为只有通过深化，意识中持留时间较长才可能获得内容的综合。接受传统观念或许会使性欲流入到社会有用的方面，不过"无法超越猥琐的层面"。这一评断看上去十分苛刻，但如果以此来对外倾性格进行观察，还是非常准确的：外倾者只用外部材料对自己进行定向，因此他的心理活动主要在这些外部事件上体现出来，对于他的内在生活，他很少甚至根本就没有闲暇来安置。其实，他的内在生活完全处于外部事件的支配之下。在此情况下，要想使高度发展的和低度发展的功能之间产生关联，必须付出大量的时间和精力，所以是根本不可能发生的；这是一个漫长而且艰苦的自我教育的过程，缺乏内倾的参与是无法完成的。但外倾者没有时间关注也对此毫无兴趣；况且，外倾者对他的内在世界也充满着那种难以掩饰的疑虑，就像内倾者对外在世界感觉疑虑一样。

不过，倘若我们因此觉得，内倾者拥有较强的综合能力和实现感情价值的能力，就能轻而易举地完成自己个性的综合，或者说可以在高级功能与低级功能之间建构起和谐统一的联系，那就大错而特错了。我认为，除了性欲之外，其他本能与此也有着非常密切的关系，所以我宁可说，把这当成纯粹的性欲问题完全是格罗斯的构想。当然，性欲和各个方面的权力竞争是未被驯化的本能和野性最为普遍的表现形式。格罗斯用其创造的"不相接的人格"一词指称内倾型，以此强调这种类型在整合自身各种集束（情结）上会遇到特殊的困难。内倾型的综合能力主要用于建构集束本身，因此，各种集束之间是彻底隔绝的。对迈向更高层次的整合而言，这绝对是一个无法逾越的障碍。所以，与在外倾型中一样，性欲情结、以自我为中心的权力追求或寻求享乐，在内倾型中都是孤立的，与其他集束不发生任何关联。我记得有一个内倾的心理症患者具有高度的理智，他会进出最污秽的城郊的妓院却又同时拥有最崇高的超验唯心主义，不过他根本不觉得这两者之间在审美或道德上有什么矛盾。这两件事是完全不同的两个方面，有着天壤之别。所以其自然导致了激烈的强迫性心理症。

　　我们认同格罗斯阐述的具有深度意识的类型，与此同时，也不可忽略以上批判。格罗斯认为，深度意识是"内省的个性的基础"。由于凝聚性效应十分强大，因此外来刺激往往从某种观念的视点进行思考。其冲动不是朝向现实生活而是"努力内向"。"要把事物看作组成观念或大群观念集束（情结）的一部分而不要将其视为个别现象"。这一论点符合我们之前就唯名论与唯实论及两种观点在古代的代表（麦加拉学派、柏拉图学派与犬儒学派）进行的讨论。格罗斯的论述十分清晰地指出了这两种观点之间的差异，并将其呈现在读者面前：次生功能时期较短的（外倾者），因为在既定的时空内与原初功能运作的关联不够密集，以致对个别现象留下了深刻的印象。他认为，共相仅表示缺乏现实性。但是对于次生功能时期较长的（内倾者），抽象作用、内在事实、观念或共相始终占据着最重要的位置；他认为，这些才是真正的现实，他必须把它与一切个别现象相联系。因此，他生来便是唯实论者（经院哲学意义上的唯实论）。对内倾型而言，对事物思维的方式往往优先于外界的感知，所以他很有可能成为一个相对论者。要是与周围环境协调，他就会十分高兴；这表示他心中对于使他那些彼此隔绝的集束达成一致充满了渴望。他回避所有"放纵的行为"，因为这很容易干扰人的刺激（当然，不包括感情爆发的情况）。过于关注自己的内在生活使得他的社交方法显得十分贫乏。他的自身观念拥有强大的优势，以致无法接纳别人的观念或理想。他的个性特征因他用心建构自己紧张的内在集束（情结）而变得非常明显。"他的感情生命总是个体性的，因此常常对社交无益。"

格罗斯所做的这些陈述有很多问题，必须进行彻底的批判，按我的经验，问题的根本原因是作者对这两种类型有极大的误解。很显然，格罗斯在这里描述的是那种内倾理智型。一般来说，这种类型的人会尽力防止自己的情感外露，因此他喜欢接受逻辑上正确的观点；另一方面，由于他担心错误的行为会引发扰乱人的刺激，以致他同伴的情绪受到挑动，所以他随时随地都表现出端正的行为。他十分担心和害怕别人感情上的不悦，因为他认为，别人和他一样敏感；此外，外倾型难以捉摸和反复无常的特点也让他感到十分苦恼。他隐藏着自己内在的情感，有时这种情感会渐渐增长以致转换成只有他能感受到的激情，但对他而言，这非常痛苦。他十分了解自己那折磨人的激情，还总是会习惯性地将它们与别人特别是外倾情感型所显露的情感进行比较，结果发现自己的"情感"和别人的迥乎不同。于是，他又反过来想，他的情感（准确地说是激情）是独一无二的，或者就如同格罗斯说的那样，是"个体的"。由于外倾型的情感作为一种用于适应的工具，已经被分化出来了，没有像内倾思维型那种深层情感的"真正的激情"，所以外倾型的情感与内倾型的情感很自然地存在着差异。不过，激情是基本的本能力量，是每个人都有的东西，少有完全属于个人的特有的成分，只有已经分化出来的东西才是个体的。因此，一旦进入最深层的激情，所有类型的区分在"人性的，太过于人性的"东西之中将不复存在。我觉得，已经分化出外倾情感型的情感了，因此他最有资格宣称自己的情感是个人化的；不过在他的思维方面外倾情感型也陷入了与内倾型一样的错觉。他的思维也是非常折磨人的。他把自己和周围的人，特别是内倾思维型的人所表现的思维进行比较，得出了几乎没有人与他的思维一样的结论；于是，他或许觉得他的这种思维是独一无二的，或者他自己作为原创性思想家将这种思维创造了出来，或许他也可能觉得谁都不会像他这样思考以致全面地对自己的思想进行压抑。实际上人人都有这些思维，只是很少有人会说出来。所以我觉得，虽然格罗斯的陈述与普遍性规律相符，但这种源自主观性的陈述依然是错觉。

"高度集中的内敛力量会使人全神地关注某些事物，但对这些事物并未产生直接的生命兴趣。"在这里，格罗斯将内倾心灵的一个基本特征呈现了出来：内倾者因此喜欢精心编构自己的思想，却全然不顾外在的现实。这样做优势和危险未存：其最大的优势是使思想发展为抽象，不再受感性的限制；其危险是彻底脱离了实际可应用的领域，没有了生命的价值。与此同时，格罗斯也强调，内倾者一直处在从其象征的方面看待事物和太过远离生命的危险中。虽然外倾者的情况与此不太一样，但也没有比内倾者好多少。在很大程度上外倾者能缩略次生功能，以致他除了连续的积极的原初功能之外，其他任何事物都体验不到：他不执着于任何东西，就如同醉酒一般对现实飘然而过；他不再将事物看成原来的样子，而是纯粹地将其视作某种刺激物。这种能力有其优势也有其劣势：优势是可以使他巧妙地避开众多麻烦的场合（犹豫者恒输），劣势是往往会导致混乱，酿成灾难。

格罗斯把从内倾型中总结出的主体称为"文化天才",把从外倾型中总结出的主体称为"文明天才",二者分别与"抽象的发明"和"实用的成就"相对应。他还在结论中阐述了下面的信念:我们这个时代与前一个时代不同,它需要的是那种外向的浅层的意识,而我们需要的是内敛的有深度的意识。"我们大力赞赏那些思想者、有深度者和象征论者。我们眼中最高文化的艺术就是走向纯净的和谐。"

这段话是格罗斯于1902年写下的。那现在的情况又如何呢?倘若人们非要知道答案的话,那么我们只能说:很显然,我们既需要文化也需要文明;我们既无法离开适合于文化的较长期的次生功能,也无法离开适合于文明的较短期的次生功能。我们不可能只创造出其中一个,而把另一个丢弃。但是,十分不幸的是,我们不得不承认,现代人已经抛弃了它们。如果用更准确的语言来形容,那就是要么嫌这一个太少,要么嫌另一个太多。现在看来,连续地鼓噪进步是让人感到十分不解的。

总之,在我看来,从实质上来讲,我的观点与格罗斯的观点是一致的。甚至我所使用的"内倾"和"外倾"这两个术语还可用他的概念来证实。我们所要做的是,批判性地检验格罗斯的基本假设以及次生功能的概念。

通常来说,在解决心理过程的问题时使用建构生理的或"有机体"的假设是十分危险的。以前只要在大脑研究方面出现重大突破,就无一例外地会掀起一股大脑研究的热潮,曾经有过一个所谓脑细胞的"伪足"在睡眠时就会缩回的假设,后来被证明是错误的,不过与这个假设相比,那些被认真地接受且被视为具有"科学"的讨论价值的假说也不甚高明。它是名副其实的真正的"脑神话"。但是格罗斯的假设可不是另一个"脑神话",从实际价值方面来说,它大大超过了前者。它在推出后的二十五年中已经获得应有的承认,是十分优秀的从事研究的假设。次生功能是一个既简单又富于创意的概念。它有一点是任何其他的假说都无法做到的，那就是能够使人们将许多复杂多样的心理现象简化到一个令人满意的公式中，也就是说归入到非常简单的凝缩与分类中。可以说，次生功能是非常幸运的假说，人们给予了它极大的青睐，以致大大高估了它的适用范围。但是非常不幸的是，我们彻底忘记了它具有很大局限性这一事实，假设只是一种预测，谁也没见过脑细胞的次生功能这种东西，也没有人能为它为什么或是怎样如同原初功能一般，在原则上能对后续的联想起聚敛的作用进行证明，而就定义来说，原初功能完全不同于次生功能。在我看来，进一步出现的事实更为重要：同一个人能在极短的时间内改变自己一贯以来的心理态度。但倘若次生功能的持续长度具有机体的或生理的特征，那么人们肯定会觉得它大体上应该是恒定不变的，急速的变化不会对它造成影响，除非是发生了什么病态的改变，否则是无法在有机体的或生理的特性中看到的。内倾和外倾不是简单的性格上的特征，而是机制的特征，对于这一点，我已经强调过很多次了。换言之，它们可以像机器一样随意开关。在其形成了习惯性的优势之后，它的性格特征会表现出来。性格偏向于哪一边是由各人天生的气质决定的，不过这个决定性因素并非一成不变，环境的影响也是非常重要的。在我所经历的大量个案中，甚至有这样一个案例：一个具有明显外倾行为的人，在他与一个内倾者近距离地生活了一段时间以后，当他再接触具有明显外倾行为的人时，居然变成内倾的了。我曾经多次看到个人的影响是怎样在短时间内迅速改变次生功能持续的长度的，甚至在具有明确的类型归属的人身上也会出现这一点，不过一旦没有外来影响，一切又会变回原来的样子。

依据这些经验，我认为应该对原初功能的性质多加关注。格罗斯在前面强调了，在强大的情感—调值观念波动的情形下，次生功能会得到进一步延长，这说明次生功能对于原初功能是具有依赖性的。人们往往把次生功能持续的时间看作类型理论的基础，但其实，并没有可以令人信服的理由；既然次生功能的持续时间明显地是由细胞运作的强度与所消耗的能量决定的，那么同样地，也可以把原初功能的强度视为类型理论的基础。可能有人不赞同这种说法，他们认为，决定了次生功能的持续时间的是细胞复原的迅速程度，而并非所有人的脑中都存在特别迅速的同化作用。在这种情形下，内倾者大脑的细胞复原能力肯定不如外倾者快。但这种假设是没有任何证据的，所以不太可能成立。我们只认识到，次生功能增长是源于下面的事实：从逻辑上来说，原初功能的特殊强度必然导致次生功能的增长，当然，病态的情况除外。因此原初功能就是问题的症结所在，我们或许可以这样总结：每个人都具有不同的原初功能，有的人强些，有的人弱些。为什么会这样呢？把问题转移到原初功能后，我们就必须回答导致了原初功能的强度迅速变化的原因是什么。我确信这取决于一般态度的能量现象。

　　我认为，原初功能的强度是由要付诸行动时的心理紧张程度直接决定的。紧张程度越高，原初功能就越强，并且还会产生相应的结果。随着疲劳程度越来越高，慢慢松弛下来，联想的烦乱与肤浅也就出现了，最后变成"胡思乱想"，导致这些特征出现的原因就是微弱的原初功能和极短暂的次生功能。一般情况下的心理紧张（如果排除肌肉放松程度等生理方面的原因）是由极为复杂的因素，如心情、关注、期待等引起的，也就是说，是由价值判断引起的，而这些判断都是由之前所有的心理过程导致的。我在此所说的价值判断既包括逻辑判断，又包括情感判断。换成专业语言来说，就是可以用能量意义下的欲力来描述一般的紧张，但因其与意识的心理联系密切，所以用价值一词来表达更为确切。诚然，一种强烈的原初功能是一种欲力的表现，即一个高度的能量的交换过程，与此同时，它也是一种心理价值，所以我们认为与那些由微弱的聚敛作用产生的肤浅的没有价值的联想序列相比，从强烈的原初功能导出的联想序列是有价值的。

一般情况下，具有一种紧张的态度是内倾型的特征，而外倾型的态度则是松散平易的。不过，也有很多例外的情形，有时这种例外甚至会出现在同一个人身上。如果内倾者处在和谐愉快的环境里，就会变得放松，转而成为外倾的，以致与其相处的人倍感惊讶，甚至怀疑自己是不是外倾的。但如果让外倾者置身于一个漆黑寂静的房间里，他就会受到所有被压抑的情结（集束）的折磨，这令他十分紧张，哪怕一点点刺激都会让他惊恐不已。由于生活情境的变化，类型会做出相应的改变，不过，这是暂时的，一般情况下，其基本态度并不会轻易发生改变。虽然内倾者在特殊情况下会转为外倾的，但是他依旧保持着原有的类型，外倾者亦然。

总之，在我看来，原初功能比次生功能更重要。原初功能的强度起着决定性的作用。而它又取决于一般的心理紧张，即积累的可供驱使的欲力的数量。这种积累的因素是先前所有心理状态，如心情、关注、期待、感情等的情结（集束）组合。内倾的特征是普遍的紧张、强烈的原初功能和相应较长的次生功能；而外倾的特征则是普遍的松弛、微弱的原初功能和相应较短的次生功能。

第七章

美学中的类型问题

　　我们有充分的理由相信，只要人类心灵的所有领域直接或间接涉及心理学，都有助于我们讨论类型问题。我们在前文中已经就哲学家、诗人、人类观察者和医生的看法进行了考察，在这一章中我们将来听一听美学家是怎么说的。

　　从性质上来说，美学应该属于应用心理学，它不仅能处理事物的审美属性，还能处理审美态度的心理问题。每个人都要承认这样的事实：不同的人对艺术和美的感受方式差别很大，美学家不能一直不去关注内倾与外倾之类的基本问题。有些个人态度是独属于某个人的，如果我们排除这种特异情况，就会在我们面前呈现出两种基本的对立形式，也就是沃林格所说的抽象作用与移情作用。他界定移情作用的主要依据是利普斯的观点。在利普斯看来，移情是"把自己客观化到一个与我不同的客体上去，而不管这个客体应不应该被冠以'情感'这一名称。""我在统觉一个客体的时候，会感觉有种朝向特殊的内在行为方式的冲动，就仿佛有某种被统觉的东西从它那里流出来或者内在于它。这让我产生一种是被统觉的客体传达给我的感觉。"乔德尔是这样解释的：

　　艺术家们产生的感性意象，并不仅仅有助于借联想律把我们的心灵带入相类似的体验。既然支配着它的是普遍外化的规律，使其显现为外在于我们的东西，那么我们也会向它投射由它在我们心中唤起的内在过程，从而将审美的生气赋予它，在我看来，这种说法也许比移情一词更加妥当，因为人们自身的内在状态对意象的内向投射涉及了情感和其他各种内在过程。

移情作用被冯特列入基本的同化过程中。他认为，移情是一种知觉过程，其特征就是通过感情在客体上投射某些基本的心理内容，在一定程度上使客体融于主体、同化于主体，使主体感觉自己似乎存在于客体之中。在被投射的内容与客体的联系程度没有与主体的联系程度高的时候，常常发生这种情况。不过，主体并没有感到自身被投射到客体那里去，他只感到在他面前"被移情"的客体似乎在富有生气地对他倾诉。有一点在这里必须指出，投射作用通常是意识所无法控制的一种无意识过程。另一方面，倘若我们借用条件语句（比如："倘若我是你儿子"）的话，或许也会有意识地复现投射作用，从而再现移情的情景。一般情况下，投射作用会向客体转移无意识内容，所以分析心理学也称移情作用为"移转作用"（语出弗洛伊德）。因此，移情是一种外倾形式。

沃林格曾说过这样一句话："自我的愉悦是由审美愉悦客观化而来的。"他就是用此界定移情的审美经验的。因此，美的形式必须是那种能使人移情的。利普斯说："超出移情所及范围之内的形式都不是美的。因为我的观念只能在移情所及范围之内自由地游戏，这才是它们美的所在。"由此可以推断，只要不能移情的形式都是丑的。这说明移情理论存在局限性，就如同沃林格所指出的那样，并非所有艺术形式都适用于移情态度。尤其是，可能被人谈及的东方的与外来的艺术形式。长期以来，艺术美的标准已经被西方的传统定义为"自然美与逼真"，因为除了一些中世纪风格的形式以外，这正是希腊—罗马以及一般西方艺术的标准和基本特征。

从古至今，通常情况下我们都用移情的态度对待艺术，正是因为这样，我们才认为那些能移情的事物是美的。如果艺术形式是与生命相对立的，而且是无机的或抽象的，那么我们在艺术中就感受不到自身生命的存在。利普斯说："对我而言，生命一般是我自身所进入的、所感受到的东西。"我们移情的对象只能是有机的形式，也就是说那些忠实于自然的和具有生命意志的形式。不过，毫无疑问的是，还存在着另一种艺术原则，尽管这种原则与生命相对立，否定生命意志，但依旧有被称为美的资格。当艺术创造出的形式是否定生命的、无机的和抽象时，将不会存在任何出于移情的需要而产生的创作意志的问题；这种需要是完全与移情直接相对立的，它是一种压抑生命的倾向。沃林格说："对我们来说，移情所需要的这种对立的一端就是抽象的冲动。"沃林格继续描述抽象冲动的心理：

抽象冲动的心理前提是什么？具有这种冲动的民族那里就有这些前提，它们存在于人们对宇宙的心理态度、对世界的感受中。移情冲动的前提是人与外在世界现象之间的那种愉悦的和泛神论的信仰关系，而由外在世界现象引起的巨大的内在不安则导致了抽象冲动的出现。对于宗教而言，抽象冲动与一切观念所具有的强烈的超验色彩相对应。可以说这种状态是一种精神上的极大的惧旷症。蒂布鲁斯说，恐惧是上帝最先为这个世界创造出来的，同样地，这种恐惧感也可以被我们设想为艺术创作的根源。

确实，移情作用预先设置了一种信任或信赖客体的主观态度。它随时做好了准备，要与客体相折中，它是一种主观同化，能够使主体与客体间形成良好的理解，至少从表面上看，人们会这么认为。尽管一个受动的客体对于自身被主体同化并不排斥，但它真正的性质在同化过程中会因移情作用而被掩饰，甚至遭到扰乱，而不会引起任何改变。那些表面上的共同性移情和实际上并不存在的相似性也能被移情创造出来。所以也就不难理解肯定有另外一种与客体的审美关系的可能性存在这一说法了，这种可能性是一种审美态度，为了不被客体所影响，它退回出客体，而没有与客体妥协，因为它在主体中创造出了一种完全可以抵消客体的影响的心理活动。

移情态度预设了下面的状况：因为客体是虚空的，所以要在里面灌注生命。但是，抽象态度预设的状况却是这样的：因为客体有着某种生命力与活力，所以要尽力让自己不受客体的影响。抽象的态度是内倾的，即向心的。因此，内倾的态度是与沃林格所提出的抽象作用的概念相对应的。沃林格颇有意味地用恐惧或畏惧描述客体的影响。抽象态度觉得客体具有某种威胁的或伤害的性质，所以竭尽所能地保护自己不受客体的伤害。毋庸置疑，这种看上去仿佛属于先验的性质就是投射作用，不过这种投射作用是否定性的。所以，我们必须进行下面这种假定：抽象态度将否定的内容移入了客体之中，把无意识的投射行动当作了先导。

既然抽象作用以无意识的投射为其先导，又和移情作用同属于一种意识的活动，那么，我们就有理由提出下面的问题：无意识的活动是不是也可以成为移情作用的先导。既然移情的本质是主观内容的投射，那么随之而来的是，作为先导的无意识活动肯定和它相对——清除客体的影响，使其不再具有效用。通过这种方式，客体被空置就被空置，也就是说被剥夺了自生自发性，变成了一个适合接受主观内容的容器。如果移情的主体想要在客体中感受到自己生命的存在，那么客体的独立性以及它与主体间都不能差别太大。最终的结果就是，先于移情作用的那种无意识活动，使客体的独立性被削弱，更准确地说是被过度补偿，因为主体处在凌驾于客体之上的地位。而这只能发生在无意识中，无意识的幻想，要么削减客体的价值和能量，要么增强主体的价值和重要性。只有如此，才能将移情所需要的位能差异创造出来，以便把主观内容移进客体中。

　　持抽象态度的人发现自己身处一个充满生机但又十分可怕的世界，这个世界企图压倒他，使他无法呼吸；于是，为了增强自身的主体价值，拯救自己，或至少让自己有抵御客体影响的能力，他退回到了自身。而持移情态度的人则与之恰恰相反，他们发现自己所在的世界要求他们把自己的主观情感全部赋予客体，使客体具有生命和灵魂。移情者完全地信赖客体，并使它与自己同样充满生气；而抽象者则对客体的魔力持怀疑退避的态度，他们用抽象的构成建立起一个防御的对立世界。

　　倘若我们简单地回顾一下前面章节的讨论，就能很轻易地看到，移情的态度是与外倾的机制对应的，抽象的态度是与内倾的机制对应的。内倾者对所有刺激和变化的恐惧，导致了"外部世界现象所引发的人的巨大恐慌"，因为现实的压力和其深刻的敏感，他总会感到恐惧。很明显，其抽象作用是为这一目的服务的，它会避免那些内在经常变化的和无规律的东西超出固定的范围。这种情形通常都会在缺乏语言交流的时候出现，我们原始艺术的繁荣期就有这种基本上属于巫术的程式，那些神秘的几何图案所具有的审美价值远远超过其所具有的魔力。沃林格对东方艺术做出了正确的论述：

　　他们经受了太多由纷乱而流变的现象世界带来的苦难，所以他们有一种强烈的内在需求，那就是宁静。与其说艺术带给他们的那种愉悦，是源自他们沉浸于外部世界的事物，不如说是因为他们从任意和看似偶然的存在中把个别客体提升出来，使其类似于抽象的形式而得以永存，从而在繁杂的现象中寻到了一片宁静之地。

　　这些抽象的有规律的形式是人们能从喧嚣混乱的大千世界中找到的唯一宁静的形式，也是最高级的形式。

　　如同沃林格所说，东方的艺术形式和宗教确实展现出了对世界的这种抽象态度。所以，在东方人眼中的世界是完全不同于西方人眼中的面貌的。对东方人来说，客体本就是充满生气并凌驾于主体之上的，但西方人却以移情的态度将生气灌注到世界之中；所以东方人不得不退回到抽象的世界中。佛陀在《火喻经》中清楚地阐述了东方人的态度，他说：

　　一切都在燃烧，就连眼睛和所有感官都在燃着爱恨情仇与虚妄之火；生老病死、悲叹和痛苦，哀伤、苦难和绝望……将这火点燃，让烈焰包围整个世界，将世界笼罩在烟雾中，让火光吞没整个世界，让这个世界不断颤抖。

　　佛教徒之所以会退回抽象态度中就是因为这幅悲惨而恐怖的世界景象，而这正好对那样的传说做出了回应，即佛陀在这一相似印象的促使之下，开始了他的生命探索之旅。抽象作用驱动的本因就是这种客体世界的生气灵动，它在佛陀的象征性语言中表现得十分明显。其生气灵动源自先天存在的无意识的投射，而不是源自移情。如果用"投射"一词表达这种现象的真正意义，确实不能让人感到非常满意。因为投射不是我们在此处谈论的那种先天存在的状况，而是实际发生的行为。因此在我看来，列维·布留尔的神秘参与更加准确地描述了这种状况，因为它非常恰当地对原初人与客体的原生关系进行了阐述。原初人认为，客体所具有的某种原动的活力，充斥于灵质或灵力（这与物灵论者所假设的灵魂附体并不相同）之中，能直接对人的心理产生影响，导致真实与客体灵动合为一体。所以，某些原初的语言里个人所使用的物件常常具有表示"活物"性质的词性（比如有的词尾表示"有生气的事物"）。这种状况包括抽象的态度，因为此处的客体本来就充满生机和自主性，不需要任何主体方面的移情；而恰恰与此相反的是，因为客体具有强大的影响力，主体被迫转入内倾方面。客体与主体自身无意识神秘参与产生了强大的欲力投入。在佛陀的语言中，这一点表现得十分明显：世界之火不仅与欲力之火相同，也与主体燃烧的激情相同，因为这种激情尚未分化出来，无法为主体提供可供支配的功能，所以才会在主体面前以客体的形式出现。

因此，可以说，抽象作用其实是一种与神秘参与的原初状态相抗衡的功能，其目的是打破客体对主体的控制。与此同时，这种目的还在靠近艺术形式的创造和对客体的认识两个方面。移情作用同样是艺术创造和认识的器官；不过，它的功能所处的层次却完全不同于抽象作用。从基础上来讲，巫术魔力和客体魔力是抽象作用的基础，而主体的巫术魔力是移情作用的基础，主体通过神秘的合一获得的魔力可以凌驾于客体之上。原初人的状况就是这样：他既会受到物神的魔力的神秘影响，又能将势能注入物神之中，是巫师与魔力的聚集者。想找与这方面有关的例子，可以参看澳洲土著的护符仪式。

无意识势能的弱化或者说是"解除势能"是移情活动的先导，它能持续降低客体的能量值，与抽象活动的情形等同。既然移情类型的无意识内容与客体等同，使客体表面上看上去没有生气，那么，要认识客体的本质就不得不移情。我们可以用一种持续的无意识的抽象作用来描述这种状况，它使客体完成了"去心理化"的过程。每一种抽象作用都可以产生这样的效果：从其与主体的魔性关系上来看，它扼杀了客体的独立活动。抽象类型的人为了抗拒客体魔性的影响，会有意识地这样做。客体失去活力可以解释移情类型的人为什么会信赖世界；这里的任何东西都不能压抑他，或对他施加敌意的影响，因为只有他才能赋予客体生命和灵魂，虽然在他的意识心灵中，实际情形与此恰恰相反。另一方面，抽象类型的人认为，强有力而危险的客体充斥着整个世界，使人产生恐惧，感到无能为力；他必须摆脱所有与世界的亲密联系，以便编织出那些能获得主导地位的思想和程式。所以，抽象类型的心理是战败者的心理，而移情类型能够自信地面对世界——对他而言，其失去活力的客体不具有任何威胁。当然，以上概述只是简要的描述，与描绘外倾或内倾态度的完整图像相比，它还差得很远；当然，它所强调的那些微妙的差别也有一定的意义。

其实，移情类型通过客体得到了一种无意识的快乐，不过他并没有认识到这一点，与此相同的是，抽象类型对客体加给他的印象的反思与他反思他自身是等同的。因为在某类人看来，他向客体投射的东西就是它自身，是他自己的无意识内容，但在另一类人看来，对他从客体获得的印象的思考其实就是对投射于客体在他面前所呈现的情感的思考，即对他自身情感的思考。所以很明显，对于一切想要从事艺术创作以及真正欣赏客体的人而言，抽象作用和移情作用都是必需的，两者存在于每个人的身上，只是在一般情况下两者的分化程度并不相同。

在沃林格看来，取得外在于自身的需要——即"自我疏离"——是这两种审美经验的基本形式的共同根源。我们希望借由抽象作用和"对不变的与必需之物的沉思将人类存在的偶然性和有机体普遍存在的随意专横一并摆脱。"我们面对生气灵动、令人迷惑的繁杂的客体世界，将抽象物以及抽象的普遍性意象创造出来，并用它们召唤我们以摆脱混乱的印象，进入一种固定的形式。这种堪比巫术的意象的魔力，能够抗拒经验的混沌之流。不过抽象类型的人也会因此沉溺于此意象中，并且丧失自己，最终造成其抽象的真实性超过了生命的现实；因为生命可能会对欣赏抽象美造成干扰，所以会对这种欣赏进行压抑。他转而把自己置入抽象物中，与意象永恒的效力等同合一，在那里变得僵化，因为在他看来，意象就是一种救赎的方式。他脱离出他的真实自我，将所有的生命投入到他的抽象物中，也就是说，他在那里被凝固化了。

　　移情型的人与抽象型的人拥有相同的命运。因为他的活力以及生命被移入了客体，即他本质的部分被移入了客体，所以他自己也进入了客体。他与客体相同一，变成了客体，并因此而外在于自身。由于他成了客体，所以也就去主观化了。沃林格说：

　　　　当我们向另一个客体移情活动的意志时，我们自身也就进入这个客体了。与经验相适应的内在驱力将我们吸入一个外在客体时，我们也就摆脱了个体的存在。然后，我们便会觉得我们的个性被囚禁了，很显然，这与个体意识无限的杂多性不同。在这种自我客体化中就潜藏着自我疏离。同时，这种对个体活动需求的肯定，也否定了对其无法调解的多样性，并对其活动的无限可能性做出了限定。尽管内在的驱力不断地催促我们开始行动，但我们仍然不得不在这种客体化的范围内停止了行动。

　　对于抽象型的人来说，抽象意象如同一座堡垒，抵御了无意识生气充溢的客体所产生的破坏性效应，同样，在移情型的人那里，为了防卫由内在的主体因素导致的分裂，即那些漫无边际的幻想和相应的行为冲动，情感向客体发生转移。外倾的心理症患者对他的移情对象是完全依赖的，而内倾的心理症患者则如同阿德勒所说的那样，对他"虚构的指导线路"十分坚守。内倾型从对客体惨痛的或有益的经验中，抽象出了"虚构的指导线路"，通过这种程序，他可以使自己免受生命所生发的无限可能性的伤害。

　　内倾与外倾、抽象与移情，都是适应和防卫的机制。在适应方面，它们能使人规避外在的风险；作为主导性功能，它们能使人避免偶发的冲动。这些都是因为它们提供了自我疏离的可能。我们从日常心理经验中得知，有很多人与他们的主导性功能（或"有价值"的功能）是完全一致的；其中也包含我们目前所讨论的类型。毋庸置疑，这样会带来一定的优势，人们会更好地满足集体的要求与期望；同时，它还能通过自我疏离使人摆脱那些劣势的、未分化和未定向的功能。此外，从社会道德的角度来说，"无私忘我"往往被视为一种特殊的美德。但是另一方面，我们也不能忘记与主导性功能的同一所带来的极为不利的影响；它造成了个体的退化。毋庸置疑，在很大程度上人是可以被机制化的，但绝不能彻底放弃自身，不然的话会造成无法想象的伤害。因为人越是与某种功能同一，对这种功能投注的欲力也就越多，就越要将投注在其他功能那里的欲力撤回。尽管这些功能可以长期容忍欲力被剥夺，但它们最终还是会进行反抗的。由于欲力的枯竭，它们会慢慢沦没到意识的阈限之下，它们与意识联想的关联也会渐渐被抹去，直至最后在无意识中沉没。这种衍变是向婴儿期的逆行，是退化的，最终必将退回到远古的层面上去。人类在野蛮状态下生活了数十万年之久，而在文明教化的状态中却只生活了不过数千年，所以那远古的功能形式具有十分充沛的活力，轻而易举便能复活。因此，一旦某些功能被剥夺了而开始分裂时，潜藏在它们无意识中的古老根基就开始重新运作了。

长此以往，这种状况必然会导致人格发生分裂，因为远古的功能形式与意识之间没有直接的联系，而意识与无意识之间也不存在任何交流。因此，无意识的功能会随着自我疏离的发展而越来越深地沉没到远古的层面中去，与此同时，无意识的影响力也会逐渐增大。它开始病态性地对主导功能产生干扰，于是就会造成许多对心理病症来说十分普遍的典型的恶性循环：患者尝试用主导功能方面的特殊优势补偿这种扰乱性影响，他们之间的争斗常常会造成神经的崩溃。

与主导功能的同一造成的自我疏离，其目的一方面是要严厉限制某种功能，另一方面是主导功能也变成了加深自我疏离的一种原则。所以，对一切与其性质不相适应的东西进行严格排除就成了所有主导功能的共同要求：一切扰乱性的情感被思维排除在外，而所有扰乱性的思维则被情感排除在外。倘若不把一切异己的东西都打压下去，主导性功能就永远无法运行。不过另一方面，既然整体人性的和谐是生命有机体的自我调节的实质，那么，在不同种族的人类教化中，生命所必须完成的任务就是要对那些深受冷落的功能给予更多关注。

第八章

现代哲学中的类型问题

第一节　詹姆斯的类型观

同样地，现代实用主义哲学中也有两种类型，在威廉·詹姆斯的哲学中这一点表现得更加明显。他说：

哲学史从很大程度上来讲，就是一部人类几种气质相冲突的历史……不管一位专业哲学家身上有哪种气质，对他来说，在进行哲学思考时他总会隐藏起这些气质，这是真的……不过他的气质会使他产生很多偏见，并且这些偏见远比他那些严格的客观前提严重得多。在他这里，气质会以各种方式向他的论证中渗透，形成一种宇宙观。这种宇宙观更偏向情感性或冷静，就如同由各种事实和原则形成的宇宙观一样。他依赖他的气质，渴望获得一个能与其气质相符的宇宙，他不会对任何一个与其气质相吻合的宇宙产生怀疑。在他看来，那些气质不能与宇宙相符的人，是与世界的性质水火不容的，就算他在哲学专业方面的思辨能力可能远远不如这些人，但他依然认为这些人是不称职的，甚至于根本就是外行。

不过他没有权力站在讲坛上，凭着他偏爱的气质宣称，他多么权威或者他的辨别力有多么卓越。于是，就会在我们的哲学讨论中发生有一些不真实的情形；甚至一切的最深刻的前提都未涉及这一点。

詹姆斯就此开始描述两种气质特征。按艺术来分，可以分成古典主义者和浪漫主义者；按文学来分，可以分成纯粹主义者和现实主义者；按风俗和习惯来分，可以分成拘泥礼节者和自由放纵者；按政治来分，可以分成独裁主义者和无政府主义者；同样，以詹姆斯的观点作为依据，我们发现，哲学上也有两种不同的类型，即"经验主义者"和"理性主义者"，前者"喜欢所有丰富多彩的事实"，后者则"献身给了抽象与永恒的原则"。尽管对人们来说事实和原则同样不可或缺，但因为各自具有不同的理论倾向，人们看到的观点也截然不同。

詹姆斯认为"经验主义"等同于"感觉论"，"理性主义"等同于"唯理智论"。尽管在我看来这种等同是不成立的，但依旧需要按着詹姆斯的思路进行讨论，等讨论结束后我们再来对此进行批判。在詹姆斯看来，唯理智论与唯心主义或乐观主义联系密切，而经验主义则与唯物主义和不确定的、非常有限的乐观主义相联系。唯理智论往往是一元论的，它的开端是"整体"、普遍性以及事物统一性；而经验主义通常是多元论的，它从部分开始入手，直至将整体变成一个集合体。经验主义者异常冷静，而理性主义者则情感丰富。很显然前者会对宿命论深信不疑，而后者则会倾向于信仰自由意志。经验主义者容易转变为怀疑论者，而理性主义者则容易转变为教条主义者。詹姆斯认为经验主义者是刚性的，而理性主义者是柔性的。很显然，詹姆斯是在强调这两种类型的心理特征。我们会在后面的内容中更精确地对这种特征进行考察。詹姆斯相当有趣地论述了关于一种类型是如何歧视另一种类型的偏爱的，让我们一起来看看：

他们看不起对方。如果他们个人的气质变得都非常强烈，他们之间的对抗就会构成当今哲学的一部分，而不再局限于只构成了历史时代哲学氛围的一部分。在刚性的人看来，柔性的人多愁善感，没有主见。在柔性的人看来，刚性的人不文雅、残忍或者无情……每一种类型都认为其他类型不如自己高尚。

詹姆斯是这样排列两种类型的性质的：

理性主义的	经验主义的
（根据"原则"而行）	（根据"事实"而行）
唯理智论的	感觉论的
唯心主义的	唯物主义的
乐观主义的	悲观主义的
宗教性的	非宗教性的
柔性的	刚性的
意志自由论的	宿命论的
一元论的	多元论的
教条主义的	怀疑论的

这个对比包括了我们在唯名论与唯实论那章中已经讨论过的各种问题。刚性的在一定程度上类似于唯名论，柔性的则与唯实论有着很多共同之处。我在前文已经指出过，唯实论与内倾对应，唯名论与外倾对应。而詹姆斯所说的哲学史上的"气质冲突"就涵盖了共相的论争，这是毫无疑问的。因此我们有理由认为，刚性的属于外倾，而柔性的属于内倾。不过这个问题有没有价值还需要我们进行考察。

虽然詹姆斯对这两种思维方式多有涉及，并常常把它们称为"单薄的"与"深厚的"，但是我无法举出他对两种类型的更详细的描述或界定，因为我对詹姆斯的著作没有太多了解。在弗洛诺耶看来，

"单薄的"表示"纤细的、薄弱的、贫乏的",而"深厚的"则表示"厚的、笨重的、坚强的、丰富的"。就像我们所看到的那样,詹姆斯有时也会用"没有主见的人"来称呼柔性的人。人们很容易由"软的"和"嫩的"联想到某些温和的、脆弱的、文雅的、柔和的东西;因而在性质上,虚弱的、柔和的和十分无力的性质就与"厚的"和"硬的"性质相对抗,二者形成了鲜明的对比。物质的本质就是这样,这一点很难改变。因此,弗洛诺耶对这两种思维类型做出了如下解释:

在比较抽象的思维方式与具体的思维方式时,我们知道在哲学家们看来,前者是非常熟悉的纯粹逻辑的和辩证的思维方式,但詹姆斯根本不信任它,在他看来它过于远离了个别的事物,因而变得脆弱、空洞且单薄;而后者只会从经验事实那里获取养料,固步于龟壳似的坚实的大地,坚决不肯与其他的实证材料脱离。但是,我们不应就此段论述武断地判定詹姆斯是在片面赞成具体思维。他十分欣赏两种观点:"当然,原理是好的……给予我们丰富的原理。事实也是好的……给予我们大量的事实。"众所周知,事实的存在既呈现为它自身的形态,又呈现为它在我们眼中的形态。所以,倘若詹姆斯在指称具体思维时用了"深厚的"或"坚实的",也就表示他对这种思维具有某种实体的和有抵抗能力的性质进行了论述,而抽象思维常常表现出虚弱、贫乏而苍白的气质,倘若我们借用弗洛诺耶的解释来说,或许可以将其说成是近乎衰老的和病态的性质。当然,一个人要想产生这种观点,必须在实体性与具体思维之间设立一种先天的联系,如同我们所说的那样,就是产生了所谓气质的问题。用抽象的观点来看,倘若经验主义者觉得他的具体思维涵盖了那种有抵抗力的实体性,那么他就是在自欺欺人,因为实体性或坚固性属于外部事实而不属于具体思维。事实证明，极为虚弱而且毫无作用的经验性思维在外在事实面前很难把握住自己，它对外在事实极为依赖，总是跟在外在事实的后面，因此很难提升到纯粹分类和描述活动的层面上。作为思维，它依附于客体，不能凭借自身而独立，作为决定性价值的客体对它具有绝对的优势，所以它十分脆弱而且难以自立。感觉其思维的特征就是阈限内连续不断的表象，这并非是被内在思维活动所驱动，倘若把它看成感觉印象的变化流动会更加准确。从严格意义上来说，这种受感官感知制约的具体表象概念的流动序列，不同于被抽象思维者称作思维的东西，它至多就是一种被动的统觉而已。

因此，那种偏好具体思维并将实体性的气质赋予它，可依据感觉制约的表象拥有优势而获得辨别；从主观的意志活动中产生出来的积极的统觉，目的是根据某种给定的观念的意向来组织这些表象，与前面所说的气质进行对照。换言之，客体方面才是这种气质里的重点：客体以一种准独立的状况存在于主体的观念世界中，它是被移情的对象，它可以通过某种后续思维获得理解。这是一种外倾的气质，因为外倾型思维是具体的。它自身没有稳固性，而自身以外的被移情的客体具有稳固性，所以詹姆斯才用"刚性的"来称呼它。凡是接受事物表象或采纳具体思维的人，都毫不怀疑地认为抽象思维是无效力的和软弱的。可是在持有抽象立场的人看来，感觉所制约的表象被抽象观念取代了，后者在发挥着决定性作用。

按照一种流行的观点来说，观念只是经验集群的抽象而已。倘若接受了这种观点，对于把人类心灵视为一块白板（可用生命与世界的知觉的、经验的彩笔慢慢地在上面进行描画）的观点就很容易理解了。按照这种广义的经验科学的观点来说，可能观念只是一种附带的现象和一种取自经验的后天的抽象，所以它比经验思维显得更软弱,也更没有色彩。但大家都知道,人类心灵肯定不是一块白板,因为我们按照认识论的批判可以知道,有些思维范畴是先天形成的;它们与最初的思维运作同时出现在所有的经验之前,并决定了思维的运作。整个心理领域都适用康德对逻辑思维所做的证明。心理从一开始就不是一块白板,就如同心灵本身(思想的领域)一样。确实,它没有具体内容,但是,其潜在的内容因遗传和预构的功能配置是先天就有的。这只是一种努力发生经验与适应的积淀,是贯穿我们整个先祖世系的大脑功能的产物。因此,新生的大脑是一件无限古老的工具,能适应非常特殊的目的,它既能被动地感受,又能自主自愿地整理经验,做判断下结论。这些经验模式绝非随意的或偶然的;它们严格地依循着预构的条件,这些预构的条件是所有理解的先决条件,而不是经验所传达的理解的内容。它们是存在于事物之前的一种观念,是事先勾画好的草图,是决定形式的因素,就如同柏拉图所做的那样,它们赋予经验质料以某种特定的形式,使得我们将它们视为图式或意象,或遗传的功能的可能性,不过,它们在很大程度上受到了限制,因为它们不接受其他的可能性。这就说明了,哪怕是心灵最自由活动的幻想,也无法漫无边际地游荡(除了诗人),它们只能在这些原初意象和这些预构的范型中保持固定的状态。广泛存在于各个民族中的神话故事表明,因为主题十分相似,所以它们的联系也是一样的。即使有些意象以某些科学理论为基础,比如能量、以太、能量的转换和原子理论、永恒、亲和力,等等,依然无法摆脱这种内在的限制。

抽象思维要受到缺失具体内容的"非表现的"原始意象的支配,就像具体思维受到感觉制约的表象的支配和导向一样。一旦客体因被移情而使思维起到决定性作用,它们的状态就会始终不怎么活跃。然而,倘若客体没有被移情,无法再对思维过程起到决定作用,那么遭到拒斥的能量就会在主体身上集聚起来。于是,主体会被无意

识地移情；由此唤醒沉睡的原始意象，就像一个在幕后隐身的舞台
管理者一样，作为一种起作用的因素以非表现的形式在思维过程中
出现。因为它们只具有活跃的功能的可能性，缺乏内容，所以它们
是非表现的，为了充实自己不得不寻求某种东西。它们向自己空置
的形式中引入经验的材料，通过事实（材料）来表现自己而不是表
现事实。或者说，它们用事实包裹自己。所以，它们并不是一个已
先被知晓的开端，和具体思维中的经验事实一样，它们必须对经验
材料进行无意识的构形。虽然经验主义者也能对这些材料进行组织，
并对它们进行构形，但也只能是尽量按照那些以过去的经验为基础
建立的具体的观念来进行构造。

　　另一方面，抽象思维者使用无意识的模式形构材料，因此在其
将产物制作出来之前，是无法获得用以形构材料的观念的。经验主
义者在判断抽象思维者的精神过程时，往往喜欢从他们自己的角度
出发，他们认为，抽象思维者在形构经验材料时，只是武断地依据
了一些苍白的、虚弱的、不恰当的前提。不过，如同经验主义者并
不了解自己是经过无数的实验才由经验一步一步推演出来的理论一
样，抽象思维者本身对于这种实际上的前提、观念或原始意象也并
不了解。这种情况与我曾在文中的第一章说明过的一样：某种类型
（即经验主义者）关注的只是个别客体，而且只是此个别客体的行
为；而另一种类型（即抽象思维者）关注的主要是客体间的相似关系，
完全忽视了其个别性，因为他只对把世界的复杂多样归结为某种统
一和内在性的东西感到安全和舒适。不过经验主义者认为，这种相
似关系阻碍了他认识客体的特殊性，让他感到十分烦恼困惑。他越
向客体移情，就越能辨识其特殊性，也就更加无法发现自己与其他
客体之间的相似性。因为抽象思维者仅从外部看待这些客体，所以，
倘若经验主义者也知道怎样向其他客体移情，那么与抽象思维者相
比，他将更能感觉和认识到客体之间的相似性。

具体思维者往往先向一个客体移情，再向另一个客体移情，这一过程非常浪费时间，也使得他认识客体间的相似性的进程变得非常缓慢，而他的思维也就显得胶着和迟钝。但是他的移情却存在流动性的特征。用不了多久，抽象思维者就能认识到相似性，并且用一般性特征取代个别的客体，依据自己的思想活动来形构经验材料，不过他也会受到阴影的原始意象的强有力的影响，就像具体思维者受到客体的强力影响一样。客体对思维产生的作用的大小与它在观念意象上铭刻的客体特征的深刻性成正比，而客体对精神造成影响的强烈程度与原初观念刻写在经验上的印痕的深刻程度成反比。

由于客体被赋予的重要性过大，所以专家们会特别偏爱科学领域内的某些理论，比如本书第六章中谈到的精神病学中的"脑神话"。虽然这些理论适用的范围较小，在其他的领域内根本行不通，但是它们依旧试图用某些原理来对极大范围内的经验进行解释。而与之相反的是，抽象思维之所以能获得对个别事实的认识，只是因为它与其他事实具有相似性，它预设了一个普遍的假说，当其主导观念呈现在近乎纯粹的形式中时，它就像神话一般很少说明具体事实的性质。因此，倘若这两种思维类型走向极端的话，一个能用细胞、原子、振动等具体的词语表现出神话，另一个能抽象地用表达为"永恒"的观念之类的词语表现出神话。不论如何，极端经验主义者的优势都是尽量纯粹地呈现事实，就如同极端观念主义者的优势都是在镜像中反思原始意象一样。经验事实限制了前者的理性成果，而心理观念的表现方式限制了后者的实际结果。现在的科学态度并不欣赏观念的价值，完全是具体性的和经验性的，因而与对原初形式的认识进行比较，发现事实才是更重要的，可是人类精神在认识事实时用的就是此种形式。相对来说，这种朝向具体化的转折是由晚近的发展和启蒙时代造成的，并且产生了令人惊异的后果，它使数量巨大的经验材料积累在一起，造成的不是清晰而是混乱。它必然会产生一个结果，那就是科学分立主义和专家们的神话，以及普遍性的观点的磨灭。经验主义的盛行既压制了主动思维，也对所有科学门类中的理论建构造成了危害。不论如何，普遍性观点的磨灭都为神话般的理论建构扫清了道路，如同经验性观点缺失时的状况一样。因此，在我看来，詹姆斯用"柔性的"和"刚性的"这两个词语进行藐视是十分片面的，它将隐藏在詹姆斯骨子里面的某种偏见透露了出来。不过，我们通过以上讨论至少明白了一点，即詹姆斯所刻画的类型和我指出的内倾型与外倾型是一致的。

第二节　詹姆斯的类型观中的对立范畴

一、理性主义与经验主义

我们在上一节中将这组对立范畴理解为观念主义与经验主义的对立，并对其进行了讨论。我之所以没有使用"理性主义"一词，是因为具体的、经验的思维与主动的、观念的思维都是"理性的"，而且都受理性支配。除此以外，理性主义作为一种普遍的心理态度，也对情感理性和思维理性适用，因此，逻辑的理性主义和情感的理性主义都属于理性主义的范畴。历史的和哲学的观点认为"观念主义的"与"理性主义的"是等同的，把理性看为绝对的观念，而我自己用来看待"理性主义"的方式与它们并不一致。不过，现代哲学家已经彻底剥除了理性纯粹的观念特征，他们喜欢用一种机能、本能冲动、意向，甚至情感或方法来描述它。但无论如何，从心理学角度来看，它都是一种受到利普斯的"客观感觉"支配的态度。在鲍德温看来，它是"心灵构成性的和调节性的原则"。在赫尔巴特看来，它是"反思的能力"。而在叔本华看来，它只是一种形成概念的功能，依靠这种功能，"上面提到的区别人类的生命与野蛮的生命的理性的表现形式就变得很容易理解了。不论何时何地，是否运用了这种功能都是人们将某种东西称为理性的或非理性的决定因素"。"上面提到的表现形式"指的是叔本华列举的一些表达理性的方式，比如"控制情绪和激情，得出结论的能力和建构一般性原理的能力……众多个体的一致行动……经验的保存，文明，国家和科学"，等等。倘若就如叔本华所说，形成概念属于理性的功能，那么理性的特征一定是某种特殊的心理态度，其功能是通过思想活动形成概念。从这种意义上来说，它完全是一种心理态度，所以，杰鲁萨伦认为理性是意志的倾向，以致我们可以借助理性控制激情，做出决断。

综合以上论述，我们可以知道理性不仅是一种对明确的、合理的态度拥有的能力，也是一种促使我们能够按照客观的价值来感知、思维和行动的能力。从经验主义的观点来看，经验产生了客观的价值；但是从观念主义的观点来看，客观的价值则是由理性评价的积极行为导致的，对此康德的说法是"依据基本原则来判断和行动的能力"。在康德看来，理性是观念的根源。他认为，观念是"其对象难以在经验中找到的理性概念"，包括"理性在一切实际运用上的原型……一种调节性的原则，我们在实际经验中运用理性能力使其保持完全的一贯性"。这种观点是真正内倾的，与冯特的经验主义的观点明显不同，二者形成了鲜明的对比，冯特说，理智功能的集合就是理性，"先前的阶段赋予了它们一种必不可少的感觉基质"，它们因此聚集到"统一的一般性的表达形式中"。

很明显，"理智"是旧式机能心理学遗留下来的概念，倘若可以的话，我们甚至可以说，与记忆、理性、幻想等古老的概念相比，它更加不幸。它经历了与心理学完全无关的逻辑观点导致的混乱，因此造成它越是对复杂多样的心理内容进行包含，就越是变得随意而不确定……倘若从科学的心理学角度来看，如果只存在它们相互间的联系以及基本的心理过程，根本没有理性、记忆或幻想之类的东西，如果人们不加辨析地把它们全部归类到理性、记忆或幻想的名下，那么，在同质的概念（这种概念与某种严格界定的心理材料对应）的意义上，"心智"或"理智功能"依旧不会出现。不过，在一些特殊情况下，这些援引自机能心理学的概念还是非常有价值的，当然，这是有前提条件的，那就是必须经过心理学的方法修正。如果我们遇到由非常异质的心理构成的复杂现象，而且这些现象要求我们首先按照具体的原因以及它们结构上的规律性来对它们进行思考，这种情况不是在结构和配置上个体的意识出现某种特定的趋向时出现，就是在心理构成的规律需要对其复杂的心理配置进行分析时出现。不过，不管是上述哪种情况，心理学研究都必须竭尽所能地把这样形成的一般性概念还原到它们的简单要素中去，而不能僵化地恪守它们。

上面所说的是外倾型，我用着重号强调了比较具有特色的引文。在内倾型看来，如理性、记忆、理智等"一般性概念"都是"机能"，即简单的基本功能，它们囊括了受自己统辖的各种心理过程；在外倾经验论者看来，基本心理过程才是更重要的，与之相比，这些"一般概念"都是对基本心理过程的精心编构，是次要的、衍生的。因此，倘若去处理这些概念是非常不明智的做法，在原则上我们应该"将它们随时还原到它们的简单要素中去"。很明显，在经验论者看来，既然一般性概念只是从经验那里衍生出来的，那么题旨之中剩下的就只有还原性思维了。经验论者对"理性概念"以及先天观念一无所知，因为他将被动的和统觉的思维放在了感官印象上。这种态度造成的结果就是对客体进行了过分强调——客体被迫成为一种进行观察和从事复杂的推论的主动力量。尽管一般性概念也参与了这个过程，但它只是服务于在一个共同的名称下构成某类现象的集群。因此，一般性概念变成次要的因素便是理所当然的了，它是一种没有现实的语言方面的述说。

所以，倘若科学坚持认为感官感知的事实（基本事实）是唯一现实存在的东西，那么科学会在一定程度上接纳理性、幻想等概念，但不会承认其独立存在的权利。但是对于内倾型而言，当主动的统觉定向于思维时，理性、幻想等就获得了来自内部的主动运作的价值或基本功能的价值、机能的价值，因为他认为，价值的重心是概念，而不是概念所涵括统摄的那些基本心理过程。这种思维类型从一开始就是综合的。它循着概念的路线组织经验材料，然后在观念里"填充"经验材料。所以，为了捕捉并形构经验材料，概念是在运用自身的内在势能将自己变为主动力量。在外倾型看来，这种力量完全是由随意的选择，或者一般化地、不成熟地归纳其本身受到限定的经验材料造成的。有时内倾型由于没有意识到自身思维过程的心理，而将流行的经验主义当作了指导原则，使得他无力还击别人的指责。但其实，这种指责只是外倾型心理的一种投射。因为主动的思维类型的思维过程的能量是从观念及内在功能形式中汲取的，而不是从随意的选择和经验中汲取的，由此便将他内倾的态度激活了。他没有意识到这种来源，因为这种来源从一开始就不具备内容，而只有当他通过思维把形式加诸经验材料上之后，即被赋予了形式，才能认识到观念。但是在外倾型眼中，客体和基本心理过程都是十分重要且不可或缺的，因为他在无意识中向客体投射了观念，所以他要想触及观念，必须对经验材料进行积累和比较。这两种类型在怎样才能触及观念这一层面的问题上，很明显是对立的：前者形构材料时凭借的是自己的无意识的观念，后者则借助于包含他自身无意识投射的材料的导引。这两种态度的冲突中存在着某种内在激发的东西，由此造成了最徒劳也最激烈的科学论争。

我相信上述内容已经充分说明了我的观点，理性主义，即把理性提升为原则的理性主义，兼有经验主义与观念主义的双重特性。尽管"唯心主义"一词可以代替观念主义，但与唯心主义相对的是唯物主义，而我们却很难说观念主义者与唯物主义者相对。哲学史向我们证明了，如果唯物主义者从事物的普遍观念来开始思维，而不是根据自己的经验进行思考，那他们非常有可能是观念主义的。

二、唯理智论与感觉论

极端的经验主义就是感觉论。它认为知识唯一的来源就是感觉经验。感觉论的态度是由感觉的客体决定的。对于詹姆斯来说，感觉论明显是指理智的感觉论而不是审美的感觉论，因此，如果将"唯理智论"视为与感觉论相对立的名词，的确不太合适。从心理学角度来说，唯理智论赋予了理智，或者说赋予概念层次的认识主要的决定性价值，它就是这样一种态度。不过就是抱着这样的态度，但只要源自感觉经验的具体概念完全占据了我的思维，我依旧可以是一个感觉论者。同样的道理，经验主义者也可能站在唯理智论立场上。哲学往往会混淆唯理智论和理性主义，所以，我们才被迫把观念主义视为感觉论的对立面，因为极端的经验主义就是感觉论的实质。

三、唯心主义与唯物主义

可能人们已经产生了下面的疑问：詹姆斯所说的"感觉论"是不是一种极端的经验主义，即前面所推测的理智的感觉论，而他所说的"感觉论的"是不是就是"感官的"——其性质作为一种与感觉有关的功能而将理性完全排除在外。在这里，"与感觉有关"指的不是庸俗的肉欲官能性，而是真正的感官性，它是一种心理态度，其中纯粹感觉刺激的事实是具有决定性意义，并起着定向作用的因素，而与被移情的客体无关。我们可以用反映的态度来描述这种态度，因为所有精神都依赖感觉印象，导致感觉印象达到了顶点。尽管客体没有被抽象地认识，也没有被移情，但却可以凭借其特有的性质和存在产生影响，将主体完全定向于的感觉印象激发出来。这种态度与一种原始的精神状态对应。其对立面和结果就是直觉的态度，直接的领悟或感觉可以用来区分直觉的态度，这种态度依靠的是二者的紧密融合，而不是思维或感觉。心理内容在直觉面前也同样以准幻觉的方式呈现出来，就像在感知的主体面前感觉对象呈现出来的一样。

在詹姆斯的文中，刚性的人与"感觉论的"和"唯物主义的"（除此之外还有"非宗教性的"）人同属于一类，这使我更加怀疑，他所意指的类型对立与我所意指的是否等同。大多数人会觉得，唯物主义是一种态度，它的基础和核心的价值的态度都是"物质"——即某种道德的感觉论。所以，倘若我们赋予这些用词以普通的含义的话，詹姆斯对性格所刻画出来的图像就很不符合刚性的人。当然这并不是詹姆斯的目的，从他自己对这些类型所进行的描述中可以看到这一点。我们差不多能正确地推测出詹姆斯心里所想的内容，那就是这些用词的哲学含义。这种意义上的唯物主义确实是一种以物质为基础和核心的价值的态度，不过这些价值具有事实性，是客观的、具体的现实，而不是感官性的。它与那种哲学意义上的把观念视为具有绝对价值的唯心主义是相对的。当然，这里的唯心主义肯定不是道德的唯心主义，不然的话，我们就把唯物主义也设定为道德的感觉论了，这有悖于詹姆斯的本意。但倘若詹姆斯所说的唯物主义指的是一种定向于事实价值的态度，那么我们就会再次在这种态度中发现具有外倾性质的东西，这足以将我们的疑虑消除。就像我们所看到的，与哲学上的唯心主义相对应的是内倾的观念主义。但其实，唯物主义者也可能是一个道德的唯心主义者，所以道德的唯心主义具有内倾型的特征并没有什么特别之处。

四、乐观主义与悲观主义

其实，我很怀疑在詹姆斯的类型观点上运用这一对众所周知的对立范畴是否合适，以及是否真的可以用它来区分人的气质。举例来说，莫非达尔文的经验思维也是悲观的吗？这在那些具有唯心主义世界观并从自身无意识的情感投射的角度来审视其他类型的人眼中，确实是事实。但这并不意味着经验主义者选择的是一种悲观主义的世界观。除此以外，倘若按照詹姆斯有关类型的观点，那么思想家叔本华的世界观完全是唯心主义的（与《奥义书》中纯粹的唯心主义相类似），莫非他与乐观主义者有什么相似之处吗？我们可以说康德是一个纯粹的内倾型，但他与乐观主义和悲观主义者都相去甚远，就像任何伟大的经验主义者一样。

所以在我看来，这种对立的范畴（乐观主义是悲观主义的相对面）与詹姆斯的类型观点无关。内倾型或外倾型都可能是乐观主义者，也都可能是悲观主义者。不过，作为无意识投射的结果，詹姆斯很可能犯下这种错误。在唯心主义者看来，纯粹经验论的、唯物主义的或实证主义的世界观似乎都是悲观主义的，是阴暗的。而在那种认为"物质"具有神一样的性质的信念坚定的人眼中，这类世界观绝不是乐观主义的。在唯心主义者看来，唯物主义的观点彻底斩断了生命的神经，积极的统觉即它的力量的主要源泉和对原始意象的认识已经完全枯竭了。他认为，这种世界观使他一切的希望被剥夺，让他明白永恒的观念在现实世界中是不可能实现的，因此，这种世界观肯定是悲观主义的。如果一个世界纯粹由事实材料构成，就代表着一种放逐和无处安身的漂泊。所以，当詹姆斯把唯物主义的视点与悲观主义视点等同起来时，从他生命中大量的其他事迹里，我们很容易就能推断并证实他是站在唯心主义立场上的。这也说明了詹姆斯为什么会在刚性者的身上强加上"唯物主义的""感觉论的"和"非宗教性的"这三种意义不是很明确的称号。这个推断在《实用主义》的一段话中也得到了进一步证实，在那里，詹姆斯喜欢用波士顿的旅行家与克里普尔港的居民相遇比喻两种类型之间的互相厌弃。这一比较的确很难让另一种类型感到满意，人们常常会将这种比较看作一种情绪上的厌恶，一种不管具有多强的正义感都抑制不了的厌恶。在我看来，在证实两种类型互相恼怒彼此的差异这一问题上，这种情形确实向我们提供了非常有价值的证据。尽管我所强调的这两种类型之间的情感的对立性可能是十分微小的，不过我们确实通过难以计数的经验看到，正是因为这些隐藏于背景后的情感的存在，最公正的理性才会被歪曲，理解才会难以顺利进行。我们完全可以想象得出，克里普尔港的居民是怎样用一种同样偏颇的眼光来看待波士顿的旅行家的。

五、宗教性与非宗教性

当然，如何定义宗教性决定了这一对立范畴的有效性。倘若詹姆斯从观念主义的角度出发，把宗教性视为一种纯粹的态度，觉得其中的决定性因素是与情感相对的宗教观念，那么，就能为他把刚性的人描述为非宗教性的找到足够的理由。不过，既然詹姆斯思想开阔且对人性十分了解，那么，他肯定会看到宗教态度也同样取决于宗教情感。他曾经说过这样的话："但是，我们尊重事实并不代表我们不再具有宗教性。换句话说，我们的科学气质是虔诚的，而尊重事实本身基本上就是宗教的。"

经验主义者对事实的信仰与对宗教的信仰近似,他由此将对"永恒"观念的崇敬都抛弃了。从心理学角度来说,一个人是定向于物质的观念还是上帝观念,或者在其个人态度上事实变成决定性因素,这些都没什么不同。只有这种定向占据绝对的地位,才能被称为"宗教的"。从事实被提升的角度来说,事实就和原始意象或观念一样拥有了同样的绝对物的价值,可以说后者其实是几千年来人类与现实事实艰难碰触后留在心理上的印迹。不论如何,按照心理学的观点,都绝不能用非宗教性的来描述对事实的绝对屈从。刚性的人有其经验主义的宗教,这一点与柔性的人有其观念主义的宗教一样。而这恰好就是在现今文化时代存在的一种现象:科学由客体决定,宗教由主体即主观观念决定——因为客体从它在科学中所占据的位置上将观念驱赶了下来,所以观念只好再寻找一个避难所。倘若从这个意义上认为宗教是现代文化的现象,那么詹姆斯就有充分的理由用非宗教性的行为描述经验主义者了,当然,这也只是从意义上来说的。既然哲学家们与普通的人类一样,那他们就属于所有文明的人类的范畴,而不只属于哲学家的范畴了。所以,绝对不能采用把一半的文明人划归为非宗教性的观点或做法。我们从原始人的心理明白了宗教功能是心理的基本成分,无论何时何地,也无论它是否已经被分化出来了,我们都能找到它。

倘若我们最初没有对詹姆斯的"宗教"概念进行限定,那我们就能再次推断,詹姆斯很容易被他自己的情感扰乱。

六、意志自由论与宿命论

从心理学的角度来说,这是一组非常有趣的对立。我们有理由相信,经验主义者肯定会因果性地思考并把原因和结果之间的必然联系视作公理。经验主义者定向于被移情的客体;也就是说,他在外在事实的驱使下，产生了有因必有果的印象。从心理学角度来说，这种印象使他不得不却又十分自然地产生了这种态度。从一开始对外在事实的认同就隐含在内在心理过程中，因为主体大量的活动，也就是他自己生命的活动都被无意识地通过移情投入了客体之中。所以，客体就同化了这种移情类型，从表面上看似乎是客体被移情类型同化了。但不论何时，只要强调了客体的价值，客体就会马上显出重要性，从而对主体产生影响，迫使主体异化于自己。人类心理的变化无常简直可以媲美变色龙，就像临床心理学家从日常经验中看到的那样。一旦占据优势地位的变成客体，就会立刻出现被客体同化的情形。对钟爱的客体的认同作用在分析心理学中占据着重要地位。在原始人中，因崇拜祖先神灵或图腾动物而异化于自己的心理例证简直数不胜数。中世纪时期甚至晚近的时代打在圣徒们身上的烙印（圣痕）也类似于此现象。这种异化在《效法基督》一书中，被提升为一种原则。

因为人类心理具有这种无可置疑的异化能力，所以就很容易理解为什么会出现将客观的因果联系移置于主体的现象了。人们的心理因受因果原则所带来的绝对有效性的印象的支配而变得疲惫不堪，为了与这种印象的压倒性力量相抗衡，他们动用了认识论的全部武装。下述事实使这种情形发生了进一步恶化：经验的态度在本性上本来就会阻碍人们相信内在的自由，因为它没有任何证据，或者更确切地说，是缺乏任何论证的可能性。面对大量占据绝对优势的客观反证，那种模糊而不明确的自由感显得毫无作用。所以，简直可以预见经验主义者的宿命论结局：科学的世界大大不同于经验主义者从环境或父母那里所获得的宗教的世界，双方都是他思维的来源，而他又不想与常人一样生活在这两个相互分隔的世界中。

我们已经明白，唯心主义观念的无意识的激活就是其实质。这种激活可能是由生命对后来所获得的移情的反拨导致的，也可能是天性所形成与偏好的一种与先天先验的态度（我在实际经验中看到过许多类似的例子）。在后一种情况下，虽然观念因为缺少内容而无法表现出来，也不能在意识中呈现出来，但却从一开始就是活跃的。不过，观念作为一种无形的（无法表现出来的）内在决定因素，却将所有外在的事实都一一超越了，从而取得了支配地位，向主体传送了它自主和自由的意义，主体因为内在地同化于这些观念，因而感觉自己在与客体的关系上是独立的和自由的。一旦观念成为定向因素的原则，它就把主体非常彻底地同化了，如同主体试图凭借对经验材料的形构来将这些观念完全同化一样。所以，主体也异化于他自己，这一点与前文所描述的其态度定向于客体的情形相同，只不过现在是在相反的意义上迎合观念的异化。

世代相承的原始意象经历了所有时代与变化却依旧存在，它在先于一切的个体经验的同时，又承续于它。因此，它储存了巨大的力量。由于主体被同化进了它自己，一旦激活它，它就会借助主体无意识的内在移情而将一种独特的力量感传送给主体。这就是主体会感觉到自由、独立和生命永恒（参考康德的三重假设：自由、上帝与永存）的原因。当主体感觉到他内在观念的活动已经把事实的现实性超越时，他自然就为自由的观念所支配了。只要他具有纯正的唯观念论（唯心主义），他必然能够得到信仰自由意志的结局。

对我们的类型观点来说，我们所讨论的这一组对立范畴是一个典型。外倾型得以区分于内倾型，是因为它对客体的执着、移情与认同，以及自发地依赖客体。他努力同化于客体程度与他受客体的影响程度是相同的。内倾型面对客体时的自我坚守是他的独特之处。内倾型努力地使自己不对客体产生依赖，并将客体的一切影响赶走，甚至可能畏惧客体。这使得他对观念的依赖程度加深，由于观念的庇护，他能够摆脱外在的现实，从而得到内在的自由感，即使为此他不得不以非常显著的权力心理作为代价也毫不吝惜。

七、一元论与多元论

我们从上述讨论中可以断定，只要是定向于观念的态度就一定会倾向于一元论。不论观念是作为一种无意识形式的先验存在，还是源自抽象过程中，它往往都具有一种等级的特征。倘若是前者的话，可以说观念是大厦的顶端，包括了位居其下的一切；倘若是后者，那么观念就是无意识的法典制定者，对一切的可能性和思想的逻辑必然性都有绝对的控制权。因此不论怎样，都无须怀疑观念那至高无上的品性。尽管观念可能是多元的，但是其中总有会取得优势地位的一方，专制地将其他的心理要素集聚起来。同样，定向于客体的态度总是倾向于多元的原则这一点也是很清楚的，因为需要有多元性的概念对客体性质的多样性进行适当的解释。倾向于一元论类似于内倾，而倾向与多元论则类似于外倾。

八、教条主义与怀疑主义

我们通过这组对立可以看到，对于一种执着于观念的态度来说，教条主义可以说是其中的典型，但是一种无意识的观念的实现并不一定会造成教条主义。不过，无意识观念通过那种强力的方式来实现自身时，的确会给外人留下这种印象：在一个定向于观念的思考者看来，只要他开始思考，他就会教条地硬把经验塞入一个固定不变的观念模式中。同理，在一个定向于客体的思维者看来，他从一开始便对所有的观念持怀疑态度，因为他关注的焦点是让每个客体和每一种经验自己说话，免受普遍概念的干扰。从这个意义上说，不管哪种经验主义都不能离开怀疑主义。这组对立范畴也证实了从根本上来说詹姆斯的观点与我的类型观是相似的。

第三节　詹姆斯的类型观的总体批判

在批判詹姆斯的类型观之前，我必须强调一点，那就是他的一切论述都与类型的思维性质有着密切的关系。人们很难期望能从一本哲学著作中获得别的什么东西。而由这种哲学背景造成的偏见十分容易导致混乱。这一点很容易表明，某个或某些类似的特征同样也会出现在相反的类型甚至众多的类型中。比如经验主义者可能是宗教的、教条主义的、唯理智论的、唯心主义的和理性主义的；而观念主义者也可能是悲观主义的、唯物主义的、非宗教的和宿命论的，等等。就算揭示出这些名词所涵括的十分复杂的事实和其中存在的各种细微的差别，也无法排除其有引起混乱的可能。

因为詹姆斯所用的都是过于宽泛的名词，所以只有从整体上把握它们，才能在我们面前呈现出一幅关于类型对立的大致的画图。尽管这些名词未将类型对立作为一种简要的程式总结出来，但是它们对我们从其他材料中获得的类型的这幅画图而言的确是一种有益的补充。詹姆斯是第一个关注到气质在多样的哲学思维中所具有的特别重要性的人，因此他应当获得最大的荣誉。他的实用主义研究的全部目的就是调解因气质的差异而引起的哲学观的对立。

实用主义作为一种哲学运动，曾一度广泛盛行，它源自英国哲学（牛津大学的席勒是其代表人物），主要观点是：认为"真理"实际效用和有用性就是它的价值，而其他的观点是否对此真理观提出辩驳则并不重要。从类型的对立开始阐述自己的实用主义就是詹姆斯的独具特色之处，好像这个方式能证明和确立他研究的实用主义的必要性。因而，我们再次看到了在中世纪上演的那场好戏。在中世纪时这种对立是以唯名论与唯实论相对立的形式出现的，那时的阿伯拉尔便致力于在他的谓词论或概念论里调和这种对立。不过，因为当时根本尚未建立起心理学的观点，所以他解决问题时不可避免地带上了逻辑的和理智的偏见，最终一切尝试只能宣告失败。詹姆斯认识对立的出发点是心理根基，因而他的理解越发深刻了，他致力于实用主义的研究，并将其作为解决问题的方式。不过我们不应对它的价值抱有过多的幻想：实用主义仅仅是一种权宜之计，因为还没有出现进一步的来源，所以它是有效的，它通过气质使理智能力的色彩越发丰富，也许也会在哲学概念的形成中揭示出新的因素。

柏格森确实关注到了直觉的作用和一种"直觉方法"的可能，不过他只留下了提示，除此之外什么也没有了。就像我们知道的那样，确实很难提供论证，所以虽然柏格森宣称，直觉给他带来了"生命冲动"和"创造性绵延"，但他并未对这种方法进行充分的论证。倘若不考虑这些早就在古代尤其是在新柏拉图主义那里出现过的直觉概念，那么，柏格森的方法就是理智的，而不是直觉的。尼采最大程度地利用了直觉的这种来源，因此，他可以不受理智束缚，形成了自己的哲学观念，他凭借直觉从原来纯粹哲学体系的范围超脱出来，从而进入艺术创造，而这是哲学批判难以做到的。这一点在尼采的《查拉图斯特拉如是说》中得到了充分体现，而由于他的那些哲学格言集与哲学批判接近，而且运用的主要是理智方法，所以没有将这些内容体现出来。因此，倘若人们一定要讨论直觉方法的话，那么在我看来，最合适的选择就是《查拉图斯特拉如是说》了；同时，它还阐释了怎样以非理性的而依旧是哲学的方式来把握问题的可能性。有一点我们必须要给出提示，那就是黑格尔和叔本华都是尼采的直觉方法的先驱，黑格尔的直觉理念不仅构成他自己的全部体系，而且对尼采产生了决定性的影响，而叔本华的直觉情感也对尼采的思维具有决定性的影响。但区别是，对黑格尔和叔本华来说，理智是居于直觉之上的，而在尼采那里，理智则居于直觉之下。

倘若想对对方做出公正的评判，在处理这两种"真理"之间的冲突时就要采用一种实用主义的态度。尽管实用主义是不可或缺的，但因为它的先决条件是完全的屈从，所以创造性的枯竭就是它造成的必然结果。在解决对立的冲突这一问题上，概念主义的理智性调解是无效的，同样对逻辑上不相容观点的实际价值的实用主义评判也起不到什么作用，唯一的可能就是借助一种积极的创造性活动，让对立的双方同化为彼此协调的要素，就如同通过肌肉的协调运动，相对立的肌肉群能够均匀地分布一样。实用主义通过排除偏见扫清了创造性活动道路上的阻碍，因此可以被视为一种过渡性的态度。詹姆斯和柏格森在德国哲学（指的不是学院哲学）已经踏上的路途上是路标性的人物。但其实，尼采才是这条道路的开辟者，是他通过猛烈的极端的形式真正地将通向未来的道路开辟出来。从根本上来说，尼采的创造性活动超过了实用主义的那种令人难以满意的解决方式，就像在认识真理的生命价值方面，实用主义从根本上超越了无意识的概念主义和后阿伯拉尔派哲学枯燥的片面性一样。尽管如此，等待攀越的高峰仍然摆在尼采的面前。

第九章

传记中的类型问题

　　传记不负人们的期望，在心理类型问题上做出了它独特的贡献。说到传记，我们必须感谢奥斯特瓦尔德，他在比较了数位杰出的科学家的传记后，建立了类型心理的两极对立学说，也就是他所说的古典型与浪漫型的对立。

　　古典型的每一篇作品都透露着饱满圆熟的完美性，将一种极度与世隔绝、鲜少与周围环境发生联系的气质与人格体现了出来。而浪漫型则恰恰相反，也许他没有哪篇作品是完美的，但其作品的多样性和独创性却让人倍感惊叹，他的作品不断问世，并给其同时代的人带来了直接而巨大的影响。

　　在这里我还要强调一点：鉴别一位科学家归属于哪种类型的关键是心理反应的速度。浪漫型反应快速，古典型则与之相反。

　　古典型因其创作速度十分缓慢，导致公众通常都是在其生命的后期才能看到他心灵最圆熟的成果。在奥斯特瓦尔德看来，古典型永远不变的特征就是"绝对地追求毫无瑕疵的特立于公众眼中的形象"。他要以此对"个人影响力的缺乏"进行补偿，"古典型往往凭借自己的著作来保证一种更加全面和具有潜力的影响"。

　　然而，这种影响看上去非常有限，这一点很好地被赫尔姆霍兹传记中的一段插曲证明了。赫尔姆霍兹进行过有关电击感应效应的数学研究，对此，他的同事杜博雷蒙在写给他的信中说："你应该（请不要介意使用这种口吻）多花点时间，使自己不再受到科学观点的抽象问题的束缚，那些人对问题依旧一无所知，或者还不明白你讨论的到底是什么，你应该与他们换位思考一下。"赫尔姆霍兹回答说："我已经尽力呈现出了我在这篇论文中所用的材料，至少我已经对它十分满意了。"对此，奥斯特瓦尔德的评论是："赫尔姆霍兹毫不理会读者的观点，作为真正的古典型，他完全是在为自己写作，所以在他看来自己的表达方式是非常完美的，不过很明显，别人并不这么认为。"杜博雷蒙写给赫尔姆霍兹的那封信中还有一段话更具特色："我多次拜读了你的论述和结论，不过我依然感觉云里雾里的，不明白你想要说些什么，也不知道你用了什么方法……最终我还是靠自己才发现了你的方法，从而逐渐理解了你的论文。"

在古典型看来，这是他们生活中十分典型的事例，古典型很少甚至从没有成功地"用他自己的心灵之火点燃别人的心灵"。通常情况下，只有在他离世之后他的作品才会显示出其影响力；也就是说，这种影响只会产生在发掘他的遗著之后。这种类型的一个典范是梅耶。他的那种如同平常讲课或与人交谈的写作方式，使得他的作品不能折服人、鼓动人或直接给人以感染力，很明显，这种方式只是他自己的一种表达而已。所以，古典型之所以能够产生影响靠的并不是他的作品的外在诱惑力，而是在他们离世以后，通过这些作品将自己的成就建立起来。我们通过奥斯特瓦尔德的描述可以清楚地看到，古典型对于他正在做的事情和他做事的方式都很少谈及，他只是单纯地把他获得的最终结果表达出来，而毫不在意公众对怎样获得这种结果的事实一无所知这一事实。很明显，在他看来，写作的方式方法问题好像完全不重要，因为这些都是与他的人格关系密切，且深藏于他人格背后的私人问题。

奥斯特瓦尔德把他的两种类型与古代的四体质说进行了比较，其中尤其提到了反应速度的问题，因为在他看来这是一个根本性的问题。迟缓的反应与黏液质及忧郁质对应，快速的反应与多血质及胆汁质对应。他认为，黏液质和多血质是平常的类型，而忧郁质和胆汁质则体现了基本性格病态夸大的一面。

如果我们在浏览名人传记时，把梅耶和法拉第归于一类，把戴维和利比克归于另一类，那么就能轻易得出这样的结论：前者很明显是古典型，属于黏液质和忧郁质的；而后者同样很明显是浪漫型，属于多血质和胆汁质的。在我看来，奥斯特瓦尔德的这一观察结果是非常具有说服力的，因为与古代的四体质说一样，这种划分很有可能是在相同的经验原则的基础上建立的。显然四体质能被区分源于感触性，即它们明显是与感触反应对应的。然而，如果从心理学角度进行分析，这种分类就会显得十分肤浅；因为它的判断依据只是外部表现。就是因为这样，才把那些举止平和安静的人分到了黏液质范畴中。因为他从外表看起来很"迟钝"，所以他被归入了黏液质。可其实，他或许根本不是"迟钝"的，而是敏感而富有激情的，只是他把这些情愫都隐藏于内在，所以人们才会对他产生内向以及外表平静的印象。乔丹的类型概念也重点关注了这一事实。乔丹看到的不仅是人的表面，还有人性深处的一面，并以此观察作为判断的依据。而奥斯特瓦尔德的区分标准同古代的体质划分一样，完全是建立在外部表现基础上的。他把快速的外在反应归于浪漫型的特征，却没有考虑到古典型同样可能具有快速的反应，只是古典型总是把这种反应表现于内在。

在我们阅读奥斯特瓦尔德的传记作品时，能够轻易看出，他的浪漫型是与外倾型对应的，古典型是与内倾型对应的。外倾型的典范是戴维和利比克，而内倾型的典范则是梅耶和法拉第。外倾型与内倾型的特征一个是外在反应，一个是内在反应。在外倾者看来，自我表现是轻而易举的事；他喜欢在人前表现自己，这一点几乎是不由自己的，因为他的全部本性就是朝向外在客体。在朝向外在世界时，他能够让人轻易地感到愉快或是接受他；就算有时并不是令人感到十分愉快，但至少可以被人理解。由于他快速的反应和感情释放，以致不论这些反应和释放的内容的价值如何，都被投射到客体上去了；同时，他的反应风度翩翩也夹杂着阴郁的思想和感情。因为同样的理由，他的这些反应几乎都是不假思索就做出来的，因为它们轻易就能被人理解；他那不断的即时反应会产生出一系列意象，使公众可以清晰地看到他追寻的道路和他获得此结论的方法。

与此相反，除了感情爆发，内倾者几乎都把反应专注于内向，不然的话他一般无法释放出他的反应。虽然他反应的敏捷度可能根本不比外倾者差，但是这些反应常常受到他的抑制。人们从表面上无法看到内倾者的反应，所以很容易得出他们是迟钝的这一结论。即时反应常常带有强烈的本人色彩，所以外倾者不可避免地展示出了他人格的锋芒。而内倾者则因为将自己的即时反应压抑住了而隐藏了他的人格。他的目的不是移情，不是把内容移转于客体上去，而是要从客体获得某种抽象物。与外倾者即时的释放与反应相比，内倾者在作品最终完成之前更愿意在内心中长时间地精心编构它们。内倾者一生致力于使产物不带有一丝他本人的色彩，以及使产物与他本人没有任何联系上。他以最高度的抽象和非个人化的形式在世人面前展现了自己长期内在劳作的成熟的果实。因为公众缺乏对其先期阶段和他能够获得这一结果的方式的认识，所以很难理解。内倾者的自抑将自己的人格掩盖了起来，所以他与公众之间缺乏个人的联系，使得公众无法认识他。不过在正常情况下，要想获得理智的领悟所无法提供的理解力，只能依靠这种人格的联系。当评判内倾者的发展时，对这一情形务必要牢记。因为内倾者真正的自我并不显见，所以人们对他没有什么了解。他因为不具备即时的外向反应能力而将他自己的人格隐藏了起来。如果公众能因他的成就而对他产生兴趣，那么他的生活会给那些幻想的解释和投射提供足够开阔的空间。

因此，奥斯特瓦尔德说，"心灵的早熟"是浪漫型的特征。尽管这一说法非常正确，但我们依然必须对此做出补充，因为古典型也可能是早熟的。古典型将产物深藏于自己的内心之中，并非他的本意，而是因为他不具备直接表达的能力。由于情感分化程度较低，内倾者常常表现得十分笨拙，在与他人的个人关系上会将一种真正的婴儿期的特征表现出来。他的外在人格十分模糊，而且他对这方面又特别敏感，所以他只敢在公众面前展现自己认为已经完美无缺的作品。他希望通过自己的作品对自己所要表达的内容进行说明，而他自己却不会出面对自己的利益进行维护。很明显，这种态度使得内倾者呈现于世界舞台的时机大大延迟了，以致他总认为自己是晚熟的。不过，这一判断十分肤浅，因为它没有考虑到外倾者也具有类似的情况，对于明显早熟且外在分化程度非常高的外倾者而言，其内在的方面和与内在世界的关系，呈现出来的也完全是婴儿期的特征。但这种特征只有在其生命的后期才会显示出来，比如表现在道德方面的某种不成熟，或者更常见的令人感到惊讶的婴儿期思维。奥斯特瓦尔德已经观察到，浪漫型比古典型拥有更多发展和成长的有利条件。浪漫型拥有令人羡慕的外貌，他在公众面前表现的外向反应使公众更容易认识他个人的重要性。于是，他没过多久就建立起了许多有价值的关系，工作也变得非常有成效，获得了所谓的广度；而古典型却将其锋芒隐藏起来，因为缺乏人际关系而不能形成有广度的工作范围，但他却因此获得了工作的深度，所以其作品常常会流芳百世。

两种类型有一个共同特点，即都怀有热情，不同的是，外倾者会表达其内心中的热情，而内倾者则用缄默将自己的热情掩饰起来。他带动不了别人的热情，所以也无法形成一般意义上的工作圈子。就算他愿意向他人传授自己的知识，也会因为使用的表达方式过于简单而让人无法理解，这对他与外界的进一步交流产生了严重阻碍；

一般来说人们都认为，他不会讲出什么特异新颖的事。这就会使肤浅的人认为，浪漫型的人看上去生来就十分幽默诙谐，并且熟练掌握了如何引导公众对他产生这种印象的方法，而内倾者的表达方式及其"人格"都是平平无奇的。浪漫型的人拥有的卓越的口才不仅有助于阐明那些卓越的思想，也能帮助他掩盖思想中的某些漏洞。奥斯特瓦尔德强调在学院生涯上浪漫型很容易取得成功，这是与事实相符的。浪漫型可以站在他的学生的立场，懂得在什么时候应该说什么话。但古典型常常忽视学生很难理解他这一事实，只专注于自己的思维和问题。在论到古典型的赫尔姆霍兹时，奥斯特瓦尔德说：

虽然他的学识十分渊博，经验十分丰富，心灵很有创造力，但这并不代表他就是一位优秀的教师。在他人提问时，他总是不能立刻做出反应，而是在过了一段时间后才给予回应。当他的学生在实验过程中向他提出问题时，他总会答应好好考虑一下，但常常过了好几天才会告诉学生答案；然而他的答案与学生之前问的问题根本就不相符。因此没有几个学生能发现自己所遇到的困难与老师后来给他做出解释的那种关于一般问题的精致完美的理论之间的联系。他不仅无法随时为初学者提供帮助，也无法按照学生的个性对其做出正确的引导，以致他的学生慢慢失去了作为初学者对老师自然而然产生的信赖，最终掌握不了他这一学科的知识。而造成这一切的原因就是老师不能马上满足他的学生的需要，当他过了很久以后再对学生的期待做出反应时，这种反应已经失去了效果。

在我看来，奥斯特瓦尔德按照内倾者反应的迟缓来描述赫尔姆霍兹似乎并不恰当。因为没有任何证据说明赫尔姆霍兹反应迟缓。只不过他的反应不是外在的而是内在的。他并没有站在他的学生的立场上，所以根本不知道学生需要什么。他的态度直接定向于他自己的思维；所以，他并不是针对学生个人的需要，而是针对学生的提问在他自己心中所引起的思考做出反应的，他的这个反应既迅速又彻底，以致他立刻就领悟到了其更进一步的联系，不过这时，他还无法评价与回应其充分发展的抽象形式。导致这一情况的原因并不是他的思维太过于迟缓，而是因为对他来说在短时间内是不可能把握他所预见到的问题的全部内涵的。他根本想不到他的学生竟然对这类问题一无所知，所以他很自然地认为自己应该做的事不是在细微之处给学生一些简单的建议，而是处理这个问题，如果他可以了解他的学生究竟需要什么才能与他的研究相适应，那情况就会迥乎不同。然而，因为他是一个内倾者，所以他从来没有想过要向他人移情；他只对自己的理论问题十分专注，完全沉溺于怎样整理和编织学生所提出的问题的线索，以致没有考虑到学生当时的实际需要。很明显，在学院看来，这一特殊的态度既不合适，又会让人产生十分糟糕的个人印象。内倾型教师往往给人留下古怪、迟钝，甚至笨拙的外部印象；所以，才会遭到同事的轻视及大众的贬低，直到别的研究者接纳并对他的思想进行详细阐述的那一天，这种情况才会停止。

数学家高斯特别厌恶教学，他常常对他的学生们说，为了避免再去上课，他可能会把自己讲授的课程取消。在他看来，教学真是十分痛苦的事，因为教学就表示，"在他的著作还没有经过精心推敲且尚未出版之前，就不得不在课堂中把他的某些科学的结论表达出来。他认为，还没有做好充分的查对工作就不得不传授自己的发现，就跟穿着睡衣出现在陌生人面前一样"。在这里奥斯特瓦尔德指出了一个十分重要的事实，对此上文已经有过论述，那就是内倾者只想进行不带一丝个人色彩的交流。

奥斯特瓦尔德指出，由于慢慢丧失了自己的才华，浪漫型不得不相对较早地结束自己的专业生涯。在他看来是较快的反应速度导致了这一现象。不过在我看来，既然科学上依旧无法解释心理反应速度是什么，而且也没有证实外向反应要比内向反应敏捷，那么，我们就不能断定外倾型发现者才能的较早枯竭与其反应速度有关，其实我们还可以说这和他的类型所特有的外向反应相关。外倾型是学术作家，发表作品较早，成名也早，同时参与的社会活动也非常密集；他交友广阔，在人际关系上耗费了很多精力，此外，他对学生的发展状况也很感兴趣。而内倾型开拓者发表作品较晚，与外倾型相比时间间隔也长，他的特点是使用简明扼要、字斟句酌的表达方式；倘若不是为了引进新鲜的东西，他肯定不会重复主题。他在与别人进行科学交流时常常言简意赅，却往往忘记提示别人自己是怎样获得成果的，所以对于他的著作别人是很难理解和接受的，而他也一直没什么名气。他不喜欢教学，所以他的学生只能对他敬而远之；他没有名气，所以交际圈子十分狭窄；他不愿意抛头露面，这既是他自己做出的选择，也是必然发生的情况。因此他避免了在很多方面投入精力。他一次又一次地在自身内向反应的引导下回归自身狭窄的研究道路；不过这些研究本身是非常精确的，时间越久，耗费的精力就越多，使得他根本没有多余的精力去做别的事。上述事实让情况变得越来越复杂，尽管在公众面前浪漫型能产生令人鼓舞的效果，但却常常被古典型轻视，而在这种情形下，浪漫型为了获得满足感，便会迫使自己更加完美地进行研究工作。因此，在我看来，浪漫型天才外向的反应才是他相对较早地耗尽了他的才能的真正原因，而非其快速的反应速度。

奥斯特瓦尔德认为，他所划分的类型并不是绝对的，因为每一个研究者都可能同时是古典型和浪漫型。不过他提出了下面的看法：如果考虑反应速度，那么，可明确将"那些真正伟大的人"归入其中的某一类型，而"普通人"常常只表现为中间状况。综上所述，在我看来，奥斯特瓦尔德传记所包含的材料中，有相当一部分清楚阐释了浪漫型与外倾型、古典型与内倾型之间相对应的关系，对类型心理学的研究来说是非常有价值的。

第十章

类型学总论

第一节　绪言

　　我将在以下的篇幅中总体描述各种类型，而且我肯定会涉及两种常见的类型，即外倾型和内倾型。另外，我还会尽量在读者面前展现那些特殊类型的确定的性格特征，在个体对生活的适应或定向中这些类型扮演了重要角色，也因其各自特殊的功能而各具特色。因为前者较为明显地带着一般兴趣和力比多运动的趋势，所以我将他们称为一般态度类型；而对于后者，我则称他们为功能类型。

　　我已经说过很多次，通过各类型对客体的特殊态度我们可以区分出一般态度类型。对于内倾型而言，他对客体的态度是抽象的；从本质上看，总有一个怎样才能从客体中提取力比多这样的难题摆在他的面前，这与他不得不持续地阻挠客体欲取得优势的意图是一样的。与此相反，外倾型一直过分信赖客体。他因此而认为客体是具有重要性的，他不仅总是不断地随客体而调整他的主观态度，而且一直都与客体有关系。实际上，客体的价值并不充分；但他认为，它的重要性是至高无上的。

　　这两种态度在根本上是不同的，也形成了非常鲜明的对照，以至于只要我们稍加注意就能明白，他们的存在对于心理事件中的未知领域来说也是一种再明显不过的事实。人们很难了解那些缄默、固执并往往有些害羞的人，而那些善于交际、开朗、安静或者至少友好以致易于被人们了解的人则与之形成了鲜明的对照。后者用善意的态度对待整个世界，也就是说当他们与世界发生碰撞时，他们不会放弃与之进行联系，他们与世界也因为这种联系而彼此互相影响着。

当然，人们开始时会觉得这些差异只是个人的癖性。但是倘若他们发现很多人都如此的时候，他们就会清楚地明白，如此深刻的差异的来源不是个体情形的特殊性，而是类型的态度，而且甚至比那种最初就假定的有限的心理经验具有更强的普遍性。我们在接下来的几章中会谈到，这实际上是一个基本对立的问题；当我们对那些通过各种方式展现自己人格的个体进行论述时，这一问题始终若隐若现。这种人不仅存在于有教养的阶层中，还广泛存在于社会的其他阶层中；因此不仅国家最杰出的成员会清晰地证实我们的类型，工人和农民同样也会证实它。甚至于这些类型还会抛弃性格的差异，因为我们可以在所有阶层的女性中找到同样的类型并做出比较。我们很难说这种普遍的分布是意识怂恿的结果，即很难说这是由意识和态度故意选择造成的。倘若事实确实如此，那么这种态度肯定会在某一特定的由相同的教养和环境联系起来并因此而抱成一团的社会阶层中大量出现。可实际与之恰恰相反，因为很明显这些类型的分布是不规则的。比如在一个家庭里，可能同时会有一个内倾的孩子和一个外倾的孩子。

从上述事实中我们可以看出，很明显态度类型被认为是一种随意分布的普遍现象，因为他们与意识判断或意图无关，所以只能将某种无意识和本能视为他们存在的原因。因此，作为一种心理现象类型间的普遍的差异，必然会以种种不同的方式显现出它的生物学征兆。

从生物学角度来看，主体和客体之间往往存在一种适应关系；主客体之间的相互限制作用是每一种关系的先决条件，并且由它们构成了适应关系。因此，这是客体类型态度的一种适应的过程。大自然经历了两种从根本上来说不同的适应方式，但他们都决定了生物的进一步的生存；其一是与一种相对来说较小的抵御力和对个体的保护伴随产生的，形成于繁衍后代的生殖力；其二是与一种相对来说不是很重要的生殖力相伴产生的，形成于个体在自我保护的多种途径方面的才能之中。这种生物学上的对比情形既是它们的普遍基础，还是类似于我们的两种心理适应方式的东西。对于这一点，只要将某种纯粹的一般性征兆指出来就可以了；一方面，我只需指明外倾型的特殊性，他在这种特性的促使下一直以各种方式耗费和扩展自己，另一方面，我还要指明内倾型抵御外界要求的倾向，他不随意与客体直接发生联系而耗费能量，因而将自己的能量保存了下来，使自己始终处在最保险和最不易被攻破的地位。

布莱克将这两种形式描绘为"多产的"和"贪婪的"，他是对的。两种形式在他们的种类上都很普遍而且是成功的，这一点已经被一般的生物例证证实；对类型态度而言，也同样是真实的。一个人只需一种关系就可以得到另一个人要用多种关系才能得到的东西。

儿童常常在他们的早期阶段就显示出一种明确的类型态度，我们似乎可以由这一事实得出这样的结论，类型态度很可能不是由生存的竞争产生的，通常来说，可以将它理解为适应于确定态度所构成的强制性因素。不过我们非常反对这种看法，也反对那些甚至觉得还未断奶的小婴儿就已经具有了一种在起作用的无意识的心理适应，并将其归因为母体影响的特殊性质引起了儿童的异常反应的观点。尽管这一观点有充分的证据，但它在"两个来自同一个母亲的婴儿很早就会表现出两种迥乎不同的类型，并且母亲的态度不会对他们产生任何微小的变化"这样毋庸置疑的论据面前，也不得不宣告失败。虽然没有哪种事物能够诱惑我去轻视双亲那不容忽视的重要影响，但是，这种体验却让我明白：要想找到决定性因素必须从儿童的性格入手。虽然外部条件的相似性可能非常大，但同样来自一个母亲的两个儿童却变成了两种不同的类型，这一事实本身肯定会把他归属到个体的性格中，很明显，我在此所说的只限出现在正常条件下的情形。倘若条件异常，即母亲表现出的态度极端反常时，也可能使得儿童被迫形成一种类似的态度；但这样会使他们的个体性格遭受蹂躏，在变态或骚扰性的影响尚未介入其中的情况下，他们可能已经改变了自己的个体性格，成了另外一种类型。通常情况下，无论何时，只要这种类型的本质最终在外界影响下被改变了，那么这个个体以后就会不可避免地变成神经症患者，而且要想成功治愈这种疾病，就必须使那一态度的发展过程完全符合个体的天生属性。

对于特殊的性格，我只知道一种个体，那就是他十分明显地既愿意接受又能够接受一种方式，或者在他看来，比起适应其他方式，适应那种方式更合他的口味，而其他的我就不知道了。或许还有一些我们不知道的心理原因在以上分析中起到了一定的作用。按照经验来说，类型的转换可能会极大地伤害有机体的生理健康，引发机体严重的衰竭，我认为这种情况是很有可能发生的而且是可信的。

第二节　外倾型

在对这种及以下心理类型进行描绘的时候，有必要区分出意识心理和无意识心理，这样可以使表达更加清晰易懂。首先让我们考察一下关于意识现象的描述。

一、意识的一般态度

众所周知，所有人都定向于外部世界提供给他的事件；不过我们看到，这种可能发生的情形具有的只是某种相对的决定性。比如在天气寒冷的室外，某人在别人的劝告下将大衣穿在了身上，但另一个人则认为没这个必要，因为他想要变得酷点；因为全世界都崇拜一个刚成名的男高音歌手，所以某人也跟着崇拜他，而另一个人却不会崇拜他，原因并非因为他不喜欢这个歌手，而是因为他觉得如果一个人得到广大公众的普遍崇拜，那就肯定没有什么值得崇拜之处。那个崇拜者之所以会屈从于一种特定的事态，是由于他从自己的经历中获知一切一直都是如此，不过，另一个人却对一点深信不疑，即就算以同样的方式将同一件事重复了1000次，但第1001次时一定会出现不同的状况。前者的观点被客观事件定向，后者的观点则介于他本人与客观事实之间。那么，一旦对客体和客观事实的倾向性占据绝对优势，致使对最经常和最基本的意图和行为起决定作用的是客观关系而非主观价值时，即产生了我们所谓的外倾型态度。只要一个人习惯于这种态度，就可以将其称为外倾型。倘若一个人为了能与客观条件及其要求保持一致而这样感觉、思考和行动，或者干脆说这样生活，那么，不管从哪种立场上看，此人均属于外倾型。当一个人令价值在其生活中扮演越来越重要的角色时，其生活就会因此彻底而明朗化。当然，其主观价值也存在，不过相比外部客观条件，其主观价值的定性力量要次要得多。因此，他从未想过要从其内在生活中寻找任何绝对的因素，因为他所认识的均为外物。就如同埃庇米修斯，他必然让外在需要决定着其内在生活，当然其中也存在斗争，只不过最终取得胜利的总是客观的规定性。因为他在做决断时往往以重要的和起决定性作用的外界作为依据，因此，其一切意识均朝向外部世界。当然，这样做是由他的愿望决定的。由于造成他心理上的一切显著特征均非某一确定的心理功能的优先地位或个体的特殊性，因此其来源就是这一基本态度产生的原因。于是，他的兴趣和注意主要随着那些直接的环境和客观事件的转移而改变。因为他会对人和事物产生兴趣，所以，其行为自然也会受限于人和事物的影响。它们与客观事实和客观规定直接发生联系，甚至可以说它们会因此被进行彻底的解释。众所周知，外倾型行为与客观条件之间是紧密联系的。从其并非纯粹与环境的刺激相对抗的角度而言，他的特征往往和具体的环境相适应，并且受到客观环境的限制，可以找到正确的活动范围。显然，他的倾向不会超过这些范围。兴趣方面也是如此：客观事件的魅力是无穷的，所以外倾型的兴趣在正常过程中自然也不会提出要求了。

控制他的行为的道德法则与相应的社会要求相符，即与普遍的有效的道德观念相符。倘若普遍有效的道德观念不一样，那么主观的道德指导路线也会不一样，在这时，一般的心理习惯没有发生任何变化。他显示出的客观因素的严格规定性总是包含对生活一般条件的全部理想和完全的适应，虽然实际情形与此并不相同。最好的例子就是我们已经描述过的对该客观事件的适应性。这一点似乎完全符合外倾的观点，因为倘若按照这一观点，那么在任何情况下我们都不会赞同客观既定事实的观点都是正确的这一说法。客观条件可能是短暂的，也可能有着局部的反常性。一个个体必须遵循他周围环境的反常情形，才能适应这种条件，与此同时，他为了保持与环境的一致性，必须依据声明的普遍有效原则让自己始终处于反常状态中。就算处于这样的环境中个体也能在一定程度上茁壮成长，不过，当他与他的整个环境一起突破了生命的普遍规律时，他就一定会毁灭。对他来说，跌入这一灾难的深渊是避免不了的，这情形的彻底程度与他之前为了适应有效的客观环境而做的调整是等同的。不过，现在，他也要被调整了，但是他仍旧无法适应，因为适应在很大程度上要求与周围环境提供的短暂的条件毫无摩擦地融为一体（我说到这里就会谈起斯比特勒的埃庇米修斯）。适应的基本要求是遵守生活的规律，而这些规律的运用范围肯定比那些纯粹是局部和短暂的条件广。单纯的调节也就是对正常的外倾型加以限制。一方面，在外倾型看来他的正常是他拥有的以相对的安定去适应现存条件的能力带来的。当然，他所要求的只是满足于现存的客观可能性，比如，他促使自己尽快适应那种能够在具体的时间和空间环境中提供合理前景的职业。他的环境急需和期望他去做的事情，他会努力完成，对于那些一切并不完全明显，或者在方方面面都超过了自己周围的那些人所期望的革新，他都选择主动放弃。但从另一方面来看，外倾型是否考虑到了他的主观需求和所需求之事物的具体性决定了他是否具有正常性；而这恰好就是他的弱点，因为他的类型有着如此强烈的外部倾向，就连最为明显的主观事实，也就是他自己身体的状况都很容易受到恰当的思考的影响。身体并不完全是"外在的"或客观的，所以甚至无法满足为了保证生理健康而提出的最简单的基本需求。这样一来身体必定常常遭难，更不用提灵魂了。通常情况下外倾型很少留意后一种情况，不过他周围与他关系比较亲密的人却能真切地感受到这一点。只有当他感觉到身体上的异常反应时，他才知道自己的心理已经失衡了。

他无法忽视这些实实在在的情形。对他来说，这些事情既具体又"客观"，还很自然，因为对他的精神状态来说，除此之外，他什么都没有。他能马上在他人身上看到"想象力"在发挥作用。实际上一种过分外倾的态度会更加地漠视主体，以致主体彻底失去了所谓的客观要求；比如，会失去持续扩大的商业要求。因为商业规律一直要求主体注意自己，或是因为出于可能赢利的目的向那些不管何时都能抓住它们的人招手。

外倾型的危险是：客观束缚着他，他在辛劳中彻底迷失了自己。于是，从这种状态中产生的功能性（神经性）或实际的生理紊乱就获得了一种补偿意义，它迫使主体进行自发的自我限制。倘若是功能性的症状，那么他们的特殊形成代表的可能就是心理状况。比如，一个歌唱家在声誉突然达到危险的顶峰的诱使下，错误地耗费了自己的全部精力，会因为神经紧张而突然唱不出以前能唱的高音；一个迅速拥有了极大的影响力和极高的社会地位的非常谨慎的人，会突然被一种精神性的状态压垮，以致表现出高山病的症状；再比如，一个男人正准备结婚，他的未婚妻是一个生性多疑却被偶像化了的女人，他大大高估了这个女人的价值，这时他会感觉自己得了食道痉挛，每天都不得不喝两杯牛奶，再用三个小时来调养自己的身体，他每天都要在保养自己的身体上花费很多精力，已经没空去见他的未婚妻了；一个人忍气吞声，通过自己的奋斗建立了自己的产业王国，却常常受到干渴的神经症的困扰，以至于迅速变成了歇斯底里的酗酒者，沦为酒精中毒的牺牲品。

　　在我看来，在外倾型那里，歇斯底里症是最常见的神经病症。典型的歇斯底里症患者往往表现出一种与他周围成员之间十分友好的关系，而很多被夸大的成分常常被包含在这种关系中，直接模仿适应的环境。歇斯底里症的基本特征还有一种表现，那就是诉诸兴趣和对他的环境所产生的印象的经常性倾向。他那众人皆知的暗示感应性与此关联，还有他对他人的影响的易接受性。歇斯底里的胡言乱语是真正的外倾表现，它往往宣泄出纯粹的幻觉内容；因此，人们才会对这种歇斯底里加以指责，认为它在制造谎言。在初始阶段，"歇斯底里"的特性还只是正常态度的一种夸张形式，但随着时间的推移，源自无意识方面的补偿性反应使得它复杂化了，并通过生理紊乱的形式将过分外倾的对抗表现了出来，于是，就必然会产生一种心理能量的内倾。另一种内倾特征更加明显的症状也因这种无意识的反应而产生，最初的幻觉活动的病态强化就被包含在这一类型中。现在让我们离开外倾态度的一般特征，开始对形变进行描述，因为这种态度基本的心理功能也经历了这种形变。

二、无意识态度

大家多少会感觉我在本文中谈论"无意识态度"有点奇怪。然而，就像我说的那样，在此，我将无意识的关系视作一种补偿性关系。按照这一观点，无意识对一种"态度"也拥有充分的权利，就像对意识一样。

我曾在前面章节强调过，外倾态度中某种单一性的倾向在心理事件的过程中应属于主观因素的控制力量范畴，为了客体外倾型不由自主地牺牲自己的利益（这种情况非常明显）并使他的主体与客体相适应这种事是很普遍的。我已经详尽地论述了外倾型夸大的最终结果，即这种主观因素的有害压抑。在此，我只想用意识的外倾型态度的心理补偿弥补主观因素，也就是说，我们将证实有一种以自我为中心的强烈倾向存在于无意识中。其实，实践经验已经提供了这样的论据。当然，建立一种诡辩论的观点绝不是我的目的。因此我一定要提醒读者注意以下章节，我会从每一种功能类型的角度出发在这些章节中表现颇具特征的无意识态度。在本节，我们只涉及一般外倾态度的补偿作用，所以我会把话题限制在补偿性态度肯定是一种同样普遍的特征上。

无意识态度作为意识外倾态度的一种有效补充，内倾特征非常明显。它使力比多在主观因素上聚集，即在被过分外倾的意识态度所窒息和压抑的所有需要和要求上聚集。我们可以轻易地从上一节的描述中概括出，纯粹的客观倾向的确歪曲了大量的主观情绪、意愿、需求与愿望，因为它们的自然权利——能量也被掠夺了。人无法像机器那样按照不同场合的需求来重新铸造，也无法像机器那样被按照别的模式和达到别的目的而制造，即使它经过改造后依旧可以像从前一样正常运转，但是，它的功能却完全不同于以前了。人类的历史十分漫长，人体结构就是整个人类历史最好的记录者。

历史因素体现了一种很重要的必然与一种聪明的经济学相一致的需求。倘若口述人类历史，就会使它在不经意间向我们的现代生活渗透。所以，那些被压抑的少数民族，也就是那些属于过去并一直生存下来的分子坚决反对与客体的完全同化。这是一个非常普遍的观点，我们据此或许就能理解外倾型的无意识要求在根本上具有一种婴儿般的、原始的和自私的特性的原因了。在弗洛伊德说无意识"只能表示一种愿望"时，外倾型的无意识就有一种极大的真实性。不恰当的主观冲动被调节和同化客观事件挡在了意识之外。比如意愿、思想、需求、感情和情感等倾向，因与他们被压抑的程度相对应，所以也具有一种退化性质，也就是说，了解它们的人越少，它们就越幼稚越原始。他们主宰能量交换的相对的自主权被意识态度剥夺了，只给他们留下了不能再剥夺的那些极少的能量。不过，这些幸存下来的能量的效力依旧不可低估，我们只能用原始的本能描绘它，用任何武断的方法都不能完全根除这种本能；它需要经过世代无比缓慢的、器官的变化从而引起根本上的改变，因为本能表现出来的是一种确定的有机体根本的能量。

所以，有相当一部分能量伴随每一种压抑的倾向，最终被保留了下来。这部分能量与本能的效力相对应，因此依旧具有有效性，虽然它因那种对能量的掠夺而沦为了无意识。在无意识态度中，意识态度的外倾方式继承了同等程度的幼稚性和原始性。自我主义将明显的特征赋予了外倾类型的无意识态度，而自我主义本身则大大超出了单纯的儿童自私性，甚至已经在邪恶与野蛮的边缘徘徊。而我们就在这里，最为充分地发现了弗洛伊德所说的乱伦欲望。大家都知道，这些东西都是无意识的，在未达到一种极端的程度以前，意识态度的外倾会将自己藏起来，以免被那些对此没有做深入研究的观察者发现。不过无论这种意识观点在何地被夸大了，无意识都会通过某种症状的形式闪现出来，也就是说，无意识的自私性、幼稚性和原始性在一定程度上表现为与意识态度的公开对立，它们失去了原来的补偿性特性。这一过程的开端是一种意识观点的荒唐的夸大形式，目的是进一步地压抑无意识，最终结局是意识态度的反证法，即一次彻底的失败。对客观来说，这可能是一场灾难，因为主观性已经慢慢改变了客观目标。我记得有一个出版商患者，早期曾经做过雇佣工人，经过二十年的艰苦奋斗后终于事业有成，建立了一家规模很大的出版公司。随着他的公司一点点扩大，他肩上的担子也慢慢加重，后来由于其他人的股份渐渐侵入到他的公司，他被迫转让了公司独立的控制权。繁重的公司事务彻底把他包围了，很快他的这种放弃就导致了他的最终毁灭。为了补偿他的公司的独有股份，童年时代的某些记忆开始在他的头脑中浮现。那时的他曾经很喜欢绘画和素描。但他并没有把这种本来起平衡作用的业余爱好当作一种能力来发扬光大，而是将它引进自己的商业中，他开始用他"艺术家"的天赋来构思他的产物。但是很不幸，最终他的幻想被物质化了，他的确是在脚踏实地地按照自己原始和幼儿阶段的兴趣进行生产，可最后的结局却是公司被彻底葬送。有这样一种观点隐藏在我们的"文明理想"中，它要求精力充沛的人专注于正被考虑的一方，很显然，上面提到的出版商就是按照这种理想去做的。可惜的是，他越走越远，最后只能在他那主观幼稚的要求的淫威之下牺牲了。

　　不过，那种灾难性的瓦解也可能在主观方面发生，即以神经崩溃的形式表现出来。这种瓦解通常是由无意识的反作用力出现导致的。他往往会使意识行为完全瘫痪。无意识的要求在这种情况下直接闯入了意识领域，导致了一种灾难性的分裂，这一般表现在两个方面：一是主体性对任何东西都失去了兴趣，再也不知道自己究竟想做什么；二是他要求过多的东西在瞬间变成现实，并对某些事情产生了极大的兴趣，其实，他对这些东西并不是真正感兴趣。从"文明"的立场来看，压抑幼稚和原始的要求是很有必要的，但这种压抑也很容易造成神经症，或造成对吗啡、酒精、可卡因等麻醉剂的滥用。这种分裂在那些十分极端的病例中，带来的最终结果通常就是自杀。

无意识倾向有一种特征十分显著，那就是他们带有一种相应的破坏性。他们因为缺乏意识的认识而失去了能量，并且，只要拥有这种特征，他们就不具备补偿功能。而一旦达到了与文化（这种文化无法与我们自己的文化和谐相处）相同的水准和层次，他们也就丧失了补偿性作用。从此无意识倾向处处与意识态度对立，变成了一种障碍；这种障碍必然会造成公开冲突。

一般情况下，无意识的补偿性态度都在心理平衡过程中找到了表现的方式。当然，说一种外倾型态度是正常的并不表示个体举止要一成不变地与外倾型的整个图示保持绝对一致。就算是在相同的个体中，我们也能看到多种心理事件，其中还包括内倾的机制。我们要想称某种优势机制的习惯是外倾型的，必须要外倾的机制占据优势地位。这样的情形下，高度分离的功能具有一种外倾用途，而内倾方面只找到了一种更有价值的劣势功能，因为功能越有意识地服从意识的控制和目的就越彻底，相对来说，那些缺乏意识的功能，也就是部分为无意识的劣势功能，却在很小程度上屈从了意识的自由选择。

一般来说，优势功能表现的都是意识人格，他的意识是他的目的和他的成就；而劣势功能体现的是同一个人身上的东西。它们不仅引起口误和笔误等谬误，还会因自身的轻度意识而促使主体做出大部分的决定。外倾情感型就是这种情形的典型范例，因为这种人十分愿意与其周围的人和物保持一种美好的情感联系，然而在那里也会出现一种极不圆滑的观念。在他的低级思维和潜意识思维中，这些观念根深蒂固，只受客体部分的控制，和客体没有紧密的联系；所以，在起作用时根本不用经过缜密思考，也不用背负责任感。

劣势功能常常因为带有明显的个人中心主义和个人的偏见，而在外倾态度中展示出一种高度的主观规定性，由此也可以看出它们与无意识之间的确有密切的关系。在他们的作用之下，无意识一点点显示出来。我们没有任何理由认为，无意识被永久地埋藏在许多潜在的心理层次之下，只有经过艰苦的挖掘才能被发掘出来。与之恰好相反的是无意识往往会流入意识的心理过程：有时这种流动非常快，以致观察者只能十分困难地决定性格特征的归属究竟是意识人格还是无意识人格。那些习惯采用繁琐表达的人很容易遇到这些困难。当然，这在很大程度上也取决于观察者是否掌握了意识和无意识的性格特征。一般情况下，有洞察力的观察者比较容易受无意识特征的影响，而善于判断的观察者则会侧重把握意识的特征，因为知觉偏向于显示纯粹的事件，而判断主要是对心理过程的意识动机感兴趣。不过，因为我们往往是平等地对知觉和判断加以运用的，所以我们会十分容易地认为一种性格兼具内倾的与外倾的特征，因此很难立刻断定优势功能究竟属于哪一种态度。在此情况下，我们要想得出合理的判断，必须透彻地分析功能的本质。在分析过程中我们必须观察，在意识的控制和动机之下应该放置哪一种态度，哪些功能具有偶然和自发的特征。一般来说，二者相比，前者的分离性更高，而后者则拥有更多婴儿的和原始的本质。前一种功能有时能让人感觉正常，而后者却有很多变态或病态的东西。

三、外倾态度中基本心理功能的特征

1.思维

由于外倾的一般态度，思维主要倾向于客体和客观事件。这一思维倾向产生了一种显著特征。

思维的来源通常有两个：第一个是主观最终归结为无意识的根源，第二个是以感官知觉为传送途径的客观事实。

二者相比，外倾思维受后者限制的程度更深。进行判断之前首先要设置一个标准；对外倾的判断而言，有效的决定性的标准必须以客观条件为基础，不论这种条件是用一种客观理念表达出来，还是由可感知的客观事实直接表现出来；因为就算一种客观理念得到了主观的承认，它在根源上也同样是客观的和外在的。因此，我们说，外倾思维不一定是一种纯粹的具体思维，它或许是一种纯粹的理念思维。比如，倘若我们可以证明，他所涉及的那些看法在很大程度上是由传统和教育传播获得的，即来自外界，那么这一说法就可以成立。因此，判断某种思维是不是外倾的，其准则就在于：他的判断标准究竟来自哪里，是外界还是主观根源？思维者所下结论的方向还能提供一个进一步的标准，即思维不管怎样都具有一种优先的外倾趋势。而他对具体对象的迷恋并不能证明他的性质是外倾的，因为我们可能正在忙着思考具体事物，同时也因为我正从中抽象自己的思想或者正在使它与这种思想一起具体化。就算我忙着对具体事物进行思考，并且可能在那个范围内被视为外倾型，我的思维将要选择的方向也是非常有争议和特点的，也就是说，他会不会在其进一步的过程中，再回到外部事实、客观事件和一般接受的理念上？由于我们在研究中涉及的是科学先驱们、商人、工程师的具体思维，所以能立刻十分清晰地证实他们的客观倾向。不过把它放在哲学家身上就行不通了，因为不管在什么时候他的思维过程都会指向观念。倘若确实遇到了这样的情况，那我们就应该在做决定之前把这些观念的来源弄清楚，看它们到底是来自客观经验的抽象物还是别的东西，弄清楚它们在怎样的情况下代表着包含大量的客观事实的较高级的集体概念；或者他们不是（倘若他们明显并非来自直接经验的抽象物）源于时代就是源于传统的智力气氛。而后一种情形中的观念也必然归类于客观事件的范畴，所以思维在此种情形中还可以说是外倾的的。

虽然我们不想只从这一点来描述外倾思维的本质，而是想在后面的章节中进行详细说明，但是，这到底是一个基本问题，因此，在继续论述之前我要对它做一些说明，因为倘若一个人已经严格思考过我刚才对外倾思维所做的论述，那么他就能轻而易举地意识到：这种论述囊括了所有被普遍理解为思维的东西。如果目的与普遍观念和客观事实毫无联系，那么根本就不该把它称为"思维"，这一说法的确会引发争议。我充分意识到：我们时代的思想及整个时代最为杰出的代表人物都只知道和认识思维的外倾类型。出现这种情况的部分原因是：无论是哲学、科学还是艺术，只要其视觉形式的思维是从世界外部获得的，就都产生于对象或形成一般的理念中。虽然这两个方面不总是十分明显，但最起码清晰可见，因此从某种程度上来说也是有效的。在此意义上，可以说它是外倾的思维能力，即实际上唯一认识的东西就是客观事件的头脑。

然而，其实还有一种完全不同的思维（也就是我要谈到的内倾思维能力的问题）存在，我们几乎必须承认他就是"思维"。这种思维既与普遍产生于客观的理念无关，也不定向于直接的客观经验。它可以通过以下方式获得：当我的思想在具体对象或一般理念上集中时，我会让自己按照思维过程的引导回到我的对象上来，这时，这一理智过程并不是发生在我身上的唯一一种心理程序。我可能没有注意那些可能出现并因在某种程度上对我的思维线路进行干扰而变得越发吸引人的感觉和情感，而只是对这一事实进行强调：这一产生于客观事件中并再次努力返回到客体的思维过程，与主体之间也保持着一种经常的联系。这种联系是一种绝对必要的条件，要是没有它，任何思维过程都不会发生。虽然我的思维过程努力地指向客观事件，但无论如何它都是我的主观过程，它既无法离开主观的混合状态，也不能完全摆脱它。尽管我在竭力为我的思想线路寻找一个完全客观的方向，但就算是那样，倘若我的思想中闪射出来的真正的生命火花还没有熄灭，我就不能将相应的主观过程和其他一切的参与排除在外，这一相应的主观过程具有一种在相对情况下才能够避免的自然倾向，即使这种倾向同化于主体，它们也会是客观事实主体化。

无论何时，只要主观过程获得了主要的价值，就会有另一种与外倾思维相抗衡的思维出现，我用内倾的纯主观的思想倾向来称呼它。这种思维的来源是一种既不为客观事实所规定也不导向客观事实的倾向，因而它是一种产生于主观事件并指向主观特征的或主观理念的事实中的思维。在此我并不想过多地讨论这种思维；我只是想对它的存在进行证明，目的在于为外倾型思维过程进行必要的补充，外倾思维过程的本质就到达了一个十分清晰的焦点。

当某种优势被客观倾向占据时，思维就是外倾的。而思维的逻辑性并没有发生任何改变——它只是决定了思想家之间的区别，在美国心理学家、哲学家詹姆士看来，这种区别是一种气质的问题。如同我们已经说过的那样，在思维功能上对客体的定向并没有发生根本的改变；真正发生改变的是它的外貌。因为被客观事件束缚，所以它就表现出一种被客观捕获的想象，让人觉得倘若外部没有对它定向它就无法存在。它总是将自己就是外部事实的结果表现出来，或者它要想达到最高点的样子，似乎只有让某种普遍有效的理念介入。它似乎一直受到客观事件的影响，因而得出的结论在本质上都符合这些东西。所以人们会觉得它们没有自由、优势，也没有远见，就算在受到客观限制的区域内遇见各种机遇也毫无作用。我只描述了观察者因这种思维而产生的印象，观察者本人的观点一定与此迥乎不同，否则他根本无法观察到外倾思维的现象。因为他怀着不同的观点，所以他看到的不是这种思维的内在本质，而是它的外观；与之相反的是，一个本身拥有这种思维的人看到的是这种思维的本质而不是它的外观。只依据外观所做出的判断无法公正地反映事物的本质，得出的结果自然也就不具有什么价值了。不过从本质上来看，这种思维与内倾思维相比并没有更贫乏或更无能，只是他的力量被用在了别的目的上。倘若外倾思维专注于对物质材料进行思考，这一差异就能被我们清晰地感觉到，这种物质材料是主观思维尤其倾向的对象。当一种主观观念被一种客观事实带着分析性质阐述出来，或是这种主观观念被视为客观理念的产物或变体时，上述情况就会出现。但是，在我们倾向于科学的意识面前，这两种思维模式之间的差异会表现得更加明显，这时客观事件会被具有主观倾向的思维努力带进并不是由客观条件提供的关系中，即使这些客观事件屈从主观理念。两者都觉得对方入侵了自己的领地，因此就会产生一种预兆的效果，两种类型都将自己最不利的外观向对方显示了出来，因此，具有主观倾向的思维给人的印象是非常武断的，而外倾思维也似乎具有一种十分模糊的和陈腐的不可比较性。因此两种观念的战争常常是无休止的。

我们应该考虑到，一旦我们可以区分开主观性质的客体和客观性质的客体，这种冲突就会变得易于调解。不过不幸的是，虽然已经有很多人对此做过尝试，但截至目前，还没有人能成功。退一步说，就算成功了，害处也非常大，因为两种定向本身就是片面的，它们的有效性明显受到了限制；这两者都需要矫正，无论何时，只要客观事件对思维产生强有力的影响，思想就会立刻失去作用，因为此时，它已经被贬低成了客观事实的附庸；在此情况下，它不可能为了建立一种抽象理念而从客观事件中摆脱出来。思想的过程被降低为一种单纯的"反映"，而且只是模仿意义上的"反映"，而不是深思意义上的"反映"，只有那些已经在客观事件中明显或直接地存在着的东西才能得到这种模仿的肯定。这种思维过程自然并直接地返回到了客观事实，但肯定不会超过它；所以，它永远不会造成经验与客观概念的连接。而且恰恰相反的是，当这种思维对它的客体持有一种客观观念时，它根本无法把握实际的个体经验，只能固守着一种从某种程度上来说无为而重复的地位。反映这种情况的一个绝好的例证就是唯物主义者的心理状态。

当一种客观规定强制外倾思维从属于客观事件时，外倾思维就彻底丧失了自己的存在。一方面，在个体经验中继续积累没有消化的经验材料；另一方面，大量被抑制的、缺乏联系的个体经验会产生出一种理智分裂状态，这一状态通常要求得到心理补偿。这时肯定会出现一种理念，它简洁明了且具有普遍性，它能将那些已经被累积起来但没有内在联系的整体连接起来，或者至少呈现出这种连贯的迹象。我们所熟知的"能量""物质"等概念就符合这一目的。然而，无论到了何时，说思维主要依赖于外部事实，不如说它依赖一个可接受的或第二手的理念，那么，就需要以一种留给人更深刻印象的事实积累的形式对这种空洞无力的理念做出补偿，在保持相对受到限制或毫无结果的观念上，这些事实会显示为一种片面的集合；就算因为这样，理所当然地会忽略事物的很多有价值和敏感的方面。在我们的时代，许多让人眼花缭乱且发展势头强劲的科幻文学作品问世了，而这种文学存在的最大功臣就算前面提到的错误倾向。

2. 外倾思维型

所有心理上的基本功能在同一个身体上，不可能拥有相同的力量或发展至同一水平，这是我们能够切实体验到的事实。一般情况下，总有一种力量和发展水平都处于领先地位的功能。当思维在一切功能中占据优势地位，即当反应思维限制了个体的生命，以致一切重要行为都产生于理智的思考动机，或是存在一种与这种动机相一致的倾向时，我们就可以称它为思维类型。这种类型兼具内倾和外倾两种可能。在此我们先讨论一下外倾思维类型。

为了符合它的定义，我们必须设定这样一个人，他经常性的目的（当然，截至目前他还是一个纯粹的类型人物）是使理智的结论与他整个的生命活动发生联系，最终这些理论都定向于客观事件，而无论这些事件指的是普遍有效的理念还是客观事实。这种类型的人总会同时赋予实际的客观现实和给予它的客观定向的理智的程式一种决定性的意见（为的不只是他自己，还代表了他周围的环境）。我们通过这一程式可以衡量善与恶，也可以决定美与丑。所有符合这一程式的都是对的；而所有与这一程式背离的都是错的；所有与此保持中立的都是偶然的。因为这一程式看起来与世界的意义是一致的，因此他也具有了世界性规律的性质，无论在何时，这种规律都要通过个体与集体来实现。如同外倾思维型本身顺从这一程式一样，他周围的人对于程式善的一面也要服从，任何不服从它的人都是不正确的，都与世界规律相违背，因而也是不道德、不合情理，甚至不具备良知的。他的道德准则禁止例外出现；不管身处什么情况，他的理想都必须实现；因为他认为，它是这个世界上对客观现实能想象到的最纯粹的公式化说明，所以也肯定是能普遍适用的真理，甚至能够拯救人类。这种自信的来源是对正义和真理所拥有的崇高观念，而不是他对邻居的所谓巨大博爱。在他自己的本性当中，一切表现出要废弃这一程式的东西都是由一种偶然的疏忽所导致的不完善的东西，不能让其在下一个场合中出现，否则，在进一步失败的事件中就会成为一种明显的疾病。

倘若组成这种程式的一个部分有时会是对疾病、困难或精神错乱的忍耐，那么就应该在医院、慈善机构、监狱、殖民地等地方设立一些特殊机构，或者至少为它们制定一些扩建计划。一般来说，因为正义和真理根本就没有动机去充分而具体地实施这些方案，所以这些使命被基督教的慈善机构接管了，而这种慈善机构在施行这一使命时，更多的是通过情感而不是只凭理智公式进行的。在这一程式当中我们会看到大量的"一个人必须"或"一个人确实应该"的表达方式。倘若这个程式的容量足够大的话，这种类型就会在社会生活中扮演一个非常重要的角色，他不仅会是一个成功的改革家，还会是一个重要改革措施的鼓吹者，一个对公共错误有提醒义务的监督者，一个公共良心的净化者。不过，随着这一程式变得愈加严厉，他会变得越来越牢骚满腹、圆滑世故、骄傲自负、喜欢说教，甚至挑剔刻薄，他不仅自己喜欢这个方案，还强迫别人接受它。

我们已经大致地勾勒了两种不同的人物形象，可以将处于两个极端之间的一些类型大致地分为若干等级。

从外倾型态度的本质来说，这种人格的影响和活动越是受到欢迎和显得慈善，这个人与中心的距离就越远。在他们影响范围的边缘我们会看到他们最好的外部表现。越是向他们的内在领域深入，他们那专横且令人厌恶的后果就越是刺激着我们。另一种生命也在这一边缘搏动着，在此，感觉程式的真实性是一种与可估计的其他部分相连接的东西。不过，我们越是深入探究这一程式所起作用的领域，我们就越是发现生命正悄悄从一切背离其原则的东西中隐退。一般来说，那些关系最为密切的近亲不得不被迫尝试一种最使人生厌的外倾程式的结果，因为他们一开始曾过分痴迷于这一程式。然而，依旧是主体本人会受到最大的伤害——这为我们揭示出了这种类型心理的另一面。

在恰当的表达式中包括许多从未有过的生命之可能性的理智程式，以后也永远不可能有，这一事实必定会抑制或完全地排除（在这种程式可能被接受的地方）其他非常重要的生命形式和活动。那些依赖于情感的生命形式是第一个在这种类型中受到压制的，比如兴趣爱好、审美活动、艺术感受、友谊的艺术等。宗教体验和非理性形式以及这些激情在经常遭到排挤后，甚至还会变成无意识的东西。只要有条件，这些非常重要的生命形式就会竭力保持自身的存在，不过这种存在在很大程度上是无意识的。毫无疑问，有一些人是例外的，为了维护一种确定的程式他们宁愿牺牲生命，不过大部分普通人都没有这种自命清高的永久性生命。受到理智态度压抑的生命形式为了与外在的环境和内在的特征保持一致，早晚会因为生命的意识行为逐渐紊乱而变成能够直接感知的东西。无论何时，一旦这种紊乱达到了某种确定的强度，这个人就会患上神经症。不过在一般情况下，这种情况不会太严重，因为个体的本能会让他为自己的程式找到某些辩护和防御的借口，当然，他是以恰当而合情合理的方式表达的。因此一个能消除怒气、紧张而规避风险的安全阀就被创造出来了。

　　与此类似的倾向和功能，比如在意识态度中被排除了一切活动的倾向或功能，拥有一种整体的或相关的无意识，这种无意识会把它们控制在相对来说发展会受限的状况中。与意识的功能相比，它们是低级的。从它们是无意识的这一点来说，它们与无意识的其他内容已经融为一体，并从中得到了一种非比寻常的特征。从它们是意识的这一点来说，它们扮演着并不重要的角色，尽管对于整个心理图像而言这种角色是非常重要的。

　　情感会首当其冲地受到这种意识抑制的影响，因为它们是首先与严厉的理智程式相互对立和冲突的，而在它们身上还会落下最强烈的压抑。没有能被彻底消除的功能，只能被极大地歪曲。因为情感本身是武断地形成的并要求其他东西对它们表示服从，所以它们只能表示支持理智的意识态度，并努力使自己适应它的目标。不过，这仅是在某种程度上来说的，另一部分情感依旧是桀骜不驯的，并因此受到了压抑。一旦压抑成功了，它就在意识中消失，转而去进行一种潜意识的活动，这种活动不仅违背意识的意图，还会产生一种因果律对个体而言简直难以想象的结果。比如，在一种具有极为崇高的准则的意识利他主义之中，可能会混杂着一种隐秘的自我追寻；但这一点个体却根本没有意识到，并且内在的无私行为还会被这种自我追寻扣上自私自利的帽子。个体可能会被纯粹的伦理目的引到批判的环境中去，有时，从表面上看来，不是伦理动机而是其他的一些东西在对这种环境起决定作用。有一些人标榜自己是公共道德的保卫者或拯救者，但他们会突然发现自己身处危险的境地，或是发现自己实际上正需要被拯救，这是非常可悲的。他们出于拯救别人的决心而采取一些手段，常常会使自己突然掉进曾拼命逃避的陷阱中。有些外倾型的机会主义者，为了满足拯救人类的欲望耗费了大量精力，甚至不惜撒下漫天大谎，为了实现自己的理想而采用欺骗的手段。对此，科学界中有一些例子是非常可怕的，从他们的程式的普遍效力和真理强有力的说服力来看，声名卓著的研究者从来没有想过去歪曲证据，哪怕是出于更好地实现他们的理想的目的，这是程式所认可的；而且结果也证明了这种手段是正确的。实际上，导致这些名人心理失常的是一种低级情感功能。这种情感功能在诱人而无意识地活动着，并以其他的方式显示出来。因为它可以和占支配地位的绝对程式和谐相处，所以意识的态度从某种程度上来说，就不是个人的了，而且通常还会极大地损害个人的兴趣。当意识态度发展到极端时，不仅对个人的思考会消失得无影无踪，就连那些与个体本身利益关系密切的东西也将消失。没人关心他的健康，对他最重要的家庭利益也被侵犯了，他的社会地位每况愈下，他们蒙受了巨大的道德、经济损失，就连身体和健康也无法避免地受到了威胁，而导致这些的根源就是他对理想的追求，不论如何，个人对他人的同情也肯定会受到打击，除非这些被同情的人偶尔也服务于"同一程式"。所以，这样的事情常常会发生：某人的直系亲属，比如他的孩子，只知道他是一个暴君般残忍的父亲，而在家庭之外，这个人却是美名远扬的。尽管事实是这样，但并不能将其完全理解为是意识态度的高度非人格特征，将高度的人格和过于敏感的特征赋予了无意识情感，以致产生了某种隐藏的偏见，比如，故意歪曲人们与他的程式对立的客观意见，将其视为个人的恶意；或那种首先否定他人的品质以使他人的观点无效的惯常倾向——当然，这样做是为了保护自己的敏感性。他的表达方式因这种无意识的过分敏感会变得尖锐和带有侵犯性，声调也常常变得严厉，而且总是嘲讽别人。犹豫不决且不合时宜是这些情感的特性，而这种特性象征都是低级的功能，因此不可避免地产生了一种明显的愤恨倾向。尽管为了理智的目的个体会慷慨地牺牲自己，不过，相对来说他的情感还是很微小、固执、猜疑和保守的。所有超出程式之外的新东西透过无意识仇恨的面纱，都能被观察到并被分别加以判断。一个医生一向以博爱主义著称，却威胁自己的助手说要解雇他，理由是，程式规定，只能通过观察脉搏来确定是否发烧，可这名助手竟然使用了体温计。当然，类似的例子还有很多。不过，这种事只会出现在20世纪中叶。

情感越是受到抑制，很可能在其他方面堪称完美的思维就会越发受到微妙而有害的影响。或许一种理智的观点会因为它实际的内在价值而公正地要求得到人们的承认，在这种无意识的个人的敏感性的影响下，它会发生一种显著的改变；这样，它会变成顽固的教条主义，而个人的专横则变成了一种理智的观点。真理发挥不了它的本质作用，不过，主体的自居作用将它视为一位敏感的意中人，然而图谋不轨的批评家却粗鲁地对待她，恣意地伤害她。倘若允许施行人身攻击，或任何诽谤都不过分，那么，批评家将会被毁掉。真理迟早会被显露，等到众人都开始慢慢地醒悟过来，会发现她并非她的创造者说的是什么真理。然而，理智观念的教条主义有时也会经历无意识个人情感的无意识个人混合物的进一步特别修改；倘若说得更严格一点，那就是，这些被其他无意识因素污染的问题，以及这些因素在无意识中与被压迫的情感同流合污了。虽然理性证明，任何理智程式都不可能是绝对的权威，只可能是部分的真理；但其实，除它以外，这一程式占据的巨大优势根本没有为任何观点留下立足之地。它取代了所有更普遍的更少局限的因而也变得更加谦恭和真实的生活观念。就连宗教的普遍的生活观也不例外。因此，这一程式也变成了宗教，尽管从实质上来说，他与宗教根本没有任何关系。这样一来，它就拥有了宗教最基本的绝对性特征。甚至可以说，它已经是一种理智迷信了。不过现在，无意识当中聚集了那些压抑之下深受折磨的所有心理倾向，并形成了一种相对立的观点，导致了疑虑症的突然爆发。而作为抵抗疑虑症防御手段的意识的态度也会因此而变得狂热。所以，归根究底，狂热是对疑虑的过度补偿。最后，这种发展导致了过分地防护意识观点的行为，同时也形成了对立的无意识观点，比如，一种发展起来的极端的非理性主义以理性主义与意识对抗，或是当它变成了一种高度原始迷信的东西，来对抗富于现代科学精神的意识观点。这种根本的对抗就是那些心胸狭窄和滑稽可笑观点的来源，科学家和历史学家对此都非常熟悉了，许多被后世传颂的先驱者就曾经在这方面犯过错误。女人身上所具有的无意识的东西表现在同一类型的男性身上，也是经常发生的情况。

如同我们所知道的那样，我的读者们大都比较熟悉这一类型男性，因为大多数时候，都会把男性的思维当作决定性的功能。在我看来，通常情况下，在女性身上占据了优势的思维，就产生于占据优势的大脑直觉活动之中。外倾思维型的思想是建设型的，也就是说，它能创建出东西来。它既能创造异质的经验材料的一般概念，又能产生新的事实。它往往会做出一些综合性的判断。它可以一边分析，一边进行建设，因为它一直在为超越分析并达到一种新的组合而努力，它想达到一种用新方法将被分析材料重新组合，或者进一步给某一种特定的材料增加某些东西的深层概念。因此，一般情况下，我们可以说这类属于论断性的判断。不论怎样说，因为它从不绝对地贬低或破坏什么，而总是以一种新的价值取代已经毁坏的价值，所以它是特殊的。是这样的事实塑造了这种品质：思想是思维类型的能量流动的主要媒介。生命稳定的进展这一事实能够被人的思维显示出来。因此，他的理念总是能够保持一种进步的、创造性的特征。他的思维既不会停滞不前，也不会后退。那种在意识中还未获得优先地位的思维与这种性质紧密相连。但是相对而言，此时的思维明显缺少了一种生命活动的特征，而且变得不再重要了。它总是伴随其他功能而来，变成了埃庇米修斯式的，它具有一种后觉者的性质，喜欢苦思冥想已经成为过去的和已经消逝的东西，并努力分析和消化它们。就是因为这样，思维才不可能在创造的因素抑制了另一种功能的地方再获得发展。它的判断获得了一种决定性的内在特征，即它完全将自己限制在特定材料的范围之内了，根本无法超越这个范围。它在一定程度上对抽象的叙述感到满足，并且不会给早已不存在的经验材料赋予任何价位。

这种外倾思维的内在判断具有客观的倾向，也就是说，它的结论总是会表明经验的客观重要性。因此，它不仅留存在客观事件的倾向性影响下，也遗留在个体经验的魔力圈中，在这个圈子里它只能肯定提供给它的东西。有些人会不由自主地在一种印象和经验身上附加某种理性的和无疑非常有效的评论，不过这种议论肯定也是在特定的经验范围内的，轻而易举地就能在这种人身上观察到这种思维。实际上这议论只是在说，"我能理解它，或是我能对它进行重新构造了。"但这也就表示事情结束了。在它的最高级层次上这种判断代表的是一种设置在客观背景上的经验，所以这一经验立刻被确认为这种框架的附属物。

在意识中，除思维以外，不管哪种功能获得了优先权，并达到了一定显著的程度，那么，不管什么时候，就思维完全是意识的且并不对主要功能产生直接依赖的程度而言，它都会表现出否定性。但因为它屈从于支配性功能，所以表面上看上去可能是一种肯定，只要你仔细地研究就会发现，其实它只是在简单地模仿支配的功能，而且尽管你可以找到很多能够使这种功能更加稳固的观点，但它们明显与适合于思维的逻辑法毫不协调。所以，对我们目前的讨论来说这种思维根本没有价值。我们更加关心它的组成方式，它并不向其他功能的统治屈从，而非常忠实于自己的原则。要观察和调查这种思维本身是非常困难的，因为在具体情况下，它在某种程度上总是受到意识态度的压抑。所以，大多数时候它都必须先从意识背景中获得某种援助，除非偶尔将防备卸去，否则它绝不会主动显示出来。一般来说，在它面前会出现这样一些具有诱惑性的问题，如："你现在究竟在想什么？"或者"你自己对这件事有什么看法？"有时甚至会有人不得已地施展一点小诡计来提出这样的问题："那么，你是怎么看待我对这件事的真正看法的？"如果这种真正的思维是无意识的，并因此而被投射出来时，肯定会选中后者。在这种方法的诱使下显现在表面的思维有着特殊的性质；这种本质正是我之前在描绘否定的东西时所想到的。在表现它的惯常样式时，我们可以使用"nothing……but（除了……以外什么也不）"；这种思维曾经被歌德人格化为梅菲斯特的形象。有一种最为明显的倾向被它显示了出来，那就是追溯它所判断的客体的某种平庸性或其他东西，因此将它本身独立的意义剥夺了。这种情况之所以会发生只是因为它被表现为依附于其他普遍事物的东西。其实只要在两个男人之间爆发明显而基本的冲突，那么，否定的思维就会大肆抱怨对方"花花公子"的行为，这种情形在所有地方都会发生。当一个人支持或提倡做某种事业时，出于为事业的重要性考虑，否定的思维不会做出任何责难，它只会简单地问一句："他由此可以得到什么？"和摩莱斯各特的名言"Der Mensch ist, was erisst"（人就是你）一样，很多警句和观念都是这一类的，在此，我就不再一一列举了。

和这种思维的偶然和有限的适用性一样，无须过多地解释它的破坏性。不过还是存在另一种否定思维的形式，乍一看，这种思维很难被确认是下列描述：当今通神论思维在全世界迅速蔓延，它很可能是对本时代正在消逝的唯物主义的一种反应。不过通神论思维却丝毫没有表现出退缩的意思，因为它宣称，自己有超验的囊括了整个宇宙的理念。比如，它认为，梦是在"另一水平"上的经验，而不再是一种最朴实的梦。所以，那种神秘莫测的心灵感应术可以通过从一个人传递到另一个人的"震动电波"获得清晰简明的解释。它用某种东西与星体碰撞的结果来简单解释一种常见的神经障碍。它还用亚特兰蒂斯洲海底的特征轻易地解释清楚了大西洋沿岸的居民所具有的某些人类学特征，像这样的例子还有很多。我们最多只是打开了一本通神论的书，让自己相信一切都得到了清晰的解释，任何生命的未解之谜在"神学"面前都是不存在的。不过从根本上来说，这种思维也是否定的，就和唯物主义的思维一样。从本质上来看，当唯物主义不是将心理学设想为一种细胞程序的挤压和缩减，就是设想为一种在细胞神经节中发生的化学变化，或是设想为一种内在的分泌时，它就与通神论一样都变成了迷信。二者唯一的不同是：通神论把一切现象都归入印度人的神学概念当中，而唯物主义则把一切都归入我们现代的生理学概念中。当我们说梦是饱胀的胃的产物时，并不表示对梦进行了解释，而我们用一种"震动电波"来解释通神论，其实也没有说出什么新东西。因为我们不知道"震动电波"究竟是什么，所以并没有真正解决问题。这两种方法的解释不仅没有产生任何作用，还导致了破坏，因为人们会因这种表面的解释而不再对问题感兴趣，在第一种方法中它用胃来做解释，在第二种方法中则用想象出来的电波做解释，但无论哪种解释都对人们进行认真的研究产生了阻碍。这两种思维不仅没有独创性还对其进行了扼杀。在本质上它们都是否定的，是一种令人难以想象的廉价的思维方法，产生不了能量和创造能力。它是一种受到其他功能支配的思维。

3.情感

客观条件制约着外倾态度中的情感，也就是说，客体在这类情感中起着重要的决定性作用。它与客观的价值是一致的。倘若在某人眼中，情感是主观的东西，那么他就不能直接理解外倾情感的性质，因为外倾情感已经竭力从主观因素的范畴中脱离了，并且完全地向客体的影响屈从并以此取代了它与主观因素的关系。就算在它似乎表现出了具体客体本质的某种独立性的地方，它也依旧无法摆脱某种传统或约定俗成的标准的控制。比如，当我使用"好的"或"美丽的"之类的表语时，我就会感觉受到约束，因为我说客体是"好的"或"美丽的"并不是出自我的主观情感的认知，而是因为这样做是得体的和恰当的，因为一种对立的观念会干扰一般的情感环境，所以自然就会恰当。像这样的情感判断只是一种适应的行为，而绝不是冒牌货或是说谎者。比如，之所以说一幅图画是美丽的，是因为这幅图画有名家签名并且被悬挂在起居室，或许是因为使用"丑陋的"这一形容词可能会使收藏这幅画的那家人感到恼怒，或许是因为客人想要善意地营造出一种和谐的情感氛围，无论如何，总之一切东西在他看来都是令人愉悦的了。这种情感被客观规定的标准控制着。它们本身确实代表着所有能感觉到的情感功能。

和外倾思维竭力想从主观影响摆脱出去一样，外倾情感在完全剥掉所有的主观装饰之前，也必须经历一种分离过程。由情感活动所产生的价值既要直接与客观价值保持一致，还要与某种传统的和普遍的价值标准保持一致。这种情感肩负着重大的责任，正是在它的作用下，人们才会带着经过正确调试的积极情感纷纷涌进音乐厅、剧院、教堂。不仅如此，这种情感还促成了流行生活方式，而且使慈善的、社会的以及相类似的文化事业获得了广泛的支持和全面的肯定。外倾情感正是凭借这些来证明自己是一种创造性因素的。倘若没有这种情感，就无法想象美妙而和谐的社交性格了。所以和外倾思维一样，外倾情感既有益处也有理性效应。不过，在客体获得一种被过分夸大的影响时这种有益的效应却会失去。因为这种情形一旦发生，就表示外倾情感过分地把自己的人格投入到了客体之中，也就是过分地与客体同化，于是，也就丧失了构成情感主要魅力的人物特征。倘若失去这一切，情感就会变得利欲熏心、十分冷漠，根本不值得信赖。它将一个隐藏的目的暴露了出来，或者引起了公正的观察者的怀疑。它不再使受欢迎的新鲜印象变成真实情感不变的产物了；与此相反，虽然以自我为中心的动机可能完全是无意识的，但人们却总觉得他是在故意卖弄。

由于这种过分的强调，外倾情感的确实现了审美的愿望，不过它的自由也因此丧失了，而它只能诉诸感官或理性，可是这样一来反而更加糟糕。毫无疑问，它能给一种情境提供审美的补充，然而它却停止在那里了，它丧失了以后的效用。因此它就变得一点生命力都没有了。倘若放任这一过程继续下去，就会出现一种奇怪的自相矛盾的情感分离；每一客体都会被情感价值牢牢握在手中，于是内在的或彼此不相容的种种联系就产生了。倘若真的有一个受到充分强调的主体存在，那么，是根本不可能发生这种心理失常的。所以，真正的个人观点存留的最后一丝痕迹也会被压抑，个体的情感过程将主体完全淹没，以致观察者感觉它好像只是一种情感过程，而不再是情感的主体了。在此情形下，情感已经完全丧失了原有的人类热情，人类会认为它总是装模作样、出尔反尔，根本不能信赖，糟糕的时候它还会出现明显的歇斯底里的症状。

4.外倾情感型

毋庸置疑，情感这种心理现象与思维相比，明显更合乎女性的特征，就连最显著的情感型也能从女性中找到。外倾情感占据优势的类型被我们称为外倾情感型。在我的记忆中，这种类型的典范无一例外都是女性。这些女性常常听从自身情感的引导。在接受教育的过程中，她的情感渐渐地发展成了一种调节功能，服从于意识的控制。除了极少见的例子之外，情感通常都具有个人的特征，虽然主观因素在很大程度上可能已经被压抑了。人格倾向于接受客观条件的调节。她的情感总是同普遍的价值观以及客观环境保持一致。在所谓"爱的选择"中这种情况被揭示得更为清楚。她爱上了这个男人，而与另一个相比，这个男人并没有显得更"合适"；她爱这个男人并不是因为他完全符合自己的基本性格（一般情况下，她对此还无察觉），而是因为这个男人从年龄、高度、社会地位、能力和家庭条件等方面来说都与一种理智的要求相符，当然，如果我们怀疑这类女性的爱情会与她所选择的对象完全符合这样的说法，那么，很可能就会把这样的全盘考虑当作讽刺的和无价值的东西并丢到一边。爱情不只要与理智的设想相符合，还要与功利思想一致。这样的合乎情理的婚姻在现实生活中数不胜数，而且它们并不是最糟糕的。显然这些女人是最理想的贤妻良母，她们对丈夫和孩子的要求十分简单，那就是有个普通的身体素质就行了。只有当情感没有受到任何其他东西的干扰时，人们才能"准确"地感受到它。不过，没有什么会比思维更经常性地干扰情感。由此，我们也就不难理解这种类型一定要竭力压抑思维的原因了。当然，这并不表示这种女性根本不思考；相反，她或许进行了大量卓有成效的思考，但她的思维不具备任何独特性，其实质就是一种埃庇米修斯式的附属物。她完全不会主动去想那些她感受不到的东西。或者说是没有胆量去想那些她无法感受的东西，这是一个这种类型的人告诉我的，而且这让她非常愤怒。在情感允许的范围之内，她可以恰当地思考，不过，无论多么符合逻辑的结论，只要对她的情感造成了干扰，就会被她剔除出去。这根本就不是一种思想。所以，与客观价值相符合的一切东西都是好的，都会被珍而重之；而除此之外的所有东西都会被排除在世界之外。

不过这种情况也会发生变化，当客观的重要性达到了一个非常高的程度，它就会发生改变。然后就像我们已经在前文陈述过的那样，紧接着主体和客体的同化就发生了，并且几乎完全吞噬了情感。情感的个体特征转变成了情感本身；就像是在瞬间的情感之中把人格完全地分解了一样。既然实际的生活环境经常不断发生变化，而随着这些变化释放出来的各种情感色调，不仅完全不同甚至还相互对立，那么，人格必然会被分裂成各种不同的情感。很明显，他在这一时刻所具有的情感完全不同于他在下一时刻具有的，我之所以在此再次重复这一现象，是因为这种多重的人格是根本不可能存在的。自我的基础始终与自身保持一致，并且因此给人一种错觉，好像是与情感的变化状态明显对立的。而观察者会就此觉得，与其将情感的表现视作一种个人主观情感的表达，倒不如将他视作一种自我的改变，即一种情绪的改变。随着自身分裂的迹象，自我和情感的瞬间状态之间的分离程度的不同，将会在一定程度上变得明显起来，也就是说，就是无意识一开始的补偿性态度变成了一种明显的对立。首先，在情感的过分显示和在喧嚣与炫耀的情感属性中这种状态会将自己显示出来，但是，人们对于它依旧有很多疑虑。人们觉得它不诚恳，还会对它产生怀疑。它们会马上给人一些抵抗的暗示，人们最初想知道这种判断是否真的迥乎不同。而在很短的时间内，它们确实是不一样的。环境中一种非常微小的变化，也会马上唤起对同一的客体完全相反的评价。观察者因为这种经验最终无法做出任何缜密的判断。他开始保留自己的意见。不过，既然对他来说与环境建立一种深入的情感与和睦关系是十分重要的，那么，就要倍加努力地克服这种保留意见。所以，在循环论证的方法中，情况会变得越来越糟。越是过分地对情感与客体之间的关系进行强调，无意识的抵抗就距离表层越近。我们都知道，外倾情感类型一般会压抑他的思维，因为情感的功能很容易受到思维的干扰。同样，当思维力要求达到任何一种纯粹的结果时，排除情感就成了它要做的第一件事，因为情感价值比任何东西都更适合骚乱和欺骗思维。因此，倘若说思维是一种独立的功能，那么，很明显，在外倾情感型身上它就被压抑了。而它之所以会受到压抑，是因为它在自己那毫不留情的逻辑的逼迫下，得出了与情感不相容的结论。情感是它的主人，或者说得更确切一点，它的身份是情感的奴隶，这是它存在的唯一方式。它饱尝艰辛，脊椎骨都被压断了，以致无法按照自己的法则做有利于自己的事情。既然只要存在逻辑就一定会不断得出正确的结论，那么，无论是否超越了逻辑的界限，这种思维肯定都会在某个地方进入无意识。因此很明显这种类型的无意识内容是一种特殊的思维，具有原始的、婴儿的、否定的特征。

只要意识情感还具有个人的特征，或者说，只要情感的连绵状态没有淹没人格，这种无意识思维就仍然是补偿性的。不过，一旦人格分裂，且分散到各种相互矛盾的情感状态中，就会破坏自我的统一，而主体也变成无意识的了。不过，倘若主体陷进无意识中，就会联系无意识的思维功能，有助于无意识思维偶尔进入意识之中。意识的情感联系越强烈，它的"自我感"就越差，无意识的对抗也就越强烈。这种情况就出现在下面的这个事实中：无意识理念只会集聚在最有价值的客体中，因而这些客体的价值会被无情地剥夺。那种常常用"除……之外什么也不"的方式思考的思维刚好适合这一情况，因为它摧毁了那种联系着客体的情感优势。无意识思想总是带着否定和贬值的普遍特性进行着猛烈入侵，它具有一种强迫观念的性质。当这种典型的女人在被她们的情感赋予最高价值的客体上强加最可怕的思想时，就会看到很多机遇。这一否定性的思维将所有与对情感价值产生疑惑相类似的东西或是说将每一种婴儿期的偏见当成了媒介，以此将各种原始的本能聚集起来，凭借它们用"除……之外什么都不"对情感做出解释。倘若就这一点而言，那种认为集体无意识，也就是说原始意象的总和也属于同一种方式，而且另一基本的态度获得新生的可能性还在这些意象的同化作用和进化过程中显示出来了，从其本质上来看，这种观点或许是片面的。因为歇斯底里症明显具有无意识理念世界的婴儿性特征，所以它便成了这种类型的神经症的主要表现形式。

5. 外倾理性型概述

我把上述两种类型称为理性的或判断的类型，因为它们具有至高无上的推理和判断功能的特性。他们的生活在很大程度上受到推理判断的制约，这是他们这种类型普遍而明显的标记。不过我们绝不能忽视一点，那就是我们要在论述关于个体主观心理的观点时运用"推理"，或是将"推理"用在那种从外部来感觉和判断的观察者的观点上。因为倘若这样进行观察，人们就能轻易得出一种对立的判断，尤其是他对被观察的行为具有一种纯粹直觉的理解力，并能据此做出判断时更是这样。总之，这种类型判断生活并不是只依赖于推理的，它在同等程度上似乎也受到无意识非理性的影响。倘若只对行为举止进行观察，而无关乎个体意识的内在含义，那么在我们的脑海中，个体的言行举止中某种无意识表现的偶然和非理性的特征就会产生强烈的印象，与他的意识目的动机和合理性印象相比，其程度甚至更深。所以，我才会在那些被个体感觉为他的意识心理的东西的基础上建立我的判断。我已经决定在对待这种心理时采用一种相反的态度，并对在适当的时候表现出这种心理的行为表示认同。同时我也相信，倘若我能幸运地掌握一门不同的个体心理学,那我必然会用相反的方法,从无意识的角度(即从非理性的角度)描述理性类型。这种情况加大了清晰地表现心理现象的难度,这种难度不可低估,而且会无限增大产生误解的可能性。对这些误解进行争辩通常得不出什么结论,因为它没有涉及真正的议题,所以无论从哪方面来说,都说不到重点,只是在自说自话。这种经验最多只是使我能以个体的主观意识心理为基础描述自我的一个理由,因为这样我们最起码能够找到一个确定的客观立足点,然而,当我们试图在无意识之上牢固地建立心理原则时,这个立足点就消失了。在此情况下,被观察的对象根本进行不了任何形式的合作,因为什么也不如他自己的无意识知道得更清楚。观察者对自己做出判断时完全可以以个体心理为基础,这种个体心理也就是某种保证,同样会被精确地强加在被观察者身上。在我看来,出现在弗洛伊德和阿德勒心理学中的情形就属于这种情况。对个体进行观察的批评家武断而完全任意地支配着它,但倘若能以被观察者的意识心理为基础,情况就会迥乎不同。总而言之,因为只有他清楚自己的动机,所以只有他本人能做出判断。

在这两种类型中,一种对于偶然和非理性的意识排斥蕴含在显示出生命的意识调节特征的合理性中。推理判断在这种心理中代表的是一种力量,它的目的是把生活中偶然和没有规则的东西强制为确定的形式。所以,一方面,由于意识只接受有理性的选择,因而要明确地将生活的各种可能性选择好;另一方面,那些觉察生命的偶发事件的心理功能的影响和独立性基本都受到了限制。

当然,感觉和直觉受到的局限并不是绝对的。因为这些功能具有普遍性,所以才会存在;不过,它们的产物却被推理判断的选择掌管着。例如,判断才是能够在行为的动机中起决定性作用的绝对力量,感觉却不是。所以,从某种意义上来讲,感觉功能与第一种类型中的情感功能或第二种类型中的思维功能有着一样的命运。它们在压抑之下被迫分离，居于劣势地位。在我的两种类型的无意识中，这种情形显得非常特殊：这些人有目的、有意识地去做的一切事情都是与他自己的理智相符的。不过，他们做的事与婴儿的原始的感觉和类似的古代直觉也是一致的。在后面几章中，我会尽可能地将我提到过的一些概念——阐明。无论如何，出现在这种类型中的东西至少从他们自己的观点来看是非理性的。既然有很多这样的人，他们的生命更多地在他们所遭遇的事情中体现出来，所以也就很有可能会发生这种事；经过仔细的分析之后，这种人会把我们的两种类型都说成是非理性的。不过，我们也不得不承认，一个人的无意识与他的意识相比，往往更容易形成一种更强烈的印象；他的行为与他的理智动机相比，也往往更有力、更有意义。

两种类型的理性都依赖于客观事实，倾向于客观。他们所具有的合理性与集体观念中流行的理性的东西完全吻合。在主观上，他们认为，除了被普遍认可的东西之外，其他东西都不合乎理性。但是在很大程度上理性也是主观的和个体的。其实，越是压抑我们身上的这一部分，客体的重要性也就被抬得越高，这种情况就会更加严重。所以，主体和主观理性时刻都受到了压抑和威胁；并且，它们在压抑之中，都受到了无意识暴虐的淫威的对待，无意识的本质在这种情况下是最让人讨厌的。我们已经对它的思维进行了讨论，除此之外，它还会以强制形式将许多原始感觉表现出来，比如一些原始的直觉，或是一种突然爆发的各个方面都异乎寻常的狂欢，它们会变成一种与它们所处环境或是客体有关的可怕折磨。人们会察觉或是对一切使人生厌的、令人恶心的、痛苦的、丑陋的和邪恶的东西产生怀疑，这些东西最适合引起那种最有害处的曲解，它们常常只有一部分是真实的。理性意识统治在对立和无意识内容的强大影响下，不仅时常会中断，还会产生一种偶然因素的明显的辅助作用，它们会导致下列结果：在它们的感觉价值或无意识的含义的帮助下，偶发事件获得了一种强制性的影响。

6.感觉

在外倾型态度中，最容易受到客体的限制的就是感觉。感觉也要依赖于客体，就像感性知觉一样。不过，它同样也会对主体产生依赖，所以，也有一种主观的感觉存在，从本质上来说，这种感觉与客观感觉是不同的。因为外倾型态度涉及它的意识的运用，所以感觉的这种主观部分在这种类型中不仅被压抑，还受到了阻止。无论何时，只要一种理性功能（如感情和思维）处在主导地位上，就可以说它具备一种意识的功能，而实际上这只是偶然的知觉在意识的理性态度的默许下变成了意识的内容，即认识到了这些知觉。当然，严格来说，感官的功能并不是相对的。比如，从生理可能性角度来说，我们能看到或听到所有东西，但这并不表示所有东西都具有阈限价值。不过，对于一种知觉来说，这种价值是必不可少的，有了它才可以用曾经的经验来进行阐释。倘若感觉本身具有优势，而不是仅仅作为一种辅助功能出现，那么，情况就会迥乎不同。在此情况下，客观感觉的因素没有遭受任何压抑，也没有被排除，当然，只有我们已经谈到的那一主观部分是不在此列的。感觉的那种客观规定性不仅有着绝对优势，还对那些能引起个体的心理最强感觉的客体起到决定作用。它明显而感性地把握着客观。因此，我们说感觉是一种既有活力也有强大潜在活力的本能。被客体释放出来感觉因其威力巨大，无论它们与理性的判断是否相容，意识都从根本上接受了它们。作为一种功能，受其客体本质制约的感觉力量是衡量它价值的唯一标准。因为所有的客观过程将所有的感觉都释放了，所以，它们都在意识中显现了出来。不过，在外倾态度中，感觉只能被通过感官被感知的具体的客体或过程激起；其实，这里已经排除每个人在每时每刻都认为是具体物的那些东西了。因而，这种个体的定向可以和具体的现实完全保持一致。判断的理性功能依附于感觉的具体事实，因而带有低级的分离性质，也就是说具有婴儿和古代的倾向，因此被视为某种否定性的标志。与感觉相对的直觉，即无意识知觉的功能受到的压抑是最严重的。

　　7.外倾感觉型

　　在现实中，任何人类类型都无法与外倾感觉类型相比。他对客观事实的感性得到了极大的发展。他的生活是具体客观物和实际经验的累积，而且，他越是不同寻常，他对经验的利用就越少，有些时候，很难将发生在他生活中的事件视为"经验"。他根本不知道如何更好地对他的感性"经验"加以利用，而只是差劲地将它视为新鲜感觉的前导；不管是什么东西，哪怕只具有极少的新意，只要进入了他的兴趣范围，都会被他列入感觉范畴，并使其服务于这一目的。倘若人们倾向于把一种与纯粹现实相适应的、获得了高度发展的感觉视为合理的，那么，自然就会有人觉得这种人是有理性的。然而，事实与此恰恰相反，因为就像他们依附于理性的行为一样，他们对于非理性和偶发事件也同样地依附。

　　这种类型的绝大部分都是男性，他们根本不相信自己也会产生"依附于"的感觉。他觉得这种观点一点说服力都没有，还对它大肆挖苦，因为在他看来，感觉简直就是他实际生活的充实，或者说，是感觉证明了他生命的存在。他具体的目的是享乐，相同的倾向也体现在他的道德观念中。因为真正的享乐本身就具有无私性和忠实性，以及特殊的道德、节制和法则。举止粗俗或是玩物丧志这些事他是不会做的，因为他可能把感觉调整为纯粹审美的美妙音乐，就连他最抽象的感觉对他的客观感觉原则也是绝对忠实的。在《不顾一切的生命种类的向导》一书中，沃尔芬就曾直接地肯定过这种类型的存在。因此，单凭这一点，我也觉得这本书是值得阅读的。

　　这种人从较低的层次上来讲是现实且可以感知的，他不会倾向于统一的目的和社会反映。他一般性的动机就是要感知客体和拥有感觉，可能还要欣赏感觉。没人会说他不可爱，正好相反，他一般情况下都会魅力四射，而且具有活泼地追求欢乐的能力；虽然大部分时候他都是一个很有造诣的审美家，但有时他也是一个活泼开朗的伙伴。在前一种情况下，那些东西都变成一些非常令人感兴趣的问题；在后一种情况下，一顿平平淡淡的或丰盛的晚餐足以使他对生活中的重大问题的注意力发生转移。如果他"感知"到了，就必须说出和做出一切。再没有什么东西比"说"与"做"更能称得上是具体、实际的了；如果超越或逾越了具体事物的推测能增强感觉，那它们就能获得许可。无论如何，这种感觉都不是一种令人不愉快的强迫，因为这种类型并不是普通的酒色之徒，他渴望获得的只是最强烈的感觉，按他的本性来看，只能从外界获得这种感觉。他认为，一切来自内心的东西都是令人讨厌的和病态的。他总是将思考和感觉降低到来自客体影响的水平上，即降低到客观基础的水平，虽然它粗鲁地违背了逻辑，却仍旧面不改色。不管在什么时候什么地方，他紧张的心绪都能因为可感知的现实而恢复平静。他在这方面的可信赖程度简直出人意料。他会果断地认为一种明显的心理症状与下降的气压之间有关联，而在他眼中，似乎心理冲突就是一种古怪而变态的心理。他的爱在客体明显的吸引力中扎根，这是毫无疑问的。一般情况下，·他会引人注目地适应实在的现实——之所以说引人注目，是因为往往很容易看见他的自我调节。他有现实的理想，在这方面他考虑得非常周到。他所具有的理想与理念无关，所以，他也没有理由对事物和事实的存在表示敌视。这一点在他生命的所有外在活动中都表现出来了。他穿戴时髦，对待朋友慷慨、真诚，他的朋友们在与他相处时感到非常舒适，也能理解他为什么那么过分地讲究他的生活方式——这是为了满足周围环境的需要而不得已去做的。他甚至能让人觉得为了体面而付出一些代价是值得的。

然而，感觉越是占据支配地位——以致进行感知的主体都消失在感觉中了，这种类型就会越来越让人感到不满意。他不是慢慢变成一个放肆而诡诈的酒色之徒，就是变成一个庸俗的寻欢作乐者。尽管对他而言客体是必不可少的，但是像某种在它自身之中存在的和通过它而存在的东西一样，它还是被贬低了。因为现在它仅有一个用途，那就是刺激感觉，所以它被粗暴地侵犯并从根本上被看不起。客体已经遭到了控制。因此，无意识被迫脱离它自己的职能，变成了一种补偿性的功能，并且被驱使着走向公开的对立。不过，无论如何，被压抑的直觉都以向客体投射的形式坚持了自己的权利。这时，一个最为奇特的推测出现在我们面前：在性对象的病例中嫉妒幻想和焦虑状态起着重要的作用。程度严重一些的患者会表现出各种恐惧症，甚至会出现强烈性症状。这种病理学内容会有一种显著的通常带有道德或宗教的色彩的虚幻气氛。一种专注于细节的求全责备就会由此产生，或是会使得原始的迷信的以及"神奇的"宗教狂热与一种荒谬的琐碎的道德联系在一起，并一同向晦涩难懂的宗教仪式回归。在被压抑的劣势功能中，这一切都能找到他们的根源，在此情形下，它们与意识观点保持着尖锐的对立；其实，它们的外观更加明显，因为它们的依据是最荒谬的假设，所以与现实的意识感受之间就会形成鲜明的对比。在第二种人格看来，似乎应该将思想和情感的全部文化归入一种病态的原始性之中；理智就是一种诡辩，它既没有施行的价值又有琐碎的分析；道德则与一种狡猾的说教和法利赛人露骨的信仰（法利赛人是古代犹太教的一个派别，他们以坚持传统礼教作为自己的特点，基督教《圣经》把他们称为言行不一的伪善家）等同。就连人类的最高天分——直觉，最多也只是个人的圆滑世故和一种在生活的各个角落里躲藏着，探头探脑鬼头鬼脑的嗅探；它探测的是人类情感最卑鄙狭窄的东西，而不是新的领域。

无意识反抗纯感觉态度中自由的道德观是神经病症状特殊的强

制性特征的体现，如果用理性进行判断，就能发现这种自由的道德观接纳了所发生的一切东西，而且完全不加辨别，诚然，感觉型身上缺少本原则并不表示他也缺少一种绝对的无规律性和节制，不过，它至少将他那非常重要的判断的节制力量剥夺了。理性类型明显在用理性的判断所代表的一种意识的压制来控制自己的自由意志，并用它来约束自己的情感。倘若从无意识方面来看，这一强制行为已经完全控制了感觉型。甚至于理性类型按照一种判断的存在方式与客体的联系，也根本代表不了这样一种自由的关系，即感觉类型与客体之间的那种联系。倘若这种态度达到了一种异乎寻常的片面性的程度，他就很有可能会陷入无意识的怀抱，他有意识地依附于客体的深度与他陷入的深度刚好一致，当他成为神经症患者以后，就更难让他用理性的方式来待人接物了，因为相对来说，医生要求他必须具有的那些功能简直完全一样；所以对于这些功能绝不能过多地相信，甚至根本就不能信任它们。为了让他始终保持清醒的意识，我们往往要借助一些能够使人接受情绪压力的特殊方式。

8.直觉

在外倾态度中，直觉作为无意识知觉的功能，是彻底对外界客体定向的。因为通常说来直觉是一种无意识过程，很难让他拥有本质上的意识领悟。在意识中，通过某种期望的态度和一种知觉的具有穿透性的洞察力体现出了直觉功能，在那里，无论如何，我们都只能从之后的结果中去证实被"觉察到了"的东西究竟有多少，还有多少东西潜伏在客体中。

在感觉处于优势地位时，表示的不仅是一种对客体没有什么重要性的反应过程，还可能是一种把握客体、形成客体的行为。与此类似，直觉也肯定不是一种单纯的知觉或意识，而是一种创造性的、主动的过程，它在客体中投入了多少东西就会拿走多少东西。不过，因为这一过程无意识地将知觉提取了出来，所以它在客体中也产生了一种无意识的产物。直觉的基本功能是传送纯粹的意象、关系的和环境的知觉，其他功能也能够获取知觉和意象，不过，这种方式要么行不通，要么方法上太过曲折。无论何时，只要赋予了直觉这种主要的权力，这些意象就被赋予了决定性的联系行为的价值和明辨是非的价值；在此情况下，直觉就是心理适应唯一能依赖的东西。情感、思维和感觉都在一定程度上受到了压抑；其中，感觉受到的影响最大，因为，他成了直觉的最大的障碍，就像感知的意识功能一样。感觉对直觉的意识是清晰、公正和纯真的，它用此进行着纠缠不清的感性刺激的干扰；因为直觉的注意力被这些刺激放在生理的外部，所以也就在其中纠缠着那些直觉想掌握的处于近处和远处的真正事物。不过既然在外倾型态度中直觉客观倾向占据了优势，那么它其实就与感觉距离很近了，确实，对外界客体的期待可能会同样利用感觉。因此，要想使直觉变得至高无上，就必须在很大程度上对感觉进行压抑。现在我在讨论感觉时，只把它当作简单和直接的感性反映，或者说是在某种程度上将其作为明确的生理和心理材料。这种状况必须事先就明确地建立起来，因为，倘若我问一个直觉者他是怎样定向的，他肯定会谈论一些根本无法与感性区分的东西。他会多次提及"感觉"一词。是的，他的确拥有感觉，但他并没有受到这些感觉的引导，而只是把它们视为指向远方的灯塔。无意识的期望选中了它们。从生理学上来讲，最强烈的感觉并非决定性的价值唯一获得者，其实，由于直觉者的无意识态度的理性，无论怎样的感觉都会最大可能地提高它的价值。通过这种方式就能慢慢占据主导地位，直觉者的意识不能区分它与纯感觉，但实际上却并非如此。

外倾感觉会竭力达到现实的制高点，因为唯有如此才能将生命的全貌描绘出来，与此相同，直觉也竭力包含最大的可能性，因为只有认识了可能性，直觉才能获得充分的满足。直觉常常想方设法去发现客观环境中的可能性，因为它无法占据优势地位，所以只是一种工具、一种纯粹的附属功能，倘若它所处的环境遭遇严重阻塞，它就会努力工作以便尽快到达出口。而这一点是不能被其他功能发现的。倘若直觉占据了优势，那么，那里的生活环境就仿佛成了一个密闭的房间，而直觉别无选择，只能打开这个房间。它一直在外在的生活中寻找可能性和出口。在某一刻，对直觉者而言，所有实际环境都成了禁锢他的牢笼；周围的一切好似一根锁链牢牢地将他捆住，所以他摆脱困境的渴望非常强烈。解析一个理念可能会引发新的可能性，倘若客体偶尔体现出了这种理念，就仿佛获得了一种近乎夸大的价值。然而，一旦它们将自己的职责履行完毕，充当了直觉的梯子和桥梁，它们就会被弃如敝屣，因为它们无法拥有更多的价值了。一种事实必须发掘出超越它和免除个体的操作过程的新可能性，才能获得承认。由此显示出来的可能性是直觉无法逃避的强烈性动机，它们都急于表现自己，为了这些动机它们必须把所有其他的东西牺牲掉。

9.外倾直觉型

不管什么时候，一旦直觉占据了优势地位，就会出现一种独特而清晰的心理。因为直觉倾向于客体，所以就会对外部环境产生明显的依赖，不过，这种依赖却完全不同于感觉型的依赖。我们在一般认识的现实价值中找不到直觉者，但是他却总是出现在可能性存在的地方。他能敏锐地嗅到那些目前尚处于萌芽状态但具有远大前景的事物。在那些被公认为经过时间洗礼建立起来的价值有限的稳定环境中，从来都找不到他的身影：因为稳定的环境具有的那种紧迫气氛会让他感到窒息，他只对新的可能性感兴趣。他紧紧抓住新的客体和新的方法，心中怀有强烈的渴望，甚至是澎湃的激情，不过一旦这些客体与方法被限定了范围，不能在它们身上看到任何远大发展的希望时，他就会残忍地将它们抛弃，不再理睬它们，甚至将其彻底忘记。只要还有一种可能性存在，直觉者就会把命运完全托付给它，似乎他的整个生命都非常渴望进入这一新的环境。人们会产生这种印象，当然他自己也知道，他正站在一个生命中重要的转折点上，并且以后不会再有什么东西能对他的思想和情感产生这样大的吸引力了。虽然这种情形合乎情理且恰到好处，而且充当稳定性辩护人的还是你能想象到的各种论点，可是，无论如何，他都依然会把那好像向他许诺过自由和解救的自身的环境视为牢笼，而他因此而采取行动的那一天也总会到来。哪怕那种新的可能性或许会有悖于至今为止被奉若神明的那些信仰，理智和情感也无法限制或阻挡他的追寻。对于信仰来说，思维和情感是必不可少的，但对他而言，这只是一种劣势功能，没有什么决定性意义；因此，它们不具备抵御直觉力量的原动力。不过，因为它们能够提供给他直觉者的类型完全缺失的判断，所以它们是唯一可以给直觉的优势地位创造有效补偿的功能。理智和情感都无法控制直觉者的道德观；他的道德观是他所特有的，这种道德观忠实于他的直觉观念并自愿服从于他的权威。他能很好地顾及邻居的利益，能旁征博引地为自己拥有健康和幸福生活的重要性进行证明，但却毫不关心邻居的健康和幸福。我们也没有发现他有多么尊重邻居们的信仰和生活习惯，实际上，在别人看来，他最多就是一个不道德和冷酷的冒险家。既然他的直觉在很大程度上与外界客体和窥测外界的可能性相关，那么从事各种职业就成了他的乐趣，在那里，他能够全方位施展他的才能。商人、代理人、投机者、工头、政客等，基本都属于这种类型。

很明显，这种类型的男性没有女性多；不过，在这种情形下，职业范围中显示出来的直觉活动并没有社会范围中多。这种女性非常懂得如何把握每一次社会机遇，她们会寻找一切可能的情人，她们会建立起恰当的社会联系，不过为了一种新的可能性，她们会再次抛弃一切。

无论是从通俗文化的立场来看，还是从政治经济学的观点来看，这种女性类型显然都异常重要。倘若一个人有明确的目标，在生活中不完全以自我为中心，而且他从事每一种具有美好前景的行业都是为了获得优厚的待遇，那么，在他看来优厚的待遇就是一种动力。他生来就拥护那种看到了未来希望的萌芽的少数派。当他更多地在人而不是物的身上定向时，在他那直觉判断人们的能力和适应范围的能力的帮助下，他就能"创造"人。他具有无可比拟的天赋，能够鼓舞同伴奋发向上，或者引发人们对某些新生事物的激情，虽然他或许第二天一睁开眼睛就否认这一切。他的直觉越强烈、越鲜明，主观意识与神性的可能性的融合就越紧密。他使自己的主观意识生机勃勃，并以一种强有力的形式表现出来，所以人们只能由衷地佩服他；他本身几乎也体现了这种主观意识。这不是在舞台上装模作样地表演，而是一种与生俱来的天赋。

这种态度的危险性极大：直觉很可能会轻易地耗费了自己的全部生命。他通过这种方式将生机赋予了周围的人和事，把生命的丰富性延伸到自己的周围，使别人获得了生命，与此同时，他也耗尽了自己。倘若他有能力决定具体事物，那么他付出的艰辛劳动就能得到丰收的果实；不过用不了多久他就会把刚刚播种过的土地丢下，把丰收的果实拱手让人，然后自己去追寻某种新的可能性。正是因为这样，最后他还是什么都没有。不过，一旦直觉者使事物发展到这种程度，就连他的无意识也会表示反对。在某种程度上，直觉者的无意识与感觉型的无意识是相似的。我们可以将情感与对应类型的思维和感觉，同相对受抑制的情感和思维在无意中产生的古代的和婴儿的思维进行比较。在表面上它们同样会集中投射的形式，并且也非常荒谬，就像感觉类型的思维与情感一样，而我只把它们视为缺少感觉类型的神秘特征；它在经济、性欲和其他某些危险事物的本质问题上所涉及的东西都是模糊不清的，比如，怀疑会有疾病附身。很明显，导致这种差异的原因是具体事物的感觉受到压抑。当一个女人与一个最不适合她的男人有了感情上的牵绊，或者反过来说，一个男人突然与一个完全不适合他的女人有了感情上的牵绊，人们就会给予这类感觉更多的关注，简单来说，其实，这种结果是由他们带着古代感觉模式进行不明智的接触所造成的。不过这也可以归因于无意识强制性依赖于一个毫无益处的对象。这种事件代表了这种类型最明显的特征，它已经属于强制性症状的范畴了，这种类型与感觉型一样，都寻求摆脱一切压抑的自由，因为他的决定并未对理性的判断表示屈从，而仅仅完全依赖于偶然性的感性认识。他从理智的束缚中摆脱出来，却通过求全责备的辩证法和过分迂腐的反证推论而彻底为无意识神经症强制冲动而牺牲，并对客体的感觉产生强制性。他的意识态度在感觉和被感觉的客体眼中，是一个高高在上、目中无人的统治者。其实表现出高高在上或目中无人的样子并非他的本意，他只是没有看到人人都已经看到了的客体；他这种旁若无人的态度与感觉类型很近似，只不过后者忽略的是客体的本质。而客体早晚会对这种态度进行报复，要么以忧郁症、强制性观念、病态恐惧的形式进行，要么以任何一种能够想象的荒诞的躯体感觉形式进行。

10.外倾非理性型概述

我把以上两种类型称为非理性的，因为他们的职能和缺陷的基础都不是理性判断，而是绝对地依赖于感性认识的强度造成的。他们的感性认识只涉及一些简单的事件，其中不包含一切经过了理智判断的反复斟酌的片段。很明显，后两种类型在这方面比前两种判断类型更有优势。具体发生的事件可能是偶然的，也可能是由某种规律决定的。倘若它是由某种规律决定的，那么，它就是合乎理性的，倘若它是偶然的，那就是不容于理性的。我们反过来也可以说，如果我们在偶发事件中使用"由规律决定"一词，实际上只是因为在我们的理智看来是这样的，而一旦我们无法捕捉到它的规律性，就会把它称为偶然的。对整个宇宙规律的假设只是一种理智的假设；无论从哪个方面看，它与我们感觉功能的假设都是不同的。既然这些东西以及对它们的假设的基础都不是理性原则，那么它们真正的本质就是非理性的。因此，从它们的本质来说，感觉类型与我的"非理性的"一词是一致的。不过，倘若只因为它们把判断视作感觉的地位，就觉得这些类型不合理，同样也是不对的。只有在较高的程度上来说，它们才属于经验；它们在经验的基础上过分扩建，甚至到了把它视为一种法则的程度，因而它们的理性判断始终不能与经验保持同步。虽然它们在很大程度上弥补了无意识的不足，不过，理智判断的功能依旧没有丧失。但是，既然无意识与意识主体分离之后还是反复在一定场合中出现，那么非理性类型的实际生活就是选择的行为和理性判断的有力呈现，明显的诡辩、严厉的批判，以及对人和环境的有意的选择等都是其主要表现方式。它们带有一种婴儿的，甚至是原始的特征；时而表现得过分天真，时而表现得粗鲁、冷酷无情，甚至狂暴。在具有理性倾向的人看来，哪怕他们的真实性格已经发展到了最糟糕的地步，依然是具有理性和明确目的的。不过这种批判只对他们的无意识适用，而不能在他们的意识心理上使用。这种意识心理只接受感性认识的支配，因为它的本质是非理性的，所以理性判断对它难以理解。最后，在具有理性倾向的人看来，很难把这种大批聚集的偶发事件称作"心理现象"。这种傲慢的判断在非理性类型的作用下与一种同样贫乏的理性印象形成了平衡；因为他觉得自己只有半条命，而他活着的唯一目的就是，在各种有生命的东西身上牢牢地系上理性的羁绊，并在自己的脖子上套上理性批判的绞索。虽然这些例子比较极端，但它们确实存在。

　　从理性类型的角度来看，可能更容易把非理性类型描述为低级性质的理性，即要想认识他，了解他所遭遇的事情是唯一的方法。这些事都不是偶发的，因为它们的主宰就是非理性类型，但奇怪的是，他却被理性判断和理性目的超过了。理性的头脑几乎理解不了这种情形，不过，在他看来，理性无法理解的程度等同于非理性让人震惊的程度，这时，他发现居然有人在真实存在的具体事物上叠加理性的观念，这简直令他难以相信。通常来说，根本不可能指望他沿着这个思路获得任何原则的认识，因为在他看来，理性的理解力不仅不着边际还令人讨厌，在这种情感型与理性型认为的不承担共同职责和不经过双方商议的情况下，去订立一个契约，同样是让人费解的想法。

　　正是出于这一点，我必须思考不同类型的典型代表之间的心理关系的问题。法国派催眠学家的术语用"和睦关系"来称呼近代精神病学者之间的心理关系。和睦关系是指，虽然双方都确认其中还存在差异，但相互之间却有一种和谐而具体的情感。其实，双方都坦承这种普遍差异的存在，单就这一点来说，已经算得上是一种和谐的情感与和睦的关系了。倘若我们使某个具体的人物对他身上的这种情感都有深刻的意识，那么，我们就会看到，从本质上来说，这种情感是一种无法进一步分析的情感，不仅如此，它还具有某种洞察力或认识内容的属性，能表现出观念形式中的协调之处。对理性类型来说，这种理性表现是有效的，只是绝对不能运用在非理性类型身上，因为他建立的和睦的基础是真实存在的具体事物的相似物，而不是理性判断。对感觉和直觉的共同感知就是他的和谐情感。从理性类型的说法来看，他与非理性类型的和睦关系完全依赖于偶然性。倘若某些偶然事件使得客观环境变得融洽了，那么人类就会出现某些联系，不过没有人能解释这些联系的有效性及其能够持续下去的原因。理性类型常常苦苦思索这种关系能否像外部环境偶然产生的一种共同兴趣那样长时间保持下去。他并不觉得这种关系有什么异常的人类特征，相反，在他眼中，处于这种环境中，它仅仅是非理性主义者所看见的一种只有某种单一性的人性。因此，在每个人眼中，别人都不具备各种关系，不能被依赖。无论如何，这种结果只会在一个人有意识地想对他与同胞之间各种关系的实质做出某种评估计时出现。虽然这种心理缺乏真挚，但是不管在观点上存在多大的差异，通过以下方式，一种和睦关系频繁地出现了：一个人默默地坚持一种观点，并猜测别人都跟自己在所有的基本观点上都有一样的看法，然而别人却能凭直觉将一种双方都感兴趣的客观共同性推测或感觉出来，前者对这种共同性毫无意识，他经常否认它的存在，这种情况与后者从不认为他的关系必须建立在共同观点的基础上的情形恰好一致。这种和睦关系有很多，它是以直觉推测为基础建立的，后来的许多误解也是由这里引发的。

心理关系在外倾类型中总要根据客观因素和外部规定性而做出调整，其中人无法起到任何决定作用。就我们目前的文化而言，虽然内倾型原则也出现得很频繁，但那只是一种例外，而且必定是由生命的坚韧性产生的，真正对人类关系起支配作用的是外倾型态度。

第三节　内倾型

一、意识的一般态度

如同我已经在本章第一节中所做的解释那样，内倾型与外倾型的不同之处在于：前者受到主观因素的限制，而后者却普遍地对客体和客观事件定向。我特别在这一节中指出了内倾型的一种主观观念，这是它在关于对象的知觉与他的行为之间添加的，并用此避免了他的行为表现出一种与客观环境相符的特征。当然，这只是我为了将其当作一种简单的解释而举出的一个特殊的例子。而现在到了必须深入地对它的普遍形式进行探索的时候了。

　　毫无疑问，内倾的意识会观察外部条件，但它总是把主观规定视作决定性的规定。所以，这种类型必须接受感觉和认识因素的引导，这表示感官刺激也包含主观意向，比如，两个人都看见了同一物体，他们绝不会从中接收到两种完全相似的意象。不仅个人感官敏锐程度上和观察上的误差存在差异，一般在感知意象的精神感受作用上和类别及程度上也存在着一种根本的差异。涉及具体事物在头脑中的直接反映时，外倾型表现得非常高明，而内倾型则是依靠在主体中集聚的外部印象。在统觉的个体情形中，这种差异表现得微乎其微，但在整个心理系统中，却非常容易引发人的关注，尤其在自我保留的形式中更是这样。虽然它确实预示了某些东西，但我认为，魏林格倾向于用偏好孤独癖来描述这种态度，而其他作家则倾向于用以自我为中心、自体性欲、主观性或利己主义的观点描述它，这样说不仅在原则上是错的，还切实地贬低了自身的价值。外倾型态度一贯的偏见与它遥相呼应，二者联手抵制内倾型的实质。我们应该记住（虽然外倾的观念非常容易犯这种错误），感觉和认识都不是完全客观的，它们无法摆脱主观条件的制约。不只整个世界能独立存在，我怎样看它的问题也可以。实际上，我们的确不能借助什么标准对整个世界进行判断，因为主观意识不可能同化世界的本质。倘若我们忽视主观因素，那就表示我们从根本上对完全认识世界的可能性这一重大疑问持否定态度。而且，这也表示那种在这个世纪初期就早已声名狼藉的迂腐而空洞的实证主义的卷土重来，这是只属于知识界的一种傲慢，它不会伴随粗俗的情感和对生命的违背出现，它和它的专横一样愚蠢。我们通过对认识的客观作用进行过高的估计，压制了主观因素的重要性，这同时表示对主体的否定。那么，到底什么是主体呢？答案是，人就是主体，即我们就是主体。除非是病态的头脑，否则不可能不知道认识少不了主体，因为认识是不存在的，所以对我们来说，那种我们不能在其中说"我知"的世界也不存在，虽然这种说法已经表明了一切知识都是具有主观局限性的。

对于所有精神功能来说，这些道理同样适用；就像需要拥有不可或缺的客体一样，这些功能同样必须拥有主体。人们会对"主观"一词产生一种责备和攻击的感觉，这恰恰是外倾型如今评价事物的特点；而且，无论何时地，"纯粹的主观性"这一称号在任何情况下都好像一种极其危险的攻击性武器，它预示着那些鲁莽的外倾型头脑会坚信客体的绝对优越性。因此，当务之急就变成了彻底搞清楚"主观"一词的含义。而我是这样想的，在心理行为或心理反应与客体的影响融合在一起的时候，主观因素往往会产生一种新的精神现象。从古至今，主观因素在所有的民族中都在尽量与自身保持一致，因为基本的认识和感觉几乎都是一样的。正是因为这样，没有人再怀疑它正像外部客体一样被牢固地挂立起来了。倘若事实并不是这样，那么，人们就无法看到任何一种永久而没有根本变化的现实，更无从谈起后代的理解力。所以到此为止，主观因素的存在是不容怀疑的，就像海洋的宽广和陆地的辽阔等事实一样。到此为止，主观因素呈现了世界决定性力量的全部价值，无论遇到何种情况，这种力量都绝不会被我们排除在考虑之外。这代表的是另一种世界规律，不管是什么人，只要遵循这一规律生存就可以与那些依赖客体而生存的人一样，拥有同一种安全、持久和有效的基础。不过，因为主观因素容易消失而且受机遇限制，所以它们也同样依赖于多变性和个别的偶然事件，就像客观有时也会与客观事件不同一样。因此，它具有的价值只是相对的。比如说，意识中的内倾观点发展过度，不仅无法使主观因素得到更恰当和更好的运用，还会造成一种虚假的意识主体化，而此时，就难免会遭到"纯粹主观"的谴责了。因为，通过被魏林格恰当地称为"嫌恶孤独癖"的夸大的外倾态度的形式，作为这种病态主体化的一种逆反倾向引发了意识的非主体化。因为内倾型态度建立的基础是普遍现实、非常真实以及绝对不可或缺的心理适应条件，所以，像"以自我为中心""偏好孤独癖"以及这类令人生厌的心理表现，都是脱离了实际的，因为它们有助于形成可爱的、固执的自我偏见。这大概是我们知道的最荒唐的设想了。然而只要我们考察外倾型对内倾型的理性判断，就免不了会遇到这种情形。当然，尽管这是现在正普遍流行的外倾型观点，但我们并没有把它归咎于外倾型个体，因为它不只存在于外倾型中，在别的类型中也能找到许多典型的代表，只是这与它们自身的兴趣差得很远。对它的类型来说，那种不切实际的谴责同样适用于后者，或者说，至少不能用它来非难前者。

　　一般情况下，心理结构会制约内倾型的态度，从理论上来讲，它取决于遗传因素，而且从主体来看，这种主观因素是一直存在的，无论如何，都绝不能简单地与主体自我等同，也不能被视为包含在之前提到的魏林格的定义中的那种假设，其实，所有因自我的发展而存在的心理结构在很大程度上限制了它。对于真正的基本主体而言，与自我相比，自身更加地契合它的实际含义，因为前者基本上停留在意识焦点上，而后者包含的是无意识。如果将自我与自身等同起来，那么在梦中我们能以完全不同的形式和含义出现，就显得非常匪夷所思了。而这正是内倾型的独特之处，并且就像内倾型与一般偏见保持一致一样，它与自身的倾向也是一致的，这样一来，他就会习惯性地将自我与自身混在一起，并提升自我为心理过程的主体，从而产生了上文所说的那种病态的意识主体化，使它自己与客体分离。心理结构亦是如此，赛蒙将它表达为"记忆基质"，而我则称它为"集体无意识"。个体的自身是指在所有有生命的动物中普遍存在的一段摘录、一个代表，或一个部分，因此，它也是由心理过程相应发展出来的一个种类，只要有动物，它就能持续获得新生。从古至今，本能都是指没有经过实践的行为方式——我用"原型"来定义客体的这一心理领悟方式。我进行了这样一个假设，即所有人都熟悉本能可以领悟的东西。但对原则来说，情况却并非如此。原型与"原始意象"（雅各布·布尔克哈特如此表达）包含的思想是相同的，我在本书的第九章中描绘过这种思想。所以我要提醒读者特别关注一下第九章尤其是对"意象"一词的定义。

原型是一个象征性的程式，无论何时，只要意识的理念没有出现，或者无论在内在的领域或外在的领域意识理念都不可能出现时，它就开始发挥自己的功能。集体无意识的内容以事物的确切方式的形式或是通过一种显著倾向表现在意识之中。在个体眼中，它们都取决于客观因素，可实际上这种观点并不正确，因为它们的来源都是精神因素的无意识结构，只是在释放时采取了客体运行的方式。这些主观的倾向和理念与客观的影响相比更加强烈，因为它们的精神价值超过了所有印象。因此，对主观的观点为什么总是超越客观环境这一点，外倾型感到非常不可思议，就像内倾型不能理解客体为什么总是处于决定因素的地位一样。所以他不得不这样认为：内倾型不是一个喜欢幻想的教条主义者，就是一个自负的自我主义者。最近他好像又总结出了新的观点，即内倾型始终无法摆脱无意识的权力情结的影响。有一点可以肯定，那就是，内倾型也面临这种偏见，因为从某种程度上来说，他那明确而又高度概念化的，而且明显是从一开始就已排除了别的观点的表达方式，表明了对外倾型这种观点的肯定。而且，这种高于一切客观事件的主观判断的明确性，以及不易改变性能够产生强烈的以自我为中心的印象。内倾型在面对这一偏见时很少能正确地论证自己的观点；因为虽然他对主观判断的设想是完全合理的，但他依旧会像不能意识到自己的主观知觉一样，无法意识到自己的无意识。他会让自己一直与时代风尚相一致，他的答案并非来自自己意识的背后，而是来自外部。倘若他患上神经症，自我与自身在无意识中某种程度上的同一就会表现出来。这样一来，就会将自身的重要性降低到近乎为零，而自我却超出了理性的限度无限膨胀起来。然后，主观因素那具有世界性决定意义的、确定无疑的权力就会集聚在自我中，慢慢发展成一种极其愚蠢的自我中心和一种极端的权力要求。一切把人的本质归结为无意识的权力本能的心理学都是以此为基础的。例如，尼采在鉴赏力方面出现许多错误的原因就是因为他把这种意识主体化了。

二、无意识态度

主观因素在意识中占据了优势地位，也就表示客观因素处于劣势地位。客体没有得到它本应该具有的重要性。它在内倾型态度中几乎没有什么值得一提的地方，在外倾型中倒扮演了过于重大的角色。内倾型的意识从某种程度上来说已经被主体化了，它将过分的重要性赋予了自我，却没有为客体留下余地。客体具有确定不疑的力量，而自我则确实受到限制，很快就消失了。假如自身反对客体，那么就会出现截然不同的情况。自身和世界都是相应的因素，一切正常的内倾态度与外倾态度也都同样有效并有合法存在的权力。不过，倘若自我剥夺了主体的权利，那么就会有一种补偿自然产生在客体影响的无意识强化的伪装下。这种变化越来越吸引人，因为不管有多么确定的和强烈的保证自我优势地位的企图，都会有一种无法阻挡的巨大影响从客体和客观事件中产生出来，因为它出乎个体的意料将它抓住了，并向意识发起了势不可当的攻击。这种自我与客体之间不完善的关系使得（因为自我支配客体的意志不太适应）一种对客体的补偿性关系在无意识中产生，这种关系作为一种对客体无条件和非抑制的情结，在意识中崭露头角。自我想从职责中摆脱出来，以获得一切可能的自由、独立和优势地位，它的这种想法越强烈，就越会屈从于客观事件。不光彩的经济依赖束缚了主体的自由，公众舆论还常常会对主体进行可怕的诋毁，只因其对行为的态度冷漠，低下的关系完全淹没了他的道德优越感，最终他支配的欲望也会以一种渴望获得爱戴的结局告终。在此情况下，无意识关心的重点是对客体的关系，它对这种关系施加影响采用的是那种计划完全毁灭权力幻觉和优越性幻想的方法。而客体则经常忽略意识的蔑视，并将它可怕的另一面表现出来。由此，必然会出现自我与客体越加分离，且对客体具有更激烈的支配。最后，自我为了最起码能保住自己的优越性幻想，使自己置身于一种有规律的保护系统之中（阿德勒已经对此进行了聪明的描述）。于是，内倾型就这样使自己彻底与客体分开了，他要么在防卫方面耗费自己的精力，要么就是为了维护自己的权利而徒劳无功地努力将他的权力强加于客体。然而，因他从客观那里接受了深入骨髓的印象，这些努力都被毁灭了。这些印象不断地强加在他身上，且以与他的意志相抗衡为目的；这些印象用最固执最讨厌的感情刺激他，阻挡他每一步的行程。为了"继续前进"，一种巨大的内心冲突在他那里不断地产生。所以，心理虚弱就是他的神经症的典型表现，它一方面表现出非常敏感的特征，另一方面又因为觉得过度疲劳而长时间处于困倦状态。

通过对个人无意识进行分析，自然而然地产生了大量的权力幻想，对危险以及有生气的客体的恐惧还夹杂在中间，其实，这类幻想很容易被内倾型牺牲掉。因为从对客体的恐惧中产生的特殊的怯懦使得他不敢反驳别人，他总是担心自己和自己的观点会使客体产生某些变化，所以不敢将它们表达出来。他时常受到他人强烈的感情的惊扰，总是处在那种敌意的恐惧之中。因为他虽然无法通过意识辨识他眼中的客体拥有的恐怖和权力的本质，可他却通过自己的无意识的感觉能力莫名地坚信它们确实存在。既然他与客体的意识关系在某种程度上被压抑了，那要想寻求生存的出口，就只能通过无意识的帮助来解决了，由此，他就获得了无意识的本质。基本上这些本质都是婴儿的和古代的，所以相应地他与客体之间的关系也变成原始性的了，并获得了原始客体关系的特征。于是，客体就好像拥有了神奇的魔力。内倾型常常会因奇异而新颖的客体而感到恐惧和不信任，因为在他眼中，这些客体内部仿佛隐藏着什么不为人知的危险，客体长期以传统为根基并被传统神化，因而就像一根无形的线一样将他的灵魂紧紧地缠绕起来，一切变化，倘若不能暴露出其实际的危险性，就肯定会引起骚扰和不安，因为很明显它代表的是客体魔力的复活。一座孤岛中只存在被允许活动而活动的东西才是符合理想的。维希尔的小说《任意的一个》不仅展示了集体无意识的潜伏的象征，还展示了内倾型心理丰富的洞察力，但是，我不会在关于类型的描述中论述这一点，因为它非常普遍，与类型并无特别的联系。

三、内倾型态度中基本心理功能的特征

1.思维

在对外倾型思维进行描述时，我已经简单提及了内倾型思维的特征，在这里，我将更加深入地研究这一问题。内倾型思维主要定向于主观因素。这种主观因素的表现形式是主观情感的趋向，而它

的最后一种决定性因素是判断。有时，在某种程度上它也是一种完整的意象，并且可以被当成一种标准。这种思维可能包含具体因素和抽象因素，但还是主观因素在其中起决定性作用。因此，是不可能让它从具体的经验中再返回到客观事物中去的，它总是在主观内容之中徘徊。尽管内倾型总喜欢宣称自己的目的和根源都是外界事实，但实际情况却不是这样的。虽然它可能以主体为起始点和终点在真实和实在的领域中进行最广阔的遨游。所以，在新的事实论证中，它的主要价值是间接的，因为它专注的不是对新的事实的感觉，而是新的观点。它系统地阐述了某些问题并创造了理论，它展示了前景并取得了洞察力，不过一旦事实出现在眼前，它就会变得畏首畏尾，瞻前顾后。它们作为阐释的例证有着独特的价值，但绝不能继续往下推演。我们收集事实是为了将其当作某种理论的例子和证据，而不是为了事实本身。倘若后一种情况经常出现，那也只是出于对外倾型的恭维。因为最重要的应该是主观意念的发展和表达，即在某种程度上原始的象征性意象模糊地站在内心幻影面前，而不是这一种思维的论据。所以，它的目的与具体现实的理性重建根本没有关系，只是涉及从模糊意象到一种光辉理念的形成过程。它的愿望是达到真实，它的目标是看见外界因素怎样形成和完成理念的框架结构，它的具体创造性力量要经由思维创造出的这样情景得到证明：尽管理念并不存在于外界事实中，但必须承认它是这些事实最适当、最抽象的表现形式。当这种思维所形成的理念不可避免地显现在外界事实中，以致这些事实确实证明了它的有效性时，就表示这种思维完成了它的使命。

不过，为了把它的原始意象诠释成一种完全符合事实的理念，它确实潜藏在内倾型思维的力量中，就如同外倾型思维从这种思维中很少能得到什么用来曲解源于具体事实的真正与情理相符的归纳性理念，或将一些新的理念的东西创造出来一样。因为在后一种情况下，纯粹依靠经验主义来堆积事实会麻痹思维，并窒息这些事实的内在含义，所以在前一种情况下，内倾型思维就表现出了一种危险的倾向：即强迫事实变成它的意象的形状，或者忽视这些事实，随心所欲地展开它自己的幻觉意象。在此情形下，被呈现的理念就必须肯定它的根源是模糊的古代意象。它身上还将带有某种神话般的很容易被我们当成"独创性"的特征，或者更为武断地将其视作一个异想天开的古怪想法，因为对于那些对神话动机一点都不熟悉的专家们而言，它的古代特征一点都不明显。这种理念中常常包含非常强的主观的内在说服力，人们越是信服它的力量，它就越能摆脱外部事实的影响。在那些热衷于理念的人眼中，虽然他的那些事件的贫乏积累似乎真的能恰到好处地显示出他的理念的真实性和有效性的实际基地的根源，不过，事实并非如此，因为它的无意识原型是理念的说服力的来源，是它的一种衍生，所以，它是具有普遍的有效性和永恒的真实性的：无论如何，它的真实性是非常普遍和富于象征意味的，所以它如果想成为所有生命的真正价值，就必须有一个前提，那就是进入已认识和可认识的时代知识之中。比如，在具体的原因和具体的结果中，并非所有的因果关系都会变为可知的。

这种思维在大量真实的主观事实面前非常容易失去方向。它创建理论的目的是为理论服务，所以只是粗略地审视一下真实的或最起码是可能的事实，然后就匆匆忙忙地掠过理念的世界而进入了纯粹的想象王国。因此，虽然头脑中可能出现了多种直觉，但这一切都不是与现实接近的，直到最后产生那种不再表达任何外界真实的意象，它们纯粹是一些不可知的象征。如今的它绝对是一种神秘的思维，并且得不出任何结果，就和那种在客观事实的框架中放入它孤独的过程的经验思维一样。后者完全沉溺于对一种事件的表现之中，前者则莫名其妙地提高到了一种未知的表现领域中，甚至超越了可在意象中表达的一切。因为主观因素被排除在外，所以事实会充分地显示出来，而且事件的表现具有某种无可争辩的真实性。而它对未知世界的表现同样具有一种主观的、直接的和有说服力的力量，因为它最好的证明就是本身的存在。前者说"Est, ergo est"（因为它在，所以它存在），后者说"Cogito, ergo cogito"（因为我思，所以我存在）。内倾型思维通过以上的分析，找到了证明它自身主观存在的证据，而外倾型思维则不得不提供证据以证明它完全等同于客观事实。因为，当外倾型在与客观事物的彻底分离中否定了自身时，内倾型却为了满足自己的唯一存在的要求而必须摆脱每一种内容。生命的进一步发展在这两种情况下，就被排挤出思想的领地而不得不进入其他心理功能的区域，直到今天这些功能还一直存在于相关的无意识之中。通过大量的无意识事实，内倾型思维与客观事实联系的极端贫乏获得了补偿。无论何时，只要意识能与思想的功能结合，能尽量把自己限制在最小和最空洞的范围内（虽然似乎具有神性的丰富性），那么，因为早在远古时代就存在无意识的幻觉的事实，就被一种变幻莫测的神奇魔术和一些非理性的因素丰富地协调起来了，这些东西的特殊方面与下一次要把思维功能当成生命的代表来解释的功能性质相同。如果说这种功能会成为直觉功能，那么在审视"彼岸"时就得使用库宾或海伦克的眼光了；如果它是情感功能，就会呈现出一种我们闻所未闻的神奇的情感关系，伴随着一种十分矛盾和晦涩难懂的性格的各种情感判断；倘若它是感觉功能的话，那么无论是在体内还是在体外，感官都会发现一些可能性，这些可能性是新的和以前从未经历过的。只要更深入地研究这些变化就能很容易地揭示出原始心理的再现以及它全部的性格特征。虽然被感觉到的东西是原始的、象征的，但实际上，它的显现越原始、越古老，对未来真理的表现也就越充分，因为每一个出于我们无意识中的古老的事件都代表了即将出现的可能性。

通常来说，在穿越无意识这一点上，向"彼岸"的过渡从未成功过，就更不用提采用无意识的补偿性的方法了。贯通无意识的道路是为了把持意识的阻力，防止自我向无意识的现实和无意识的对象的决定性现实屈从。这种情况明显是一种分裂，或者说是一种精神神经症，其特征是不断增长的大脑匮乏的内在耗费，其本质是一种神经衰竭现象。

2.内倾思维型

倘若达尔文代表的是正常的外倾思维型，那么我们便可将康德视作一个相对正常的内倾思维型的典范。达尔文的依据是客观事实，而康德的依据则是主观因素；达尔文提出的客观事实极为丰富，而康德却在普遍认识的批判之中越陷越深。如果把这两个人物换成居维叶和尼采，这种对比就会更加强烈。

我刚刚描绘过的那种思维的优势特征是内倾思维型所具有的。他也受理念决定性的影响，就像他的外倾型伙伴一样，但这些理念的来源并不是客观事件，他也遵循他的理念，只是方向相反而已——他是向内扩展而不是向外扩展。他的目的是偏重强度而不是偏重宽度。正是由于他的这些基本特征，他与他的外倾型伙伴之间的差异才会十分明显。他根本就没有那种使他的对立类型显得十分突出的东西，也就是与客体的紧密联系，就像每一个内倾型人物一样。倘若客体是人的话，那么，这个人的情感注重的就只有否定的方式，也就是说如果让他和一些性格温和的人在一起，他只会觉得自己是多余的，但如果把他和一些更加极端类型的人放在一起，他就会觉得自己被视为某种令人生厌的东西而被弃之不顾。所有内倾型人物都具有这种对客体的否定性关系（冷漠，甚至厌恶）的特征；对普遍的内倾型的描述由于它的存在而变得非常不容易。他似乎让一切都消失和隐藏了起来。他没有恻隐之心，他的理性判断显得固执、冷漠和武断，其原因主要是他与主体的联系比与客体的联系多。这种判断可能会将较高的价值赋予客体，但我们在里面却什么也感受不到；它总是一副想要超越客体的样子，却总有某种主观优势的芳香留在身后。

礼貌、和蔼和友谊并非不可能出现，但它们的出现往往都与一种特殊的性质有关，这种性质暗示着某种惶惶不安，将一种隐秘的目的暴露了出来，即打败一个敌人，让他变得规行矩步，不会变成一个破坏分子，为此他可以付出任何代价。当然，他不是任何人的敌手，而且倘若他太过敏感，就会感受到某种抵制，乃至蔑视。在某种程度上客观必定总是受到忽视，更糟糕的是，许多个根本没有必要的防御措施还会将它重重围困。正是因为这样，便不再奇怪这种类型会常常在误解的迷雾中消失了，他越是想通过补偿的方式在他的劣势功能的帮助下戴上某种文雅的面罩，就会让迷雾变得越发厚重，而这与他的真实本性常常形成最为鲜明的对照。尽管他不会逃避理念范围中的危险，也无论他是否真的无所畏惧，甚至无所谓这个世界具有革命的、危险的、异端邪说和情感缠绕的可能性，在焦虑偶然地变成客观真实的时候他都会变成最焦虑的紧张的牺牲者。这不符合他的性格。倘若他的理念真的可以被移植到现实世界中，那么，此时他的焦虑是不同于一个忧心忡忡的母亲为自己孩子的利益担惊受怕的那种状况的，他只是单纯地想把这些理念表现出来，而且会因它们无法依靠自身的力量很好地成长起来而困扰不已。在实际能力方面他经常会表现出一种无法弥补的缺陷和对所有自吹自擂的厌恶之情，这两者都有助于形成这种态度。倘若他认为自己的行为在主观上是真实的和正确的，那么他在实践中肯定也是这样，而且别人一定会对他的这种肯定性表示认同。

他从不愿意为博得他人的赞赏而谦卑地放弃自己，倘若他是个影响力很大的大人物，在这方面就表现得更为突出。当他坚持要这样去做的时候，他看上去非常笨拙，这就使得他最终得到的结果只会与他的目的截然相反。哪怕是在他自己固有的圈子里，他也只会笨拙地与同事交往，因为他根本不知道怎样在特定的范围内赢得他们的青睐，一般来说，他只是固执地随心行事，在他的同事们看来，他的这种行为表明在他看来自己简直卑微得不值一提。他追求理念时一般都很执着、任性，而且不接受周围的影响。这恰好与他对个人影响的暗示感应性形成了奇怪的对照。这种类型非常容易接受真正的劣势因素的影响，在它那里，客体完全是可有可无的东西。他们只能从无意识中控制他。他可以忍受最粗鲁的压迫和背叛，只要不干扰他的理念，他就没什么不能忍受的，他几乎看不到有人在背后偷袭他，将他洗劫一空，甚至还用恶作剧的方式将罪名加在他的身上。这是因为他与客体的关系是次要的，所以会被遗弃在行为纯粹客观的估价之中，谁也没有提醒他。

在他努力思考自己能力的极限问题时，又使得问题更加复杂化了，以致自己不停地在所有可能的疑虑中挣扎。无论在他看来自己思维的内在结构是多么清晰，他都不知道他的思维如何或是在何地与客观真实有联系。他不明白为什么他认为已经是非常清楚的东西，别人却觉得并不清楚，直到后来在心中进行了一场激烈的斗争之后，他才想办法让自己接受了这个事实。通常来说，因为承载了太多诸如附加条款、条件限制、疑虑等附属品，使得他的思维方式变得复杂起来，这些东西是他那挑剔而多虑的性格的产物。他的工作困难重重，进展缓慢。他少言寡语，身边的人都不理解他；而他也借此证实了人类那深不可测的愚蠢。倘若偶尔能有人理解他，他会很容易对这种理解做出过高估计。野心勃勃的女人要想轻易地征服他，只需要明白怎样利用他对待客体的非批判态度，否则的话他会一直孤身一人，充满童心而又愤世嫉俗。而且，他的外表往往也是粗俗的，让人感觉他正为了逃避观察而痛苦焦虑着，否则就会表现出孩子般的无忧无虑，天真无邪。在他工作的特殊领域里，他常常遭遇激烈的矛盾和冲突，对此他无计可施，除非偶然地在他的原始情感的引诱下，到尖锐而无结果的辩论中去。身边的人都觉得他独断专行，根本不为别人着想。不过，随着人们对他的了解越来越深，对他的判断也变得越来越倾向于他，最亲近的朋友都明白应该怎样珍惜他们之间的宝贵友谊。在那些以疏远的态度来对他进行评价的人眼中，他非常严厉，不讲情面，有时甚至还会仗势欺人；那些与社会格格不入的偏见导致他给别人留下的都是性情乖戾的印象。倘若他去做一名私人教师，这对他毫无影响，因为他除了根本不了解学生的心理状况之外，对教学其实也不感兴趣，只有偶尔在教学过程中遇到的理论难题才能引发他的兴趣。他不是一名合格的教师，因为他的思维在教学中总是专注于具体的材料，并且从来不对它们纯粹的表面现象感到满足。

随着他的这种类型性格变得越来越强，他的说服力也变得更加顽强了。他排除了所有外界影响；他对他身边的世界更加没有同情心，也就越发依赖自己的至交好友了。他的表情也变得更具个性和更加冷冰，他的思想更加接近深刻，但是手里拥有的资料却不能恰当地将这些思想表达出来。不过他的易感性和敏感性对这一缺陷进行了弥补。而外界纷至沓来的影响又从内心以及无意识方面攻击他，为了抵御那些局外人眼中非常不重要的和多余的东西，他不得不收集证据。他与客体之间残缺不全的关系造成了意识的主体化，也因此那些与他个人关系密切的东西都被他看成是十分重要的了。他开始将他的主观真实与他的个人混淆。他并不准备亲自说服别人，而是要恶意地对每一个持批评意见的人进行人身攻击，根本不管这些批评有多么正确。所以，他在所有方面慢慢地都陷入了孤立。因被苦难的沉淀物玷污，他那原来较为丰富的思想变得十分有害。越是与外界隔离，他对来自无意识影响的反抗就越厉害，直到他开始一点点丧失活动能力为止。隔离越是彻底就越能保护他免受无意识影响的伤害，但这一般来说只会使他更加深陷那种从内部将他毁灭的冲突之中。

内倾型思维在那些以不停滞的速度向原始意象靠近的永恒有效性的理念的发展中，是积极的也是综合性的。不过，相对于现实来说，随着它们与客观经验的联系一点点消失，它们就变成了非真实的和神话的了。所以，对同时代人来说，要想让这种思维变得具有价值，就要让它一直与时代著名事件拥有可见的和可理解的联系。但是，当思维变成了神话的东西，它就与一切再无关系，直至彻底丧失了自己。从本质上来讲，使内倾型思维与平衡的直觉、情感和感觉相对应的相对的无意识功能是处于不利地位的，一切使这种类型屈服的讨厌的客观影响都是由一种原始的外倾特征造成的。对大家来说，这类人采取的各种自我防御的手段和这类人喜欢用来禁锢自己的离奇的保护物一点都不陌生，所以，在此我就不加赘述了。它们都被视为对"魔力"影响的防御，对异性模糊的恐惧也被包括在内。

3.情感

内倾型情感主要是由主观因素决定的。这表示从本质上来说，情感判断与外倾型情感之间的基本差异与思维的内向与外向之间的差异是相同的。毋庸置疑，不管是想用理性的形式把内倾型情感过程表现出来，还是只大概地对它进行一种描绘，好像都是非常困难的，虽然只要人们彻底意识到这种情感的特殊性，它就会立刻显示出来。但因为它最初一直被主观前提条件限制，到后面才涉及客体，所以这种情感很少呈现在表面上，也往往会被人误解。这是对客体明显的蔑视，因而它一般以其否定的表现形式而闻名。似乎要想证明这种独断的情感的存在只有借助间接的推断。它的目的不是尽量与客观事实相适应以致超越客观事实，因为它在无意识中所有努力的目的都是把现实带给潜在的意象。好像可以这样说，它一直在寻找一种在现实中根本不存在的意象，但它曾获得过这一意象的某种幻象。它好像已经悄悄离开了永远也不会适合它的目的的客体。它为一种内在的感情强度而不断努力，就连各种客体也只是这种感情强度的附加刺激。

这种感情强度只能被神化，却不能被理解清楚，人们对它只能表示沉默。它非常难以接近，因为它像含羞草一样敏感，所以为了能将自己延伸到主体的深层结构中，它会尽可能地远离客体的粗鲁。它会提出否定的情感判断，否则就会以一副高深莫测的冷漠神态来保护自己。当然，原始意象与情感一样，也是一种理念。因此，比如上帝、不朽、自由等基本理念及有理念的含义，还有情感价值。所以，一切被说成是内倾型思维的东西都相应地暗示着内倾情感，只是使用的呈现方式有所不同：在这里是可以被感觉到的，在那里一切都是被呈现出来的。不过，通常说来，思维比情感似乎更容易将这一事实表达清楚，要想正确无误地向外部世界描述或传达这种情感的真实价值，必须具有一种超越一般性描述或艺术表达水平之上的能力。然而，主观思维是与现实无关的，它很难唤起一种恰当的理解，而在主观情感那里也是这种情形，虽然它能够在更高的层次上进行。为了与他人交流，它不得不寻找一种外在的形式，这种形式不仅要符合把主观情感吸入到令人满意的表达形式，还要以一种近似于发生在他身上的过程的方式向他的同伴传送它。

值得庆幸的是，人类具有这种相对的伟大的内在相似性，（当然也有外在相似性），因而可以实现这种效果，虽然很难找到一种能够被情感接受的形式，但只要它依旧主要定向于原始意象那无底的深渊中，这种情形就不会发生改变。不过一旦一种以自我为中心的态度歪曲了它，它就立刻变得冷漠而缺乏同情心，自此之后，它就只会专注于与自我有关的那些东西。因为它总是尽力唤起一种自我趣味甚至病态的自我欣赏，所以人们总是认为这是一种感伤主义的自恋。如同那些内倾型思想家的被主体化了的意识以抽象之抽象为追求目标却只能获得一种本身非常空虚的思想过程的最高强度一样，这种以自我为中心的情感强化也只能产生一种空泛的激情，这种激情只能感觉到自己的存在。这种迷狂而神秘的阶段，扫清了进入被情感抑制的外倾型功能时遇到的障碍。客体以神奇的力量依附着一种原始情感，而内倾思维却与其相敌对，同样，内倾型情感也是借助于一种原始思维才保持平衡的。而这种思维的客观性和依附于事实的状况早已超出所有范围。这种情感与客体慢慢脱离了关系，创造了一种自由，这种自由同时表现在行动上和良心上，只对主体负责，甚至还会为此抛弃一切传统价值，而无意识思维却在更大程度上变成了客观事件力量的牺牲品。

4.内倾情感型

我发现突出的内倾情感主要出现在女性当中。那个"静水流深"的成语就是这类女性的真实写照。她们中的大多数人都沉默寡言，难以接近，令人无法捉摸；她们通常会表现出忧郁的气质，戴着幼稚或平庸的面具。她们既没有卓尔不群，也没有存心表现自己。因为全权控制着她们的生命的是主观倾向的情感，所以通常来说她们的真实动机都被掩盖起来了。她们外在的行动十分协调，一般并不引人注意；她们显示出的静谧往往令人感到惬意，也往往表现出一种类似于同情的情感，但她并不想用这种情感去感化他人，也不想以任何方式去打动、改变或影响他人。倘若这种外部特征在某种程度上得到了强调，那么就会立刻产生一种冷漠和嗤之以鼻的疑虑，这种疑虑总是对别人的安慰和善意持漠视态度，甚至有时还会怀疑其产生。人们可以清晰地感觉到从客体中分离出来的情感的运动。但是，倘若是正常的类型，那么这种情形就只会发生在客体以某种方式获得过于强烈的感情的时候。

和谐的情感氛围只有在一种情形下才会发挥主导作用，那就是客体以一种适中的情感强度依据它自己的路线运行，并不想进入别人的运行线路。客体的真实情感非常容易遭遇阻碍或挫折，或者更确切地说，是非常容易被否定的情感判断"泼冷水"，没有人愿意为接受这种情感付出丝毫努力。尽管人们可能会为平静而和谐的友谊做好足够准备，但是，陌生的客体非但没有表现出丝毫的亲切感，在他的身上就连相应温和的微光都看不到，而只能看到冷漠。人们甚至还会感觉自己的存在是多余的。这种类型面对某些可能让人迷惑或者唤起热情的东西时，一般会站在温和的中间立场，并间或出人意料地表现出批评的迹象和祛除敏感的客体的优势。不过，最终残酷的冷漠会野蛮地熄灭暴风雨般的激情。除非它从无意识方面巧合地抓住主体，也就是说情感被完全控制住了，只有通过某些原始意象的复苏才能使这种情形发生改变。在此情况下，这种类型的女性在顷刻间就会感觉到一种缺陷，在一定时候肯定会产生出一种更加猛烈的抵抗，它会直接击中客体最脆弱的地方。她与客体的关系被尽量保持在一种情感的平静和稳健的状况中，在那里，激情和无节制的放纵是不允许存在的。所以，她吝于情感流露，而一旦她的客体感觉到了这种状况，就会一直感到自卑。但是，也存在一些例外，因为这种缺陷往往隐藏在无意识之中；这种无意识的情感要求会慢慢产生一些要求受到强烈重视的迹象。

　　一种表面的批判可能会因非常冷漠和孤独的行为，以及对这种类型全部情感的否定而误入甚至走上歧途。不过，这种观点是非常虚假的，实际上，她的情感不但从不滥用，而且十分有深度。例如，经由语言和行动可以准确地表达出一种使它迅速地摆脱了自己的印象的广泛的同情感；以及与之相反的，由于找不到任何表达方式，一种深刻的同情获得了一种激情的深度，其中包括一个悲痛的世界，这种激情也彻底变得麻木不仁。它很可能造成一种放纵的致使某些几乎可以说是英雄性格的惊世骇俗行为发生的入侵，不过，无论是客体还是主体，都找不到他们和这种行为之间的任何一种正确的联系。对外部世界而言，或者对外倾型的盲目而言，这种同情会给人十分冷漠的感觉，因为它的表现都不明显，外倾型的意识无法信任那种无形的力量的存在。

这种误解正是出现在这种类型的生活中的特有情形，与任何同客体的深刻情感联系相对的最激烈的论辩是其普遍的表现。不过，事实是，这种情感所潜伏的真正客体仅仅是被正常类型模糊地神化了。它很可能用一种世俗眼光隐藏宗教情感，或者用一种同样能使人免受惊悸的和蔼的诗歌形式来显现它的目的和内容；不过，其中必定隐藏着一种野心，这种野心试图借助这些方式来产生比客体更高的优越性。女人经常会在她们的孩子身上表达这种激情，耳濡目染地将它灌注到孩子身上。

虽然上面提到的这种倾向在这种正常的类型中，只是借助秘密感受到的东西一再公开和明显地对客体进行控制或强迫，但的确很少直接骚扰它，而且它也从来没有想过去这么做，不过，通过一种秘而不宣但具决定性作用的形式，它的某些痕迹依旧会渗透到个人对客体的影响中。客体受其控制会感觉到压制或是窒息，这些东西紧紧地在一种魔力之下集聚并被它操控。它常常使这种类型的女人看上去非常神秘，并让她在外倾型男人面前展现出惊人的诱惑力，因为它触及了他的无意识。这种魔力从内在感受的无意识的总意向中衍生出来，但是，意识却甘愿把它提供给自我，于是，这种影响就遭到了贬低而成了个人的暴虐。不过，无论无意识主体在何处与自我融为一体，都阻挡不了深层的情感的神秘力量向平庸而盛气凌人的野心转化，而后又会转化为虚荣和卑鄙的暴虐。就这样出现了一种最令人遗憾的妇女，她们以无所顾忌的野心和可怕的残酷而著称。不过这种情形中的变化也会造成精神神经症。

只要自我认为自己似乎依旧在无意识主体的怀抱之中隐藏，只要情感还能将某些比自我更加高级的和更加有利的东西显示出来，我们说，这一类型就仍旧是正常的。尽管无意识思维确实具有古代的特征，但是必须承认的是，对把自我提升到主体的偶然性倾向做出补偿来说，它的弱化依旧有很大的帮助。不过，无论到了何时，只要这种情况是从对无意识还原思维的产物的完全压抑之中产生的，那么无意识思维就会站到客体的阵营中，即与其对立的一方。于是，以自我为中心的主体就会慢慢感觉到被贬低的客观的力量和重要性。"他人所思考的东西"也开始被意识感觉到了。当然，这时的他人正在策划种种的阴谋诡计，预谋各种罪恶的计划，准备施行卑鄙的行径，等等。主体为了阻止这一切，必须怀疑和测试他人，开始制定防御性的措施，形成微妙的联合。被谣言攻击时，只要有可能，他就会尽力使受到威胁的自卑感转化为优越感。无数的战斗在悄悄进行着，卑鄙和邪恶的手段在这些难解难分的厮杀中不仅不会被蔑视，就连美德也会被用作撒手锏。这种发展最终只会导致衰竭。神经症一般会表现为神经衰弱而非歇斯底里。我们经常会在妇女病例中看到这种情形，比如，贫血症及它的继发症等伴随身体出现的严重症状。

5.内倾理性型的概述

前面的两种类型都以推理和判断功能为基础，所以它们都是理性的。推理判断的依据不仅包括客观资料，也包括主观材料，但是，无论哪一种决定性因素（客观的还是主观的）都被从早期青春期起就存在着的心理意向限制着，这一限制规定了推理功能的方向。对于一种的确符合情理的判断来说，它应该同时涉及主观因素与客观因素，并公正对待两者。但是，这种情形只是理想，前提是假定外倾和内倾两者都协同发展。实际上，两种运动一直是相互排斥的，只要这种窘境存在，想让它们和平共处就是不可能的，所以只能在最大程度上分出主次。在一般情况下，是不可能存在理想的理性的。不管什么时候，理性类型都是一种典型的理性差异。因此，内倾理性型就确凿地具有一种理性的判断，只是这种判断的主导特征是主观的。逻辑法则没有改变方向的必要，因为前提中就有它的片面性。前提的主观因素的特点存在于每一结论之中，并影响每一个判断。比起客观因素，它的优势价值从一开始就是众所周知的。如同已经说过的那样，它不仅是一个被利用的价值问题，还是在所有理性评价之前就存在的自然属性问题。因此在内倾型理性判断眼中，必然存在许多区别于外倾型理性判断的细微差异。因此在谈到最一般的例证时，在内倾型看来，比起那种通向客体的推理环节，很明显导向主观因素的推理环节更为合理。

总而言之，这种在个体情形中不显眼的又有着实际意义的差异就导致了无法沟通的对立，这些对立越是让人感到不快，我们就越难意识到那种由个体的心理前提产生的细微的基本差异。这时常常会出现一种根本性的错误，因为人们总是竭尽全力去证明某种结论是错误的，却总是认识不到这种情况是由心理前提的差异造成的。对每种理性类型来说这种认识非常困难，因为它削弱了他明显而绝对的有效性原则的基础，把他引向了一种对立，从根本上说，这与一种毁灭是一样的。与外倾型相比，内倾型受到的误解更多。究其原因，并不完全是因为外倾型比内倾型更易成为一个好批判的或冷酷的敌手，而是因为内倾型总是与他所处的时代风尚格格不入。他发现自己是少数派，这是因为他与我们普遍的西方世界哲学相抵触，而不是因为他与外倾型的关系问题。所谓少数是从他自己的情感证据上来说的，而不是从数字上来说的。直至今天，他在一般的生活方式中，扮演的依旧是被说服了的参与者的角色，由于其对看得见摸不着的具体事物的独特认可及现在的生活方式都有悖于他的原则，他就以现实原则为依据在背地里破坏自己原来的思想根基。由于人们不会察觉这种对立，他被迫贬低自己的主观因素的价值，并强迫自己归属于外倾型，过高地对客体进行评价。他被迫赋予主观因素极低的价值，并以自卑来惩罚这种屈服。所以，相信吧，这就是我们的时代，尤其是那些稍早于这个时代的运动用各种野蛮、怪诞和夸张的表现形式揭示出来的主观因素。我认为，这就是我们当今的艺术。

由于对自己的评价过低，内倾型成了内倾自我主义者，这种评价还被他强加到自己遭受压抑的心理上。他越自私，就越会有一种强烈的印象——那些能够适应现行风尚并且不受任何良心的谴责的人是压迫者，他只能通过反抗来使自己免受伤害。他往往意识不到，他不像外倾型追随客体那样，带着同样的忠诚和诚心依赖主观因素所犯的根本性错误。因为对自身原则的价值进行了贬低，所以，就肯定会走向利己主义，当然，这一结果是由外倾型的偏见造成的。倘若他能够一直对自己的原则保持忠实，那么，"自我主义者"这一断言就显得有点过分了；因为他通过它的普遍效应建立起了态度的公正判断，于是一切的误解就消失得无影无踪了。

6.感觉

倘若就其本质来说，与客体和客观刺激有关的感觉在内倾型态度中很大程度上受到了限定。除了被感知的客体，还有一种正在感知的主体存在，并把他的主观意向直接投进了客体的刺激之中，因而它也具有一种主观因素。在内倾型看来，感觉建立的基础是知觉的主观部分，这是毫无疑问的。在艺术的客观再现中这一观点的含义具有最完美的表达形式。例如，当几个画家同时对相同的风景进行描绘时，他们都竭力忠实地再现这一景致，但每个人画出的作品都是不同的，造成这种差异的不仅是技巧和能力的问题，关键还在于个人的观察力；甚至在某些图画中还会出现一种确定的精神变体，无论是在一般的情调上还是在处理形式和色彩上都是如此。这些性质在一定程度上表现了影响主观因素的协调作用。基本上感觉的主观因素与前面讲过的其他功能是一致的。它是一种无意识的意向，在其真正的根源上改变了知觉，所以也使得它丧失了纯粹客观影响。在此，感觉首先是与主体联系的，其次才与客体联系。艺术最为清晰地将主观因素可能有多么显著这一状况显示了出来。主观因素的优势状况有时也会受到来自客体影响的全面压抑；不过感觉依旧不会只在感觉上停留，虽然客体的作用已经下降成了纯粹的刺激，它也已经变成了一种主观因素的感知。

　　这一主观的方向是与内倾感觉的发展保持一致的。的确有一种真正的知觉存在，但大体上来看，与其说客体迫使它们沿着自己的道路进入主体，倒不如说是主体用极为不同的观点对事物进行观察，或者说它比人类的其他功能看到的东西更多。其实，像其他人一样，主体也感觉到了同样的事物，只是他从不会满足于纯粹的客观效果，而是对由客观刺激释放出来的主观感受给予更多关注。主观知觉明显不同于客观感受，在客体中根本看不到它的踪迹，或者最多只稍稍有所暗示。但是，在他人眼中，它与客观感受是一样的，虽然它并不是直接从事物的具体行为中衍变出来的。因为它太真切了，让人觉得它不只是一种意识的产物，所以我们不能这样说：因为它感知到了一种较高心理过程的要素，它制造了一种确切的心理印象。不过，这种过程并不符合意识的内容。它不仅涉及各种假设，还涉及集体无意识的各种意向；不仅涉及神话意向，还涉及理念的原始可能性。这些充满意味和含义的特征都依赖主观知觉。虽然客体认为，主观因素只对它有某些含义，但它所显示的早就超出了纯粹的客观意象范围。在他人眼中，一种再现的主观印象好像因为有着不完全相似客体的缺陷而受到了损害，这样一来，它似乎就实现不了再现的目的了。

　　主观感觉并没有流于它的表面，而是把握着埋藏于物质世界深处的隐秘。主观因素的真实和原始意象是决定性的东西，客观的真实则不是，它们相加得到的总和构成了一个精神的镜中世界。当然，这是一面有特殊容量的镜子，从镜子中我们看到了现存的意识内容，但这些内容并不仅仅是已经普遍流行的和传统的形式中的内容，还有潜在的某种意义上法定永恒形式中的内容，可能和那面古老意识岁月之镜中所照见的内容是相同的。这种意识既能领悟事物的变化和消逝，也能领悟它们现代和目前的存在，还能意识到那些它们的变化之前和消逝之后产生的非比寻常的东西。从这种意识的观点来看，或许现代阶段产生的东西也是值得怀疑的。当然，这只是在打比方，但是，我必须对此给出一定的解释，以对内倾感觉有其特殊的性质来说明，内倾型感觉传达了一种意象，其作用与其说是对客观的再现，不如说是抛给它的一种覆盖物，从古老年代产生的主观经验和未来还未发生的事件中的光彩都蕴含在这种覆盖物中。所以，纯粹的感觉印象一直在向含义的内在深度发展，而外倾的感觉则仅仅抓住了事物稍纵即逝的和流于表面的存在形式。

7.内倾感觉型

内倾感觉的优势产生了一种确定的具有某种特性的类型。它不是凭理性选择的偶发事件，而是被发生的事件引导的，所以它是一种非理性类型。外倾感觉型的决定因素是客观影响的强度，相反的是，内倾型定向于由客观刺激释放出来的主观感觉要素的强度。所以，很明显在客体中不存在可以协调的联系，只有一些毫无规律以及不断反复的东西。因此，倘若从外部来判断，根本预料不到会产生什么样的印象。倘若存在一种与感觉的力量在任何方面都相应的敏捷的表达才能，那么这种类型的非理性肯定会暴露出来。比如，当个体是一个充满创造性的艺术家时，这样的情形就会出现。不过，这只是一个例外，一般情况是：内倾型难以表达的特征掩盖住了他的非理性。相反，这些则由他行为上的冷静和消极，以及他的理性的自我抑制表现出来。这种往往误入歧途、流于表面判断的特征确实是由他与客观的毫无联系造成的。通常来说，客体没有受到任何明显的贬低，可是它的刺激物却被转移了，因为他马上被主观反应替代了，而这种反应与客观的真实无关。当然，这样做还能对客观进行贬低。这种类型容易提出下面的问题：人为何能生存下来？或者，既然一切基本的东西在发生时都不对客体产生依赖，那么客体为什么会具有普遍存在的权力？在不属于正常范围的特殊情形下可以找到这种疑问的答案，因为对他的感觉来说客体的刺激是不可或缺的，只是它所产生的东西完全不同于从我们从事的外在状况中所猜测出来的东西。

从外部来看，似乎并没有在主体之上强加客体的作用。之所以这种印象到现在还是正确的，是因为其实有一种主观的内容从无意识方面施加了干预，并且俘获了客体的作用。可能这种干预过于粗鲁，所以个体为了掩盖自己，想直接摆脱一切可能的客观影响。这种防御性保护在所有病情加重和症状明显的例子中确实存在。即使只是稍微增强无意识的力量，感觉的主观要素也会充满生气而使客观影响变得暗淡无光。这种结果一方面表现为客体方面完全贬低的情感，另一方面也是一种主体对实在的虚幻概念，在患者当中，这甚至可能到了完全无法区别真实物体和主观感觉的程度。尽管这种关键的区别会在实际的疯癫状态中消失，不过在到达这一步之前，主观知觉还是会影响思想、感情和行为，甚至这些影响还是极端的，而完全不顾客体的全部真实性有没有被看清。无论何时，只要作为特殊心理强度的客体产生于特殊环境的结果，或是由于与无意识意象更加完全的相似性而成功对客体造成了影响，那么就算在这种类型正常的情况下，它也会被诱使着根据他的无意识模式行动起来。这种行为的特征非常离奇古怪，因为它带有一种与客观真实有关的幻觉的性质。它能马上将这种类型背离真实的主观性反映出来。

不过，无论在哪里，只要没有被客观影响彻底成功侵入，就会出现一种温和的中立态度，这种态度没有表现出一点同情，但是又竭力地在维持与调节。它把过高的稍微降低一些，把过低的稍微提高一些，给太富激情的迎头泼冷水，对那些奢侈纵欲的进行限制，把那些不正规、不常见的东西纳入"正确的"程式，而所有这些的目的都是要把客体的影响限制在必要的范围内。可以说，这种类型的确已经对社会无害了，但是他在自己的生活圈子里却换来了痛苦。倘若他真的变得对社会无害了，那么他也会乐于接受成为他人侵略和野心的牺牲品的结果。这些人不反抗他人的虐待，却喜欢在最不合适的场合用加倍的固执和抵抗来报复。当他们没有进行艺术表达的能力时，一切的印象都会沉入内心深处，在那里他们用符咒控制意识，彻底消除意识借助它表达的手段来把握迷人的印象的所有可能性。相反的是，这种类型对他的印象的处理只有古代表达的可能性；对他而言，情感和思想都是相对无意识的，而且它们具有的某种意识只能在琐碎的、必要的日常表达中发挥一定的作用。而作为意识的功能，它们完全不适合恰当地表达主观感受。因此，这种类型难以接受一种客观的理解，而且，他自己的理解力也没有得到发展。

总而言之，他的发展使他自己离客体的现实越来越远，从而直接使他靠近了自己的主观感受，并且在这种主观感受的促使下，他的意识依据一种原始真实性建立起了协调的关系，虽然他因具有比较判断方面的缺陷而完全意识不到这一状况。其实，他激发了一个神话的世界，在这里，无论是人、动物，还是房屋、铁路山脉和河流都被分成两半；一半像邪恶的魔鬼，一半像仁慈的神。对他而言，这些东西从未在他的脑海中出现过，虽然它们在他的判断和行为上所起的作用根本就没有别的解释。人们对他的判断和行动产生了一种他确实具备处理事情能力的感觉；但是，只有当他发现他的感觉与现实完全不符时，他才开始遭受打击。倘若他倾向于客观的判断，那么，在他看来这种不符合就是病态的；但是，倘若他依旧忠实于他的非理性，并且准备承认他的感觉的现实价值，那么客观世界就会以一种纯粹的虚构物和一幕喜剧的形式表现出来。不过，这种困境只有在极特殊的例子中才会出现。一般来说，个体会默认他的孤独和现实的平庸，但是，在无意识中，他在对待这种孤独和平庸时使用的一般都是原始的方法。

直觉的压抑是他的无意识的主要表现，它们借此拥有了一种外倾的古代的特征。真正的外倾型直觉能够随机应变，并且能敏锐地发现客观现实中存在的一切可能性，相反的是，这种古代的外倾的直觉能使人将现实环境中的每一种阴暗、模糊、肮脏和危险的可能性鉴别出来。面对这种直觉，对客体的真正而有意识的意图已经没有任何意义了，它只会在所有可能性之后和这种有意识的念头之前隐约显现出来。所以，它是有危险的，那是一些在暗中捣鬼、经常与意识的温顺慈善形成鲜明的对比的东西。只要个体不对客体的疏远表现得非常过分，无意识知觉就会补偿极为迷人和太过轻信的意识态度。不过无意识一旦与意识对立起来，这种直觉就会出现，并四处扩散它们邪恶的影响：它们武断地强加在个体之上，将最为邪恶的客观的强制性概念释放出来。一般来说，强制神经症就起源于这一系列事件的精神神经症，其中衰竭的症状将歇斯底里的特征弄得模糊不清，因而使其减弱了。

8.直觉

内倾型态度中的直觉直接指向内在客体，我们用它来指无意识因素，因为内在客体与意识的关系类似于意识与外在客体的关系，尽管它们不是物质的真实而是心理现实。事物的主观意象是内在客体对直觉感受的表现，尽管它们并没有遇到外在经验，但它们确实对无意识的内容起到了决定作用，也就是说它们是最后手段的集体无意识。当然，倘若从它们本身的特征来说，很难让经验理解这些内容，但这正是这些内容与外在客体共同拥有的一种性质。内在的感观认识形式是相对的，如同外在客体只能跟我们对它们的感觉保持相对一致一样；我们难以理解它们的直觉功能和产物的特殊本质，至少在我们看来就是如此。同感觉一样，直觉也拥有它的主观因素，这种因素在外倾型直觉中受到了最大限度的抑制，但是它却在内倾型直觉中起到了决定性作用。尽管这种直觉可能从外在客体那里获得它的推动力，但是，它从不会对外在的可能性表示屈服，而只是与外在客体释放出来的因素同处一室。

　　通过无意识的方法，内倾感觉将它限制在特殊的神经刺激现象的感觉范围里，而且不能让它超出这个范围，相反的是，直觉压抑了这方面的主观因素，并从中领悟出了真正引起神经刺激的意象的是什么。例如，一个人突然患上心理晕眩并发症就是这种情况。神经兴奋过程的紊乱经常给感觉造成干扰，这种异常特征掌握了感觉的全部性质，包括它的强度、短短的过程、起源以及消失的每一个细节，但完全没有注意有关产生神经紊乱的实质方面的问题，或是根本不考虑发展它的内容。相反的是，直觉那直接行动的推动力的来源就是感觉；它总是在场景后面若隐若现，迅速地将在特殊现象中出现的内在意象抓住，也就是抓住在目前状况中突然出现的眩晕。它看到了下面的一个意象：利箭刺穿了一个摇摇欲坠的人的心。这一意象迷住了直觉活动；它被意象抓获，不能再去探索意象的细节。它将幻觉紧紧地抓在手里，以高度的兴趣对这一图像的变化、进一步展开乃至是怎样消失的进行观察。这样一来，内倾型直觉好像清晰地感觉到了意识所有的潜在过程，如同外倾型感觉感受外界客体一样。所以，在直觉看来，事物或客体的高贵品性都是无意识意象所具有的。不过，因为直觉不愿意与感觉合作，所以它不仅没有获得任何认识，也没有意识到由无意识意象导致的身体反应，或是神经兴奋过程的紊乱。因此，意象仿佛与主体分开了，他好像是独立存在的，不与他人发生任何关系。所以，我们在上面提到的例证中，当内倾型直觉者感觉眩晕时，他根本就没想过被感知的意象可能就是在通过某种方式影射自己。当然，在那些有理性倾向的人眼中，这种事情简直是不可思议的，但无论如何，这就是事实，通过与这种类型的人来往，我经常可以感觉到它的存在。

外倾直觉者对外在客体明显的冷漠态度也显现在内倾直觉者对内在客体的关系中。如同外倾型直觉者持续地窥测出新的可能性一样，他在追寻这些可能性时，对自己的利益或他人的利益漠不关心，也完全不在乎人类的利益，他将自己在永恒的寻求变化的过程中刚刚建立起来的东西彻底摧毁了，内倾型直觉者没有在现象与他自身之间建立起任何关联，他从意象到意象，在无意识多产的子宫中寻找一切可能性。世界不可能变成一个只为某些人所感受的那种道德问题，同样地，意象世界也不可能变成一个直觉者所感受的那种道德问题，它是一种"感觉"，是一个审美的问题，也是一个知觉的问题。这样，他让自己的肉体存在的意识在内倾直觉者的视野中彻底消失了，就像别人也开始忘掉了这一点一样。外倾型对他持这样的观点："现实中根本没有他生存的位置；他让自己置身于没有任何结果的幻觉之中。"生命的创造力在这种永远旺盛的状况中创造了无意识意象，从直接的适用观点来看，很明显对无意识意象的感知是不具备任何意义的。但这些意象既然是观察生活的表现方式（这些方式在特定的环境中能提供新的潜能），那么，对整个心理系统而言，这种功能是不可或缺的，如同它对于一个民族的精神生活而言是必不可少的相应的人类类型一样。虽然它对于外部世界而言，是最为陌生的。倘若这种类型不存在，也就不会存在以色列的众多先知们。

内倾直觉掌握的是那种产生于先验，即产生于无意识心理的遗传基础的、其最内在的本质是经验所不能理解的原型，那种全部种族系列的心理功能的沉淀是它的表现，也就是说，在历经数不尽的重复过程之后，有机体存在的普遍经验的累积或郁积凝聚并形成了类型。所以，盘古开天辟地以来发生的所有经验的表现都被包含在这些原型中了。他们的原型越是存在明显的差异，就越是会被频繁和强烈地体验到。康德认为，原型是被直觉所感知并在感知中创造的意象的实体。

既然无意识并不是一种潜伏在那里的精神残骸，而是一种可以体验到原本就与普遍事物有关联的内在转化并与这种转化同时存在的东西，那么，内倾型直觉就可以通过感受这种内在过程，为理解那些普遍的偶发事件提供非常重要的依据：它在大致清晰的范围内既能预见新的可能性，又能预见以后肯定会发生的事件。通过它与原型的关系能对它先知先觉的预见做出解释，因为原型代表的是一切可感知事物的决定性规律。

9.内倾直觉型

当占据优势地位的是内倾的直觉的特殊性质时，就产生了一种特殊类型的人，他一方面是神秘莫测的窥测者和梦幻者，另一方面又是幻想的艺术家和狂热者。后者可以被视作正常的情形，因为这一类型更喜欢把自己限制在直觉的知觉特征之中。一般情况下，直觉者只止于知觉，他的主要问题是知觉。就拿创造性的艺术家来说，知觉一般是知觉的形象塑造问题。但是幻想的狂热者只会满足于直觉，因为直觉塑造了他，对他具有决定性作用。个体与现实会因直觉的强化而变得极度疏远，他甚至会变成自己生活圈子中谜一般的人物。倘若他是一个艺术家，他就会用艺术将一些非同凡响的东西揭示出来，这种披着霓虹般的神圣光环的艺术，既包含了可爱的东西，又包含了怪诞的东西；既包含了有意义的东西，又包含了琐碎无聊的东西；既包含了狂妄的东西，又包含了崇高的东西。倘若他不是一个艺术家，那么他往往就是一个"投错了胎"的伟人，一个怀才不遇的天才，一个"心理"小说中的人物，一个"聪明的傻瓜"。

　　尽管与内倾直觉型把知觉看成一个道德问题并不完全相同，但因为这样做需要在某种程度上强化理性的功能，所以即便是判断上的、相对非常微小的差异也能使直观知觉从纯粹的审美领域向道德领域中转移。这样一来，这一类型的变体便产生了，它从根本上与它的审美形式有所区别，尽管它依旧带有内倾直觉者的特征。当直觉者试着将自己与幻觉联系起来时，当他不再满足于纯粹的知觉，以及它的审美评价和审美塑造时，他就会面临下面这些问题：对我和世界来说这有什么意义？在这种幻觉中有什么显现了出来？它到底对谁承担责任或任务，是我还是世界？这时，道德的问题也就出现了。不过这种问题从不会在那些抑制判断，或者只在对知觉感到迷恋时才拥有判断的纯粹直觉者面前出现。因为对他而言，只有一个问题，那就是知觉是怎样的。所以，他觉得道德问题是难以想象的，甚至是荒唐的，与此同时，他还认为它在最大程度上组织他的思想去考虑那些神秘莫测的幻想。具有道德定向的直觉者则完全不同于他。他关注的只有他幻想的内容，相对而言，他很少想到它更深层面上的审美可能性，而更多考虑的是从它的内在含义里可能显现出来的道德效用。他的判断力使他认识到（虽然往往只是在暗中），作为一个人和一个整体，他与他的幻想总是以某种方式有着内在的联系，也认识到它既可以被感知，也渴望变成主体生命。他通过这种认识，感觉有必要把自己的幻想转变为他自己的生命。不过，因为他倾向于仅仅依赖他的想象力，所以他的道德努力就成了片面的了；他使他自己和他的生命变成了那种确实适应事件的内在和外在的含义，但却不适应目前的客观现实的象征。除此以外，他还不接受任何现实中的影响，因为他总是待在晦涩难懂的迷雾之中。他没有通俗的语言，还被过分主观化了。人们并不信服他的辩论。在不得已的情况下，他只能用"在荒野中的叫喊声"来形容他说的话。

内倾直觉者所受的主要压抑需要宣泄在客体的感觉方面。很明显这是他的无意识的特征，因为我们在他的无意识中找到了一种具有原始特征的补偿性外倾感觉功能。所以，最好把无意识人格描绘为一种非常低级和原始秩序的外倾感觉型。这种感觉的主要特征是冲动和不受抑制，并带有一种明显的对感觉印象的依赖。后一种性质是对意识态度稀薄的上层气氛做出的补偿，它增加了意识态度的一些分量，使其不至于过度的"升华"。不过，倘若借助意识态度的强制性夸大，促使完全屈从于内在知觉的状况向前发展的话，无意识也就成了一种对立，从而引发了那种因为对客体过分依赖而将意识态度置于公开的冲突中的强制性感觉。强迫性神经症便是这种神经症的形式，其症状有的表现为感觉器官的神经过敏，有的表现为忧郁症，还有的表现为对某些物体或某些人的强制性联系。

10.内倾非理性型的概述

几乎无法经由外部对以上讨论的两种类型进行判断。因为他们是内倾的，而且不具备一种表达意愿的能力，一种有力的批判常常会把这些当成用来攻讦的短处。既然他们的主要活动是内向的，那么除了隐秘、冷漠、犹豫、缺乏同情心和一种明显而不知所谓的困惑之外，他们在外表上无法显露出更多的东西。就算真的有什么东西从表面浮出来，那一般也是低级的和相对的无意识功能的间接表现。显然，这种性质的表现会导致一些不利于这种类型的舆论偏见的出现。所以，一般会给予这种类型较低的评价，至少会误解它。因为他们极度缺乏判断力，所以他们在某种程度上对自己并不了解，他们无法对公众舆论经常这样贬低他们的原因做出合理解释。他们无法看到自己的外在表达其实也是一种低级的特征。大量的主观事件使他们的想象力受到迷惑。对他们来说幻想中发生的事情简直具有无法抗拒的魅力，以至于他根本无法意识到，他们习惯使用的交际方式几乎没有表达出他们所体验或把握到的真正感受。他们在交流时一般采用一种片段的或插曲般的方式，这对他们周围人的意志力和理解力提出了非常高的要求，甚至他们的表达方式就不具备那种能说服自身的伴随着客体的激情。相反的是，在外部世界中这些类型的行为往往是粗鲁的、令人厌恶的，虽然他们或许还没有意识到这一点，或者最起码没有想到要注意这一点。当我们开始意识到要将内心所感受到的东西用通俗易懂的语言表达出来有多难时，我们对这些类型的人就会做出更为公正的判断，并且会给予他们极大的谅解。不过，也不能对他们太过谅解了，为的是以免让他们觉得表不表达根本没什么意义。这样做无益于这种类型。命运给他们设置了难以克服的外部困难，对他们来说这种困难可能要远远超过他人。不过，对于内在想象力的极度兴奋来说，这些困难具有极为重要的作用，然而通常情况下，要想从他们身上挤出一种使他人了解的表达方式，就只能通过一种强烈的个人需求了。

对外倾的和理性主义来说，这种类型的人确实是人类中最没用的。不过，倘若用一种更高的观点来看，就能够看出他们生动地显示了：具有充分而魅力十足的生命力和多姿多彩的世界不仅仅是一种表面现象，也是一种内在的存在。这些类型显示了大自然的片段，这是确凿无疑的，但是对于那些拒绝被日常生活中的智力方式蒙住双眼的人而言，它们却是一种极富教育意义的经验。在他们看来，具有这种态度的人不仅能够推动教育发展，还能够推动文化发展。他们的生命比他们的语言更有教益。以他们的生命为出发点，而不是以那些好像是他们的最大缺陷，也就是他们的自我封闭为出发点来看，我们能够认识到文明的一个最大的谬误，那就是对言行举止近乎迷信的信仰，过高地估计了语言和手段对教育起到的作用。父母高深莫测的谈话当然会对一个儿童产生影响。但是，我们难道真的能够说这个儿童因此受到了教育吗？其实教育他的是他父母的生活方式——父母相互交流使用的那些语言和姿势只会使他感到混乱。这道理在教师身上也是相同的。不过我们对教育方法却抱有这样的信仰：倘若这种教育方法非常好，那么它的具体使用就会使教师变得十分伟大。一个品行卑劣的人绝不可能成为一个好的教师，不过他可以使用一种美妙的教育方法或一种有着同样光辉的理智能力对那种致命的卑劣和那种在暗中荼毒学生的卑劣进行掩饰。当然，有用的方法和知识是较为成熟的学生唯一渴望获得的，因为那种相信方法万能的普遍态度已经征服了他。他已经明白，只要能够准确地掌握一种方法，那么就算他的头脑空空如也，也一样可以成为最优秀的学生。他周围的环境不仅大力提倡而且还身体力行地演示这种教条：一切成功和幸福都是外在的，只有找到正确的方法，才能到达个人欲望的天堂。也许，他的宗教训导者的生命有可能展示出那种从内心幻想的宝藏中发射出来的幸福之光呢？当然，不能把非理性的内倾型称为一种更完美的人性训导者。他们没有理性和理性道德，但他们的生活却表现出了其他的可能性，而我们的文明却正在艰难地向着这种可能性进发。

11. 主要功能和从属功能

我不想在前面的讨论中给读者留下这样的印象：在实际生活中会经常出现这些单纯的类型。我们可以说，他们只是高尔顿式的家庭肖像人物，普遍的因而也是典型的特征聚集在一个累积的意象中，如果不均衡地抹掉了个体的某些特征，与此同时，也就不均衡地强调了另一些特征。精确地调查个体情况时，总是显示出这样一个事实。在连接最显著的功能时，另一次要的功能，即意识中的劣势功能总是出现，它是一种相对的决定性因素。

为了使大家获得更加清晰的思路，我们来进行下面的归纳：所有功能的产物都可以是意识的，但只有当它的运用受意志支配，它的意识倾向取决于它的原则时，我们才能讨论一种功能的意识。只有在某些情况下，后一种情形才是真实的，比如，当思维并不是沉思默想或一种纯粹的后觉者，而是其决定绝对有效，以致无论是作为实际行动的动机还是作为保证，在没有进一步的证据支持的特定情形下，逻辑归纳发挥作用时就是这样。从过去的经验来看，这种至高无上的权威总是而且只能是独属于一种功能的，因为一旦另一种功能也独立地介入其中，肯定会产生另一种不同的倾向，至少它会与第一种倾向发生冲突。不过，既然从意识的调节过程来看，使一种功能保持明显的清晰而不是模棱两可是一个根本的条件，那么出现相应能力的第二种功能就肯定会受到压抑。所以，另一功能只有次等的重要性，经验的事实就是如此。它的次等的重要性是：它自身在特定的情况下，没有起到主要功能或是绝对可靠的决定因素的作用，而更多的起到了一种补偿性和辅助性功能的作用。当然，表现为辅助功能的只是那些性质与主导功能不相对的功能。比如，情感与思维就肯定不能同时发挥作用，它只能起到第二功能的作用，因为它的性质与思维差距太大。倘若思维是真正的思维而且忠诚于自己的原则，那么它肯定会严格地排除掉情感。当然，这种排除并不表示要将这样的事实排除：思维和情感确实平等地存在于个体身上，所以，两者的原动力在意识当中是不相上下的。但是在这种情况下，根本还未出现分化出类型的问题，只有一种相对来说还未完全发育的思维和情感存在。因此，功能的意识和无意识的同一便是原始心理状态的显著标志。

经验表明，尽管辅助性功能的性质与主导功能不会对立，但还是不一样的，比如，思维作为一种原始功能，可以以直觉辅助物的身份出现并协同行动，或者确实能和感觉相匹配，不过，如同我们讨论过的那样，它永远无法与情感协调。无论是直觉还是感觉，都不会与思维敌对，也就是说，虽然它们的性质不同于情感，但它们是不会被无条件地排除掉的，尽管它们的目的与思维相对立，因为情感作为一种判断功能，比思维更具优势。而实际上，它们还是感觉功能，将受它们欢迎的援助提供给思维。倘若它们达到了能够与思维媲美的分化程度，就会导致一种与思维的倾向平分秋色的态度的变化。因为它们要把判断的态度转变成感觉的态度，那么，就必须对那种在思想看来不可或缺的理性原则进行压制，二则很明显有利于纯感觉的非理性。所以，只有当辅助性功能为主导功能服务，并且对自己原则的自主权不做要求时，它才能成为有效的和可能的。

这一原则在实际出现的所有类型那里普遍适用，也就是除了意识的主导功能之外，还存在一种相对的无意识的辅助性功能，不管从哪方面来说，它都不同于主导功能的性质。于是为大家所广泛熟知的情景就从这些组合中产生了，比如，具体的理智与感觉在一起，臆测的思维能力常常与直觉汇集在一起，艺术家的直觉在选择和呈现它的意象时凭借的是情感判断，哲学家的直觉与强健的思维能力结盟，把它的想象诠释成通俗易懂的思想范畴，像这样的还有许多。

以意识功能的联系为依据，无意识功能的组合也发生了，比如，一种无意识的直觉情感态度也许是与一种意识的具体思维能力保持一致的。因此，与直觉相比，情感的功能受到的抑制更加强烈。不过，只有在那些对此类病例的具体心理治疗有兴趣的人眼中，这种特殊性才是重要的。所以这种人确实有必要明白这一点。因为我以前反复地观察过一个医生的方法：当病人患有心理疾病时，他就尽力直接将患者无意识之外的情感功能唤起。这一方法必然是会失败的，因为这样做极大地歪曲了意识的立足点。如果这种歪曲获得了成功，那么患者就会对医生产生一种只能通过粗鲁排除的"移情"以及一种真正的强迫性的依赖，因为这种歪曲将患者的立足点剥夺了，而医生便充当了他的新立足点。不过，当发展的途径通过第二种功能时，也就是说在理性型病例中通过非理性功能时，那么，通往压抑最深的功能和无意识的通道就会自然贯通，因为这样对意识的立足点进行了更恰当的保护。因为借助了第二种功能，意识的立足点就超越了意识的紧迫性和可能性所设置的领域和前景，从而拥有了一种恰当的保护力，并用其抵御无意识破坏性的影响。相反的是，非理性类型则要求发展一种在意识中表现出来的、强有力的理性辅助功能，以便充分地迎接无意识的冲击。

无意识功能处在一种野兽般的、古老的状态之中。在梦幻与幻觉中，它们往往会象征性地显示为两个正在进行一场格斗或冲突的野兽或魔鬼。

第十一章

定义

　　倘若专门用一个独立的章节来对定义进行讨论，好像显得有些多余。但是，事实证明，人们常常不会过多地关注那些所使用的概念和术语，特别是在心理学领域里：原因就是在众多领域当中只有心理学领域中有如此频繁的曲解、如此众多概念上的歧义。之所以会造成这一缺陷，一方面是因为心理科学尚处于襁褓之中，另一方面是因为根本无法将心理科学研究对象的经验材料以具体的形式呈现在读者的眼前。所以，心理学研究者在表现他们所观察到的现实时只能广泛地借助间接的描述方法。要想直接表现出问题，必须通过数量测量的方式来传达基本事实。虽然人的具体心理好像不能被当作可测量的事实来进行体验和观察，但是确实存在这样的事实，就像我对自由联想的研究所表明的：依靠数量测量的方法能够理解非常复杂的心理事实。不过一个人如果对一门科学要求更多东西，想与心理学本质深入接触，且不把它限制在科学方法狭窄的范围内，就能够认识到，实验的方法在对待人类心灵的本质时从来就不可能保持公正，甚至不可能描绘出一幅总体上忠于复杂心理现象的图像。

　　不过，倘若从这一可测量的事实的王国离开了，那我们就只能依赖概念了。也就是说，测量和数字被概念的精确性取代，后者成了被观察的事实的那种精确性的给予者。但十分不幸的是，这一领域的全部调查者和研究者都明白，它们在现有心理学概念不明确和模糊不清的情况下，根本无法相互理解。比如"情感"这一概念，我们只能通过把它所包含的所有东西具体化来得到某种对一般心理学概念的模糊性和变异性的认识，从而接受它。其实，虽然量化测量无法理解情感的概念所表达出来的某些具有特征的东西，但仍然可以觉察到它的存在。我们不能苟同冯特在他的《生理心理学》中任凭这种主要的和根本的心理现象被简单地否定，而寻求以原初的事实将它们取代，或者在原初的事实中将它们消解这一方法，因为它已经将心理的本质部分彻底抛弃了。

为了避免过高评价自然科学方法所引起的弊端，我们只好求助精确定义的概念。为了得到这种概念的帮助，我们需要赢得普遍的赞同，同时我们还需要众多研究者的精诚协作。不过，这种普遍的赞同并不是立刻就能实现的，所以，个别研究者就不得不将某种稳定性和精确性赋予他的概念，通过对他所运用的概念的意义进行阐释，使每个具有自己立场的人都能懂得他运用这些概念时真正意指的东西。

为了与这种需要相适应，我想以字母顺序来对我的主要心理学概念进行论述，同时我想趁此机会向读者解释可能出现的各种疑问。当然这些定义和解释不只是被用来对我运用这些概念的意义进行确证的；我并不想宣称我的概念的运用不管在什么时候什么地方都是唯一的、可能的或绝对正确的。

一、抽象作用（abstraction）

顾名思义，抽象作用是将某种内容（某种一般特征、某种意义等）从一种由诸多因素构成的联系中抽取或分离出来。这些因素具有某些独特的或个别的东西，所以它们能够组合成一个整体，而且它们还具有唯一性、单一性和不可比较性，这些都是认识的障碍；因此，那些与被当作基本因素的内容有关的其他因素就显得不太重要了。

所以我们说，抽象作用是一种精神活动的形式，它从与其无关紧要的因素联系中将本质性内容解放出来、相互区分开来，或者说分化出来（参见"分化"条目）。从更广泛的意义上来说，一切从与其他因素的联系中将本质性内容分离出来的活动都是抽象，而对于其意义来说，其他的因素都是无关紧要的。

抽象作用是一种一般心理功能活动，就像存在抽象的感觉、情感和直觉一样，也存在抽象的思维（参见这些条目）。抽象思维将理性的、符合逻辑的特定的内容从它在理智上认为的不相干的组成成分中挑选出来。抽象情感则是通过情感这一价值的判断来挑选出具有相同特征的内容；抽象感觉和抽象直觉亦是如此。萨利将抽象情感界定为审美的、理性的和道德的情感。纳洛斯基又将宗教的情感加在了里面。在我看来，抽象情感是与纳洛斯基所说的"高级情感"或"理想情感"相符。倘若将抽象情感与抽象思想放在同一层级上，我们很容易就会发现，其实抽象感觉是与感官的感觉（参见"感觉"条目）对应的，是审美的感觉；而抽象直觉是与幻想的直觉（参见"幻想"和"直觉"条目）对应的，是象征的直觉。

在此，我将抽象作用与对心理能量过程产生的意识联系起来。当我对一个客体采取抽象态度时，我选择通过将一切不相干的部分排除，在其某一部分上集中注意力，而不是让客体从整体上对我产生影响。抽取作为单独和唯一整体的客体的一个部分是我的目的。其实，我意识到了这个整体，然而我并没有将我的兴趣全部投入进去或陷入这种意识中，而是抽身而退，从中将我需要的部分抽取出来并进入我的概念世界，而这个世界正是为了抽取客体的某部分，或者说是为了将它们聚集起来而准备的。（要想得到从客体中抽象的力量，必须借助概念的主观聚集）。在我看来，"兴趣"就是能量或欲力（参见欲力条目），客体从我身上取得了欲力，或者说我将欲力作为价值赋予了客体，这一做法是潜移默化地发生的，抑或是与我自己的意愿相违背的。因此，我把抽象的过程具体化，即一种价值从客体向主观抽象内容的回流，一种欲力从客体的退回。于是，我们这样认为，抽象作用是一种内倾的欲力运动（参见"内倾"条目），或者说抽象作用相当于一种对客体价值的能量的贬低。

如果一种态度（参见"态度"条目）既是内倾的，同时又将客体的某些部分同化了——这些部分往往被认为就是本质，并在主体之中聚集了其抽象的内容时，我就称它为抽象的态度。一种内容越抽象就越不容易表现出来。在康德看来：概念越抽象，越容易将事物的差异排除。我认同这一观点。就这种意义上来讲，最高层次的抽象绝对脱离了客体，并以此达到不可表现的极限。我将其称为观念（参见"观念"条目），也就是纯粹的"抽象"。反之，一种在某种程度上依然具有可塑性或可表现性的抽象，则被我称为具体的概念（参见"具体主义"条目）。

二、感情（affect）

我所说的感情是指这样一种情感状态：一方面表现出明显的神经刺激的特征，另一方面则有一种特殊的精神过程的紊乱。我认为，情绪和感情意思相同，而区分情感与感情正好与布留勒尔的看法相左，其实情感和感情之间没有明确的界限，因为每一种情感在得到某种力量后都会将生理性的神经刺激释放出来，从而变成一种感情。不过，从事实的角度来看，将感情与情感区分开来的做法是恰当的，因为情感与感情不同，前者是一种自主的可供支配的功能。如此看来，感情与情感显著的区别就是前者能清楚地察觉到身体上的神经刺激，而后者却不能，也就是说情感的心理强度太过于微弱，以至只有最精密的仪器才能证实它们的存在，对此一个很好的例子就是心理电流的现象。感情通过对身体释放出来的神经刺激的感觉慢慢积累起来。在这种观察的促使下，詹姆斯和朗格提出了感情理论，他们认为是身体方面的神经刺激激发了感情。与此相对立的是，在我看来，感情一方面是心理上的情感状态，另一方面是身体上的神经刺激状态，两者具有相互影响和积累的作用。也就是说，感觉的成分与强化了的情感联系起来了，如此看来，感情就与感觉更加接近了，因此从根本上来说，感情和情感是不完全相同的。我也把那种伴随着激烈的生理上的神经刺激的感情归入了感觉功能领域，而没有将其归属到情感的领域之中。

三、感触性（affectivity）

这个词出自布留勒尔，它所表达的"除了感情本身，还包含细微的情感或痛苦与快乐的情感色调"。布留勒尔不仅区分出了感触性与感官这一知觉与其他身体感觉，还把它与可能被视为内在知觉过程的"情感"（比如某种可能性的"情感"、确定性的"情感"，等等）或模糊的想法、察觉等区分出来了。

四、阿尼玛／阿尼姆斯（anima ／ animus）

参见"灵魂"（soul）、"灵魂意象"（soul-image）条目。

五、统觉（apperception）

统觉是一种心理过程，其表现为一种新内容与相似的已经存在的内容以一种能够被领悟、被理解或"变得清晰"的方式连接起来。主动统觉和被动统觉是不同的。前者的过程是，主体以自身的动机为出发点，有意识地并专注地对一种新内容进行了解，然后将它与另一种早就存在的内容进行同化；后者的过程则是，一种从外部（感觉）或内部（无意识中）来的新内容闯进意识并强行引起意识的注意和理解。从这里可以看出，前者活动的重点是自我方面（参见"自我"条目）；而后者活动的重点则是在自行闯入的新内容方面。

六、古代式（archaism）

我在此所说的古代式并不是"古风的"，即并不是像19世纪的"歌德式"建筑或罗马后期的雕刻艺术那样的拟古或仿古，我说的是心理功能（参见该条目）或心理内容的"古老性"，也就是说具有遗迹特征的那种性质。所有心理特征，只要能将原初心灵性质呈现出来，我们就可以称其为古代的。很明显，古代式指的主要是无意识幻想活动的产物（参见该条目），这一无意识幻想活动正好到达了意识层面。当意象（参见该条目）也包括无可置疑的与神话类似的产物时，它的性质就是古代的。无意识幻想的类比联想和它的象征方法（参见"象征"条目）都是古代的。神秘参与（参见该条目）或者与客体的同一（参见该条目）关系、情感和思想的具体化（参见该条目），失去自我控制能力（比如迷狂、恍惚状态、着魔等）和强迫症以及情感与感觉、思维与情感、情感与直觉等的融合，诸如此类心理功能的融合（参见"分化"条目）也全是古代的。此外，一种功能中某一部分和与它相对的部分的融合，如否定的情感与肯定的情感的融合也是古代的。另外，如布留勒尔所说的两向性和自我矛盾倾向以及色彩听觉之类的现象也都是古代的。

七、同化（assimilation）

同化是指一种吸收新的意识内容，然后将其归入已经准备好的主观材料中的行为过程，在这个过程中，由于着重强调新的内容和这种材料之间的相似性，进而损害了新内容的独立性质。从根本上来说，同化是一个统觉（参见该条目）过程，它与统觉区别在于它强调与主观材料的近似性。就像冯特所说：

当同化的因素通过再建，被同化的因素通过直接的感觉印象表现出来时，建立这种观念的方式（即同化）就变得非常明显了。这时记忆意象的因素被投射到外在客体中，当再建的因素与客体之间有着实质性的差异时，完成的感觉印象好像就变成了幻相，隐藏了事物的真实本质。

我喜欢从广泛的意义上使用同化概念，即客体接近主体。相对地，异化比较则表示主体接近客体，甚至为了迎合客体而与他自身疏离，这些客体不仅包括外在客体，也包括像观念之类的"心理的"客体。

八、态度（attitude）

由穆勒和舒曼提出的"态度"一词，相对说来，是心理学新近获得的概念。库尔普把态度界定为一种预感，它从感觉中枢或运动中枢中产生出来，对特殊刺激或持久冲动做出反应。相反的是，艾宾霍斯从更宽广的角度出发，将它视为一种训练的结果，主要表现是它将习惯性因素引入了偏离习惯的个别行为中。我们在运用此概念时采取的是艾宾霍斯的观点。在我们看来，态度是以某种方式行动或做出反应的心理准备状态。对复杂心理现象的心理学来说这一概念尤为重要，因为它对以下特殊事实进行了阐述：为何某种刺激在某些时候会产生非常强烈的影响，而在别的时候它们的影响却非常微弱甚至接近于零。已经对某一特定事物具有了某种态度是对其做好了准备的表现，就算这个事物是指意识的事物也同样适用；因为一种态度的存在就预示着有了朝向某一特定事物的先天的定向，不管能不能在意识中呈现都不会发生什么改变。态度是一种准备状态，它存在于某种主观的心理集束、心理因素或心理内容的特定组合中，它们不仅可以决定和确定行为的方向，还能通过某种确定的方式对外部刺激做出反应。积极的统觉（参见该条目）是与态度分不开的。态度有一个控制点，它不仅可以是意识的还可以是无意识的。在统觉一种新的内容时，早就聚集起来的一个内容组合体往往关注那些明显属于主观内容的品质和要素。所以，不管在何地，只要想将所有不相干的东西排除出去，就不可能少了选择和判断。那么究竟什么是相干的、什么是不相干的，要让早就聚集起来的内容的组合体进行判断。不管这个控制点是意识的还是无意识的，都不会影响态度的选择，因为选择早就内在于态度中自主地出现了。不过，还是有必要区别出意识与无意识的，因为这两种态度随处可见。也就是说，意识所聚集起来的内容完全不同于无意识所聚集起来的内容，我们在心理症中经常会看到这种双重现象。

　　冯特的统觉概念与态度的概念之间有着某种亲缘关系，虽然这样，两者还是有一些差异的，那就是统觉包含把被察觉到的新内容与已经聚集的内容连接起来的过程，而态度则只与主观上聚集起来的内容发生联系。也可以这么说，统觉是一座连接新内容与聚集起来的内容的桥梁，新的内容是河岸这一端的桥墩，态度则是河岸另一端的桥墩。态度指的是期望，而期望发挥作用具有定向的意义，并且是有选择性的。当一种具有强烈情感色调的内容出现在意识的幻觉领域中时，就会形成（或许和别的内容一起）某种恰好与特定的态度相应的特殊的心理集聚，其内容促使其将一切相似之物统觉起来，同时对一切不同之物进行抑制，从而产生一种与之相应的态度。这种自主现象从根本上导致了意识定向（参见该条目）的片面性。倘若心理上不能通过自我调节或补偿来矫正意识态度，就将完全丧失心理平衡。因此，从这种意义上来讲，态度的双重性是很正常的，它只有在意识的片面性变得过分时才会干扰它。

从重要性的意义上看，态度或许是一种相对次要的附属现象，不过它也是决定所有心理的一个普遍性原则。由于受到个体教育程度、环境、生活的一般经验和个人信念的影响，一个主观的内容集丛或许会习惯性地出现，并且持续地形成某种能向生命最微小细节渗透的态度。比如，一个对生存的阴暗面十分敏感的人往往会对不愉快的事情保持戒备。而一种无意识的对快乐的期望则会补偿这种意识的不平衡。除此以外，一个压抑的人往往拥有对期待进行压抑的意识态度；在众多常有的经验中，他总是很自然地挑选这种因素，以至于好像不管在什么地方都能感受到它的存在。所以，对他而言，无意识态度的目标显得更有力量和更具优势。

虽然个体的所有心理具有其最基本的特征，但他依旧趋向于与他的惯常态度保持一致。普遍的心理规律可以对每一个个体起作用，但这并不意味着他们就是个体的特征，从习惯性态度的角度来说，它们有各种各样发挥作用的方式。习惯性态度总是从对心理施加的因素的影响中产生出来，比如天生的性格、生活的经验、环境的影响、通过分化（参见该条目）而获得的说服力和洞察力、集体的（参见该条目）观念等。而个体心理的存在也无法离开态度这种必不可少的重要性。习惯性态度引发了这么巨大的能量置换，甚至使个体功能（参见该条目）之间的关系发生了改变，所以造成了这样的结果，这一切使得人们怀疑普遍的心理学规律的有效性。比如，不管是在生理基础上还是在心理基础上，某种程度的性活动都是不可或缺的，虽然这样，依旧存在没有伤害自身而生存下来的个体，就算在很大程度上省却了这些性活动，也不会出现病理现象或有什么明显的对他们能力的限制；可是在另一种情况下，就算非常轻微的扰乱都有可能导致可怕的后果。或许我们能够通过喜欢还是反感等问题看清个体具有的差异。其实，在这种情况下，一切规律都被抛弃了。那么留在最后的是什么？难道是这种没有让人觉得快乐的东西吗？又或者是那种无法产生痛苦的东西吗？每一种本能和功能都可能屈从于其他的本能和功能。自我本能或权力本能都可以变成性欲的主人，性欲本身也能自我奴役。思维能够掌控一切，同样地，情感也可以吞灭思维与感觉，这一切全要依赖态度。

从本质上来讲，态度是一种科学研究理解不了的个体现象。不过，在实际经验中，是可以从某些心理功能上对某些态度类型进行区分的。当一种功能习惯性地占据优势时，就会相应地产生一种态度类型。按照不同功能的性质，形成心理内容的集丛，最终形成相应的态度。由此就有了情感、思维、感觉和直觉的态度这些类型。除了这些纯粹的在数量上可能会增加的心理态度以外，还有一种社会性的态度存在，即那些被打上了集体观念烙印的人。他们的表现特征是各种各样的"主义"。要记住，有时这些集体性态度是很重要的，甚至超过了个体态度。

九、集体性的（collective）

我所说的集体性指的是那些并不独属某个人，而是属于大众的内容，比如属于社会、民族或一般人类的心理内容。列维·布留尔用原初人的集体表象来描述这类内容，它们包含了在文明人中流行的一般性概念，比如正义、宗教、国家、科学等。不过，集体性不仅包括概念和看待事物的方法，还包括情感。就像列维·布留尔表明的，集体表象和集体情感在原初人中同属一个概念。由于其集体性的情感价值，他用"神秘的"来定义集体表象，因为它们不仅是理智性的，而且包含了感情。在所谓的文明文化中，某些集体观念如正义、上帝、祖国等与集体情感关系密切。这种集体性既包含个别的心理因素，又包含整个心理功能（参见该条目）。所以，当思维功能具有普遍的有效性，并且与逻辑规律一致时，从整体上来讲，它就具有了集体性的特征。与此相同，当情感功能不只与一般的情感等同，也与普遍道德、普遍经验或良知等一致时，我们就可以说它从整体上说是集体性的。感觉和直觉也有与此类似的情况，即当感觉和直觉同时具有大部分人的特征时，它们就是集体性的。集体性的对立面就是个体性（参见该条目）。

十、补偿（compensation）

补偿是指平衡、调节或补充。将这一概念引入心理症的心理学中的是阿德勒，它主要表现在补偿性心理系统对自卑感的功能平衡上，与器官处于低下状态时的补偿性发展类似。阿德勒说：

"在脱离母体器官的时候，这些低等器官和器官系统与外部世界的冲突就开始了，与发生在较为正常发育的器官中的冲突相比，这一冲突更为激烈且肯定会出现……同时，胎儿的特性则为补偿与过度补偿提供了非常大的可能性，以此来提高适应正常抵抗与非正常抵抗的能力，只为获得更新、更高形式的发展和成就。根据阿德勒的理论，从病原学上来看，器官处于低下状态的心理症患者的自卑感常常会产生一种"辅助性装置"，也就是补偿，它通过设置一条"虚构的引导线路"来对自卑进行平衡，也就是说，这一"虚构的引导线路"是一个心理系统，它努力将自卑感转变为优越感。补偿性功能在心理过程方面是不可或缺的，这是能够通过经验证实的，也是这一概念重要性的主要表现。它与生理学领域中与之类似的功能相对应，也就是说，对应的是生命有机体的自我调节。"

不过，我的观点与阿德勒的不一样，他把补偿概念限制在自卑感的平衡上，而我则倾向于把它视为一般性的功能调节，即一种心理机制的内在自我调节。也就是说，因为意识活动一般态度具有片面性，所以无意识（参见该条目）活动被视为对意识（参见该条目）活动产生的（参见该条目）一种平衡。心理学家们常常用眼睛来比喻意识，比如我们常提到意识的视野与焦点。在表达意识的本质特征上，这个比喻是非常贴切的。极少有内容能同时被掌握于意识的视野之中，而能达到意识最高程度的更是凤毛麟角。意识的活动具有选择性，而选择又要求有定向，定向就必须把不相干的一切排除。这些恰恰是导致意识定向（参见该条目）片面性的原因。那些被选择的定向抑制的和排除出去的内容就变成了无意识，而且变成了与意识定向相抗衡的力量。这一相反阵营的增强与意识片面性的强化会始终处于平衡状态，直至最后产生了激烈的心理紧张。尽管这种紧张在初期能在某种程度上抑制意识活动，但还是可能会被日益增强的意识的努力打破，最终的结果依然是心理紧张变得更激烈，使得被压抑的无意识内容以梦幻与自发意象（参见该条目）的形式爆发。意识的态度越片面，无意识内容的对抗就越强烈，我们甚至可以说这就是它们之间的真正对抗。在这种极端的情况下，便以对立功能的形式出现了补偿。一般情况下，无意识的补偿与意识并不是对立的，它更多的是定向平衡或补充意识。比如在梦中，无意识提供了对于完满的适应来说所有能够在意识情境下搜集到的必不可少的内容，而意识的选择却抑制了这些内容。

一般情况下，补偿是对意识活动进行的一种无意识的调节过程。不过在心理症的状况下，无意识与意识之间如此尖锐地对立着，以致扰乱了补偿作用。所以，充分认识无意识的内容以重建补偿作用就是分析疗法的目的所在。

十一、具体化（concretism）

具体化是指思维和情感的一种特征，它是与抽象作用（参见该条目）对立的。从实质上来说，具体化就是"共同生长"。一个具体思维的概念是指一个与其他概念相互结合或共同生长的概念。这种概念不是封闭的、抽象的或仅仅存在于自身的，而总是与别的概念相互关联和融合。它不是一种已分化的概念，而是处于感官知觉所传达的材料中。一切具体化思维（参见该条目）的运作是与具体概念及其知觉对象保持一致的，并始终与感觉（参见该条目）保持着联系。同样，具体化的情感（参见该条目）也始终与感官保持着联系。

原初思维和情感都被包括在具体化的范畴之中；它们总是与感觉联系在一起。原初人的思想没有超然的独立性，它总是紧紧依附于物质现象。所以，最多也就是一种类比。同样，原初情感也被物质现象所限制，虽然有微弱的分化，依旧不免要依赖感觉。所以，我们说，具体化是古代式的（参见该条目）。不能简单地将物神的魔力影响理解为一种主观的情感状况，更确切地说，它是一种魔力效应，即情感的具体化。原初人并不把神性观念视为一种主观内容，而是把圣树视为神的居所，甚至视为神本身，即具体化的思维。在文明人眼中，具体化的思维只能展现感官所传达的直接的和明显的事实，除此之外，既不能设想任何其他东西，也不能区分主观情感与被感觉的对象。

具体化的概念产生于一个更普遍的概念的神秘参与之下，是思维、情感与感觉的融合的表现，就像"神秘参与"展现出的是个体与外在对象的融合一样，因而思维和情感的对象也是感觉的对象。这种使得思维和情感保持了一致，也使它们依旧从属于感觉的领域，不能发展成为纯粹的功能，最终在心理定向（参见该条目）中使得感觉因素占据了优势地位（关于感觉因素的重要性参见"感觉"条目）。

众多功能都从属于感觉是具体化的劣势。感觉是对生理刺激的知觉，而具体化要么把功能固定在感官的领域内，要么不断地把它领回那里。结果使得心理功能处于感官的从属地位，也就是为了迎合感官事实损害了个体心理自主性。从对相关事实的认识这一角度来说，这种定向显然是非常有价值的，不过，从解释和阐释事实与个体关系的角度来看，情况就大不一样了。具体化将过高的价值赋予了事实的重要性，甚至于为了迎合客观材料压抑了个体的自由。既然个体不仅仅受制于生理的刺激，还在很大程度上受制于外在现实的对立因素，那么把这些内在因素投射（参见该条目）到客观材料中去就是具体化的作用，由此产生了对纯粹事实近乎迷信的崇拜，这与原初人的状况大致相同。

我们可以从尼采的例子中得出结论：情感的具体化或许会造成一种对饮食的过高评价，类似论述也可以在摩莱斯各特的唯物主义的例子中找到——"人即他的所食之物"。除此之外，还有奥斯特瓦尔德一元论中对能量概念的实体化。

十二、意识（consciousness）

意识是指心理内容与自我（参见该条目）的关系，自我往往能知觉这种关系。反之，自我无法察觉的则是无意识（参见该条目）。意识是一种功能或活动，能够维持心理内容与自我关系。意识和心理（参见"灵魂"条目）是不同的概念，因为心理是一切心理内容的总和，它们与自我的关联不一定是完全的、必然的，或直接的，也就是说它们与自我取得联系时采取的是一种意识性的方式。即便有许多心理情结，但并不是都与自我产生必然的联系。

十三、建构（constructive）

我们可以将其称为综合概念的一种图解，或者我们可以从与综合同义的意义上来理解这个概念。建构，顾名思义就是"建立起来"。在这里，我用建构与综合意指的是与还原相对立的一种方法。建构的方法与无意识产物的精心编构（幻想、梦等，参见"幻想"条目）有关。它以一种象征性的表达对无意识的产物（参见"象征"条目）进行诠释，并预示着一种即将到来的心理发展阶段。从这个角度上来说，麦德尔论述的无意识的预测功能是正确的，这种功能以半开玩笑的态度来预测未来的发展。阿德勒也感受到了无意识的预期功能。毋庸置疑，不能简单地把无意识产物当作一种完成了的或终结了的产物，因为这与它的目的性意义发生了冲突。虽然在弗洛伊德眼中，梦的预测功能基本上被限制在"愿望"上，但他仍赞同类似梦像"睡眠的保护者"等的目的论论述。倘若我们认为无意识类似于其他心理功能或生理功能，就等于对其目的性的特征的先天性做出了否定。所以，我们设想无意识的产物是定向于某一目标或某一目的，只不过它使用了象征性语言以凸显其目的。

按照这一观点，与其说用于阐释建构的方法是无意识产物的原初根源或原始材料，倒不如说是以一种普遍的和可理解的表现形式将这种象征产物展现在人们面前。因此，主体的"自由联想"的着眼点就被认为是它们自身的目的而不是它们的根源。看待它们时，不仅需要从未来的行动或不行动的角度进行，还必须谨慎地把它们与意识情境的关系纳入考虑的范围，因为根据补偿（参见该条目）的理论，无意识的活动是一种对意识情境的实质性的补充。在一个预期的定向（参见该条目）问题上，无意识活动与客体的实际关系与还原过程相比并不太突出，它还与处在过去状态下的客体有一定的实际关系。所以，这更像是一个主观态度（参见该条目）的问题，客体最多充当着反应主观倾向信号的角色。因此，从无意识产物中将某种与主体未来态度相关的联系和意义诱导出来就是建构方法的目的。由于无意识只能将象征性的表达方式创造出来，所以建构的方法恰好能借助努力地阐明象征性表达的意义，使意识的定向是怎样得到纠正的，以及主体是怎样与无意识协调一致的来展现。

因此，建构的方法也使用了某些比较性的材料，就像别的心理学的解释方法一样，而不是孤立地建立在由精神分析对象所引起的联想的材料上的。同样，还原的解释也运用了源于生理学、生物学、文学、民间传说等其他方面的相关材料，与此相同，哲学方面的材料也会被用于对理智问题的建构处理，而对于直觉问题的处理则更多地查考宗教史和神话方面的资料。

据我们所知，一种未来的集体性的态度要想得到发展必须通过个体实现，因此，建构方法的个人主义就具有必然性。相反的是，还原的方法是从个体的事实和态度返回到集体的事实或态度，因此，它是集体性的（参见该条目）。当主体采用一种直觉的方法时，也能在他自己的材料中直接运用建构的方法，以便阐明无意识产物的一般意义。这种阐明添加了更多的关于材料的联想结果（因此与积极的统觉区别开来，参见该条目），丰富了象征产物（也就是梦），最终得到了相当程度的足以为意识所理解的清晰。它与更为普遍的联想彼此交织，并被其同化。

十四、分化（differentiation）

分化是指从整体中将部分分离出来的过程。在本书中，我着重在心理功能（参见该条目）方面运用了这个概念。只要一种功能与其他功能（比如思维与情感、情感与感觉等）融为一体且不能单独运作，它所处的就是一种古代的（参见该条目）状况，也就是说是未分化的，由于它自身没有从整体中分离出来，并作为一个特殊的部分和独立的存在，所以它不能脱离其他功能而进行思考；它总是与情感、感觉、直觉混合在一起，就像没有分化的情感与感觉、幻想的混合一样，这样的例证我们可以在心理症患者的情感与思维的性欲化（弗洛伊德）中找到。未分化的功能常常具有两向性和相矛盾性的特征，第一，它的每一种立场都带有一种有力的否定，这一特征使得未分化的功能在运用上受到明显的抑制；第二，在它的内部各种成分是相互融合的，未分化的感觉将会由于各种不同方面感觉的混合（如"色彩听觉"）而不再起作用，同样，未分化的情感也会由于爱与恨被混为一谈而发生错乱。倘若一种功能主要或全部是无意识的，它就是未分化的；它不仅会与它的组成部分混合，还会与其他的功能混合。而分化要做的就是从其他的功能中将某种功能分离出来，从其他部分中将个别的组成部分分离出来。因为一种功能的定向就是为了将不相干的东西排除出去，因此，分化与定向是分不开的。而与不相干的东西的混合肯定会排斥定向，这就使得只有已分化的功能才能获得定向的能力。

十五、异化（dissimilation）

参见"同化"（assimilation）条目。

十六、自我（ego）

我认为自我是一种构成"我"的意识领域中心，并呈现出一种观念情结，也可将其称为自我情结，它具有高度连续性与同一性。自我情结与意识（参见该条目）状态的一种内容类似，在我看来只要一种心理因素与自我情结相联系，那它就是意识的。不过，因为自我只是我的意识领域中的一部分，不能与我的整体心理等同，也就是说，它只是其他情结中的一种。所以，我要区别自我与自身，因为自我只是我的意识的主体，而自身不仅仅是我的所有心理的主体，还涵盖了无意识。从这个意义上来说，自身是一个包含自我的理想的统一体。自身经常在无意识幻想（参见该条目）中表现出众的或理想的人格，尼采的查拉图斯特拉或歌德的浮士德展现的就是这一概念的具体运用。而为了将自身的古代特征理想化，我们分离了它与"较高层次的"自身，就像斯比特勒的埃庇米修斯或歌德的梅菲斯特所呈现的那样。倘若是在基督教心理中，这会在恶魔或反基督的形象上表现出来，而尼采的查拉图斯特拉则是通过"最丑陋的人"来显露他自身的阴影的。

十七、移情作用（empathy）

移情作用指的是客体的内向投射（参见该条目）。对移情作用的详细描述可参见第七章或投射条目。

十八、对立形态（enantiodromia）

对立形态是指一种"流转"。在赫拉克利特哲学中，对立形态指的是对立事物之间相互转换的关系——即所有存在皆可向其对立面转化。"从生到死，反之，从死到生；从年幼到年老，再从年老到年幼；从醒来到睡去，再从睡去回到醒来；生殖与衰败之间的转换永不停息。""不管这一生命是最微小的还是最巨大的，建设与破坏、破坏与建设都是支配一切自然生命循环的原则。就像宇宙本身起源于太初之火一样，它一定会再度回归到火中——这是一幕不断重演的戏剧，是在漫长的岁月中根据有规律的节奏进行的双重过程。"权威的翻译家们是这样解释赫拉克利特的对立形态的。赫拉克利特自己则说：

> 对我们而言至善其实是一种对立。
>
> 人们并不明白有差异之物本身是怎样协调的。其实，对立是一种紧张的协调，就像琴弓与琴弦的协调一样。
>
> 在它们诞生时，一边在准备生，一边在准备承受死。
>
> 永恒就是易朽，易朽就是永恒，一物的生就是他物的死，一物的死就是他物的生。
>
> 灵魂在死亡之后变成了水，水在死亡之后变成了泥土。从泥土生出水，从水生出灵魂。
>
> 万物与火都能相互转换，这种转换就像金子与货物交换、货物与金子交换一样。
>
> 向上的道路和向下的道路实际上是同一条道路。

我在表达时间过程中出现的无意识对立时使用了对立形态一词。其实，这种显著的现象总是出现在意识生命受一种极端和片面的倾向支配的时刻；在某一特定时刻，一旦形成了一种非常有力的对立，意识的活动就会开始受到抑制，意识的控制最终也会被打破。而在对立形态方面，圣保罗和诺利对基督教的皈依就是最好的例子；除此之外，病态的尼采开始视瓦格纳如神明，之后对他恨之入骨，最后却以基督自居；斯韦登博格从学者到先知的转变等都是对立形态的非常好的例证。

十九、外倾（extraversion）

外倾即欲力（参见该条目）的外向转移。我们一般用它表示主体与客体之间明显的联系，即主观兴趣朝向客体的运动。人在外倾状况下往往都以直接的、明显的方式在与客体相关的联系中进行感受、思考和行动。主观兴趣明确依附于客体，这是毫无疑问的。因此，从这个意义上来说，外倾就是从主体到客体的兴趣的转移。倘若是一种思维的外倾，那么主体便是通过客体进行思考的；倘若是一种情感的外倾，那么主体就在客体之内存在。出现外倾状态时，虽然客体不是唯一的决定因素，但也不能忽视其强大的力量。当外倾呈现意向性时，它是主动的，然而当它被客体驱使时，即当客体按照自己的要求吸引主体的兴趣，甚至吸引与其意志相反的兴趣时，它就变成了被动的。我们将形成习惯的外倾称为外倾类型（参见该条目）。

二十、幻想（fantasy）

幻想的情况有两种：一种是想象的虚构物；另一种是想象的活动。本书已经就这两种规定的含义进行了许多展现。当它被用来表示想象的虚构物时，指的是一种没有客观的参照物，并且区别于其他情结。尽管想象的虚构物最初可能是建立在实际经验中记忆–意象的基础之上的，不过它的内容却无关外在现实；它根本就是一种具有能量的心理因素组合而成的产物或表现形式，一种创造性心理活动的产物。因为心理能量能自发地定向，所以幻想能整个地或至少部分地被蓄意地和有意识地产生出来。它在前一种情况中，只是一种意识因素的组合，或者说是一种纯粹理论兴趣的人为经验。不过，在日常心理实际的经验中，幻想不是来自期待的直觉的态度，就是表现为被无意识内容侵犯的意识内容。

一般情况下，我们可以区分积极幻想与消极幻想，因为它们都来自直觉（参见该条目），也就是说是一种被无意识内容知觉的态度（参见该条目）所唤起的导向，其目的是使欲力能迅速渗入一切从无意识的要素中，并借助相关材料的联想，将这些无意识的要素带进清晰可见的形式中。从一开始消极幻想就以可见的形式出现，因为它既无直觉的期望先行预示，也无直觉的期望相伴随行，它自身主体的态度是完全被动的。这类幻想归属于心理中的自主性范畴。很明显，消极幻想只能表现为心理分裂相对的结果，因为它们出现的前提必须是能量从意识控制的撤回和相应的无意识材料的高度活跃。所以，圣·保罗在无意识中准备接受基督教是其幻觉的先决条件，尽管这一事实并没有被他的意识洞察到。

或许，消极幻想总是产生于意识与无意识相对立的过程，但这个过程中投入的能量与投入的意识态度大致一样多，所以它能够冲破意识阻抗。不过，说积极幻想的存在是一种意识的倾向，比说它是无意识过程产生的结果更恰当，这一倾向吸收了某些色调轻微的无意识情结的暗示或片段，通过联想让它们与相关的因素联结起来，且通过精心编构让它们将明晰可见的形式展现出来。因此，必然存在的是意识的积极参与的问题，而不是分裂的心理状态这一问题。

消极幻想往往伴随着一些病态特征或至少具有某些异常的迹象，而积极幻想却是一种最高级的心理活动形式。因为在这条主干溪流中，主体的意识人格和无意识人格集聚在一起，创造了一个相互统一的产物。可以说这种幻想是一种人个性化（参见该条目）的统一体的最高表现形式；甚至可以说个性能够被创造出来正是由于它对统一体的完美表达。一般情况下，消极幻想无法成为任何一个统一个性的表现形式，因为它要成为统一体个性的表现形式就必须满足一个先决条件，那就是依次建立在显著的意识／无意识基点上的相当程度的分裂，这一点是得到过证实的。所以，幻想强行闯入意识这一状况下，是无法完美表现一个统一的个性的，它只能体现无意识人格的观点。这方面的最佳例证就是圣·保罗的生命：他对基督教的皈依表示他接受了先前的无意识观点，同时也表示先前的反基督教观点让他感到压抑，不过直到后来他的歇斯底里发作了他才明白这一点。因此，消极幻想为了避免对无意识对立的观点的纯粹强化，总是需要意识的批判。不过，积极幻想不与无意识相对立，所以它不需要这种批判，作为无意识的补偿产物，它只需理解。

就像在梦（梦是消极幻想）中一样，幻想的外显意义必须与潜在意义区分开来。在幻想意象的具体"样式"中，外显的意义是直接呈现在观念情结的底层中的。不过，尽管外显意义在幻想中的发展程度总是比梦高，但它往往并非名副其实；可能这是因为梦的幻想一般较少消耗能量，因此很容易就能克服昏昏欲睡这一意识的微弱阻力，如此一来，仅有的轻微对抗性和补偿性的倾向就可以达到知觉的范畴了。不过，清醒的幻想则是大不一样的，它需要很大的能量才能克服意识态度的抑制力量。无意识的对立是清醒的幻想能够发生的重要条件，这样的对立将取得突破而进入意识中的能力赋予了它。倘若它仅仅是由模糊不清或者几乎不能把握的暗示组成的，它就不能将意识的注意力（意识的欲力）引向自身，自然也就无法有效地将意识内容的连续性中断。所以，无意识的对立与一种非常强大的内在凝聚力是分不开的，它要通过一种着重强调的外显的意义展现自己。

外显的意义既是可见的，又包含具体的过程，从客观上看，它具有非现实性，因而无法使意识对理解的需求获得满足。它必须寻找另一种意义来迎合意识，也就是说要寻找其解释或潜在的意义。尽管不一定存在潜在意义，就算存在也非常可能有争议，但是理解的要求使我们必须对其进行彻底探求。这种对潜在意义的探求要求把幻想的心理根源找出来，因此它或许是纯粹因果性的。一方面，它追溯到很久以前幻想的成因，另一方面还需要把本能的力量搜寻出来，从能量上来说，这种本能力量与幻想的活动紧密连接在一起。

我们都明白，使用这种方法的集大成者就是弗洛伊德。我把这种解释方法叫作还原法（参见该条目）。还原后的观点明显具有合理性，但同样不可忽略的是，这种方法对心理事实的解释也适用，对具有某种气质的人而言掌握这种方法就足够了，不用再进行更深层的理解。倘若后来证实发出寻求援助呼喊的人的确处于生命垂危之际，那么我们为这一事实找到的解释就是恰当而令人满意的。倘若一个人在睡梦中梦见了一桌丰盛的饭菜，事后发现他睡觉时正感到非常饥饿，那么对这个梦而言，这个解释也是令人满意的。倘若一个如同中世纪教徒般总是压抑自己性欲的人产生性幻想，那么也可以用还原法对性的压抑做出令人满意的解释。

不过，假使我们要用还原到事实的方法来解释圣·彼得的幻觉，也就是说认为他是因为"饥肠辘辘"才受到来自无意识的诱惑，为了实现一种受到禁制的愿望，他才去吃那"不洁"的动物，那么，对我们来说这样的解释毫无用处。倘若我们把圣·保罗的幻觉还原成他因为对基督在他的同胞中扮演的角色心生嫉妒而产生的压抑，并认为使得他最终对基督表示认同的正是这种嫉妒，这种解释也同样不能令人满意。虽然这两种解释或许都具有某些真理的闪光点，但却都无法真正触及圣·保罗和圣·彼得的真实心理，因为解释是受到他们生活的时代的限制的，而这种解释明显太过简单了。我们不能简单地像探讨生理的或纯粹个人丑闻那样的问题来探讨历史事件。这种观点明显有着很大的局限性。所以我们必须进一步对幻想的潜在意义进行考察验证。我们先来看看它的因果关系，个体心理是无法孤立地就个体本身做出详尽的解释的：因为个体心理同时被历史和环境约束着，为了能够清醒地认识，我们必须掌握一些特定的方法。它不仅是一个生理的、生物的或道德的问题，也是一个时代的问题。况且，所有心理事实都不能仅凭因果关系获得彻底的解释；作为一种生命现象，它与生机过程的连续体有着不可分割的联系，因而它不仅是一个处在演进和创造过程中的东西，也是已演进完全的东西。

所有心理都具有两面性，那就是回顾和前瞻，即演进着，同时也预示着未来。如果不是这样，目标、计划、意向、预测和预感就不具有心理的可能性了。倘若在一个人表达某种观点时，我们只把它与以往他人的观点相联系，那这种解释就是非常不全面的，因为我们想了解的不仅是他的行为的原因，还有他的行为的意义、意图和目的，以及想要达到的效果。一般情况下，这些就足以使我们感到满足了。在日常生活中，我们往往想都不想就本能地将目的性的观点掺杂进解释中；事实上，我们往往把目的性的观点当作决定性的东西而完全忽视了严格的因果性因素，从而单凭直觉对一切心理中的创造性因素进行辨识。倘若我们在日常生活中经常这么做，那么在一门科学的心理学中，更是不得不考虑这种状况，单纯依赖一开始从自然科学中获取的严格的因果性观点是不太可靠的；因为对它而言，不能忽视心理目的性的重要性。

倘若说日常经验是确立意识内容目的性的取向的一种要素，那么在不存在相反经验的情况下，我们就无法假定，无意识内容不属于这种情形。我的经验告诉我不用质疑内容的目的性取向；相反的是，在大部分情况下，获得令人满意的解释最好的方式是引进目的性的观点。现在，让我们把角度调整到保罗未来的使命上，再次思考他的幻觉，我们获得了这样的结论，虽然在意识上保罗在对基督徒施加迫害，但他的无意识却接受了基督教的观点，因为无意识观点的侵入，而且这种无意识人格一直为了这一目标而奋斗，使得他最后不得不公开承认它，在我看来，与还原到个人动机的解释相比，这好像更符合事件的真正含义，从不缺少"太过于人性的"的情况，因此这些动机用各种形式发挥了某种作用。同样，这也将《使徒行传》（第10章第28节）中圣·彼得的幻觉做出的目的性解释清楚地展现了出来，与单纯生理的和个人性的推测相比，它更能令人满意。

总之，幻想不仅需要因果性的解释，还需要目的性的解释。它作为先前事件的结果，通过因果性的解释，可以显现为一种生理的或个人状态的征兆；而通过目的性的解释，它以一种象征的形式显现出来，借助现存材料，将某种明确的目的刻画出来，或追寻未来心理发展的线索。因为积极幻想是艺术心灵的主要标志，所以以艺术家自然就是一位创造者和教育者，而不是一个单纯的外观的再现者，因为他的作品能够象征性地预示未来的发展线索。他所创造的个体的生命能力决定了其象征的社会有效性是普遍而有限的。个体越不正常，它的生存能力就越差，它表示的象征产生的普遍社会价值就越有限。

谁也不能否定幻想潜在意义的存在，除非在他看来一般的自然过程是毫无意义的。不过，自然科学将自然过程的意义识别为自然律的形式。简单来说，这些其实都是为了迎合自然过程而做的解释，都是人为的假设。不过只有确信这些预设的规律的确符合客观过程，我们才有资格讨论自然事件的意义。同样地，正是因为我们证实了幻想是有规律可循的，我们才有资格谈论幻想的意义。不过我们只有在被揭示的意义明确地表现了幻想的本质时才会觉得满意，也就是说，已经证明其规律名副其实之时。自然过程不仅遵循着规律，也证实着规律。一个人睡眠时会做梦是与规律相符的，但是这并不能证明任何有关梦的性质的规律；它最多只能被称作做梦的条件。至于对幻想的生理原因的论证，同样地，我们也只能把它视为幻想存在的条件，而不是关乎其本质的规律。作为一种心理现象的幻想，只能说它的规律是一种心理的规律。

这就带我们来到了幻想的第二层意境，也就是想象的活动。想象是心灵一般性的再造或创造活动。因为它不管是在情感、思维、感觉还是直觉等心理活动的基本形式中，都能够发挥作用，所以，它并非一种特殊的功能。在我看来，幻想作为一种想象活动时，只是对心理生命的直接表达，直接表现了那些只能以意象或内容的形式在意识中出现的心理能量，就像物理能量作为一种特定物理状态，只能以物理方式来刺激感觉器官，不然的话是不能显示自身的。就像从能量的观点上看时，一切的物理状态都是一种动力系统一样，心理内容也是在意识中出现的动力系统。因此，我们可以说，想象虚构物意义上的幻想，只能以意象的形式在意识中出现，所以也只是一定量的欲力。想象虚构物是一种观念力，作为想象活动的幻想等同于心理的能量流。

二十一、情感（feeling）

我把情感归入四大基本心理功能（参见该条目）。对于把情感看作一种依赖于"表现"或感觉的衍生现象的心理学派的观点，我是不赞同的。我的看法与冯特、霍夫丁、莱曼、鲍德文、库尔佩及其他心理学家一样，认为情感是一种自成一类的独立的心理功能。

情感常常发生在自我（参见该条目）与某一特定内容之间的一种过程中，这是一种在接纳或排斥（如"喜欢"或"讨厌"）意义上将某种特定价值赋予内容的过程。这一过程也可能会单独以"情绪"的形式出现，这时短暂的意识内容或短暂的感觉常常会忽视它。情绪可能与先前的意识内容存在因果联系，不过这并不是必然的，因为它同样是在无意识的内容中产生的，就像心理病理学所大量证明的那样。不过，就算是一种情绪也表示一种评价，而这无关乎它是一般的情感还是部分的情感；这种评价针对的是当下整个意识情境，特别是那些接纳或拒斥方面的问题，而不是某种特定的、个别的意识内容。

因此，情感根本就是一种主观过程，虽然它与每一种感觉都关系紧密，但它的各个方面都有很大的可能会独立于外在刺激。哪怕看似"麻木不仁"，实际也带有一种情感的色调，也就是说，冷漠代表的也是某种评价。所以情感是一种判断，然而不同于理性的是，它的目的是以一种接受或拒绝的主观取向为转移的，而不是建立在概念关系的基础上的。情感评价在所有的种类的意识内容中存在。当情感的强度增大到某种程度时，就转变成了感情（参见该条目），也就是一种伴随着明显的身体神经刺激的情感状态。二者的区别在于，它没有产生能被身体察觉到的神经刺激，或者说它所产生的神经刺激大致只和一般的思维过程相当。

一般来说，"简单的"情感是具体的（参见该条目），这在它与别的功能要素，特别是与感觉相混合的情况下表现了出来。在这种状况下，我们将它称为感情，就像我在本书中所说的那样——情感感觉，以此来表示一种几乎难以分割的情感因素与感觉因素的混合物。这种典型的混合在一切情感依旧作为一种未分化的功能的地方出现，特别是在具有已分化的思维的心理症患者的心理中表现得最为明显。尽管情感本身是一种独立的功能，但是它很容易依赖其他功能——比如依赖于思维；这样一来，情感也就成了思维的一种伴随物，要想不被压抑，就必须顺应思维的过程。

区分抽象情感与具体情感是非常重要的。抽象的情感在它要评价的个别内容的差异之上，引出了一种评价或情感状态，这种评价包含了不同的个别，也丢弃了它们的"情调"，就像抽象概念（参见"思维"条目）放弃理解事物之间的差异一样。思维也用同样的方式在概念名下组织着意识内容，情感则以意识内容的价值为根据对它们进行安置。情感越具体，它赋予意识内容的价值就越个人化和主观化；而情感越抽象，它所赋予的价值就越客观化和普遍化。举例来说，一个完全抽象的概念只表现了事物的普遍性和无差异性，而区别于事物的个性和特性，同样地，完全抽象的情感只与一切内容的未分化的整体性保持一致，却不与特殊的内容和它的情感价值保持一致。

情感类似于思维，二者同属于一种理性的功能，就像一般的概念是根据理性的规律形成的一样，一般的价值也是根据理性的规律来配置的。

当然，上述定义并没有把情感的本质说出来，而只是描述了它的外部情况。理性证明概念的术语无法系统地对情感的真正本质进行阐释，因为思维的范畴与情感的范畴是无法兼容的；而实际上，每一种基本心理功能都无法完全用另一种功能来表述。在此前提下，同样地，任何理性的定义都无法恰当地、完全地复制情感的特殊本质。仅靠对情感做出分类来对它们的本质进行理解是无济于事的，因为哪怕是最精确的分类也只能预示，可以将理性所能理解到的情感内容表达出来，但是这些还远远不能把握情感的特殊本质。对情感所做的众多的分类最多只能辨析出理性所理解的内容的种类，但并非仅凭分类的方法就能理解情感的，因为这已经不属于理性一切内容分类的范围了，而仍然大量存在着拒绝理性进行分类的情感。从实质上来看，分类的观念是理性的，因而根本无法与情感的本质相容，所以我们只能对此概念所做的限定感到满足。

我们可以一起比较情感评价的本质与理性的统觉（参见该条目），并将前者视作一种对价值的统觉。我们可以通过情感区分主动的统觉与被动的统觉。被动的情感任由一种特定的内容吸引或激发自己，然后迫使主体的情感也进入这种内容；而主动的情感则是从主体方面进行的一种价值的传达；对于一些与情感一致而与理性不一致的内容，它会做出意向性的评价。因此，主动的情感是一种意志（参见该条目）的行为，也是一种定向的功能，就像恋爱中的爱与被爱一样，前者是一种主动活动，后者则是一种被动的状况，所以是被动的、未定向的情感。未定向的情感位于情感直觉的层面。严格地说，只有定向的、主动的情感才是理性的，而被动的情感则是非理性的（参见该条目），因为它价值的产出过程中并没有主体的参与，它有时甚至与主体的意向不一致。我们将主体的态度彻底为情感功能所定向这一状况称为情感型（参见"类型"条目）。

二十二、功能（function）

我把心理功能视为一种特殊的心理活动形式，从原则上来讲，它在所有情形下都能保持不变。如今我们从能量的观点来看，功能是欲力（参见该条目）的表现形式，欲力与物理力在很大程度上都可以被视为物理能量的特殊形式或显现，同时从原则上来说，它都是恒定不变的。我将四种基本功能分为理性的和非理性的两类，即思维与情感，感觉与直觉。我无法用充分的理由说明为何将这四种功能作为基本功能，我只能说这种想法的依据是我多年的经验。这四种功能相互之间既不相互关联又不相互还原，所以我才把它们区分开来。比如，思维的原则与情感的原则迥乎不同，其他的也是如此。我对这些功能与幻想（参见该条目）进行了基本的区分，它们的区别在于，幻想是一种特殊性的活动形式，它可以在这四种功能中显示出自身。在我看来，决断或意志（参见该条目）完全是次要的心理现象，并没有引起太大的注意。

二十三、观念（idea）

在本书中，观念有时指的是和我提到的意象（参见该条目）联系密切的某种心理因素。从起源上看，意象既可以是个人的，也可以是非个人的。非个人即为集体的（参见该条目），区别在于它具有神话的特征。我们也可以把它称为原初意象。个人的意向常常不带有神话的特征，即缺乏灵视的性质和集体性，我们把它称为观念。在此，我用观念一词表达的是某种从意象的具体性（参见该条目）

中抽象出来的原初意象的意义。而观念作为一种抽象（参见该条目）的意向，其外观是从基本要素中衍生或发展而来的，也就是一种思维产物。这就是冯特及其他人所谓的意义。

不过，既然观念是原初意象被程式化的意义，使得原初意象能够象征性地表现出来，那么，从本质上看，观念就不是派生的或由其他东西产生的，从心理学上看，它是天生的，是与一般思维结构的一种既定的可能性相适应而存在的东西。所以，根据它的这一本质（而并不是根据它的程式），我们可以得出这样一个结论，即观念是一种先天存在的起决定作用的心理因素。柏拉图就是在此基础上，把观念定义为事物的原型的，而康德则称它为"理性的全部实际运用的原型"，一种不受经验事物限制的超验概念，"一种在经验中无法找到自身对象的观念"。康德说：

尽管我们觉得理性的超验概念只是观念而已，但这并不表示它们是多余的和空洞的。因为就算它们无法决定任何对象，但是作为知性一致使用上的和用以延伸的标准，可能它们正在以一种基本的且未被注意的样式对知性进行辅助。因此，我们知道，知性无法获得多于它自身概念的有关对象的认识，不过通过理性，它能得到更好的、更广阔的指引。进一步说（我们在这里所需要的东西是不值一提的），或许一种从自然的概念向实际的具体的概念的过渡由理性的概念实现了，在这一过渡中，理性概念能给道德观念本身提供支撑。

叔本华说：

就意志是一种脱离了杂多性的自在之物来说，我对观念的理解是意志客观化过程的每一个特定的阶段；这些阶段与其他个别的事物相关联，作为其永恒的形式或原型。

在叔本华看来，观念是可见的东西，因为他理解的观念就是我描述的原初意象。其实，观念依旧不能被个体识别，只能通过"纯粹的认识主体"来表现自己，"是高于所有意志和个性的"。

黑格尔使观念被彻底实体化了，他觉得观念是真实存在的，是"概念、概念的现实和两者的统一"，是"永恒的普遍化"。在拉斯维兹看来，观念是"指示我们经验发展方向的规律"，是"最高与最确定的现实"。科恩则觉得观念是"概念的自我意识"，是存在的"根本"。

我不想再去列举更多有关观念原初本质的证据。上述引文完全能够说明观念是一种先天的、基本的因素。它从其前身即原初的象征意象中获得了这种本质。它是理性精心编构的结果，是某种抽象的、衍生的东西的次生本质。一切原初意象都必须服从这一编构，以适用于理性的使用。原初意象是一种自发性的心理因素，不管在什么时候什么地方它都能反复出现，也就是说，从理性的本质来看，理性精心编构的修正和程式化已经深深地限定了观念，以使其适应当时的环境和时代精神。既然观念是原初意象的衍生物，那么某些哲学家就有理由相信它具有一种超验的性质；其实这种性质属于原初意象，而不属于观念，它有一种不受时间限制的特征，是人类心灵必不可少的组成部分。它来自原初意象的自发性特征，不是"创造出来"的，而是不断呈现出来的，它自发地在知觉中呈现，好像在努力实现自己，使心灵误以为它就是一种主动的决定性因素。不过这种观点其实是有些片面的，又或许只是一个态度的问题（参见第7章，也可参见该条目）。

观念作为一种心理因素，不仅决定思维，还以具体的观念的样式对情感进行制约。通常情况下，我只有在提及情感类型中的情感决定性因素或思维类型中的思维决定性因素时才会使用观念一词。当我们面对一种未分化的功能时，说它是先天性地被原初意象决定的，从用语上来说这才是正确的。观念具有双重性，也就是它兼有某种原生的东西和某种衍生的东西，这与以下事实恰好相符，我有时把它和原初意象交错使用。对于内倾型的态度来说，观念是原动力；而对于外倾型的态度来说，观念只是一种产物。

二十四、认同作用（identification）

这个概念是指一种心理过程，人格在这个过程中整体地或部分地被异化（参见"同化"条目）。认同作用是指由于客体的参与使得主体与他自身产生了一种疏离，与此同时主体在疏离中也被隐藏了起来。比如，儿子对父亲的认同作用其实表示他接受并采用了父亲的一切行为方式，似乎儿子不是一个独立的个体而是变成了另一个父亲。认同作用与模仿是不同的：认同作用是一种无意识的模仿，而模仿是一种有意识的复制。对于青年人人格的发展来说，模仿是一种必不可少的推动力。只要它不以顺应的方式对个体的发展道路和发展方式产生阻碍，我们就可以说它是有益的。同样地，个体还没有成熟时，认同作用也是有好处的。不过，一旦个体以比较成熟的样式出现，认同作用就会显示出它的病态，如同它在成为个体的极大阻碍之前曾经无意识地支持与帮助过个体一样。如此一来，它展现的分裂效用就会把主体分裂成两种相互背离的人格。

认同作用涉及的范围不只包括人，还包括事物（如一项职务、某种运动等）以及心理功能。其实，对某种心理功能的认同作用是非常重要的。由认同作用引起的次生性格的形成，导致个体对他获得最佳发展功能的认同达到某种程度，最终使得他与自身分离，而他真正的个性（参见该条目）则陷入了无意识中，甚至从他原生的性格中完全脱离了出来。对于那些具有高度分化的功能的人来说，这种状况几乎就是一种规律。其实，它已经成为个性化（参见该条目）道路上的一个必经的过渡阶段。

从认同作用与一种先天家族的同一性保持一致的情形来说，对双亲或家庭最亲近的成员表示认同是一种正常现象。在此情形下，再说认同作用好像就不太恰当了，用同一（参见该条目）来取代它好像更加贴切，同一一般用来表达实际的境况。对家庭成员的认同与家庭成员的同一是有区别的，前者是一种次生现象，不是先天就有的，它是这样产生的：当个体的发展超过与家人的同一时，一种很难克服的障碍对他的适应和发展产生阻碍。面对随之而来的欲力（参见该条目）的积阻，他不得不再去寻找一条退路。这就使得早年的状况重新复活，与家人相同一的状况也被包括在内，而且它与对家庭成员的认同作用恰恰是一致的，其实，原本这种同一几乎已经被克服了。一切对人的认同作用都是以这种方式出现的。认同作用都有一个目的，那就是获得一种优势，越过障碍，或者说是用另一个体的方式来完成一项任务。

二十五、同一（identity）

我用同一意指一种心理上的一致，这是一种无意识的现象。意识的一致里包括对两种不同的东西的意识，主体与客体之间的分离自然也被包含在内，在这种情况下，同一作用就自动失去了效用。心理上的同一肯定是无意识的。它具有原初精神的特征，神秘参与（参见该条目）是其真正的基础，它最多也只是原初的主体与客体在未分化状态的心理遗迹，所以可以把它称为一种原初的无意识状态。除此之外，它还有较早的婴儿期的精神状况的特征，而在成年人之中，它还有无意识的特征，因为它不能转化成意识的内容，所以依旧始终与客体保持同一。对双亲的认同作用（参见该条目）的基础就是与双亲的同一；其实，内向投射（参见该条目）与投射（参见该条目）的可能性也依赖于同一。

同一主要是一种不可能成为意识的对象的先天的相似性，是一种无意识与客体之间的一致，绝不能把它理解为等同。同一依赖于一些天真的假设，即觉得两个人的心理近似，同样的动机的效用是普遍的，显然，我所喜欢的东西也被他人喜欢，在他人看来我眼中邪恶的也肯定是邪恶的，等等。同一对这种近乎普遍的愿望表示依赖，与此同时，对他人来说最需要纠正的东西也是他要纠正的，这些构成了心理感染及暗示感受性的基础。在病理学病例中，同一表现得非常明显，比如，在偏执妄想狂有关迫害和感应的妄想中，病患自然认为自己认定的主观内容也是他人认定的。不过，同一也使有意识的集体性（参见该条目）和社会性的态度产生了可能性，它们最崇高的表现形式就是兄弟之爱的基督教理想。

二十六、意象（image）

我们在本书中讨论的意向是来自诗学运用中的一个概念，也就是幻想的形象或幻想 - 意象。这种意向以间接的方式参与到外在客体的知觉当中，并不是那种对外在客体的心理反应。这种意象常常将无意识的幻想活动当作活动的产物，除此以外，它偶尔也会使用梦幻或幻觉的方式，它们总是让人意外地出现在意识中，但依然没有那种临床治疗图像中表现出来的病理学特征。尽管意象具有幻想性观念的心理特性，但是对它来说，幻觉的准一现实性特征却是遥不可及的，也就是说，它总是可以通过它自身是一种"内在的"意象的事实，区分自己与感官现实，即从不会取代现实。一般情况下或者就算是在特殊的情形中，它都总是能呈现出某种外化的形式，而不是一种空间上的投射。哪怕从本质上看这种表现模式是健康状态时，也无法将它的古代特征排除，所以它依然被称为古代的（参见该条目）。不过，内在的意象在原初的层面上，很容易在空间上被投射为一种听觉幻象或一种幻觉，这都是正常现象。

一般情况下，意象本身没有现实价值，不过它的心理价值是确凿无疑的，比如，它使得人们对于精神生活重要性的客观意识增强了，将一种超乎外在现实的内在现实呈现在我们面前。在此情况下，个体的定向（参见该条目）的内容涉及更多的是怎样适应其内在要求而不是适应外在现实。

由无数不同根源的不同的材料建构而成的内在意象是一个复杂结构，但却不是大杂烩，而是一个具有自身意义的同质性产物。意象并不仅仅是纯粹而简单的无意识内容的表现，而是整体心理情境的浓缩性体现。必须承认，它确实表达了无意识的内容，但只是那些瞬间聚集起来的内容，而不是无意识的所有内容。这种聚集一方面是产生于无意识的自发活动，另一方面来自瞬间意识状态，在激起相关阈下知觉的活动的同时，它总是能抑制不相关的材料的活动。所以说，意象既是一种暂时的意识状况，也是一种无意识的表现。它使得我们在对其意义进行阐释时既无法从无意识开始，也无法从意识着手，而只能从它们之间的相互关系入手。

我们称一种具有古代（参见该条目）特征的意向为原初的。当意象与熟悉的神话主题出乎意料地保持一致时，我们就能说它具有远古的特征。它所表现的材料的来源主要是集体无意识（参见该条目），这完全可以表明，它对瞬间意识状况产生的影响是集体性的（参见该条目）而不是个人性的。个人的意象表达是为个人所限定的意识状况和个人无意识的内容（参见该条目），这一内容既不具有集体的含义，也不具有古代的特征。

有些地方把原初意象称为原型（参见该条目）——它对整个民

族乃至整个时代来说是共同的，这一点表现了它的集体性。从全部可能性这一层面上来说，非常重要的神话主题对一切的时代和种族而言都是共同的；其实，我已在患精神错乱病症的血统纯正的黑人的梦与幻想中对所有来自希腊神话的系列神话主题进行了证明。

从科学中因果关系的角度来看，感觉原初意象是一种记忆的沉淀，或者说是一种由数不清的类似的过程浓缩而成的记忆痕迹或印迹。这一形成方式决定了它肯定是一种凝结或沉淀，与此同时，它也是某种不断发生的心理经验典型的基本形式。作为一种神话主题，它的表现形式恒久有效，它能够重新唤醒某些心理经验，并且以一种合适的方式使其程式化。从这种观点出发，我们可以这样理解原初意象：它是一种对生理学和解剖学配置的心理表达。倘若人们觉得某一特定的解剖学上的结构是由环境条件作用于生命物产生的，那么我们也可以认为原初意象之所以处于恒久而普遍的分布状态也是受到恒久而普遍的外在影响的结果，自然规律的运行结果决定了它的行动。如此看来，人们对于神话与自然之间的联系就更容易理解了，比如有关太阳的神话与每天日出日落之间的关系，或者是它与明显的季节变化之间的关系。虽然这样，还是会出现一些难题，比如，太阳及其运行的显著性为什么不是不加掩饰地或直接地显现为神话的内容。太阳、月亮或气象现象很少以寓言的形式将这一事实显现出来，这一点充分说明了心理协作活动的独立性，所以，我们得出神话并不只是环境的产物或体现的结论。由于还不知道它从哪里获取超出感官知觉以外的观点的心理能力，因而，我们由此可知它完全不可能具备随意行使超出纯粹感官事实确证的能力。赛蒙自然主义理论和因果论的"记忆痕迹"在面对这些问题时就失去了意义。我们没法不怀疑，大脑既定结构的特殊本质并不仅仅受到周围环境的影响，其实，它在很大程度上是自主的、特殊的生命物的本质表现，或者说是内在于生命本身的规律。所以，有机体的构成方式一方面是由外在环境导致的，而另一方面是由生命物的内在本质决定的。由此可见，原初意象不仅与某种永恒不变的、明显可见的并且持续运行着的自然过程有联系，同时也与一般生命内在的决定性因素和某种心理生命有联系。有机体面对光亮使用的是眼睛这种新的结构，而心理面对自然过程用的则是一种象征的意象，它以同样的方式将自然过程与捕捉光亮的眼睛等同起来。如同眼睛能够识别生命物特殊而自主的创造性活动一样，原初意象将心理绝无仅有的且不受限制的创造力呈现了出来。

所以，我们可以说原初意象是对生命过程的一种浓缩。它同时将同等的和固有的意义赋予了感官知觉与内在精神知觉。开始时它的存在显得既无规则又无联系，心理能量通过这样的方式才能从没有被识别的知觉的束缚中释放出来。同时，那些因刺激而感受到某种确切的意义且得到释放的能量也与原初意象相联系，原初意象沿着适应这种意义的线路去引导行为。通过把精神引到自然、把纯粹的本能引到心理形式的方式，原初意象释放出了难以被利用和受抑制的能量。

原初意象是观念（参见该条目）的母体，也是其前身。对原初意向而言，十分有必要将其从特殊的具体化（参见该条目）中分离出来，随之而来的是，理性将它发展为概念，即与其他概念相区别的观念，这种观念只能作为所有经验的基础原则，而不能作为经验的材料。观念性质是从原初意象中衍生出来的，它在大脑结构中呈现出特殊的表现形式，并且将特定的形式赋予了每一种经验。

个体的态度（参见该条目）决定了原初意象心理功效的大小。如果它的态度是内倾的，欲力（参见该条目）自然就会从外在客体中撤回来，同时对内在的客体，即思想的意义进行强化。观念沿着原初意象无意识地勾勒出的这条线索，得到极大的发展。继续深入下去，我们看到原初意象已经间接地达到了表面。我们明白，思想的进一步发展将导致观念，而观念最多只是处于理智形成阶段的原初意象。观念只可能在相对立功能的进一步发展中产生，也就是说，一旦理性地掌控了观念，它就会刻意地对生命产生影响。这就将情感（参见该条目）唤醒了，不过，在此状况下，与思维比起来，情感的分化程度更低，也更具体化。因为其未分化的情感是混合的，所以它依旧在无意识当中混合着。因此，个体是不可能使这样构成的情感与观念统一起来的。在这时，原初意象作为象征（参见该条目）出现在幻觉的内在领域，凭着它的具体性质，它包含了未分化的和具体化的情感，而且凭着它内在的含义，它又包含了观念，以致可以把观念与情感统一起来，而这些的根源都是它的母性。原初意象通过这种方式变成了一位调解者，它不断地给予救赎的力量，使其在各种宗教中表现出来。因此，我在原初意象上确切地运用了叔本华所论述的观念，因为我已经做过解释，观念并非某种完全先天带来的东西，而肯定会被视为次生的和衍生的（参见"观念"条目）。

我在下面引用了叔本华的一段文字，倘若读者将"观念"一词用"原初意象"代替了，就能明白我要表达的内容了。

个体是不可能认识"观念"的，只有那种超越所有意志和所有个性，将自己提升到纯粹认识主体的高度的人才能认识它，所以只有上面说的这种人或是天才才能获得观念。因为被天才的产物激发，他顺利地将纯粹认识的能力提升到一种与天才接近的心境。因此，我们可以说，观念并非完全不可传达的，只不过它的传达需要一定的条件，举例来说，蕴含和重建于一件艺术品中的观念，只能感染那种自身拥有理智的能力的人。

观念是个统一体，它把复杂多样的东西按照我们直觉领悟的时间和空间的形式统一到一起。

概念就像一个容器，没有生气，人们可以把东西挨个放进去，但却不能继续放进去或把东西取出来。观念却不是这样，倘若有人理解它，它就会发展成与同名的概念处于新的联系中的总念：观念就像一个有生命的、能够自行发展的有机体，能够自我增殖，将先前没有被放进去的东西不断产生出来。

叔本华清晰地辨识了我所界定的原初意象或"观念"，根据平常意义上那种产生概念或"观念"的方式无法把它产生出来（康德给"观念"下的定义是"从总念中形成的概念"）。这里，一种超越理性程式的因素依附着观念，这种因素十分类似于叔本华口中"接近天才的心境"，简单来说，这就是情感的状态。一个人因为在通向观念的道路上翻越了观念的顶点，于是便进入了与其对立的功能，也就是情感之中，如此一来，他就从观念到达了原初意象。

原初意象的巨大优势是它超越了观念的清晰，这也是它的生命力。它是一种充满活力的有机体，能够"自我增殖"。原初意象是一种内在固有的心理能量的组织，是一个坚不可摧的系统，在能量过程中，它不仅能有所表现，而且还能使其运作。它展现了自古以来能量过程是怎样依循不变的线路运作的，同时又通过对情境的心理把握或理解，即容许永不停息地对它的重复，使生命能延续到未来。因此，它是本能（参见该条目）必不可少的对应物，同样地，本能是一种有目的的行为模式，以对即时情境做出有意义的把握为前提条件。不过只有预先存在的意象才能对这种理解或把握做出保证。实用的程式是原初意象的表现，这种程式是理解新的情境不可或缺的。

二十七、个体（individual）

心理上的个体有着在某些方面独特的和某种特殊的心理特征。

在个体心理的基本要素中它的特殊性表现得很少，而在它复杂的心理构成中则表现得很多。心理个体或个性（参见该条目）存在一种先天的无意识，不过只有当他对其特殊本质的意识出现时，也就是说出现一种与其他个体的有意识的区分时，才是存在的有意识。虽然就如同我们观察到的那样，心理个性在最初的时候是无意识的，但作为与身体个性有关的东西，它是先天就规定好的。其个体化（参见该条目）过程或分化（参见该条目）的意识的过程要求把个性带向意识，即把个性提升到超脱与客体同一的状态之中。个性与客体同一和个性与无意识同一是等同的。倘若个性是无意识的，就不会出现心理个体，而只存在一种集体的意识心理。这样一来，无意识个性被投射到客体中，使得客体获得了巨大的价值，成为影响力强大的决定性因素。

二十八、个性（individuality）

我认为，个性是个体全部心理方面的特殊性与独一性。只要是不属于一大群人也不属于集体性的（参见该条目）东西又确实只属于某个人，就都是个体的。很难说个性从属于他们本身的心理要素，它只属于这些心理要素独特的组合（参见"个体"条目）与聚集。

二十九、个性化（individuation）

个性化概念在我们的心理学中扮演的角色可谓举足轻重。一般来说，它是个体的形成与区分过程的决定因素；更准确地说，它指的是心理个体（参见该条目）的发展，从普遍的集体心理中把个体分化出来。因此，个性化是一个分化（参见该条目）的过程，它的目标是个体人格的发展。

为了避免个体的生命活动受到伤害，就要竭力使集体性不要处于同一水平上，此时就需要个性化。既然个性（参见该条目）不仅是一种先天的心理，还是生理上的事实，那么在表现自己时个性必然也会使用心理的方式。因此，一切针对个性的严厉的限制都是一种人为的阻碍。倘若一个社会集群的组成部分都是受到阻碍的个体，那么这个社会集群是不可能充满活力和健全的；在给个体提供最大可能的自由的前提下，保持集体的价值和个体的内在统一，这样一来，社会的前景才会充满生机。既然个体不只是单一的、分立的存在，其真正存在必须以集体联系为前提，那么个性化的过程必然会导致更深更广的集体联系，而不是使其变得更加封闭隔绝。

个性化与超验功能（参见"象征"条目）有着密切的关系，因为超验功能为个体的发展开辟了道路，倘若坚持集体准则规范的道路，那么就根本无法获得这种发展。

无论在哪种情况下，个性化都不是心理教育的唯一目的。在个性化可能成为目的之前，必须先实现最小限度的适应集体规范的教育目的。一株植物要充分展现它的特殊属性有一个必要的前提，那就是它必须生长在它所植根的土壤上。

从某种程度上来说，个性化是与集体规范对立的，因为它表示从一般性中脱离和分化出来，并建立一种原本就在心理构成中植根的特殊性，所以这种特殊性并不需要我们去刻意追求。不过，尽管个性化与集体规范相对立，但是这种只是外显的对立，我们通过比较细致的观察，发现个体的立场与集体规范只是定向不同而已，它们并不是相对抗的。个体方式与集体规范一直以来都不是直接对立的，与集体规范对立是另一种规范，而且这种规范是矛盾的。从个体方式的定义来说，它肯定不可能成为一种规范。所谓规范只能产生于个体方式的总和中，依个体方式的存在和个体随时定向于某一规范的需要而确定它的正当性和有益性。当一种规范的有效性绝对时，它将丧失自己的一切目的。只有当个体的方式成为一种规范，也就是说成为极端个人主义的实际目的时，才会将它与集体规范的实际冲突显现出来。不过，这种目的很明显是病态的而且是与生命冲突的。因此它与个性化没有一点关系，虽然它可能会开辟出一条个人的小路，但正是因为这样，它才需要凭借规范来确定其社会定向和个体与社会十分重要的必然性联系。因此，个性化自然地使集体规范受到尊重，不过，倘若这种定向完全是集体性的，那么规范就会变得越来越多余，道德也会遭到破坏。人的生命越是被集体规范铸造，其个体的堕落就越是可怕。

实际上，个性化与有意识地超出原初同一（参见该条目）状态的发展过程是一样的。可以说它是意识领域的一种延伸，让意识的心理生命变得越来越丰富。

三十、劣势功能（inferior function）

劣势功能是指在分化（参见该条目）的过程中残留下来的功能。通过经验我们可以知道，在环境不利的情况下，不管是什么人都不可能使他的心理功能得到发展。每个人首先要把那种最具有天赋或能保证他可以获得社会成功的功能分化出来，以适应社会的要求。的确，一般来说，一个人总是完全与那种获得最大发展的也是他最宠爱的功能相同一，这好像是一种普遍的规律。因此，出现了各种不同的心理类型（参见该条目）。正是由于这种片面的发展，其中必然会有一种或更多的功能遗留下来。从心理学而非心理病理学的意义上来说，我们可以将这些功能恰当地称为劣势功能，因为这些后来发展的功能只是比优势的功能落后一点，而不是病态的。

尽管劣势功能可能会被视为一种现象来认识，但它的真正意义依旧没有被认识到。与很多受到压抑或难以辨识的内容一样，它也在活动着，有的是意识的，有的是无意识的，如同一个非常浅显的道理：人们能认识一个人的外观，却可能完全不了解这个人的真实内心。因此，只要情况比较正常，就依旧可以感受到劣势功能，最起码可以感受到它的影响；不过对于心理病患者而言，它整个或部分地沉入了无意识。因为只要欲力（参见该条目）的分配能够达到被优势功能获取的程度，劣势功能就会发生退行；它会重返古代的那种状态，以致不能与意识的优势功能相容。倘若在正常情况下一种功能从意识的变为无意识的，那么它特有的能量也会向无意识的过渡。比如情感，它的天性将能量赋予了它；它是一种有生命的组织完好的系统，无论在哪种情况下，它的能量都不会彻底消失。劣势功能也是如此：它那残留的能量来到了无意识，以一种反常的方式激活了自身，在与古代化的功能相应的水平上，出现了幻想（参见该条目）。倘若想借助分析从无意识中将劣势功能释放出来，就必须让现在已经被激活的这些无意识幻想的构成浮现在表面上。如果这些幻想可以在意识上实现，就会将劣势功能带入意识，使其获得进一步发展的可能。

三十一、本能（instinct）

无论是在本书中还是在别的地方，我所说的本能，都是从该词被普遍理解的一种含义上来说的，也就是一种朝向某些活动的冲动。冲动的来源可能是超出心理因果律范围的器官，也可能是外在或内在的刺激，正是这种刺激引发了心理上的本能机制的运作。一切心理现象都是本能的，它们是由动力性的冲动产生的，而不是由意志产生的，无论这种冲动是直接源于器官，从而得到了超心理的源头，还是源于意志目的影响下释放的能量——如果是后者，必须达到一个条件，那就是超越最终的结果对意志所预料的影响。在我看来，只要那些心理过程的能量不被意识控制就都是本能的。因而感情（参见该条目）既是本能过程，又是情感（参见该条目）过程。一般情况下，本来是完全处于意识控制下的作为意志（参见该条目）功能的心理过程，当出现异常情况使得其无法获得无意识的能量时，它就可能会变成本能的过程。这种现象会在那种因压抑不相容的内容而对意识的活动范围进行限制的地方出现，或者也会在其他地方出现，比如在醉酒、疲劳或一般的脑部病变所导致的精神层面降低（雅内语）的地方，也就是说，出现在意识还没有控制或者不再控制那些具有最强有力的情感色调的过程的地方。那些曾经是意识的过程如今却已经变成自动的，所以，我没有将它们归入本能的过程，而是归入了自动的过程。用正常的眼光来看，它们的行为不同于本能，因为在一般情况下，它们从不显示为冲动，只有在它们得到一种陌生的能量时才会显示成冲动。

三十二、理智、理性（intelleet）

我把理智称作定向的思维（参见该条目）。

三十三、内向投射（introiection）

内向投射一词与投射相对应，是阿芬那留斯引入的。阿芬那留斯用投射一词将某种主观的内容被驱入了客体的意思恰当地表达了出来，因此也就很好地保留了适应于这一过程的投射一词。如今，弗伦克兹为内向投射定义时，选择了与"投射"相对立的含义，"投射"是把主观内容带到客体中去，"内向投射"就是把客体摄入到主体感兴趣的范围中去。"妄想狂从自我中将那种让他讨厌的情绪排除，而神经病患者则按照自己的需要摄取外部世界的某一部分，并使其转变为无意识幻想的对象。"前者的机制是投射，而后者的机制是内向投射。内向投射是一种"兴趣范围的扩展"和一种"淡化过程"。在弗伦克兹看来，这些过程都是正常的。

从心理学角度来说，投射是异化（参见该条目）的过程，相反的是，内向投射则是同化（参见该条目）的过程。投射通过在客体（参见"投射"条目）中引入主观内容而使客体异化于主体，而内向投射则使客体同化于主体。因为同化于客体要求移情（参见该条目），要求客体将其具有的能量投入进去，所以内向投射是一种外倾（参见该条目）的过程。内向投射又可分为两种，即被动的内向投射与主动的内向投射：在为心理症患者进行治疗的过程中会见到一种现象，这种现象具有移转作用，而且就属于被动的内向投射，通常情况下，被动的内向投射包括一切客体对主体具有的一种强有力的影响的情形；而主动的内向投射则包括一种作为适应过程的移情。

三十四、内倾（introversion）

内倾表示欲力（参见该条目）向内流动，将主体否定客体的关系表现了出来。主体的兴趣指向的不是客体，而是从客体退回到主体当中。凡是持内倾态度的人在思考、感觉和行动时用的都是这种方式，该方式清楚地说明决定动机形成的是主体，而客体的价值只占据次要地位。内倾或许具有感觉（参见该条目）或直觉（参见该条目）的特征，也可能表现为情绪的或理智的。当主体自愿使自己从客体脱离时，就是主动的内倾，而当主体不能让从客体流出的欲力再回到客体时，它就是被动的内倾了。倘若内倾形成了一种习惯，就可以被称作内倾型（参见该条目）。

三十五、直觉（intuition）

在我看来，直觉是一种基本的心理功能（参见该条目）。它以一种无意识的方式传达知觉。无论是外在对象、内在对象还是它们之间的联系，都能成为这种知觉的焦点。直觉的特殊本质是：它不是情感，也不是感官知觉，更不是理智的推论，但它可能会出现在这些形式的任何一种中。在直觉中，某种内容以一种整体形式完全呈现出来，不过我们对这种内容是如何获得的却给不出任何解释，甚至根本发现不了。无论直觉的内容是什么，它都是一种本能的领悟，也是一种非理性的（参见该条目）知觉功能，与感觉（参见该条目）一样。在内容上直觉与感觉类似，都具有"被给定"的特征，且与思维和情感"产生的"或"衍生的"特征对比十分鲜明。直觉的知识具有内在的确定性和确信性，正因如此，斯宾诺莎才把直觉的知识确定为最高的认识形式。尽管感觉也具有这种性质，但感觉的确定性是建立在身体的基础上的。直觉的确定性也对一种特定的心理"警觉"状态产生了依赖，只不过主体没有发现这种状态的根源。

直觉既有可能是主观的，也有可能是客观的：主观的直觉是对在主体的无意识中根植的心理材料的知觉；客观的直觉则是对别的材料的知觉，这些材料对客体的阈下知觉以及客体所引发的情感与思维产生依赖。按照感觉参与的不同程度，我们也可把直觉分为两种，即具体的直觉与抽象的直觉。具体的直觉传达的是与事物的具体性有关的知觉，而抽象的直觉传达的则是与观念性有关的知觉。因为具体直觉直接回应了既定的事实，所以它是一种反应的过程；而抽象的直觉则类似于抽象的感觉，需要某种定向的因素和一种意志的行为或目标。

与感觉相似，直觉也具有婴儿期心理和原初心理的典型特征。通过传达对神话意象，也就是观念（参见该条目）的前身的知觉，它使婴儿期的强有力的感官印象与原初心理保持平衡。直觉一直保持着对感觉的补偿，它如同感觉一样，都是思维与情感赖以发展为理性功能的母体。尽管直觉是一种非理性的功能，但是在事后很多直觉都可以被分解，因而它们可以被放到它们的组成要素和起源中去，这样一来，它们就与理性法则协调了。

所有将一般态度（参见该条目）对直觉定向的人都是直觉型（参见"类型"条目）。倘若直觉是向内定向于内在幻觉的就可以叫作内倾直觉；倘若直觉向外定向于行动和成就的就可以叫作外倾直觉。在异常情况下，直觉过度地混入了集体无意识（参见该条目）的内容之中，并受到它的支配，这使直觉型表现出极大的非理性，让人难以理解。

三十六、非理性（irrational）

非理性指的是超出理性范围的东西，而不是与理性相对立的东西，也不是以理性为基础的东西。基本的事实就属于非理性范畴，比如氯是一种元素，月亮围着地球转，水在4摄氏度的时候密度最大，等等。偶发事件也是非理性的，虽然之后可能被证明该事件的发生符合理性因果律。

非理性是这样一种存在，尽管日益精致化的理性阐释慢慢地把它从我们的视线中排挤出去，但这种阐释会因此变得十分复杂，以致凭我们的能力都难以理解。因此，也许在理性法充满整个世界之前，理性思维的局限其实早就暴露出来了。完全以符合理性的要求对一个真实存在的客体（不是纯粹假设的客体）进行解释是一种乌托邦式的理想。在理性的基础上只有被假设的客体能被完美地解释，因为它身上的一切东西都在理性思维的设定之中。同样地，经验科学也设定了对有限于理性范围内的客体，因为刻意把偶发事件排除了，它并不会对整个实际的客体进行思考，而只会对被挑选出来的与理性观察的客体的某一部分相适应的地方进行思考。

从这个意义上来讲，思维（参见该条目）与情感（参见该条目）都是定向的功能。当这些功能并不涉及客体的性质及其相互联系，也不涉及理性地选择客体，只涉及对实际客体来说并不缺少的偶发性的知觉时，它们就马上丧失了定向的功用，由此它们的某些理性特征也丧失了，这都是它们接受了偶发性导致的后果。它们变成了非理性的。对偶发性事件定向的知觉的思维或情感（所以它们是非理性的）或者是直觉的，或者就是感觉的。直觉（参见该条目）和感觉（参见该条目）是在对事件之流的绝对知觉中实现功效的心理功能，所以凭着它们的本性，能够对任何可能发生的偶然事件做出反应，与绝对的偶然性协调一致也就表示失去了其所有的理性定向。正是因为这样，我才将它们叫做与思维和情感相对立的非理性的功能，因为它们完全与理性法则相一致是思维和情感发挥其功效的前提条件。

尽管非理性不能成为科学的对象，但是在实用心理学上，正确地对非理性的因素进行评价是非常重要的。实用心理学提出的很多问题是理性无法完全解决的，只有非理性能解决它们，也就是说只有走一条与理性法则相反的道路才能使这些问题得到解决。期望或绝对深信肯定有一种理性的方法能够解决所有冲突，这对寻求具有非理性性质的解决之道而言，是一道难以跨越的障碍。

三十七、欲力（libido）

在我看来，欲力指的就是心理能量。心理能量的意思是心理过

程的强度以及它的心理价值。这里所说的不是价值的分配，不管是
其审美的、道德的还是理智的价值都一样；在其决定性的力量中已
经隐含了心理价值，其表现是特定的心理效用。很多批评家觉得我
把欲力理解成一种心理力，其实这是对我的误解，恰恰是因为这个
误解他们才会步入歧途。我用能量代表一种强度或价值，但不是把
它的概念进行实体化。在我看来，有没有一种特定的心理力存在根
本就与欲力的概念没有关系。我在使用欲力与"能量"这两个概念
的时候没有留心区分。我已经在本书脚注里注明的著作中对我称心
理能量为欲力的理由做出了解释。

三十八、客观层面（objective level）

当我从客观层面上对梦或幻想进行解释时，我想要表达的是，
我们能够从客观上将在梦或幻想中出现的人或情境归入现实的人或
情境之中。从主观层面（参见该条目）上做出的解释是与之相对的，
在此情况下，人和情境都被归结为主观因素。弗洛伊德对梦的解释
几乎完全是从客观层面上进行的，因为梦的愿望实际上就是现实的
对象，或者是性的过程，这些都属于生理学的、超心理学的范围。

三十九、定向（orientation）

我们一般用这个概念表达支配态度（参见该条目）的基本原则。
无论某种观点是不是意识的，每种态度都对这个观点定向。权力态
度（参见"权利–情结"条目）对自我（参见该条目）权力定向，
凭借自身的力量对抗不良的环境和影响。思维的态度对被其奉若神
明的逻辑原则定向；感觉的态度则对既定事实的感官知觉定向。

四十、神秘参与（participation mystique）

这个概念是列维·布留尔提出的。它是指与客体具有的某种特殊的心理联系，因为神秘参与，主体不能清楚地使自己与客体区分出来，他凭借一种与客体部分同一（参见该条目）类似的直接联依附在客体身上。这种同一是由主客体先天的合一造成的。在这种原初状况下残留下来的东西就是神秘参与。它并不是对所有的主客体关系都适用，而是只适用于在某些出现这种特殊关系的情形。这种现象在原初人当中比较常见，在文明人当中也并不少见，仅有的区别是，它们的影响范围或强度不一样。这种现象在文明人中一般发生在人与人之间，却极少发生在人与物之间。倘若发生在人与人之间，那就是移转作用的关系，其中对象（通常来说）得到了某种作用在主体上的魔力般的（也就是绝对的）影响。倘若发生在人与物之间，它也具有巨大的影响力，只是这次的对象变成了物，再或者就是一种对物或物的观念的认同作用。

四十一、人格面具（persona）

参见"灵魂"条目。

四十二、权力情结（power-complex）

我有时用这个概念来表示观念的整个情结，使所有其他的影响屈从于自我（参见该条）是它的一切奋斗的目标，而忽视了这些影响在民众和客观环境中所具有的根源，以及它们根植于主体自身的思维、冲动和情感。

四十三、投射（Projection）

投射与内向投射（参见该条目）相对，表示把主观内容带入客体中。因此，投射是一个异化（参见"同化"条目）的过程，在此期间，主观内容与主体远离，也就是说被具体化进了客体中。主体通过把某些痛苦的和不相容的内容投射出去而摆脱了它们，主体也投射那些具有正面价值的内容，不过出于比如自卑等各种各样的原因，主体难以接受这些内容。投射产生于主体与客体的原初同一（参见该条目），不过，只有当主体出现解除与客体同一的需求时，才能称其为投射。当同一变成一种扰乱的因素，即当欠缺被投射的内容而成为适应过程的阻碍，并急于撤回进入主体的内容时，这种需求就随之产生了。这时，之前的那种同一就拥有了投射的特征。所以，投射就是指一种同一的状态，因为大家已经注意到了该状态，因而招致了批判，而这种批判或许是主体的自我批评，也或许是别人的客观批评。

我们可以把投射分为两类，即消极的投射与积极的投射。消极的投射是一切病态的和许多正常投射的惯用形式；它完全是自主地出现，没有任何目的。积极的投射是构成移情（参见该条目）活动的一种主要成分。总之，移情使客体与主体产生密切的联系，是一种内向投射的过程。为了建立这种联系，主体将某种内容（比如一种情感）从自身分离出来，然后将其投入客体中，使得客体变得充满生机，凭着这种方式，客体被吸入了主体的范围。不过，积极的投射也是一种判断的行为，其目的就是使主体与客体分离。在此，主观判断作为一种有效陈述，从主体中分离出来，移到了客体之中；主体借此使自己与客体区分出来。投射与内向投射不同，它并没有走向同化和摄取，而是走向了主体与客体的区分和分离，因此，投射是一种内倾（参见该条目）过程。最后，在偏执妄想狂患者身上的投射也发挥了最主要的影响，以致主体彻底孤立了。

四十四、理性的（rational）

理性的表示合乎情理，与理性相同。我认为，理性是一种态度，它的原则是使思维、情感和行为与客观价值相符。客观价值一方面以内在心理事实的日常经验为基础，另一方面则以外在事实日常经验为基础。不过，就算主体"评价"这些经验是有价值的，它们也代表不了客观的"价值"，因为这已经是理性的活动了。让我们有权力宣称客观价值拥有最终的有效性的理性态度，是整个人类历史的产物，而不是单个主体的创造物。

大部分客观价值乃至理性本身，都是经过数代传承而保留下来的根基稳固的观念集丛。这些由数代人辛勤耕耘组织起来的观念集丛，与以下情形同样具有必要性：对于环境中经常连续发生的状况，生命机体必须做出反应，并以相应的功能情结来对待它们，比如眼睛，它与光的性质形成的对应十分完美。倘若就像叔本华所说的，有的反应与一般环境影响相适应，但它不是生命机体赖以存在的必要条件，那么，我们就可以来聊聊所谓形而上学的、先天存在的、普遍性的"理性"了。由此可知，人类理性是人在适应于一般环境时所做的表达，而不是其他的什么东西，它在稳固建立起来的观念集丛中慢慢沉淀下来，成了构成我们客观价值的一部分。因此，理性律具有这样的规律，那些被普遍认同为"正确"的东西，也就是说已经适应的态度（参见该条目）受到它的指称和统辖。凡是与这些规律相符的就是"理性的"，凡是与它们相冲突的就是非理性的（参见该条目）。

因为反思对思维与情感具有决定性影响，所以它们是理性功能。当它们在最大程度上与理性律相符时，它们就获得了最完美的运作。而感觉和直觉是非理性的功能，它们的目的是获得对整个事件过程最完美的知觉，也就是最纯粹的知觉，为此，它们必须竭力排除理性（因为理性的先决条件是将一切超出理智之外的东西都排除出去）。

四十五、还原（reductive）

还原意为"返回"，我用这个术语表示一种心理解释的方法，即不将无意识的产物视作一种象征，而是在症状学上把它视作一种潜在过程的征兆或符号。所以，我说的还原就是把无意识的产物回溯到其原本的元素中，不管这些元素是一些基本的心理过程，还是对过去实际发生的事件的回忆。还原的方法对过去定向，与建构的（参见该条目）方法恰恰相反，无论是站在比喻的意义角度还是站在纯粹历史的意义角度上看，还原方法都在于把已经分化的、复杂的因素回溯到一种更基本和更普遍的东西上去。弗洛伊德和阿德勒使用的都是还原法，因为有一种对愿望或追求的基本过程的还原存在于他们的方法中，而且这些愿望和追求还具有婴儿期的或生理性质的特征。所以，无意识产物肯定会被冠以一种非确切的表达方式的特征，而对于表达这一特征来说，"象征"一词并不合适。还原方法对无意识产物的真正含义进行了拆解，因为它或者追溯到其历史的前在物，从而使其失去意义，或者按照其从此所生的同样的基本过程对它们进行重组。

四十六、自身（self）

自身是一个经验的概念，意思是"一个人心理现象的全部范围"。它表达了作为整体的人格的统一性。不过，因其整体人格是由无意识的成分构成的，所以它不可能是全部的意识，就这一点来说，自身的概念只有一部分是经验的，而别的方面都是预设的。也就是说，它包括了可以经验到的和不能经验到的（或依旧没有经验到的）。它所具有的这些性质也是众多的科学概念普遍具有的，与观念之类的概念相比，它们的命名更加流行。意识和无意识所构成的心理整体是一种预设，从这一点来说，它就是一个超验的概念，因为它预设了经验基础之上的无意识因素的存在，所以带有统一体的特征，它只能获得有关部分的描述，而别的部分依旧是未知的、不可计量的。

我们在实践中往往会遇到意识现象和无意识现象，因而自身作为心理整体也包含这两个方面。从经验上来看，自身在神话、梦和民间故事中将国王、先知、英雄、拯救者等"超常人格"（参见"自我"条目）的形象呈现出来，也会表现为圆环、方形圆、方形物、十字等整体象征的形式。当它体现出一种复杂的对立以及一种对立的统一时，它也能以二元对立的统一的形式出现在互相敌对的兄弟、阳与阴相互作用的道、浮士德与靡非斯特、英雄与他的对手（主要敌人、龙）等形式中。因此从经验上来看，虽然自身被理解为对立双方于其中统一的整体和统一体，但依旧表现为明与暗的交替。既然很难将无事实根据的第三者这个概念表现出来，那么，我们就可以说它是超验的。倘若忽略对它表示统一的象征（一般从经验上才能看到）这一事实，那么，从逻辑思考上来说，它可能是一种空虚的沉思。

因为自身无法论证自己的存在，也就是说不能使自身实体化，所以它不是一个哲学观念。从理性的观点来说，它只是一个正在运作的假设。除此之外，它经验性的象征往往很明显地表现出超自然性，也就是一种先天的情绪价值，在曼荼罗中，"神是一个圆环……"以及毕达哥拉斯的四轮花和四位一体，等等。这些都证明了它是一个原型观念（参见"意象""观念"条目），它以某种形式区分了自己和其他观念，在这种形式中，它位于与其内容和超自然的意义相适应的核心位置。

四十七、感觉（sensation）

我认为，感觉是一种基本心理功能（参见该条目），冯特也是这样认为的。感觉向知觉传达对身体的刺激，因此它与知觉等同。我们必须严格区分感觉与情感，因为感觉与情感是完全不同的过程，虽然情感作为"情感－色调"可能与感觉有关系。感觉既与外部刺激有关，也与内部刺激，也就是内在器官感受过程中的变化有关。

所以，感觉主要表现为感官的知觉，知觉的传达方式是感觉器官和"体感"（比如肌肉运动知觉，血管舒缩感，等等）。一方面，它作为观念作用的一个要素，向心灵传达它所知觉到的外在客体的意象；另一方面，它作为一种情感的要素，通过感知身体上的变化，使情感拥有了感情（参见该条目）特征。由于感觉向意识传达了身体变化，因而也表现出了一种生理上的冲动。但它不同于生理冲动，因为它仅仅是一种知觉的功能。

我们必须对感官上的或具体的（参见该条目）感觉与抽象的（参见该条目）感觉加以区分。前者包括以上提到的一切感觉的形式，而后者所说的感觉则是从别的心理因素中抽象出来的或分离出来的。具体的感觉不能以"纯粹的"形式出现，它总是和情感、观念、思维混在一起。抽象的感觉是某种已经分化出来的知觉方式，它根据自己的原则，使自己从所有与被知觉到的客体的不同要素的混合中以及所有情感和思维的混合中脱离出来，从而达到了超出具体感觉的某种纯粹程度，所以它能够被称为"审美的"。例如，具体感觉一朵花时，传达的不只是对花的知觉，还有对茎、叶、产地等方面的知觉。它也与看到花时所激起的厌恶或喜爱的情感混合在一起，同时还混合了有关花的生物学分类的想法，以及有关花的气味知觉，等等。不过，抽象感觉直接把对花的最为突出的感官属性（比如光彩夺目的红色）的知觉传达了出来，这是它唯一的或者至少是主要的意识内容，完全从其他的混合因素中摆脱了出来。抽象的感觉在艺术家中很常见。与所有的抽象作用一样，它在功能分化（参见该条目）中产生，没有其他任何原初的东西。功能的原初形式总是十分具体的，即相互混合的（参见"具体化"与"古代式"两个条目）。具体的感觉可以表现为一种反应的现象，而抽象的感觉则和其他抽象作用一样，常常与意志（参见该条目），即一种定向感联系起来。当意志对抽象的感觉定向时，它就是审美感觉态度的表现及运用。

感觉在儿童和原初人那里获得了极为有力的发展，因为他们的感觉把思维和情感都超越了，虽然可能未必会超过直觉（参见该条目）。我认为，直觉是无意识的知觉，感觉是有意识的知觉。感觉与直觉也表现为对立的两个方面，或互相补偿的两种功能，就像思维和情感一样。尽管思维与情感都是独立的功能，可是从个体发生和种系发生上来看，它们都来自感觉（当然，也来自与感觉相对应的直觉）。倘若一个人的全部态度（参见该条目）都对感觉定向，那么这个人就是感觉型（参见该条目）。

既然感觉是一种基本现象，那么它就是先天就形成的，不同于思维和情感，也不遵循理性规律。虽然理性竭力把大多数感觉同化在理性系统中，但我依旧把它叫作非理性（参见该条目）的功能。正常的感觉应该是均衡的，即它们要大致对应身体刺激的强度。病态的感觉没有这种均衡，它们或者反常微弱，或者反常强大。在前一种情况下，因为另一功能占据优势地位，所以它们受到了抑制；在后一种情况下，因为它们与其他功能不正常地相混合在一起，所以被夸大了，比如与未分化的思维或情感混合在一起。一旦那种与感觉混合在一起的功能根据自己的要求获得了分化，那种感觉夸大的情况就会停止。心理症心理学为我们提供了一些关于这方面的极具启发性的例证，之所以这样说，是因为我们常常能看到对其他功能强烈的性欲化（来自弗洛伊德），即这些功能混合着性的感觉。

四十八、灵魂（soul）

当我研究无意识结构的时候，我不得不在概念上区分灵魂与心理。依据我的观点，心理是一切心理过程、意识和无意识的总和，而灵魂是一种有着明确界定的能被恰当地称为"人格"的功能集丛。为了让大家更加明白我的意思，我必须把某些更确切的观点展示出来，尤其是梦游症、双重意识和人格分裂等现象。在这些现象的研究上，法国学派做出了卓越的贡献，这些研究使我们认识到多重人格可能存在于同一个体中。

1.灵魂作为功能情绪或"人格"

显然，在正常个体中是不可能出现多重人格的。不过，上文谈到的一些现象表明，在正常的个体中或许存在或至少潜藏着人格分裂。实际上，对于心理观察者而言，只要他稍微细心一些就能很容易地证明，在正常个体中有性格分裂的痕迹。倘若我们非常细心地观察某人在不同的环境中的表现，就会发现，他的人格随着环境的变化也发生了变化，他会在前后两个场合中表现出截然不同的性格。一句来自日常经验的谚语——"在外面是天使而在家里是魔鬼"恰当地对人格分裂的现象进行了概括。特定的环境要求持有特定的态度（参见该条目）。这种态度保持的时间越长，就越需要反复地出现，以致变成了习惯性的态度。有教养阶层中的大多数人都必须生活在家庭和事业这两种不同的环境中。在这两种完全不同的环境下就不得不具有两种不同的态度，因为自我与当时态度的认同作用（参见该条目）达到的程度是不同的，因而便产生了性格的双重性。社会性格在社会的限制和要求下，一方面要对社会的期待与需要定向，另一方面要对个人的社会目标和抱负定向。通常来说，人的家庭性格是家庭环境的便利与舒适，以及感情的需要和闲散的追求铸造的；在公共场合活动的人必须有充沛的精力、顽强的毅力、大胆的行动和坚定的意志，而那些在外面表现得十分冷酷的人一旦沉浸在天伦之乐中，就变得温和、随和，甚至显露出软弱的一面。那么，到底哪种性格才是他们真实的性格呢？他们真正的人格又是什么？这些都是非常难以回答的问题。

以上思考表明，哪怕在正常个体中，也有性格分裂的可能存在。所以，我们就找到了把人格分裂当成一个正常心理学的问题进行研究的充分理由。在我看来，以上问题的答案就是这种人没有真正意义上的性格：他是属于集体性的（参见该条目），而不是个体的（参见该条目），只不过是被环境和普遍期望操控了而已。倘若他是个体的，那么无论他的态度如何变化，他都只会有同一种性格。他绝不苟同当下的态度，这既不会也不可能阻碍他在各种不同的状况中表现出自己的个性。尽管他与别的生命物的存在一样都是个体的，但这最多也只是一种无意识的存在。因为他在一定程度上与当下态度相同一，在别人面前他就隐藏起了自己的真实的性格，甚至还会自欺欺人。他戴上面具，并且知道这个面具与他的意识意图是一致的，与此同时，该面具也与社会的要求相符，顺应了社会的舆论导向，使得他的动机接连取得成功。

2.作为人格面具的灵魂

我把这个面具，也就是这种特别采纳的态度，称作人格面具，这个词出自古代演员所戴的面具。与这种面具一致的人被我称为"人格的"，它是相对于"个体的"存在的。

上文谈及的两种态度就是两种集体人格的体现，我简要地把它们概括为"人格面具"。我已经进行过暗示，这两种人格并不是真正的个性。所以，人格面具不同于个性，是为了适应或出于个人便利而存在的一种功能情结。它只与客体的关系有关。必须严格区分个体与外在客体的关系同个体与主体的关系。所谓"主体"，我认为就是一切内在于我们的流动着的幽暗而模糊的心绪搏动、思维、情感与感觉，它们的源头并非一切可被证明的对客体的意识性经验，它们如同一股从黑暗的内心深处、意识的背后以及底层迸发出来的、能产生骚乱和压抑但有时又是有益的力量，而这些东西加在一起的总和正好构成了我们对无意识生命的知觉。我理解的"内在客体"的主体就是无意识。既然存在一种对于外在客体的关系，也就是说有一种外在的态度存在，那么也同样有·种对于内在客体的关系，即也同样存在一种内在的态度。很明显，由于内在态度非常私密而又很难接近，而外在态度却一般都能被每一个人马上知觉到，因此与外在态度相比，内在态度更加难以辨识。不过，在我看来，想要系统地阐释内在态度的概念也不是不可能的。所有被称为偶然的奇想、抑制、情绪、模糊的情感和凌乱的幻想之类的东西，常常会扰乱我们的心灵，对我们的注意力进行干扰，使我们难以平静，就算在最正常的人身上也是如此，它们被合理地归结为身体上的或相似的原因，而实际上，通常情况下，它们都源于对无意识过程的知觉，而不是源于对理性所有意识的描述。很明显，我们可以将梦归结到这些现象之中，就像我们所知道的，虽然这一解释根本经不起事实的推敲，但梦还是经常被归结为是由诸如消化不良、仰卧等外在和表面的原因引起的。个体在这些情形之下，就肯定会拥有各式各样的态度。某人可能不会允许自己被内在的过程干扰一丁点，他也许根本就不理睬它们；而另一个人却完全任由内在过程控制，不过当他苏醒过来时，他就会一整天都沉浸在被令人讨厌的情感或某种幻想破坏的情绪中；他的头脑里充斥着模糊且不愉快的感觉，使他联想起一些隐秘的病痛。尽管他平时并不迷信，但一个梦就足以让他产生阴郁的预感。对于其他人而言，这些无意识的骚扰只是暂时的，或者说只是在极短的时间里接触到的无意识的一些方面。对某人来说，它们从来就不会在意识中作为任何值得思考的东西出现；而对另一个人来说，它们却能让他一整天郁闷困惑。某人把它们视为生理性的，另一个人则认为它们源于邻居的行为，而第三个人则在其中领悟到了宗教的启示。

这些对待无意识骚扰的完全不同的方式也慢慢变成了习惯，就和对待外在对象的态度一样。所以，内在的态度与外在的态度都联系着某种特定的功能情结。或许可以这样说，那些一直对外在对象和事件现实性视而不见的人有一种典型的外在态度；同样地，那些彻底忽视他们内在心理过程的人也有一种典型的内在态度。在前一种情形中，人格面具普遍表现出与外在世界缺少联系的特征，有时甚至完全忽视外在世界，除非命运无情地打击了他。这些戴着严厉的人格面具的人的态度，很容易受到无意识过程的感染和影响。尽管从外表上看，他们坚定而且很难接近，不过只要触及他们的内心世界，就会发现他们软弱与缺乏主见的特征。所以，他们的内在态度是与一种人格对应的，而这种人格却完全对立于其外在人格。举例来说，我认识这样一个人，他没有任何动机且无情地毁掉一切与他最亲近的人的幸福，而这个人只要在车窗外看到吸引人的森林美景就会马上停止对他而言非常重要的商务旅程。相信大家都很熟悉这类事例，所以我在此就不再多举例子了。

3.作为阿尼玛的灵魂

我们完全有理由讨论一种内在的人格，就像我们可以按照日常经验合理地对一种外在的人格进行讨论一样。内在人格这种行为方式与某人的内在心理过程相联系；它是向无意识转变的内在态度或性格面貌。外在的态度或外在面貌被我称为人格面具，内在的态度或内在面貌被我称为阿尼玛。一种态度一旦变成习惯，它就离不开功能情结了，在某种程度上自我就可能与这种功能情结等同了。当一个人在某些情境中用一种习惯性的方式处事，表现出一种习惯性的态度时，我们的日常语言就会生动地将其表述为：他彻底变成了另外一个人。这是习惯性态度表现出来的功能情结自主性的实际证明：就好像另一个人占有了他的人格，好像"另一种精神注进了他的血液"。自主性不是外在态度特有的，内在态度或阿尼玛（灵魂）也具有自主性。教育事业最困难的任务之一就是改变外在态度或人格面具，而改变阿尼玛（灵魂）与改变人格面具的困难程度是一样的，因为它的结构也焊接得非常紧密，绝不比人格面具的结构差。人格面具好像往往是构成一个人所有性格的统一体，甚至还会伴随他一生且无法改变，与此相同，阿尼玛（灵魂）也是一个带有他所有性格的明晰确定的统一体，常常也是自主的且无法改变的。因此非常容易刻画和描述它。

我的经验证实的确存在一种规律，即基本上阿尼玛（灵魂）的特征与人格面具的特征是互补的。意识态度缺乏的人性共有的品质被包含在阿尼玛（灵魂）之中。被噩梦、阴暗的预感和内心的恐怖所折磨的暴君便是典型的例子。从表面上看，他给人的感觉是冷酷、苛刻的，人们都对他敬而远之，但在他的内心深处，他却疑神疑鬼、捕风捉影，听凭一些幻觉的摆布，就仿佛一个耳根非常软的人任由别人支配一样。所以，他的阿尼玛（灵魂）就包含了他的人格面具不具备的易受暗示影响的人的所有品质。倘若他的人格面具是理性的，那么我们就能够确定他的阿尼玛（灵魂）就会依照感情行事。我已经十分明确地证明了，阿尼玛所具有的这种互补特征也影响了他的性别特征。一个英俊威猛的男人拥有一个女子气的内心，一个娇气柔弱的女人反倒拥有一个男人的灵魂。这种矛盾的来源是这样的事实，一个男人的全部气质也具有某种女性特征，而不是完全是男性化的。他越是在外在态度上表现出男性化的特征，就越容易掩盖他的女性特征；所以，他的女性特征只能出现在他的无意识中。这就是拥有男子气概的男人居然会那么容易性格软弱的原因；他们在无意识中会将女性的那种柔弱和多愁善感表现了出来。不过，下面的情形也是十分常见的：一个典型的女性却有着极为倔强、执拗和刚愎自用的内心性格，这些强烈的性格常常可以与男人在外在态度上所表现的特征媲美。因为女性的外在态度会对她所具有的男性特征产生排斥，所以这些特征就成了她的灵魂的品质。

因此，倘若我们提及男性的阿尼玛，那么也必须要提及女性的灵魂的正确的名称——阿尼姆斯。逻辑和客观性通常在男性的外在态度中占据优势地位，或者至少被看成是一种理想，但对于女性而言，情感会占据优势地位。不过在灵魂中，这种关系却恰恰相反：男性在内在方面是感觉的，而女性却是思考了的。所以，男性容易变得绝望，而女性却总是能找到安慰和希望，这也是男性比女性更容易轻生的原因。一个女人可能会由于社会环境所迫去做一些低贱的事，最后甚至会自甘堕落去卖淫，而男人也可能同样沦为无意识冲动的牺牲品，他们的方式往往是酗酒或是做出其他一些恶行。

从他们共同的人性来说，从人格面具的特征中可以推断出阿尼玛的特征。在一般情况下所有应该出现在外部态度中却又不能被找到的东西，总是能在内部态度中发现。我的经验一次次地证明，这是一条基本的规律。不过，却根本无法从这一方式中推演出阿尼玛的个人品质。只有一点是我们能确定的，那就是倘若一个人与他的人格面具相一致，他的阿尼玛就会与他的个人品质产生联系。这种联系往往出现在梦中，表现出精神受孕的象征，该象征可追溯到英雄诞生的原初意象（参见该条目）。以这种方式出生的孩子就代表个性，它尽管已经出现，但依旧不是有意识的。阿尼玛深受无意识及其本性的影响，这与人格面具作为适应环境的工具受到环境强有力的影响是一样的。人格面具在原初环境中肯定会将原初的特征呈现出来，同样地，阿尼玛也就获得了无意识的古代式（参见该条目）特征，并且将其象征的、预示的特性表现出来，并因此使其内在态度具有"创造性的"和"怀孕的"品质。

与人格面具的同一（参见该条目）自然会导致与阿尼玛的无意识的同一，因为倘若自我不曾与人格面具区分开来，它就不能意识到与无意识过程的联系。因此，它本身就是这些过程，与它们同一。只要某人的本身等同于他的外在角色，那么他将毫无疑问地向他的内在过程屈从；他将通过绝对的内在需要打败他的外在角色，或者借助对立形态（参见该条目）的过程让其外在角色变得荒谬。他可能不再继续走他的个人道路，否则他的生命将会不断遇到死结。除此以外，他的阿尼玛（灵魂）一定会被投射到一个现实的对象中，以致彻底依赖于这一对象。每一个由此对象产生出来的反应，都直接造成了主体的内在衰弱。这种方式（参见"灵魂－意象"条目）往往形成了悲剧情结。

四十九、灵魂－意象（soul-image）

灵魂－意象在一切无意识所产生的意象中，是一种特殊的意象（参见该条目）。如同某些人梦中的意象将人格面具或外在态度体现出来了一样，这些人以非常显著的形式拥有人格面具的外在性质，同样地，某些具有相应性质的人在无意识中也将一个人的灵魂体现了出来，即阿尼玛或内部态度。我们把这些意象叫作"灵魂－意象"。有时我们完全不了解这些意象，或是某些神话的人物。在女人那里，阿尼姆斯往往被人格化为一位男性；而在男人那里，阿尼玛则经常被无意识人格化为一个女性。在一切个性（参见该条目）都是无意识的并因此联系着灵魂的情况下，灵魂－意象就获得了同一性别的特征。倘若所有存在与人格面具相同一（参见该条目）并且灵魂因此是无意识的，那么，此时的灵魂－意象就是真实的人。这个人要么被强烈地爱着，要么被强烈地恨（或恐惧）着。这个人的影响力是直接的、绝对强迫性的，因为它总能使人在感情上产生反应。这种感情（参见该条目）之所以会存在，是基于这样一个事实，即真正有意识地适应代表灵魂－意象的人是根本不存在的。因为不可能有一种客观的关系存在，所以受到了阻碍的欲力只能以感情的爆发宣泄出来。感情总是出现在适应失败的地方。之所以不可能存在有意识地去适应代表灵魂－意象的那个人，是因为主体无法意识到自己的灵魂。倘若他意识到了自己的灵魂，他就能与对象区分出来，就可以把对象的直接影响力消除，因为对象的力量取决于灵魂－意象的投射（参见该条目）。对男人而言，由于他的灵魂具有女性的性质，所以真正地负载着他的灵魂－意象的是女人；同样，对女人而言，真正负载着她的灵魂－意象的是男人。无论在何地，只要两性之间存在一种充溢激情的近乎魔力的关系，那么就肯定存在着投射灵魂－意象的问题。这种关系是非常普遍的，所以我们常常能够发现，灵魂肯定是无意识的，也就是说，绝大多数人是根本无法意识到自己与内在心理过程存在某种联系的。因为与这种无意识状态联系在一起的往往完全认同人格面具，所以会不断出现这种认同。而这也确实是事实，大部分人完全与他们的外在态度等同，所以根本就没有意识到与自己的内在过程的联系。但相反的情形也可能发生，灵魂－意象并没有被投射，而是保留在主体内，这使得他对灵魂产生了认同，因为他坚信自己与内在过程的联系方式就是他的真实性格。倘若处在这种情况中，作为无意识存在的人格面具就会在相同性别的人身上发生投射，这就给众多潜在的或公开的同性恋事例提供了理论根据，同时也给许多女性中的母性－移情作用或男性中的父性－移情作用事例提供了理论根据。在这些事例中，对外在现实的适应不仅有缺陷，而且还与之保持着一种有缺陷的联系，因为认同灵魂，所以出现了一种绝对定向于内在过程的知觉的态度，也剥夺了客体的决定性力量。

只要投射了灵魂-意象，客体就会产生一种绝对的影响力。倘若没有被投射，它就会使一种相对不适应的状态得到发展，这就是弗洛伊德所说的自恋。只要让对象的行为与灵魂-意象相一致，那么灵魂-意象的投射就会使某人不再对其内部过程表示过度专注。于是主体突破了他的人格面具，在生存中谋得了一席之地，有能力进一步发展。不过，客体几乎很少能够满足灵魂-意象不太明确的要求；然而，却有大部分女性能通过忽略自己全部的生活，长期将她们的丈夫的灵魂　意象成功地体现出来。这一点归因于生物性的女性本能的帮助。一个男人或许也会为了他的妻子无意识地表现出此类情形，虽然这可能会促使他去做那些不管好坏但都让他很难胜任的事情。这里同样是生物性的男性本能为其提供了帮助。

倘若灵魂-意象没有被投射，那么其与无意识的联系就会慢慢完全变成病态的。主体在无意识的内容中一点点淹没，他与客体的适应关系存在缺陷，使得他不能同化或用任何别的方式也无法使用这些无意识内容，所以，主体与客体之间的关系就会更加恶化。很明显，这两种态度代表了两个极端，而正常的态度正位于两个极端的中间。正常人的灵魂-意象的特征既不是非常明晰、纯粹或深刻的，反之，还是比较模糊的。那些人有着和蔼而不具侵略性的人格面具，他们的灵魂-意象往往带有非常狠毒的特征。斯比特勒在《奥林匹斯之春》中描绘的那个陪伴在宙斯身边的恶魔般的女人就是此方面在文学上的代表形象。倘若一个女人是理想主义的，那么堕落的男人便是她的灵魂-意象的承载者，因而这种"救赎的幻想"时刻萦绕在她的心头。同样的情形也会发生在男人身上，对于这种男人而言，妓女的头上往往闪耀着疾呼救助的灵魂的光环。

五十、主观层面（subjective level）

当我从主观层面解释梦或幻想时，我的出发点是，出现在这些梦或幻想中的人物和情境，其涉及的完全是属于主体自己心理的主观因素。众所周知，客体的心理意象与客体本身并非完全相等同的，它们最多只有某种相似性。客体的心理意象是从感官知觉和统觉（参见该条目）之中产生的，而知觉和统觉则产生于心理以及完全由客体刺激的过程。尽管我们的感觉事件被认为与客体的性质在很大程度上相一致，但是主观影响对我们的统觉的限制是无法预估的，这就很难正确认识客体。况且，人类性格中存在的这种复杂的心理因素，只为纯粹的感官知觉提供了非常有限的支点数量。要认识人类的性格，反思、移情（参见该条目）和直觉都是必不可少的。因为各种非常复杂的因素，我们最后对其价值的判断总是值得怀疑的，所以，我们对人的对象（客体）所形成的意象肯定在很大程度上受到了主观条的限制。因此，如果我们能在实用心理学领域，严格地区分开一个人的意象或成像与他的现实存在，那就是最好的了。一般来说，成像与客体本身的意象无关，它更多是属于一种主观功能集丛的意象。在对无意识产物进行分析治疗的时候，最基本的要求就是不能假设成像等同于客体——最好把它视为一种与客体的主观关系的意象。主观层面的解释的意义就在于此。

从主观层面来对无意识的产物进行解释，揭示了主观判断与主观倾向的存在，客体被视为这种判断和倾向的载体。因此，我们不能把在无意识的产物中出现的客体-成像视为现实客体的意象，它更类似于我们讨论过的主观功能的集丛或情结（参见"灵魂"条目）。主观层面的解释让我们能以更宽广的视野看待梦和文学作品，因此文学作品中个性的人物成了作者心理中相对自主的功能情结的代表。

五十一、象征（symbol）

在我看来，应该严格地区分象征的概念与符号的概念，因为两者的意义是完全不同的。费雷罗在他关于象征主义的著作中，并没有从严格的意义上对象征进行讨论，只是论述了符号。举例来说，有一种旧风俗是这样的，要想出卖一块土地，必须同时交出一块草皮，在模糊的意义上草皮一词可被描绘为"象征的"，但它其实只具有符号的特征。这块草皮代表的是整块土地。铁路官员佩戴的翼轮徽章象征的不是铁路，而只是一个被用来区别于铁路系统全体工作人员的符号。一个象征常常预设着，所选择的是能对某一相对未知事实进行最恰当的描述或阐释的表达方式，这个事实依旧被认为或是假定存在着。所以倘若说铁路官员佩戴的翼轮徽章是象征，就等于是在说这个人身上存在着某种未知的系统的东西，而最好的表达方式就是翼轮。

所有觉得象征表达的是一种对已知事物所做的类比或缩略的观点，都是符号的；而所有认为象征表达能恰当地阐释一个相对未知的事物，却很难对其做出更具特征、更清晰的表达的观点，都是象征的；所有认为象征表达是一种对未知事物以其他方式描写或进行有意的改写的观点，都是比喻的。认为十字架是一种圣爱的象征，这种解释是符号的，因为与十字架所能表达的事实相比，"圣爱"描述得更好更贴切，它可能涵盖了许多其他的意义。相反的是，倘若使十字架超出一切可能想象得到的解释的范围，将其视为对依旧未知的无法理解的超验事实（即心理本质）或神秘事实的表达，此时，这种解释就变成了象征的，它直接找到了十字架中体现出来的最恰当的意义。

象征充满了生机，当无法恰当地用其他方式更好地刻画某物时，象征就是最好的表达方式。只有当象征表现这一意义时，它才是拥有生命力的。不过，倘若其意义被宣告于天下，倘若这种表达形式被找到了，而且它对那些寻求、期待或预见的东西做出的阐释比至今为止一切可接受的象征都更好、更系统，那么，象征就失去了生命，其意义也只能是历史的了。或许它依旧可以被我们当成一种象征来谈论，但那只是在一种人所共知的假设的基础上建立起来的，也就是说我们还没有产生出能穷尽它的意义的更好的表现形式。早期神秘思辨论者和圣·保罗用十字架来对他们的观点进行阐述，这一方法表明，在他们看来，十字架依旧是一种充满生命力的象征，其他方式无法超越它对那些难以表达的东西的表达方式。在所有秘教的解释看来，象征都已经没有生命了，因为秘教主义已经为它找到了（至少表面上是这样）一种更好的表达方式，因而象征就变成了用于联想的设定好的符号，而这种联想在其他一些地方早已为人们所熟知。而倘若从显教的观点来看，象征就充满活力了。

　　一个表达已知事物的方式依旧只是符号而绝不是象征。因此，根本不可能从已知的联想中创造出有生命力的、孕育着意义的象征。因为这样创造出来的所谓的象征无法包含比放进去的更多的东西。不管是哪种心理产物，只要在当时情况下它对一种未知的或相对已知的事实所做的表达是最恰当的，我们就能够把它视为一种象征，对于我们所接受的这种表达来说，它是具有规定性的，代表着那些只是预测而尚未被清晰地意识到的东西。既然一切科学理论都包含着假设，因而所进行的是某种基本上还是未知的事物预期性描述，那么，我们可以说，科学理论也是象征。再进一步说，倘若我们假设每一种心理表述所陈述或意指的东西比它本身多，因而也超出了我们现在所掌握的知识的话，那么这些心理表述也属于象征。这种假设在一切意识与事物在深层意义上相协调的地方都是可能的。对于同一个意识而言，只有当它构想出一种表达形式，能够把它想要陈述的东西准确地陈述出来（比如一个数学术语）时，这种假设才是不可能的。不过，对另一种意识来说，这种限制是不存在的。它可以把这个数学术语视为一个适应未知的心理事实的象征，数学术语并非被用来有意地表达心理事实，但是心理事实已经隐含在其中了——因为这个心理事实并不为构想出这个表述符号（数学术语）的人所知，所以它也不能被任何意识所运用。

一个事物能不能变成一种象征主要取决于进行观察的意识的态度（参见该条目）；比如，要看该态度是不是不仅把某一既定事实视为既定事实，还将其视为对某种未知事物的表达。所以，一个人完全有可能把一个在他看来毫无象征意义的事实创造出来，而在另一个人眼中，这个事实却具有深刻的象征意义。当然，相反的情形也有可能会出现。也存在这样一些产物，它们的象征特征不仅仅取决于从事观察的意识的态度，还可以从它们对观察者所施加的象征性影响中自发地显示出来。这些产物的构成是这样的，因此它们除了被赋予的象征的意义之外，就没有别的任何意义了。举例来说，一个内含一只眼睛的三角形，这是没有意义的，就连观察者都不可能把它视为一种纯粹偶然的乱涂乱画。不过，这个图形或许能马上让人意识到一种象征的解释。同一个图形以同样的形式反复出现会使这种自发的效应得到强化，在创造它的过程中投入特别的关注也会使这种自发的效应得到强化，这样一来，它就变成了对赋予它的特殊价值的表达。

倘若某种象征无法以这种方式对观察者起作用，那么这种象征便失去了生命，也就是说，或者有更好的阐释方式已经被取代了它，或者它就变成了其象征的性质完全取决于观察意识的态度的产物。那种将特定的现象视为象征性的态度可以被我们简要地称为象征的态度。事物的实际行为只能对它的一部分进行证实；而其余的部分，则是由某种特定的世界观产生的，世界观在各种大小事件上添加意义，这些附加意义的价值甚至超越了事实本身。还有一种与这种关于事物的观点相对立的观点，它看重的是纯粹的事实，使意义向事实屈从。从这种态度来看，只要象征的性质完全由观察的方式决定，绝对不可能存在象征。不过就算在这样一种态度之下，象征依然存在，即那些激发观察者去预设一种潜在的意义的象征是存在的。毫无疑问，一个牛首神的意象可以被解释成一个长着牛首的人的身躯。不过这种解释本身几乎无法与象征的解释对抗，因为象征方式的魅力实在是太大了，以致根本无法忽视。倘若一个象征需要竭力把其性质强加给我们，那它肯定不是一个充满生机的象征。或许它的意义是完全属于历史的或哲学的，只能在审美或理智上唤起趣味。只有当象征被用来表达某些能够预测但还不被观察者知道的东西时，它才是最高和最好的表达形式，才真正生机勃勃。它使得无意识也参与了进来，还导致产生了生命-赋予和生命-提升效应。如同浮士德所说："对我而言，这个新的标志产生了多么不同凡响的影响啊！"

基本的无意识因素因有生命力的象征而获得了合理的配置，这种因素分布得越广，其象征的作用就越普遍；因为所有心理中与它相应的一切琴弦都被它触动了。对每一个回响而言，既然它能最恰当地将那些依旧未知的事物表达出来，那么它肯定是那个时代最复杂且最具差异性的心灵的产物。但是，它必须囊括所有群体共同具有的东西，才能最终达到这个效果。它绝对不可能成为最大分化程度的东西和最高的获得物，因为只有极少数的人才能够获得和理解它。普遍的因素一定是某种非常原始的以致无处不在的东西。只有象征将它囊括进去，并以最大可能性的形式将它表达出来时，它才能显现出普遍的功效。这体现的就是有生命力的、社会性象征的威力和它那救赎的力量。

我曾经论述过的有关社会性象征的一切都同样适用于个体象征。有些个体心理产物的象征特征非常明显，以致马上就能引出象征的阐释。它们对个体所具有的功能意义与社会象征对一个较大的社会团体所具有的功能意义是相同的。这些产物绝非只源自意识或无意识，而是两者协调合作产生出来的。从本质上来看，比起纯粹的意识产物，纯粹的无意识产物并没有更令人信服的象征性力量；赋予它们象征特征的是进行观察的意识的象征性态度。不过，如同人们会把猩红热的红疹视为疾病的"象征"一样，它们或许会以同样的方式被恰当地视为一个因果性决定的事实。但是在此情况下，与其说它是"象征"，倒不如说它是一种"症状"，这样还显得更加准确。因此我觉得，当弗洛伊德按照他的观点提及作为症状的行为而非作为象征的行为时，他简直太正确了。因为在他看来，这些现象指的是特定的以及众所周知的潜在过程的症状性符号，而不是界定在这个意义上的象征。当然，也有一些心理症患者会把主要是病态症状的无意识产物视为绝对重要的象征。但是一般来说，情况都是相反的，比如，今天的心理症患者就非常容易把实际上可能充满意义的产物视为"症状"。

有这样两种相互矛盾又明显对立的观点，它们站在各自的立场上为事物有没有意义进行着激烈的争辩，通过这一事实，我们知道是存在这样的过程的，它们的出现并没有什么特别的意义，只是一种结果或症状而已；并且还存在另外一些，它们里面包含着潜在意义的过程。它们不仅来自某些东西，而且在努力变成某种东西，因而它们都是象征的。必须借助我们的辨别力和批判的判断力，才能确定我们正在观察的东西是症状还是象征。

象征往往是一种最终具有复合性质的产物，因为它涵盖了一切来自各种心理功能的材料。所以它既不是理性的（参见该条目）也不是非理性的（参见该条目）。从某些方面来说，它合乎理性，而从别的方面来说，它又不合理性。因为构成它的是非理性的材料，而这些材料则是由理性材料和纯粹内在的和外在的知觉提供的。就像象征的深厚意蕴及其孕育的意义向强有力的情感（参见该条目）和强有力的思维（参见该条目）诉求一样，其特殊的可塑性意象（当它在感官知觉的形式中塑形时）也会激发直觉（参见该条目）和感觉（参见该条目）。有生命力的象征绝不可能诞生于呆滞的或低度发展的心灵之中，因为这样的心灵能够满足传统提供的已经存在的固定的象征。只有那种急切地渴望获得高度发展的心灵才能将新的象征创造出来，因为在它们眼中，传统的象征的表达方式已经无法将最高的和最低的、理性的和非理性的东西统一起来了。

不过，说得更确切一点，因为新的象征诞生于人的精神最高度的亢奋中，也诞生于人的最深层的存在根基中，所以它不可能从最具高分化程度的心理功能的片面性之中产生出来，而肯定会从最低下的和最原初的心理层面中产生出来。倘若这种对立状况的联合最终变成了可能，那么，它肯定会先和最强烈的意识对立面相对。这肯定会使一个人的内心产生一场激烈的交战，正面与反面在这场战斗中相互否定，与此同时，自我也被迫明白它只能站到哪一边。倘若一方投降了，那么象征肯定会成为另一方的产物，在此情况下，象征就很少作为象征而变成了被压抑的一方的症状。不过，倘若象征在某种程度上完全变成了一种症状，它就没有救赎的作用了，因为它不能充分地表达所有心理部分存在的权力，而完全变成了被压抑的一方的一种持续的暗示，虽然意识或许完全没有意识到这个事实。然而，倘若对立双方因实力相差无几导致僵持不下，并且自我毫无疑问地加入双方而对这种情形进行了证实，那么，意志（参见该条目）就难以决断了，因为在每一种动机都与同样有力的反动机相伴时，意志就发挥不了作用了。既然生命无法容忍这种停滞的现象，那么就会出现生命能量的阻积，倘若对立双方的紧张没能导致一种新的能超越对立双方的协调的功能的产生的话，那么就将不可避免地出现一种难以承受的状况。因为受到阻积，新的功能会自然地产生在欲力的回归中。由于意志的彻底分裂，以致暂时不会有任何前行，欲力只好被迫流向后方，可能会一直流回到它的发源地。换言之，意识的不活跃和中立促使无意识变得活跃，在那里，一切已分化的功能具有相同的古代的根源，所有的内容都存在于混杂的状态中，原初精神表明它们依旧大量地残留在其中。

现在由于活跃的无意识，一种新的内容便浮现了出来，其中正面和反面在同等程度上聚集起来，共存于补偿性（参见该条目）联系中，以致形成了一个中间地带，在这个地带里对立双方可能会达成和解。比如，倘若我们假设这种对立是精神性与肉欲性的对立，那么产生于无意识的调解的内容就会依靠丰富的精神性联想提供与精神性的正面相适应的表达形式，同时也会依靠其官能的想象提供与肉欲性的反面相适应的表达形式。在此，尽管自我因处于正面和反面之间而被扯裂，但无论如何，在这个中间地带中它还是找到了与其相对应的东西，找到了能对它进行表达的唯一的方式，为了免于分裂，它迫不及待地把这一表达方式握在手中。这样一来，由对立的紧张所产生的能量就向用来调解的产物流去，使它不会再直接爆发冲突。因为对立双方都竭力把新的产物往自己这边拉。精神和肉欲都想从它这里得到东西——精神想得到某些精神性的东西，而肉欲想得到某种肉欲性的东西；精神想把它转化为科学和艺术，肉欲则想把它转化为感官经验。只有自我尚未完全分裂而比较偏向于其中的某一方，这一方才能成功地将这种用以调解的产物占为己有或使其被消解。不过，倘若其中的某一方成功地占有并消解了调解的产物，自我就会站到这一方的阵营中，于是自我对优势功能（参见"劣势功能"条目）的认同作用就产生了。然后，就会重新出现更高层次上的分裂过程。

不过，如果结果是自我坚定不变，没有投入任何一方，以致哪一方都不能成功地消解用以调解的产物，那么就充分证明了调解的产物比双方更具优势。在我看来，自我的坚定不变和调解的产物对双方的正面和反面具有的优势是互为条件和互相关联的。有时天生的个性（参见该条目）的稳固似乎起决定作用，而有时调解的产物又好像能够决定自我并具有一种绝对稳固性的优势力量，不过可能实际的情形是，个性的稳固和调解产物的优势力量源于同一物体，只是它的两个方面而已。

倘若调解的产物并未被消解，也就是说依旧保持完整，那么它就会变成用于建构过程的原始材料，而不会再用于消解过程，其中，正面和反面都可以发挥各自的作用。在这一过程中，它转变成了一种新内容，其作用是使分裂结束、统辖整体态度以及迫使对立的能量流入共同的管道。由此，生命的停滞便被克服了，使生命带着新生的力量流向新的目标。

我称这个过程为超越功能，这里的功能指的不是基本功能，而是把它视为由其他功能组建而成的复合功能。"超越"不具备任何形而上学的性质，指的仅仅是这种功能拥有从一种态度转变为另一种态度的能力。正面和反面形构成原始材料，并在此过程中，达成了和解，这种材料正象征着生命力。其深厚的意义不仅在于原始材料本身，还在于它超越了时间与消解的心理的真正本质；从对立双方产生的形构中，它取得了超越一切心理功能的最高权力。

在宗教创立者的早期活动中，我们可以在他们体验到的零碎的内心冲突中发现象征在形成过程中留下的迹象，例如，耶稣与撒旦、佛陀与玛拉、路德与恶魔、茨温利和他前世之间的冲突；或者出现在同魔鬼签订契约的浮士德的返老还童中。我们在《查拉图斯特拉如是说》中可以看到，"最丑陋的人"身上存在着被压抑的反面的最好的例子。

五十二、综合（synthetic）

参见"建构"条目。

五十三、思维（thinking）

我认为，思维是一种基本心理功能（参见该条目）。思维是遵循它自身的规律而运作的，它把观念的内容以某种方式融入概念的联系中。由于它是一种统觉（参见该条目）活动，因而可以把它分成两种，即主动的思维和被动的思维，前者是一种意志（参见该条目）的行为，而后者是一种偶发现象。倘若处于前一种情况中，我会服从于观念内容自发的判断行为；但倘若处于后一种情况中，概念的联系已经通过其自身的规则建立起来了，所形成的判断与我的意图甚至是相冲突的。它们与我的目的不一致，所以按照我的观点来看，它们缺少方向感，虽然后来我通过主动的统觉活动认识到了这一点。所以，主动思维是与我的定向思维的概念保持一致的。我在之前的著作中把被动思维不恰当地称为"幻想的思维"，但是我现在要把它称为直觉的思维。

在我看来，如同某些心理学家所说的那种联想思维一样，被简单地串联起来的那些观念，其实不是思维，而是观念作用。按照我的观点来说，"思维"应该被界定为通过概念联结观念，即被界定为判断的行为，至于该行为有没有意向性则不重要。

我把那种用于定向思维的能力称为理智的，而把那种用于被动的或非定向思维的能力称为理智的直觉。再进一步说，我认为定向思维是理性的（参见该条目）功能，因为它用来处置观念作用内容的那些概念，与我所能意识到的理性规律正好一致。反之，在我看来，非定向思维是非理性的（参见该条目）功能，因为我意识不到它用于处置和判断观念作用内容的那些规则，所以也不能认识到它们与理性是否一致。尽管在我看来，判断的直觉行为的出现方式是非理性的，但也许我可以认识到它与理性的一致。

那种被情感（参见该条目）控制的思维被我视为依赖于情感的思维，而不是直觉的思维，因为它遵从的是情感的原则，而不是自己的逻辑原则。在这种思维中，逻辑律只出现在表面上，实际上，为了满足情感的目的，它们已经被搁置起来了。

五十四、超越功能（transcendent function）

参见"象征"条目。

五十五、类型（type）

类型指的是一种样式或范本，它将某一个种类或类别的性格以一种典型的方式再现出来。本书所使用的是它的一种狭义，即类型是指出现在许多个体形式中的一般态度（参见该条目）的典型模式。我从中挑选了四种，它们主要定向于思维、情感、直觉、感觉（参见诸条目）四种基本心理功能（参见该条目）。只要这些态度中的任何一种成为习惯，并且因此使个体性格将明确的印记表现出来，就可被称为心理类型。它们被人们称为思维型、情感型、直觉型和感觉型，并且可根据其基本功能的性质分成两大类，即理性的（参见诸条目）和非理性的（参见诸条目）。思维型和情感型属于理性的类型，感觉型和直觉型属于非理性的类型。倘若以欲力（参见诸条目）运动优势的倾向作为依据，还可以进一步将它们区分为内倾型（参见诸条目）和外倾型（参见诸条目）。按照内倾态度或外倾态度各自占据的优势，可以将所有基本类型划分到这两种类型之内。

思维型不仅属于内倾型，也属于外倾型，对其他的类型而言也是这样。而理性和非理性类型的区分则与内倾和外倾无关，它们是另一个方面的问题。

在之前关于类型理论的文稿中，我没有区分思维型和情感型以及内倾型和外倾型，而是把思维型与内倾型等同起来，把情感型与外倾型等同起来。但在更加深入地研究过资料之后，我认为必须把内倾型和外倾型提升到比功能类型更高的范畴。而且，这种区分是完全与经验相一致的，比如，明显存在两种情感类型，一种是内倾情感型，该类型的态度更多地对他的情感经验定向，而另一种则是外倾情感型，该类型的态度更多地对客体定向。

五十六、无意识（unconscious）

我认为，无意识概念不是本质上形而上学的哲学概念，而是一个纯粹心理学的概念。在我看来，无意识在心理学上是一个分界概念，它包括了所有非意识的、在每一种可知觉的方式上与自我（参见该条目）无关的心理过程或心理内容。要证明存在无意识过程，我的理由特别充分，这种理由仅仅来自经验，尤其是心理病理学的经验，毫无疑问，那里为我们提供了强有力的证据，举例来说，在歇斯底里健忘症病例中，自我完全不知道存在着大量心理情结，不过在另一时刻，只需一个简单的催眠步骤就能使所有被遗忘的内容再现。

无数的经验证实了无意识心理内容的存在。在具体的状况中，倘若无意识内容没有与意识发生联系，它就有可能失去一切认识。因此，贸然地猜测它是没有意义的。猜测同样脱离不了幻想的范畴，因为它是通过大脑作用和心理过程将无意识状态联系起来的。它不可能详细地说明无意识的范围，即无意识包含什么内容。唯有经验能对这些问题起决定作用。

通过经验我们知道，通过丧失其能量价值，意识内容能够转变成无意识的，这是正常的"遗忘"过程。经验告诉我们，有些内容并没有消失，而是进入了意识的阈下，并在那里沉潜了数十年，倘若条件适合，它们就能够重新浮现出来，比如在催眠状态下，或在梦中，或以潜在记忆的形式，或通过联想已遗忘的内容进行复活，从而重新浮现出来。我们还知道，意识内容通过"有意的忘却"可能会沉入意识的阈限之下，被弗洛伊德称为对痛苦内容的压抑的东西，它们的能量价值并没有损失太多。人格的分裂，即意识的崩溃也会产生此类情形，这是由神经震惊或激烈的感情（参见该条目）导致的，或是由人格解体在精神分裂中造成的（布留勒尔）。

同样，经验告诉我们，有些注意力偏离或强度不高的感官知觉不能获得意识的统觉（参见该条目），但通过无意识统觉依旧可以成为心理内容，一个很好的例证就是催眠术。同样，这种情形也发生在了那些由于注意力的偏离或由于其能量太小而依旧遗留在无意识中的判断或其他的联想中。最后，经验还告诉我们，例如神话意象（参见该条目）等无意识的心理联想根本就不可能成为意识的对象，所以肯定是无意识活动的产物。

于是，我们在某种程度上可以说，经验为我们提供了一个假设无意识内容存在的支点，但它不能告诉我们某种无意识的内容。因为某种无意识内容的范围是无限的，所以对此进行揣测是完全没有意义的。阈下知觉的最低限度是什么？有什么方法能对无意识联想的广度和深度进行测量？在什么时候会完全消除遗忘的内容呢？这些问题都悬而未决。

无论如何，截至目前按照我们的经验只能对无意识内容的性质进行某种普遍的分类。我们能将个体无意识区分出来，它包括所有个体生命的获得物：一切被压抑的、被遗忘的、下意识领悟到的、想到的和感受到的东西。此外，还存在另一种无意识内容，它不是产生于个体获得物中，而是产生于遗传的一般心理功能的可能性，也就是说是从遗传的大脑结构中产生出来的。这种无意识内容指的就是神话主题、神话联想和神话意象，不管在什么时候什么地方，它们不需要依赖历史传统或移植就能重生。我把这些内容称为集体无意识。经验告诉我们，就像意识内容从事着某种既定的活动一样，无意识内容也从事着同样的活动。意识的心理活动能够将某种产物创造出来，无意识心理活动同样也能将产物创造出来，比如梦、幻想（参见该条目）等。推测意识成分在梦中有多少是徒劳无功的。梦在我们睡觉的时候出现，可是我们却无法有意识地去创造它。有意识的再现或者是对梦的知觉，都在很大程度上使梦发生了改变，但创造活动的无意识根源这一基本事实是不管怎样都不能改变的。

我们可以用补偿性的（参见该条目）来描述无意识过程与意识的功能联系，因为通过经验我们知道，倘若所有都是意识的话，那么它们会使那些聚集在意识状况下的阈下材料都重新浮现出来，也就是一切并未消失于心理图景中的内容。无意识的补偿性功能越明显，意识的态度（参见该条目）就越片面化，病理学在这方面提供了大量的例证。

五十七、意志（will）

我认为，意志是在意识支配下有着一定数量的心理能量。按照这个概念，意志力就是意识动机释放能量的过程。所以，在意志的概念里我将无意识动机所形成的心理过程排除了，意志这种心理现象的存在要依赖于文化和道德教育，而这也是原初心灵非常欠缺的。

结　语

在这个时代，我亲眼看到了法国大革命为实现"自由、平等、博爱"而进行的革命斗争，最终又看着它发展为一场更广泛的社会运动，这场革命的目标不完全是把政治权利降低（也可以说是提高）到同样普遍的程度，更大程度上是希望借由外部管理和平等主义的改革将不幸彻底消除；生活在这样的时代里，谈论一个国家的基本组成成分的完全不平等确实没有什么意义。每个人都拥有政治选举权，法律面前人人平等，谁都不能凭世袭的社会地位和特权欺压他人，尽管这些看上去很美好，但是，只要平等的概念向其生命的领域延伸，这些所谓的美好就可能会消失。只有其视野被完全遮蔽或从非常遥远的距离来看待人类社会的人，才会觉得，对生命平等划一地管制可以使每个人都获得幸福。倘若他真的觉得对每个人来说，相同的收入、均衡的机会具有相同的价值，那么他已经坠入谎言之中而无法自拔了。不过，倘若他是一位立法者，那他要怎样对待那些其最大的机遇内在于生命中而并非外在于生命中的人呢？又该怎样对待那些生命的最大可能性是内在的而不是外在的人呢？倘若他是公正的，因为这个人创造的东西多，而另一个人创造的东西少，所以他给前一个人的金钱必须要超过后一个人的两倍。任何社会的立法都不能使人与人之间的心理差异变得平衡，因为它是为人类社会提供生命能量的必不可少的要素。所以，研究人类的这种异质性服务于一种非常有价值的目的。这些差异涵盖了对幸福的不同要求等内容，即使是最完善的立法也无法完全满足这些要求。一切对生命形式的外在的设计，无论它看上去多么的平等和公正，都无法在对待人类不同的类型时做到一视同仁。虽然这样，热心的政治家（以及社会的、宗教的和哲学的热心者）依旧忙碌地努力寻找着那些能为人类带来更大幸福机会的平等划一的外在条件，在我看来，这一切都与单独地对外部世界定向的生命的一般态度有关。

在此我不可能更加深层次地涉及这个深远的问题，因为这种思考不属于本书讨论的范围。本书涉及的是心理的问题，其中不同的类型态度的存在是首要问题，不仅对于心理学来说是这样，对各个科学分支和生活的领域来说，只要人类心理在其中扮演了决定性角色，就都是这样的。比如，对普通智慧而言，以下事实是非常明白的：哲学不仅是哲学史，它也依赖个体心理这一前提条件。倘若要做出最终的心理评价的话，人们普遍认为这一前提条件是纯粹的个人天性。因为它总是被视为理所当然的，所以我们往往忽略了这个事实：尽管在某人看来某些东西是带有偏见的，但并非在所有情况下都如此，因为一位哲学家独特的观点往往会引来一大批追随者。这些追随者之所以接受这位哲学家的观点，并不是因为他们不经思考就对他表示附和，而是因为他们对他的观点非常赏识，而且能够完全理解这一观点。倘若哲学家的观点纯粹是他个人的，那么这种观点根本不可能被人理解，很明显，在此情况下，他不仅获得不了理解，甚至会使人难以容忍。所以，追随者们所理解和赏识的这种具有独特性的观点，一定是与某种类型的态度保持一致的，与其相同的或类似的代表在社会中能发现很多。

一般情况下，每一方的支持者只会从外部着手攻击另一方，总想从对手的论点中找出毛病。这种争辩通常是不会有结果的。倘若把争辩挪移到心理学的领域，就会产生更大的意义，因为矛盾的焦点最初就是从这里开始的。我们转变观点后，用不了多久就会看到：

存在着各种各样的心理态度，它们都有各自存在的权利，而且都设立了各种互不相容的理论。倘若人们想用外部调和的方式解决争端，就只能陶醉于那些肤浅的心灵的需求，从来都无法被原则点燃他们的热情之火。所以在我看来，只有在作为心理前提条件的异质性被接受的时候才可能导致彼此真正的理解。

其实，这一事实在我的实际研究中不断地大量出现：人们对自己的观点很容易表示认同，但对别人的任何观点则几乎很难理解和接受。在一些生活中的琐事上，将表层的一种展望与一种非常少见的迁就、忍让和一种非常难得的亲善结合起来，对于人与人之间明显缺失的理解的鸿沟而言，无疑等同于架设起一座桥梁。不过，在重大的事件，尤其是那些关乎理想的事件中，似乎根本不可能产生理解。的确，总是有冲突和误解在人类存在的悲喜剧中出现，但有一点是不容置疑的，那就是随着人类文明的发展，过去的那种丛林法则已经落伍，取而代之的是现在超越论争各方之上的法庭和是非标准的建立。我相信，在对于不同态度类型的认识中可以发现平息冲突的观点的基础——不仅要认识到这些类型的存在，而且要认识到每个人都被他自己的类型所限，以至于几乎不可能完全理解别人的观点。如果没有认识到这一确切的需要的话，那么他就不可避免地会侵犯别人的观点。但是，就像争执的各方在法庭中必须禁止直接使用暴力，而是应该和平地在法律面前向公正的法官陈述自己的主张一样，只要人们意识到自己类型的偏见，就必须禁止向对方施加肆意的谩骂、侮辱和猜疑。

我希望，通过思考和概要地描述类型态度的问题，可以引导读者对这幅反映生命的多种可能性的图画进行审视，希望我能在对拥有多样性及多层性，并且几乎无法确定的个体心理的认识上尽自己的绵薄之力。我相信，没有人会在我对类型的描述上得出这样一个结论，那就是认为我在这里所呈现的四种或八种类型是唯一可能存在的类型。那绝对是严重的误解，因为毫无疑问，其他的观点也可以对这几种态度进行考虑和分类。其实，本书也阐述了这种可能性，比如乔丹根据是不是好动对人的性格所做的分类。不过，无论用什么标准对类型进行分类，倘若对各种不同习惯性态度的形成进行比较，都将导致产生同等数量的心理类型。

无论如何，倘若不从这里所采用的观点来看，而是从其他的观点来思考存在的态度要更加容易，但是很难拿出反对心理类型的存在的证据。我相信，我的论敌会竭力把类型问题从科学的研究范围内排除出去，因为在所有自称具有一般有效性的复杂的心理过程理论来看，类型问题一定是一个非常不受欢迎的障碍。一般的科学理论对自然在基本上是同一的进行了预设，同样，各种关于复杂心理过程的理论也预设了人类心理的一致性。不过，心理学领域有其特殊的状况，那就是在形成理论时，心理过程既是客体又是主体。所以，倘若人们假设在一切个案中主体都是同一的，那么也就设定了形成理论的主观过程无论在哪里都是同一的。这并不符合事实，这一方面最生动的例证就是那些已经存在的各种各样、差别巨大的有关复杂心理过程本质的理论。所以，新出现的某种理论在最后总是把其他理论设想成错误的，一般只是因为作者的主观观点与他的前辈观点不同而已。他还不明白，他所看见的心理只是他自己的心理，或者至多是他所属类型的心理。因此他会推断，他所观察到的心理过程只存在一种真实的解释，那就是那种与他所属类型相一致的解释。其他的观点（也可以说是其他的七种观点）就他们自己的类型来说，尽管同样也是真实的，但在他眼中却都变成了错误的。因此，为了维护自己理论的有效性，一切关于人类心理不同类型存在理论的建立都会使他产生一种强烈的反感，虽然这种反感是能够理解的。之所以会这样，是因为该理论的建立有可能会使他的观点丧失八分之七的真理价值；还因为除了他自己的理论，他还必须把其他七种关于同一过程的理论都视为真实的，或者更准确地说，最起码要把它们视作与自己的理论具有同等价值的第二种理论。

我相信，在很大程度上独立于人的心理，因此而只能被视为客体的自然过程，真正的解释只有这一种。不过我也同样相信，对一种用所有器械都无法客观记录的复杂心理过程的解释，必定产生于进行解释的那个主观过程之中。也就是说，概念的制造者只能产生那种与他努力解释的心理过程相应的概念；不过，这种相应的概念只能产生于被解释的过程与发生在概念制造者本身中的过程相一致时。倘若概念制造者那里既没有被解释的过程，又没有任何与之类似的过程，那么在他面前就会摆上一个十足的哑谜，他只能拜托这一过程的一个亲历者来完成这个解释。比如，假如说我有了一个幻觉，但是没有任何器械能够客观地记录它以使我明白它是如何发生的；那么，只有在理解它之后我才能解释它的起因。不过，"我自己理解了它时"这句话是有偏见的，因为这表示我解释的前提是幻觉过程呈现于我本人的方式。那么，我又如何保证幻觉过程在其他人那里会以完全相同的或近似的方式呈现出来呢？

出于某种理由，为了支撑这种主观判断，人们把所有时空下人类心理的同一性都视为普遍论据。我也深信人类心理的同一性，甚至把它归入集体无意识的概念，还与一种普遍的和同质的基质等同起来，这种同一性一再地出现在世界各地同样的神话主题和民间故事的主题中，例如，一个美国黑人从来没有受过教育，却会梦见希腊神话中的主题；在精神病状态下，一个瑞士的店员会产生与埃及诺斯替教徒一样的幻觉。不过，一种同样强大的意识心理的异质性将这种基本的同质性抵消了。现代欧洲人的意识与原初人、培里克里斯时代的雅典人的意识之间存在着何等巨大的差别！满腹诗书的教授与他妻子在意识上又是多么的不同！总而言之，倘若真的存在心灵的同一性，那么我们今天的世界又会是怎样一种情形呢？不过事实并不都是这样的，意识心灵的同一性概念纯粹是学院派妄想出来的，毫无疑问，对于大学讲师为他的学生讲授这个概念来说，它会更有利，不过一旦遇到现实，它就会一击即溃。不仅个体最内在的本性之间差异巨大，而且作为个体类别的类型本身也在很大程度上彼此有着巨大的区别，而我们所说的一般观点的差异恰恰是这些类型的存在导致的。

　　要想了解人类心理的同一性，就必须向意识的根基中深入。只有在那里才能明白所有的心理现象都具有相似性。倘若我在建立我的理论时以所有人的共同性为基础，那么我在解释时就不得不以心理的根基和源头为依据。不过，这种解释只涉及其历史的和个体方面的差异。因这一理论，我忽略了意识心理的特殊性。其实，我将全部心理的另一面都否定了，也就是否定了它从原初胚胎状态以来的分化。我或者把人还原到种系发生的原型，或者把人分解成他的基本过程；当我尝试重构他时，在前一种情况下，将会出现一个类人猿；而在后一种情况下，则会出现一大堆既无目的又无意义的、在相互活动中忙碌的基本过程。

　　心理解释可以且能完全正确地建立在同一性基础上，这是无可置疑的。但是倘若我想投射心理图像的全貌，那么我就不得不牢记心理差异的事实，因为意识的个体心理既有一般的心理图像，又有它的无意识基础的图像。所以在我的理论建构中，我有足够的理由从不同的心理角度出发思考同一个过程，尽管我之前选择的是同一性的角度，但如今我要用不同的个体心理的角度去看待它。这自然使我靠近了与之前看法完全相反的观点。在前面的观点中，一切被视为个性的变异而超脱于整体图像之外的东西，在此都会因为与进一步分化的起点相适应而变得非常重要；正好相反的是，在前面的观点中，所以因同一性而被赋予特殊价值的东西，现在都变得没有价值了，因为它们是集体的。从这个角度来说，我所要关注的不是事物从何处来，而是它会向何处发展；但从前面观点的角度来说，我绝不会去考虑它的目的，而只会考虑它的起源。所以，我能通过两种相互矛盾且相互排斥的理论来解释同一个心理过程，我并不觉得其中有哪一种是不对的，因为心理的同一性证明了其中一种的正确性，而心理的多样性则证明了另一种的正确性。

这对看过我的早期著作《转变的象征》的民众和科学界人士造成了极大的麻烦，许多能独立思考的人都因此而感到困惑。因为在那里，我企图通过个案材料同时描述这两种观点。但因为现实既不是由理论构成的，也不根据理论而行，所以我们坚信，在现实中这两种相互背离的观点其实是一致的。它们都从过去而来，并且都具有未来的意义，无法准确地说他们一定就是起点或终点。心理中所有有生命的东西都如同彩虹般五彩斑斓。对那些觉得心理过程只有一种真实的解释的人而言，心理内容如此生机勃勃（它们需要两种互相矛盾的理论）这一点无疑是令人绝望的，尤其是当他欣赏那些简单的真理时，是不可能同时思考这两种观点的。

另一方面，我也怀疑，被我称作还原的和建构的思考心理的方法彻底穷尽了其解释的可能性。反之，在我看来，依旧有很多能对心理过程进行同样"真实"的解释，其实，每种类型都有一种与之对应的解释。而且，如同各种类型在其个人关系上所表现出来的情形一样，这些解释既可能彼此协调也可能相互冲突。所以，应该承认类型差异是存在于人类心理中的，我认为，也确实找不到任何理由否认它的存在。不过，科学理论家由此不得不面对这样一种令人尴尬的境地：或者一些思想者免不了走向明显的诡辩，例如，假设有一种超出心理过程而能客观地沉思其所属心理的"客观理性"存在，或者同样假设理性有站在自身之外来沉思自身的能力。所有这些预设的目的都是一样的，那就是希望能创造一个阿基米德式的地球以外的杠杆支点。对于理性而言，它想借此支点把自己举到自身以外。我非常理解具有深度的人们需要方便的解决之道，但是我却始终弄不懂真理为何必须对这种需要表示屈从。不过我也可以理解，倘若我们不理会那些怪异而互相矛盾的解释，尽量将心理过程还原为最简单的本能基础，让它具有救赎的形而上学的目的，或者让它在那里停住不动，使它能够从这种希望中获得一种宁静，那么从审美角度来看，会让人更加满意。

无论我们竭尽所能地用理性去探索什么，倘若这件工作的确是诚实的，而不是服务于便利的预期理由的，那么最终的结果只能是吊诡和相对性。对心理过程的理性理解必然会以吊诡和相对性告终，因为心理功能的种类很多，理性只是其中的一种，它们真正的目的是帮助人类建构关于客观世界的意象。根本不可能只通过理性就理解世界，这完全是在自欺欺人；要想感悟世界，情感的方式同样是不可或缺的。所以，最好的理性判断也只是一半的真理，倘若它足够真实，就不会否认自己的不足之处。

我们不能否认类型的存在，因为这是一个事实。就是由于它们的存在，每一种关于心理过程的理论都得将其视作一种心理过程，或是一种对于人类心理的特殊类型的表达方式，依次给予的有一定价值且具有自身合理性的评价。相关材料只有通过这些心理类型的自发呈现才能被聚集起来，从而使它们的相互运作形成一种更高的综合。